제과제빵 CBT 기능사 필기

가장빠른합격 PASS

시대에듀

2025 시대에듀

제과제빵기능사 CBT 필기 가장 빠른 합격

Always with you

사람이 길에서 우연하게 만나거나 함께 살아가는 것만이
인연은 아니라고 생각합니다.
책을 펴내는 출판사와 그 책을 읽는 독자의 만남도 소중한 인연입니다.
시대에듀는 항상 독자의 마음을 헤아리기 위해 노력하고 있습니다.
늘 독자와 함께하겠습니다.

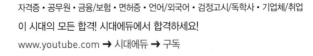

PREFACE

최근 라이프 스타일의 변화로 간편하게 즐길 수 있는 식사 대용 빵을 소비하는 추세가 급격하게 늘어나고 있으며, 해외 디저트 브랜드 유입, 개인 디저트 전문점 증가 등 디저트 시장은 세분화 · 전문화 · 다양화되고 있습니다. 맛과 향뿐만 아니라 예술적 · 시각적인 요소가 점차 중요시되고 있으며, 파티시에는 자신만의 맛을 개발하여 사람들에게 기쁨을 줄 수 있다는 점이 특히 매력적입니다. 이런 시대의 흐름에 따라 제과 · 제빵 관련 자격 직종은 많은 사람들에게 관심을 받고 있으며, 그 전망 또한 매우 밝을 것으로 예상됩니다.

본 교재는 제과 · 제빵기능사 시험에 완벽하게 대비할 수 있도록 기출유형을 철저히 분석한 핵심이론과 상시복원문제로 구성하였습니다.

첫째, 시험에 꼭 나오는 필수이론과 함께 실제 기출선지를 활용하여 괄호문제와 확인 OX문제를 구성하였습니다. 이론과 기출풀이 학습을 동시에 다잡을 수 있습니다.

둘째, 시험장에서 진짜 통째로 외워온 진통제 문제를 수록하였습니다. 어느 책에서도 보지 못한 신유형 문제학습으로 고득점 합격까지 한 번에 가능합니다.

셋째, 적중률 높은 상시복원문제 10회분(제과기능사 5회+제빵기능사 5회)을 수록하였습니다. 명쾌한 풀이와 관련 이론까지 꼼꼼하게 정리한 상세한 해설을 통해 문제의 핵심을 파악할 수 있습니다.

이 책이 제과 · 제빵기능사를 준비하는 수험생들에게 합격의 안내자로서 많은 도움이 되기를 바라면서 수험생 모두에게 합격의 영광이 함께하기를 기원합니다.

저자 올림

시험안내

개요

제과 · 제빵에 관한 숙련기능을 가지고 제과 · 제빵 제조와 관련되는 업무를 수행할 수 있는 능력을 가진 전문인력을 양성하고자 자격제도를 제정하였다.

시행처

한국산업인력공단(www.q-net.or.kr)

자격 취득 절차

필기 원서접수	• **접수방법** : 큐넷 홈페이지(www.q-net.or.kr) 인터넷 접수 • **시행일정** : 상시 시행(월별 세부 시행계획은 전월에 큐넷 홈페이지를 통해 공고) • **응시 수수료** : 14,500원 • **응시자격** : 제한 없음
필기시험	• **시험과목** : 과자류(빵류) 재료, 제조 및 위생관리 • **검정방법** : 객관식 4지 택일형, 60문항(60분)
필기 합격자 발표	• **발표방법** : CBT 필기시험은 시험 종료 즉시 합격 여부 확인 가능 • **합격기준** : 100점 만점에 60점 이상
실기 원서접수	• **접수방법** : 큐넷 홈페이지 인터넷 접수 • **응시 수수료** : 29,500원(제과), 33,000원(제빵) • **응시자격** : 필기시험 합격자
실기시험	• **시험과목** : 제과(제빵) 실무 • **검정방법** : 작업형(3~4시간 정도)
최종 합격자 발표	• **발표일자** : 회별 발표일 별도 지정 • **발표방법** : 큐넷 홈페이지 또는 전화 ARS(1666-0100)를 통해 확인
자격증 발급	• **상장형 자격증** : 수험자가 직접 인터넷을 통해 발급 · 출력 • **수첩형 자격증** : 인터넷 신청 후 우편배송만 가능 ※ 방문 발급 및 인터넷 신청 후 방문 수령 불가

CBT 필기시험 안내사항

① CBT 시험이란 인쇄물 기반 시험인 PBT와 달리 컴퓨터 화면에 시험문제가 표시되어 응시자가 마우스를 통해 문제를 풀어나가는 컴퓨터 기반의 시험을 말한다.

② 입실 전 본인 좌석을 확인한 후 착석해야 한다.

③ 전산으로 진행됨에 따라, 안정적 운영을 위해 입실 후 감독위원 안내에 적극 협조하여 응시해야 한다.

④ 최종 답안 제출 시 수정이 절대 불가하므로 충분히 검토 후 제출해야 한다.

⑤ 제출 후 점수를 확인하고 퇴실한다.

CBT 완전 정복 Tip

1 내 시험에만 집중할 것

CBT 시험은 같은 고사장이라도 각기 다른 시험이 진행되고 있으니 자신의 시험에만 집중하면 됩니다.

2 이상이 있을 경우 조용히 손을 들 것

컴퓨터로 진행되는 시험이기 때문에 프로그램상의 문제가 있을 수 있습니다. 이때 조용히 손을 들어 감독관에게 문제점을 알리며, 큰 소리를 내는 등 다른 사람에게 피해를 주는 일이 없도록 합니다.

3 연습 용지를 요청할 것

응시자의 요청에 한해 연습 용지를 제공하고 있습니다. 필요시 연습 용지를 요청하며, 미리 시험에 관련된 내용을 적어놓지 않도록 합니다. 연습 용지는 시험이 종료되면 반납해야 하므로 들고 나가지 않도록 유의합니다.

4 답안 제출은 신중하게 할 것

답안은 제한 시간 내에 언제든 제출할 수 있지만 한 번 제출하게 되면 더 이상의 문제풀이가 불가합니다. 안 푼 문제가 있는지 또는 맞게 표기하였는지 다시 한 번 확인합니다.

기타 유의사항

① 천재지변, 응시인원 증가, 감염병 확산 등 부득이한 사유 발생 시에는 시행일정을 공단이 별도로 지정할 수 있다.

② 필기시험 면제기간은 필기시험 당일 발표일로부터 2년간이다.

③ 공단 인정 신분증 미지참자는 당해 시험 정지(퇴실) 및 무효처리된다.

④ 소지품 정리시간 이후 불허물품 소지 · 착용 시는 당해 시험 정지(퇴실) 및 무효처리된다.

제과기능사 출제기준

필기과목명	주요항목	세부항목	세세항목
과자류 재료, 제조 및 위생관리	재료 준비	재료 준비 및 계량	• 배합표 작성 및 점검 • 재료 준비 및 계량방법 • 재료의 성분 및 특징 • 기초 재료과학 • 재료의 영양학적 특성
	과자류 제품 제조	반죽 및 반죽관리	• 반죽법의 종류 및 특징 • 반죽의 결과 온도 • 반죽의 비중
		충전물 · 토핑물 제조	• 재료의 특성 및 전처리 • 충전물 · 토핑물 제조방법 및 특징
		팬닝	• 분할 팬닝방법
		성형	• 제품별 성형방법 및 특징
		반죽 익히기	• 반죽 익히기 방법의 종류 및 특징 • 익히기 중 성분 변화의 특징
	제품 저장관리	제품의 냉각 및 포장	• 제품의 냉각방법 및 특징 • 포장재별 특성 • 불량제품 관리
		제품의 저장 및 유통	• 저장방법의 종류 및 특징 • 제품의 유통 · 보관방법 • 제품의 저장 · 유통 중의 변질 및 오염원 관리방법
	위생안전관리	식품위생 관련 법규 및 규정	• 식품위생법 관련 법규 • HACCP 등의 개념 및 의의 • 공정별 위해요소 파악 및 예방 • 식품첨가물
		개인 위생관리	• 개인 위생관리 • 식중독의 종류, 특성 및 예방방법 • 감염병의 종류, 특징 및 예방방법
		환경 위생관리	• 작업환경 위생관리 • 소독제 • 미생물의 종류와 특징 및 예방방법 • 방충 · 방서관리
		공정 점검 및 관리	• 공정의 이해 및 관리 • 설비 및 기기

제빵기능사 출제기준

필기과목명	주요항목	세부항목	세세항목
빵류 재료, 제조 및 위생관리	재료 준비	재료 준비 및 계량	• 배합표 작성 및 점검 • 재료 준비 및 계량방법 • 재료의 성분 및 특징 • 기초 재료과학 • 재료의 영양학적 특성
	빵류 제품 제조	반죽 및 반죽관리	• 반죽법의 종류 및 특징 • 반죽의 결과 온도 • 반죽의 비용적
		충전물 · 토핑물 제조	• 재료의 특성 및 전처리 • 충전물 · 토핑물 제조방법 및 특징
		반죽 발효관리	• 발효 조건 및 상태관리
		분할하기	• 반죽 분할
		둥글리기	• 반죽 둥글리기
		중간발효	• 발효 조건 및 상태관리
		성형	• 성형하기
		팬닝	• 팬닝방법
		반죽 익히기	• 반죽 익히기 방법의 종류 및 특징 • 익히기 중 성분 변화의 특징
	제품 저장관리	제품의 냉각 및 포장	• 제품의 냉각방법 및 특징 • 포장재별 특성 • 불량제품 관리
		제품의 저장 및 유통	• 저장방법의 종류 및 특징 • 제품의 유통 · 보관방법 • 제품의 저장 · 유통 중의 변질 및 오염원 관리방법
	위생안전관리	식품위생 관련 법규 및 규정	• 식품위생법 관련 법규 • HACCP 등의 개념 및 의의 • 공정별 위해요소 파악 및 예방 • 식품첨가물
		개인 위생관리	• 개인 위생관리 • 식중독의 종류, 특성 및 예방방법 • 감염병의 종류, 특징 및 예방방법
		환경 위생관리	• 작업환경 위생관리 • 소독제 • 미생물의 종류와 특징 및 예방방법 • 방충 · 방서관리
		공정 점검 및 관리	• 공정의 이해 및 관리 • 설비 및 기기

구성과 특징

STRUCTURES

핵심이론
시행처에서 가장 최근에 발표한 출제기준에 맞게 이론을 빠짐없이 구성하였습니다.

기출 키워드

빈출 핵심 키워드를 통해 최근 출제경향을 파악할 수 있습니다. 각 키워드와 연계된 중요이론을 놓치지 않고 학습할 수 있도록 하였습니다.

괄호문제

방금 학습한 이론에서 꼭 알아야 할 내용을 기반으로 괄호문제를 구성하였습니다. 이론의 핵심 포인트를 알고 중요개념을 확실히 학습할 수 있도록 하였습니다.

진통제(진짜 통째로 외워온 문제)

비공개로 진행되는 CBT 필기시험! 시험에 직접 응시하여 시험문제를 진짜 통째로 외워왔습니다. 최신 경향까지 철저하게 대비하여 한 번에 합격할 수 있습니다.

확인 OX문제

그동안 출제되었던 기출문제의 선지를 활용하여 OX문제를 구성하였습니다. 시험에서 자주 오답으로 출제되는 선지를 풀어보며 오답의 함정에서 벗어나는 연습을 할 수 있습니다.

PART 01. 과자류 · 빵류 위생안전관리

CHAPTER 01 식품위생 관련 법규 및 규정

출제포인트
위생법
CP 공정별 위해요소 파악 및 예방
첨가물

기출 키워드
식품위생법, 식품위생의 대상, 식품 등의 취급, 식품 등의 공전, 자가품질검사, 공중위생감시원, 식품접객업, 허가를 받아야 하는 영업, 건강진단, 식품위생교육, 조

제1절 식품위생법 관련 법규

+ 괄호문제
다음 괄호 안에 알맞은 내용을 쓰시오.
① (　)은 설탕을 가수분해시켜 생긴 포도당과 과당의 혼합물이다.
② 분당의 응고를 방지하기 위하여 (　)을 3% 정도 첨가한다.

| 정답 |
① 전화당
② 전분

2. 감미제의 종류 중요도 ★★★

(1) 설탕(자당)
① 정제당 : 당밀과 불순물을 제거하여 만든 순수한 당이다.

입상 형당	설탕이 알갱이 형태를 이룬 것으로 용도에 따라 입자의 크기가 다양함
분당	• 정제당을 분쇄한 것으로 고운 체로 통과시킨 후 덩어리 방지제를 첨가한 제품 • 응고를 방지하기 위하여 전분을 3% 정도 첨가함

② 함밀당 : 불순물만 제거한 당밀을 분리하지 않고 함께 굳힌 설탕이다.
③ 전화당
㉠ 설탕을 가수분해하여 생긴 포도당과 과당의 혼합물이다.
㉡ 설탕의 1.3배의 감미도를 갖는다.
㉢ 갈색화 반응이 빠르므로 껍질 색 형성을 빠르게 한다.
㉣ 설탕에 소량의 전화당을 혼합하면 용해도가 높아진다.
㉤ 수분 보유력이 높으므로 제품의 보존기간을 지속시킬 수 있으며, 보습이 필요 제품에 사용된다.
④ 액당
㉠ 고도로 정제된 자당이나 전화당이 물에 녹은 시럽 형태의 당을 의미한다.
㉡ 액당의 당도(%) = $\frac{\text{용질}}{\text{용매} + \text{용질}} \times 100$

진짜 통째로 외워온 문제

설탕에 대한 설명으로 잘못된 것은?
① 폰던트(Fondant)는 설탕의 결정성을 것이다.
② 수분 보유제의 역할을 한다.
③ 설탕은 과당보다 용해성이 크다.
④ 제빵 시 설탕량이 과다할 경우 이스 늘린다.

해설
설탕은 과당보다 용해성이 작다.

정답 ③

확인! OX
감미제에 대한 설명이다. 옳으면 "O", 틀리면 "X"로 표시하시오.
1. 물 100g에 설탕 25g을 녹이면 당도는 25%이다. (　)
2. 물엿은 전분을 산이나 효소로 가수분해하여 만든 감미료이다. (　)

정답 1. X 2. O

(2) 포도당
① 전분을 가수분해하여 만든다.
② 설탕의 감미도(100)에 비해 포도당은 75 정도이다.
③ 포도당은 이스트에 의해 가장 먼저 발효에 사용된다.
④ 설탕보다 낮은 pH와 온도에서 캐러멜화가 일어난다.

58 | PART 02 과자류 · 빵류 재료 준비 및 계량

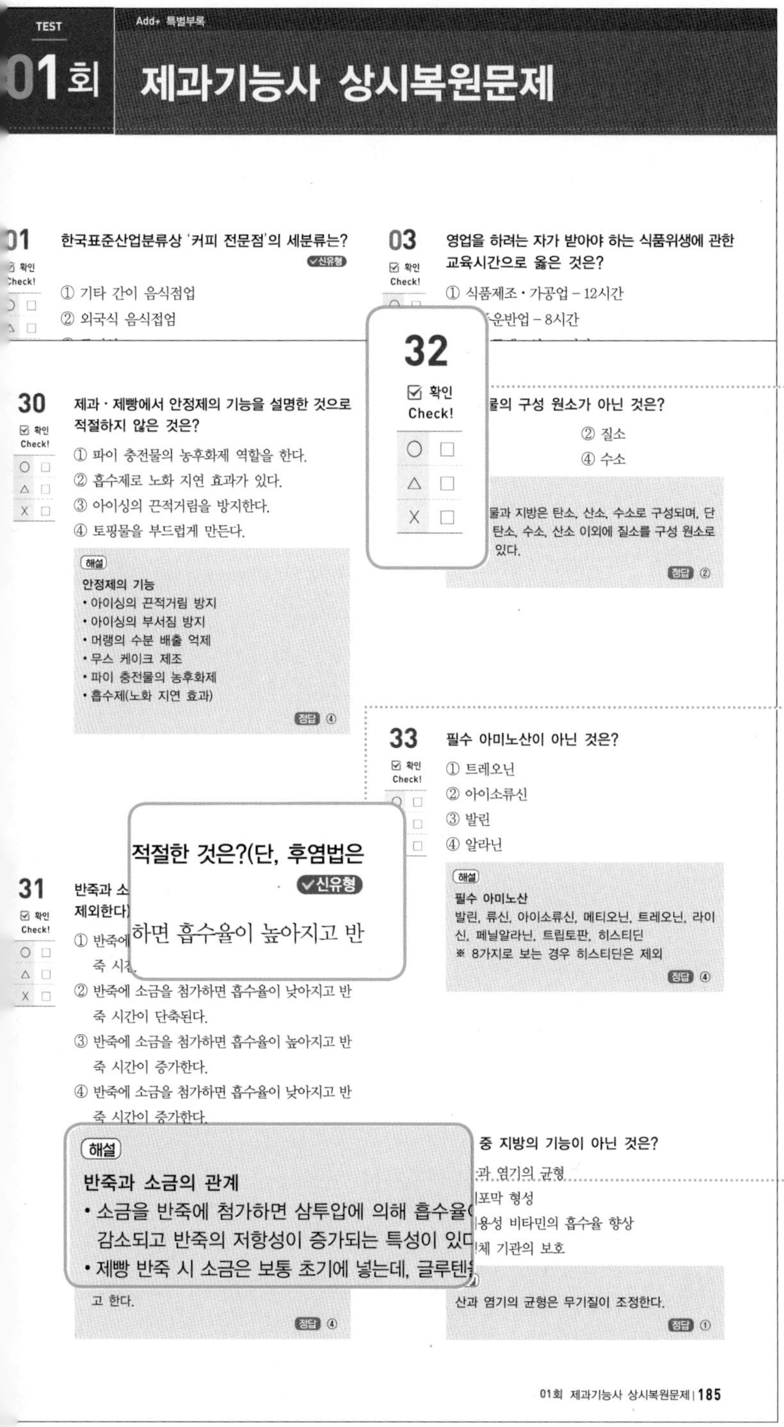
TEST 01회 Add+ 특별부록

제과기능사 상시복원문제

01 한국표준산업분류상 '커피 전문점'의 세분류는? ✔신유형

확인 Check! ○ □ △ □

① 기타 간이 음식점업

② 외국식 음식점업

03 영업을 하려는 자가 받아야 하는 식품위생에 관한 교육시간으로 옳은 것은?

확인 Check!

① 식품제조·가공업 – 12시간

운반업 – 8시간

32

확인 Check!

○ □

△ □

X □

30 제과·제빵에서 안정제의 기능을 설명한 것으로 적절하지 않은 것은?

확인 Check! ○ □ △ □ X □

① 파이 충전물의 농후화제 역할을 한다.

② 흡수제로 노화 지연 효과가 있다.

③ 아이싱의 끈적거림을 방지한다.

④ 토핑물을 부드럽게 만든다.

해설

안정제의 기능

- 아이싱의 끈적거림 방지
- 아이싱의 부서짐 방지
- 머랭의 수분 배출 억제
- 무스 케이크 제조
- 파이 충전물의 농후화제
- 흡수제(노화 지연 효과)

정답 ④

물의 구성 원소가 아닌 것은?

② 질소

④ 수소

물과 지방은 탄소, 산소, 수소로 구성되며, 단 탄소, 수소, 산소 이외에 질소를 구성 원소로 있다.

정답 ②

33 필수 아미노산이 아닌 것은?

확인 Check!

① 트레오닌

② 아이소류신

③ 발린

④ 알라닌

해설

필수 아미노산

발린, 류신, 아이소류신, 메티오닌, 트레오닌, 라이신, 페닐알라닌, 트립토판, 히스티딘

※ 8가지로 보는 경우 히스티딘은 제외

정답 ④

적절한 것은?(단, 후염법은 ✔신유형

하면 흡수율이 높아지고 반

31 반죽과 소 … 제외한다)

확인 Check! ○ □ △ □ X □

① 반죽에 … 죽 시간 …

② 반죽에 소금을 첨가하면 흡수율이 낮아지고 반죽 시간이 단축된다.

③ 반죽에 소금을 첨가하면 흡수율이 높아지고 반죽 시간이 증가한다.

④ 반죽에 소금을 첨가하면 흡수율이 낮아지고 반죽 시간이 증가한다.

해설

반죽과 소금의 관계

- 소금을 반죽에 첨가하면 삼투압에 의해 흡수율이 감소되고 반죽의 저항성이 증가되는 특성이 있다
- 제빵 반죽 시 소금은 보통 초기에 넣는데, 글루텐 … 고 한다.

정답 ④

중 지방의 기능이 아닌 것은?

과 염기의 균형

포막 형성

용성 비타민의 흡수율 향상

체 기관의 보호

산과 염기의 균형은 무기질이 조정한다.

정답 ①

01회 제과기능사 상시복원문제 | 185

상시복원문제

풍부한 문제풀이는 합격으로 가는 지름길입니다.
특별부록으로 기출복원문제 10회분을 준비하였습니다.

확인 Check!

O, △, X로 풀이 난이도를 체크해 보세요. 처음 학습할 때는 모든 문제를 풀어보고, 복습 시에는 △, X 표시문제 위주로 풀어보는 것을 추천합니다.

신유형

출제기준 변경으로 새로운 유형의 문제가 출제되고 있습니다. 시대에듀는 신유형 문제를 복원하여 새롭게 출제된 문제의 유형을 익혀 시험장에서 처음 보는 문제들도 모두 맞힐 수 있도록 하였습니다.

해설

제대로 한 번 익힌 해설, 열 이론 부럽지 않다! 모든 문제에 친절하고 똑똑한 해설을 담았습니다. 앞에서 표시한 △, X 문제를 정확히 잡고 가세요!

목 차

CONTENTS

최근 출제경향을 반영한

출 / 제 / 비 / 율

가장 빠른 합격을 위해 출제비율이 높은 부분을 중점적으로 학습하시길 바랍니다.

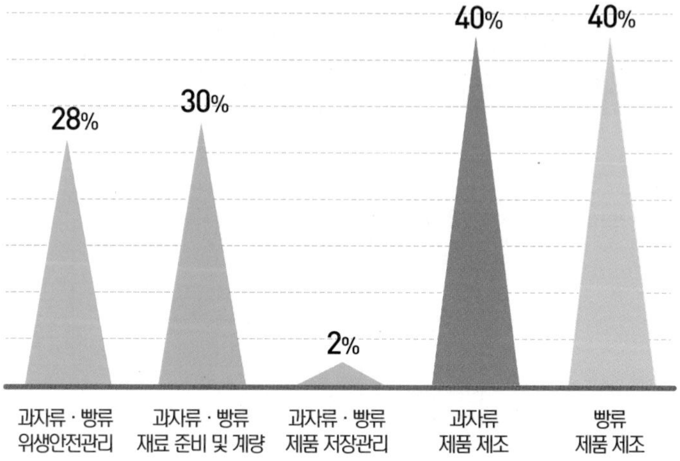

D-15 스터디 플래너

보름, 합격에 충분한 시간입니다.
시대에듀와 함께 가장 빠른 합격에 도전하세요.

D-15	D-14	D-13	D-12
PART 01 과자류 · 빵류 위생안전관리 CHAPTER 01	**PART 01** 과자류 · 빵류 위생안전관리 CHAPTER 02	**PART 01** 과자류 · 빵류 위생안전관리 CHAPTER 03~04	**PART 02** 과자류 · 빵류 재료 준비 및 계량 CHAPTER 01~02
D-11	**D-10**	**D-9**	**D-8**
PART 02 과자류 · 빵류 재료 준비 및 계량 CHAPTER 03	**PART 02** 과자류 · 빵류 재료 준비 및 계량 CHAPTER 04	**PART 03** 과자류 · 빵류 제품 저장관리 CHAPTER 01~02	**제과 PART 04** CHAPTER 01~02 **제빵 PART 05** CHAPTER 01
D-7	**D-6**	**D-5**	**D-4**
제과 PART 04 CHAPTER 03~04 **제빵 PART 05** CHAPTER 02~03	**제과 PART 04** CHAPTER 05 **제빵 PART 05** CHAPTER 04~05	**제과(제빵)** **상시복원문제** 01~03회 풀이 및 오답노트 정리	**제과(제빵)** **상시복원문제** 04~05회 풀이 및 오답노트 정리
D-3	**D-2**	**D-1**	**D-day**
제과(제빵) **상시복원문제** 01~03회 풀이 2회독	**제과(제빵)** **상시복원문제** 04~05회 풀이 2회독	**오답노트** 확인 & 핵심이론 총복습	당신의 합격을 응원합니다.

PART 01

과자류 · 빵류 위생안전관리

CHAPTER 01	식품위생 관련 법규 및 규정
CHAPTER 02	개인 위생관리
CHAPTER 03	환경 위생관리
CHAPTER 04	공정 점검 및 관리

식품위생 관련 법규 및 규정

10% 출제율

출제포인트
- 식품위생법
- HACCP 공정별 위해요소 파악 및 예방
- 식품첨가물

기출 키워드

식품위생법, 식품위생의 대상, 식품 등의 취급, 식품 등의 공전, 자가품질검사, 공중위생감시원, 식품접객업, 허가를 받아야 하는 영업, 건강진단, 식품위생교육, 조리사 면허, HACCP 등의 개념, HACCP 12절차 7원칙, HACCP 적용 대상 식품, 식품 위해요소, 교차오염, 식품첨가물의 정의, 식품 또는 식품첨가물의 규격과 사용기준, 식품첨가물의 구비조건, 식품첨가물의 안전성 평가, 식품첨가물의 종류

제1절 식품위생법 관련 법규

1. 총칙

중요도 ★★★

(1) 목적(법 제1조)

이 법은 식품으로 인하여 생기는 위생상의 위해를 방지하고 식품영양의 질적 향상을 도모하며 식품에 관한 올바른 정보를 제공함으로써 국민 건강의 보호 · 증진에 이바지함을 목적으로 한다.

(2) 용어의 정의(법 제2조)

용어	정의
식품	모든 음식물(의약으로 섭취하는 것은 제외)
식품첨가물	식품을 제조 · 가공 · 조리 또는 보존하는 과정에서 감미, 착색, 표백 또는 산화방지 등을 목적으로 식품에 사용되는 물질
화학적 합성품	화학적 수단으로 원소 또는 화합물에 분해 반응 외의 화학 반응을 일으켜서 얻은 물질
기구	식품 또는 식품첨가물에 직접 닿는 기계 · 기구나 그 밖의 물건(농업과 수산업에서 식품을 채취하는 데에 쓰는 기계 · 기구나 그 밖의 물건 및 「위생용품 관리법」에 따른 위생용품은 제외) • 음식을 먹을 때 사용하거나 담는 것 • 식품 또는 식품첨가물을 채취 · 제조 · 가공 · 조리 · 저장 · 소분 · 운반 · 진열할 때 사용하는 것 ※ 소분 : 완제품을 나누어 유통을 목적으로 재포장하는 것
용기 · 포장	식품 또는 식품첨가물을 넣거나 싸는 것으로서 식품 또는 식품첨가물을 주고받을 때 함께 건네는 물품
공유주방	식품의 제조 · 가공 · 조리 · 저장 · 소분 · 운반에 필요한 시설 또는 기계 · 기구 등을 여러 영업자가 함께 사용하거나, 동일한 영업자가 여러 종류의 영업에 사용할 수 있는 시설 또는 기계 · 기구 등이 갖춰진 장소
위해	식품, 식품첨가물, 기구 또는 용기 · 포장에 존재하는 위험요소로서 인체의 건강을 해치거나 해칠 우려가 있는 것
영업	식품 또는 식품첨가물을 채취 · 제조 · 가공 · 조리 · 저장 · 소분 · 운반 또는 판매하거나 기구 또는 용기 · 포장을 제조 · 운반 · 판매하는 업(농업과 수산업에 속하는 식품 채취업은 제외)
영업자	영업허가를 받은 자나 영업신고를 한 자 또는 영업등록을 한 자
식품위생	식품, 식품첨가물, 기구 또는 용기 · 포장을 대상으로 하는 음식에 관한 위생

용어	정의
집단급식소	영리를 목적으로 하지 아니하면서 특정 다수인에게 계속하여 음식물을 공급하는 급식시설
식품이력추적관리	식품을 제조·가공단계부터 판매단계까지 각 단계별로 정보를 기록·관리하여 그 식품의 안전성 등에 문제가 발생할 경우 그 식품을 추적하여 원인을 규명하고 필요한 조치를 할 수 있도록 관리하는 것

(3) 식품위생의 대상

① 식품은 의약품으로 섭취하는 것을 제외한 모든 음식물을 말한다.

② 식품위생의 대상 범위 : 식품, 식품첨가물, 기구, 용기, 포장

(4) 식품 등의 취급(법 제3조)

① 누구든지 판매를 목적으로 식품 또는 식품첨가물을 채취·제조·가공·사용·조리·저장·소분·운반 또는 진열할 때는 깨끗하고 위생적으로 하여야 한다.

② 영업에 사용하는 기구 및 용기·포장은 깨끗하고 위생적으로 다루어야 한다.

③ 식품, 식품첨가물, 기구 또는 용기·포장의 위생적인 취급에 관한 기준은 총리령으로 정한다.

④ 식품 등의 원료 및 제품 중 부패·변질이 되기 쉬운 것은 냉동·냉장시설에 보관·관리하여야 한다(규칙 [별표 1]).

⑤ 식품 등의 제조·가공·조리에 직접 사용되는 기계·기구 및 음식기는 사용 후에 세척·살균하는 등 항상 청결하게 유지·관리하여야 하며, 어류·육류·채소류를 취급하는 칼·도마는 각각 구분하여 사용하여야 한다(규칙 [별표 1]).

(5) 식품 등의 공전(법 제14조)

식품의약품안전처장은 다음의 기준 등을 실은 식품 등의 공전을 작성·보급하여야 한다.

① 법에 따라 정하여진 식품 또는 식품첨가물의 기준과 규격

② 법에 따라 정하여진 기구 및 용기·포장의 기준과 규격

(6) 자가품질검사 의무(법 제31조)

① 식품 등을 제조·가공하는 영업자는 총리령으로 정하는 바에 따라 제조·가공하는 식품 등이 규정에 따른 기준과 규격에 맞는지를 검사하여야 한다.

② 식품 등을 제조·가공하는 영업자는 검사를 자가품질 위탁시험·검사기관에 위탁하여 실시할 수 있다.

③ 검사를 직접 행하는 영업자는 검사 결과 해당 식품 등이 국민 건강에 위해가 발생하거나 발생할 우려가 있는 경우에는 지체없이 식품의약품안전처장에게 보고하여야 한다.

④ 자가품질검사에 관한 기록서는 2년간 보관하여야 한다(규칙 제31조 제4항).

+ 괄호문제

다음 괄호 안에 알맞은 내용을 쓰시오.

① (　　)은 식품을 제조·가공·조리 또는 보존하는 과정에서 감미, 착색, 표백 또는 산화방지 등을 목적으로 식품에 사용되는 물질이다.

② (　　)은 식품, 식품첨가물, 기구 또는 용기·포장을 대상으로 하는 음식에 관한 위생이다.

| 정답 |

① 식품첨가물

② 식품위생

확인! OX

식품위생법에 대한 설명이다. 옳으면 "O", 틀리면 "X"로 표시하시오.

1. 우리나라의 식품위생법에서 정하고 있는 내용은 건강진단 및 위생교육이다. (　)
2. 우리나라의 식품위생법에서 정하고 있는 내용은 건강기능식품의 검사이다. (　)

정답 1. O 2. X

| 해설 |

2. 우리나라의 식품위생법에서 정하고 있는 내용은 건강진단 및 위생교육, 조리사 및 영양사의 면허, 식중독에 관한 조사 보고이다. 건강기능식품의 검사에 대한 내용은 정하고 있지 않다.

+ 괄호문제

다음 괄호 안에 알맞은 내용을 쓰시오.

① (　)는 식품 등을 제조·가공하는 영업자가 식품 등이 기준과 규격에 맞는지 자체적으로 검사하는 것이다.

② 식품 등을 제조·가공하는 영업을 하는 자가 제조·가공하는 식품 등이 식품위생법 규정에 의한 기준·규격에 적합한지 여부를 검사한 기록서를 (　)간 보관해야 한다.

| 정답 |
① 자가품질검사
② 2년

(7) 공중위생감시원

① 위생지도 및 개선명령(공중위생관리법 제10조)

시·도지사 또는 시장·군수·구청장은 다음에 해당하는 자에 대하여 보건복지부령으로 정하는 바에 따라 기간을 정하여 그 개선을 명할 수 있다.

㉠ 공중위생영업의 종류별 시설 및 설비기준을 위반한 공중위생영업자
㉡ 위생관리의무 등을 위반한 공중위생영업자

② 공중위생감시원의 업무 범위(공중위생관리법 시행령 제9조)

㉠ 시설 및 설비의 확인
㉡ 공중위생영업 관련 시설 및 설비의 위생상태 확인·검사, 공중위생영업자의 위생관리의무 및 영업자준수사항 이행여부의 확인
㉢ 위생지도 및 개선명령 이행여부의 확인
㉣ 공중위생영업소의 영업의 정지, 일부 시설의 사용중지 또는 영업소 폐쇄명령 이행여부의 확인
㉤ 위생교육 이행여부의 확인

진짜 통째로 외워온 문제

위생관리의무 등을 위반한 공중위생영업자에게 위생지도를 하는 자는?

① 공중위생지도사　② 공중위생감시원
③ 위생관리지도원　④ 공중위생조사원

해설
시·도지사 또는 시장·군수·구청장은 위생관리의무 등을 위반한 공중위생영업자의 개선을 명할 수 있고, 위생지도 및 개선명령 업무를 행하기 위해 공중위생감시원을 둔다(공중위생관리법 제10조, 제15조).

정답 ②

확인! OX

식품위생법에 대한 설명이다. 옳으면 "O", 틀리면 "X"로 표시하시오.

1. 식품 등의 공전은 식품의약품안전처장이 작성, 보급한다. (　)
2. 식품의 조리에 직접 사용되는 기구는 사용 후에 세척·살균하는 등 항상 청결하게 유지·관리하여야 한다. (　)

정답 1. O 2. O

2. 영업

중요도 ★★★

(1) 영업의 종류(영 제21조)

① 식품제조·가공업 : 식품을 제조·가공하는 영업
② 즉석판매제조·가공업 : 식품을 제조·가공업소에서 직접 최종소비자에게 판매하는 영업
③ 식품첨가물제조업
㉠ 감미료·착색료·표백제 등의 화학적 합성품을 제조·가공하는 영업
㉡ 천연 물질로부터 유용한 성분을 추출하는 등의 방법으로 얻은 물질을 제조·가공하는 영업
㉢ 식품첨가물의 혼합제재를 제조·가공하는 영업

㉣ 기구 및 용기·포장을 살균·소독할 목적으로 사용되어 간접적으로 식품에 이행될 수 있는 물질을 제조·가공하는 영업

④ **식품운반업** : 직접 마실 수 있는 유산균음료(살균유산균음료를 포함)나 어류·조개류 및 그 가공품 등 부패·변질되기 쉬운 식품을 전문적으로 운반하는 영업. 다만, 해당 영업자의 영업소에서 판매할 목적으로 식품을 운반하는 경우와 해당 영업자가 제조·가공한 식품을 운반하는 경우는 제외한다.

⑤ **식품소분·판매업**

㉠ 식품소분업 : 식품 또는 식품첨가물의 완제품을 나누어 유통할 목적으로 재포장·판매하는 영업

㉡ 식품판매업 : 식용얼음판매업, 식품자동판매기영업, 유통전문판매업, 집단급식소 식품판매업, 기타 식품판매업

⑥ **식품보존업** : 식품조사처리업, 식품냉동·냉장업

⑦ **용기·포장류제조업** : 용기·포장지제조업, 옹기류제조업

⑧ **식품접객업** : 휴게음식점영업, 일반음식점영업, 단란주점영업, 유흥주점영업, 위탁급식영업, 제과점영업

⑨ **공유주방 운영업** : 여러 영업자가 함께 사용하는 공유주방을 운영하는 영업

(2) 식품접객업의 종류

휴게음식점영업	주로 다류, 아이스크림류 등을 조리·판매하거나 패스트푸드점, 분식점 형태의 영업 등 음식류를 조리·판매하는 영업으로서 음주행위가 허용되지 아니하는 영업
일반음식점영업	음식류를 조리·판매하는 영업으로서 식사와 함께 부수적으로 음주행위가 허용되는 영업
단란주점영업	주로 주류를 조리·판매하는 영업으로서 손님이 노래를 부르는 행위가 허용되는 영업
유흥주점영업	주로 주류를 조리·판매하는 영업으로서 유흥종사자를 두거나 유흥시설을 설치할 수 있고 손님이 노래를 부르거나 춤을 추는 행위가 허용되는 영업
위탁급식영업	집단급식소를 설치·운영하는 자와의 계약에 따라 그 집단급식소에서 음식류를 조리하여 제공하는 영업
제과점영업	주로 빵, 떡, 과자 등을 제조·판매하는 영업으로서 음주행위가 허용되지 아니하는 영업

(3) 허가를 받아야 하는 영업 및 허가관청(영 제23조)

① 식품조사처리업 : 식품의약품안전처장

② 단란주점영업과 유흥주점영업 : 특별자치시장·특별자치도지사 또는 시장·군수·구청장

(4) 영업신고를 하여야 하는 업종(영 제25조 제1항)

① 즉석판매제조·가공업

② 식품운반업

③ 식품소분·판매업

④ 식품냉동·냉장업

+괄호문제

다음 괄호 안에 알맞은 내용을 쓰시오.

① 제과점영업을 하려면 특별자치시·특별자치도, 시·군·구청에 (　)를 하여야 한다.

② 식품조사처리업은 (　)에게 영업허가를 받아야 한다.

| 정답 |

① 영업신고

② 식품의약품안전처장

확인! OX

식품위생법에서 정한 식품접객업에 대한 설명이다. 옳으면 "O", 틀리면 "X"로 표시하시오.

1. 식품소분업은 식품접객업에 속하지 않는다. (　)
2. 제과점은 식품접객업에 속한다. (　)

정답 1. O 2. O

⑤ 용기·포장류제조업

⑥ 휴게음식점영업, 일반음식점영업, 위탁급식영업, 제과점영업

3. 건강진단과 식품위생교육

중요도 ★★☆

(1) 건강진단(법 제40조)

① 영업자 및 그 종업원은 건강진단을 받아야 한다.

② 건강진단을 받은 결과 타인에게 위해를 끼칠 우려가 있는 질병이 있다고 인정된 자는 그 영업에 종사하지 못한다.

③ 다음 질병에 걸린 사람은 영업에 종사하지 못한다(규칙 제50조).

㉠ 결핵(비감염성인 경우는 제외)

㉡ 콜레라, 장티푸스, 파라티푸스, 세균성 이질, 장출혈성대장균감염증, A형간염

㉢ 피부병 또는 그 밖의 고름형성(화농성) 질환

㉣ 후천성면역결핍증

④ 건강진단 항목 등(식품위생 분야 종사자의 건강진단 규칙 제2조)

㉠ 건강진단 항목 : 장티푸스, 파라티푸스, 폐결핵

㉡ ①에 따른 영업자 및 그 종업원은 매 1년마다 건강진단을 받아야 한다.

㉢ 건강진단의 유효기간은 1년으로 하며, 직전 건강진단의 유효기간이 만료되는 날의 다음 날부터 기산한다.

㉣ 건강진단은 건강진단의 유효기간 만료일 전후 각각 30일 이내에 실시해야 한다. 다만, 식품의약품안전처장 또는 특별자치시장·특별자치도지사·시장·군수·구청장은 천재지변, 사고, 질병 등의 사유로 건강진단 대상자가 건강진단 실시기간 이내에 건강진단을 받을 수 없다고 인정하는 경우에는 1회에 한하여 1개월 이내의 범위에서 그 기한을 연장할 수 있다.

㉤ ㉣에도 불구하고 식품의약품안전처장이 감염병의 유행으로 인하여 실시기관에서 정상적으로 건강진단을 받을 수 없다고 인정하는 경우에는 해당 사유가 해소될 때까지 건강진단을 유예할 수 있다.

㉥ 건강진단의 유예기간 및 방법 등에 관하여 필요한 사항은 식품의약품안전처장이 정하여 공고한다.

(2) 식품위생교육(법 제41조)

① 영업자 및 유흥종사자를 둘 수 있는 식품접객업 영업자의 종업원은 매년 식품위생에 관한 교육을 받아야 한다.

② 영업을 하려는 자는 미리 식품위생교육을 받아야 한다.

③ 교육을 받아야 하는 자가 영업에 직접 종사하지 아니하거나 두 곳 이상의 장소에서 영업을 하는 경우에는 종업원 중에서 식품위생에 관한 책임자를 지정하여 영업자 대신 교육을 받게 할 수 있다.

+괄호문제

다음 괄호 안에 알맞은 내용을 쓰시오.

① 식품 또는 식품첨가물을 채취·제조·가공·조리·저장·운반 또는 판매하는 직접 종사자들은 건강진단을 (　)년에 (　)회 이상 받아야 한다.

② 식품위생 분야 종사자의 건강진단 유효기간은 (　)으로 한다.

| 정답 |

① 1, 1

② 1년

확인! OX

식품위생 분야 종사자의 위생에 대한 설명이다. 옳으면 "O", 틀리면 "X"로 표시하시오.

1. B형간염은 식품위생 분야 종사자가 건강진단을 받아야 하는 검사 항목에 속한다. (　)

2. 세균성 이질에 걸린 자는 영업에 종사해도 무방하다. (　)

정답 1. X 2. X

| 해설 |

1. 식품위생 분야 종사자의 건강진단 항목은 장티푸스, 파라티푸스, 폐결핵이다.
2. 영업에 종사하지 못하는 질병의 종류(규칙 제50조) : 결핵, 콜레라, 장티푸스, 파라티푸스, 세균성 이질, 장출혈성대장균감염증, A형간염, 피부병 또는 그 밖의 고름형성(화농성) 질환, 후천성면역결핍증

④ 조리사, 영양사, 위생사 면허를 받은 자가 식품접객업을 하려는 경우에는 식품위생교육을 받지 아니하여도 된다.

⑤ 식품위생 교육시간(규칙 제52조 제2항)

㉠ 8시간 : 식품제조·가공업, 식품첨가물제조업 및 공유주방 운영업을 하려는 자

㉡ 6시간 : 즉석판매제조·가공업 및 식품접객업을 하려는 자, 집단급식소를 설치·운영하려는 자

㉢ 4시간 : 식품운반업, 식품소분·판매업, 식품보존업, 용기·포장류제조업을 하려는 자

+ 괄호문제

다음 괄호 안에 알맞은 내용을 쓰시오.

① 식품제조·가공업을 하고자 하는 경우 (   )시간의 위생교육을 받아야 한다.

② 집단급식소를 설치·운영하려는 자는 (   )시간의 위생교육을 받아야 한다.

| 정답 |

① 8

② 6

진짜 통째로 외워온 문제

식품위생법상 위생교육에 관한 설명으로 옳지 않은 것은?

① 식품위생 영업자는 매년 위생교육을 받아야 한다.

② 면허가 있는 조리사는 식품접객업을 할 때에 위생교육을 받지 않아도 된다.

③ 위생교육 내용 및 교육비에 관하여 필요한 사항은 대통령령으로 정한다.

④ 부득이한 사유로 미리 식품위생교육을 받을 수 없는 경우 영업을 시작한 후에 위생교육을 받을 수 있다.

해설

위생교육의 내용, 교육비 및 교육 실시기관 등에 관하여 필요한 사항은 총리령으로 정한다(식품위생법 제41조 제8항).

① 식품위생법 제41조 제1항

② 식품위생법 제41조 제4항

④ 식품위생법 제41조 제2항

정답 ③

4. 조리사와 영양사

중요도 ★★★

(1) 조리사(법 제51조)

① 집단급식소 운영자와 대통령령으로 정하는 식품접객업자는 조리사를 두어야 한다. 다만, 다음의 어느 하나에 해당하는 경우에는 조리사를 두지 아니하여도 된다.

㉠ 집단급식소 운영자 또는 식품접객영업자 자신이 조리사로서 직접 음식물을 조리하는 경우

㉡ 1회 급식인원 100명 미만의 산업체인 경우

㉢ 영양사가 조리사의 면허를 받은 경우. 다만, 총리령으로 정하는 규모 이하의 집단급식소에 한정한다.

② 조리사의 면허를 받으려는 자는 조리사 면허증 발급·재발급신청서에 해당하는 서류를 첨부하여 특별자치시장·특별자치도지사·시장·군수·구청장에게 제출해야 한다(규칙 제80조 제1항).

확인! OX

조리사 면허에 대한 설명이다. 옳으면 "O", 틀리면 "X"로 표시하시오.

1. 조리사 면허를 받으려면 면허증 발급신청서를 식품의약품안전처장에게 제출해야 한다. (   )
2. B형간염 환자는 조리사 면허를 발급받을 수 있다. (   )

정답 1. X 2. O

| 해설 |

1. 조리사의 면허를 받으려는 자는 조리사 면허증 발급·재발급신청서에 해당하는 서류를 첨부하여 특별자치시장·특별자치도지사·시장·군수·구청장에게 제출해야 한다(규칙 제80조 제1항).

+ 괄호문제

다음 괄호 안에 알맞은 내용을 쓰시오.

① 식품위생법상 조리사 면허 취소처분을 받고 그 취소된 날부터 (   )년이 지나지 않은 경우 조리사 면허 결격사유에 해당한다.

② (   )기간 중에 조리사의 업무를 하는 경우 반드시 조리사 면허가 취소된다.

| 정답 |

① 1

② 업무정지

(2) 영양사(법 제52조)

집단급식소 운영자는 영양사를 두어야 한다. 다만, 다음에 해당하는 경우 영양사를 두지 아니하여도 된다.

① 집단급식소 운영자 자신이 영양사로서 직접 영양 지도를 하는 경우

② 1회 급식인원 100명 미만의 산업체인 경우

③ 조리사가 영양사의 면허를 받은 경우. 다만, 총리령으로 정하는 규모 이하의 집단급식소에 한정한다.

(3) 교육(법 제56조)

① 식품의약품안전처장은 식품위생 수준 및 자질의 향상을 위하여 필요한 경우 조리사와 영양사에게 교육을 받을 것을 명할 수 있다.

② 집단급식소에 종사하는 조리사와 영양사는 1년마다 교육을 받아야 한다.

③ 교육업무를 위탁받은 전문기관 또는 단체는 조리사 및 영양사에 대한 교육을 실시하고, 교육이수자 및 교육시간 등 교육실시 결과를 식품의약품안전처장에게 보고하여야 한다(영 제38조 제2항).

(4) 조리사 면허의 결격사유(법 제54조)

① 정신질환자

② 감염병환자(단, B형간염 환자는 제외)

③ 마약이나 그 밖의 약물 중독자

④ 조리사 면허의 취소처분을 받고 그 취소된 날부터 1년이 지나지 아니한 자

(5) 면허취소 등(법 제80조)

① 식품의약품안전처장 또는 특별자치시장・특별자치도지사・시장・군수・구청장은 조리사가 다음에 해당하면 그 면허를 취소하거나 6개월 이내의 기간을 정하여 업무정지를 명할 수 있다.

㉠ 법 제54조의 조리사 결격사유에 해당하게 되는 경우(반드시 취소)

㉡ 교육을 받지 아니한 경우

㉢ 식중독이나 그 밖에 위생과 관련한 중대한 사고 발생에 직무상의 책임이 있는 경우

㉣ 면허를 타인에게 대여하여 사용하게 한 경우

㉤ 업무정지기간 중에 조리사의 업무를 하는 경우(반드시 취소)

② 조리사가 그 면허의 취소처분을 받은 경우에는 지체 없이 면허증을 특별자치시장・특별자치도지사・시장・군수・구청장에게 반납하여야 한다(규칙 제82조).

③ 조리사에 대한 행정처분(규칙 [별표 23])

식중독이나 그 밖에 위생과 관련한 중대한 사고 발생에 직무상의 책임이 있는 경우	면허를 타인에게 대여하여 사용하게 한 경우
• 1차 위반 : 업무정지 1개월 • 2차 위반 : 업무정지 2개월 • 3차 위반 : 면허취소	• 1차 위반 : 업무정지 2개월 • 2차 위반 : 업무정지 3개월 • 3차 위반 : 면허취소

확인! OX

조리사의 행정처분에 대한 설명이다. 옳으면 "O", 틀리면 "X"로 표시하시오.

1. 조리사가 식중독과 관련한 중대한 사고 발생에 직무상 책임이 있는 경우 1차 위반 시의 행정처분은 업무정지 15일이다. (   )
2. 조리사 면허를 타인에게 대여하여 사용하게 한 경우 1차 위반 시 행정처분은 업무정지 2개월이다. (   )

정답 1. X 2. O

| 해설 |

1. 1차 위반 시 업무정지 1개월이다(규칙 [별표 23]).

제2절 HACCP 등의 개념 및 의의

1. HACCP(해썹)의 개요

중요도 ★★★

(1) HACCP의 개요(식품 및 축산물 안전관리인증기준 제2조)

① 정의 : 식품·축산물의 원료 관리, 제조·가공·조리·선별·처리·포장·소분·보관·유통·판매의 모든 과정에서 위해한 물질이 식품 또는 축산물에 섞이거나 식품 또는 축산물이 오염되는 것을 방지하기 위하여 각 과정의 위해요소를 확인·평가하여 중점적으로 관리하는 기준을 말한다.

② HACCP(Hazard Analysis and Critical Control Point)은 위해요소 분석(HA)과 중요관리점(CCP)으로 구성되어 있다.

㉠ 위해요소(Hazard) : 식품위생법에서 정하고 있는 인체의 건강을 해할 우려가 있는 생물학적, 화학적 또는 물리적 인자나 조건

㉡ 위해요소 분석(HA, Hazard Analysis) : 식품 안전에 영향을 줄 수 있는 위해요소와 이를 유발할 수 있는 조건이 존재하는지 여부를 판별하기 위하여 필요한 정보를 수집하고 평가하는 일련의 과정

㉢ 중요관리점(CCP, Critical Control Point) : 안전관리인증기준(HACCP)을 적용하여 식품의 위해요소를 예방·제거하거나 허용 수준 이하로 감소시켜 당해 식품의 안전성을 확보할 수 있는 중요한 단계·과정 또는 공정

㉣ 한계 기준(CL, Critical Limit) : 중요관리점에서의 위해요소 관리가 허용 범위 이내로 충분히 이루어지고 있는지 여부를 판단할 수 있는 기준이나 기준치

(2) HACCP 12절차 7원칙

단계	절차	설명	비고
1	HACCP팀 구성	HACCP팀을 설정하고, 수행 업무와 담당을 기재한다.	준비단계
2	제품설명서 작성	제품설명서에는 제품명, 제품유형, 품목제조보고 연월일, 작성연월일, 제품용도, 기타 필요한 사항이 포함되어야 한다.	
3	용도 확인	해당 식품의 의도된 사용방법 및 소비자를 파악한다.	
4	공정흐름도 작성	공정단계를 파악하고 공정흐름도를 작성한다.	
5	공정흐름도 현장 확인	작성된 공정흐름도가 현장과 일치하는지 검증한다.	
6	위해요소 분석	원료, 제조 공정 등에 대해 생물학적, 화학적, 물리적 위해를 분석한다.	원칙 1
7	중요관리점 결정	해당 제품의 원료나 공정에 존재하는 잠재적인 위해요소를 관리하기 위한 중점 관리요소를 결정한다.	원칙 2
8	한계 기준 설정	결정된 중요관리점에서 위해를 방지하기 위해 한계 기준을 설정한다.	원칙 3
9	모니터링 체계 확립	중점 관리요소를 효율적으로 관리하기 위한 모니터링 체계를 수립한다.	원칙 4
10	개선 조치방법 수립	CCP가 관리상태 위반 시 개선조치를 설정한다.	원칙 5
11	검증 절차 및 방법 수립	HACCP이 효과적으로 시행되는지를 검증하는 방법을 설정한다.	원칙 6
12	문서화 및 기록 유지	원칙 및 그 적용에 대한 문서화와 기록 유지방법을 설정한다.	원칙 7

+괄호문제

다음 괄호 안에 알맞은 내용을 쓰시오.

① (   )는 인체의 건강을 해할 우려가 있는 생물학적, 화학적 또는 물리적 인자나 조건을 말한다.

② (   )은 안전관리인증기준(HACCP)을 식품별로 정하여 고시한다.

| 정답 |

① 위해요소

② 식품의약품안전처장

확인! OX

HACCP 적용의 7원칙에 대한 설명이다. 옳으면 "O", 틀리면 "X"로 표시하시오.

1. HACCP팀 구성은 HACCP 적용의 7원칙에 해당된다. (   )
2. 공정흐름도 작성은 HACCP 적용의 7원칙에 해당된다. (   )

정답 1. X 2. X

| 해설 |

1. HACCP팀 구성은 준비단계로 절차 1에 해당된다.
2. 공정흐름도 작성은 준비단계로 절차 4에 해당된다.

+ 괄호문제

다음 괄호 안에 알맞은 내용을 쓰시오.

① (　)은 식품의 위해요소를 예방·제거하거나 허용 수준 이하로 감소시켜 당해 식품의 안전성을 확보할 수 있는 중요한 단계·과정 또는 공정이다.

② (　)은 중요관리점에서의 위해요소 관리가 허용 범위 이내로 충분히 이루어지고 있는지 여부를 판단할 수 있는 기준이나 기준치이다.

| 정답 |

① 중요관리점

② 한계 기준

진짜 통째로 외워온 문제

다음 HACCP 절차 설명 중 잘못된 것은?

① 파악된 위해요소를 예방, 제거 또는 허용 가능한 수준까지 감소시킬 수 있는 단계에서 중요관리점을 결정한다.

② 중요관리점에 해당되는 공정이 한계 기준을 벗어나지 않고 안정적으로 운영되도록 관리하기 위하여 모니터링 방법을 설정한다.

③ 준비단계인 절차 4단계에서 원료의 입고에서부터 완제품의 출하까지 모든 공정단계들을 파악하여 공정흐름도를 작성한다.

④ 모든 잠재적 위해요소 파악, 위해도 평가, 예방조치 확인 등의 위해요소 분석은 중요관리점 결정 후에 진행한다.

해설

위해요소 분석이 끝나면 잠재적인 위해요소를 관리하기 위한 중요관리점을 결정해야 한다.

정답 ④

(3) 영업자 등에 대한 교육훈련(식품 및 축산물 안전관리인증기준 제20조)

① 식품의약품안전처장은 안전관리인증기준(HACCP) 관리를 효과적으로 수행하기 위하여 안전관리인증기준(HACCP) 적용업소 영업자 및 종업원에 대하여 안전관리인증기준(HACCP) 교육훈련을 실시하여야 하며, 기타 안전관리인증기준(HACCP) 적용업소로 인증을 받고자 하는 자, 안전관리인증기준(HACCP) 평가를 수행할 자와 식품 또는 축산물위생 관련 공무원에 대하여 안전관리인증기준(HACCP) 교육훈련을 실시할 수 있다.

② 안전관리인증기준(HACCP) 적용업소 영업자 및 종업원이 받아야 하는 신규교육훈련 시간은 다음과 같다. 다만, 영업자가 안전관리인증기준(HACCP) 팀장 교육을 받은 경우에는 영업자 교육을 받은 것으로 본다.

식품	• 영업자 교육훈련 : 2시간 • 안전관리인증기준(HACCP) 팀장 교육훈련 : 16시간 • 안전관리인증기준(HACCP) 팀원, 기타 종업원 교육훈련 : 4시간
축산물	• 영업자 및 농업인 : 4시간 이상 • 종업원 : 24시간 이상 • 종업원을 고용하지 않고 영업을 하는 축산물운반업·식육판매업 영업자는 종업원이 받아야 하는 교육훈련을 수료하여야 하며, 이 경우 영업자가 받아야 하는 교육훈련은 받지 아니할 수 있다.

확인! OX

해썹 적용업소 영업자 교육훈련에 대한 설명이다. 옳으면 "O", 틀리면 "X"로 표시하시오.

1. 해썹 적용업소의 영업자 및 농업인은 매년 1회 이상 4시간 이상의 정기교육훈련을 받아야 한다. (　)
2. 종업원을 고용하지 않고 영업을 하는 축산물운반업 영업자는 종업원이 받아야 하는 교육훈련을 수료해야 한다. (　)

정답 1. O 2. O

③ 안전관리인증기준(HACCP) 적용업소의 안전관리인증기준(HACCP) 팀장, 안전관리인증기준(HACCP) 팀원 및 기타 종업원과 영업자 및 농업인은 식품의약품안전처장이 지정한 교육훈련기관에서 다음에 따라 정기교육훈련을 받아야 한다.

식품	• 매년 1회 이상 4시간 • 안전관리인증기준(HACCP) 팀원 및 기타 종업원 교육훈련은 「식품위생법 시행규칙」 제68조의4 제1항에 따른 내용이 포함된 교육훈련 계획을 수립하여 안전관리인증기준(HACCP) 팀장이 자체적으로 실시할 수 있으며, 조사・평가 결과가 그 총점의 95% 이상인 경우 다음 연도의 정기 교육훈련을 면제한다.
축산물	• 매년 1회 이상 총 4시간 이상 • 조사・평가 결과가 그 총점의 95% 이상인 점수에 해당하는 경우에는 다음 연도의 정기 교육훈련을 면제할 수 있다.

(4) 기록 보관(식품 및 축산물 안전관리인증기준 제8조)

「식품위생법」 및 「건강기능식품에 관한 법률」, 「축산물 위생관리법」에 따른 안전관리인증기준(HACCP) 적용업소는 관계 법령에 특별히 규정된 것을 제외하고는 이 기준에 따라 관리되는 사항에 대한 기록을 2년간 보관하여야 한다.

2. HACCP 대상 식품(식품위생법 시행규칙 제62조)

중요도★★☆

① 수산가공식품류의 어육가공품류 중 어묵・어육소시지
② 기타수산물가공품 중 냉동 어류・연체류・조미가공품
③ 냉동식품 중 피자류・만두류・면류
④ 과자류, 빵류 또는 떡류 중 과자・캔디류・빵류・떡류
⑤ 빙과류 중 빙과
⑥ 음료류(다류 및 커피류는 제외)
⑦ 레토르트식품
⑧ 절임류 또는 조림류의 김치류 중 김치
⑨ 코코아가공품 또는 초콜릿류 중 초콜릿류
⑩ 면류 중 유탕면 또는 곡분, 전분, 전분질원료 등을 주원료로 반죽하여 손이나 기계 따위로 면을 뽑아내거나 자른 국수로서 생면・숙면・건면
⑪ 특수용도식품
⑫ 즉석섭취・편의식품류 중 즉석섭취식품
⑬ 즉석섭취・편의식품류의 즉석조리식품 중 순대
⑭ 식품제조・가공업의 영업소 중 전년도 총 매출액이 100억원 이상인 영업소에서 제조・가공하는 식품

+ 괄호문제

다음 괄호 안에 알맞은 내용을 쓰시오.

① HACCP 적용업소는 기준에 따라 관리되는 사항에 대한 기록을 (　　)간 보관하여야 한다.
② 식품 및 축산물 안전관리인증기준을 제・개정하는 자는 (　　)이다.

| 정답 |
① 2년
② 식품의약품안전처장

확인! OX

HACCP 대상 식품에 대한 설명이다. 옳으면 "O", 틀리면 "X"로 표시하시오.

1. 과자・캔디류・빵류・떡류는 HACCP 의무적용 대상 식품이다. (　)
2. 껌류는 HACCP 의무적용 대상 식품이다. (　)

정답 1. O 2. X

| 해설 |
2. 껌류는 HACCP 의무적용 대상 식품에 해당되지 않는다(식품위생법 시행규칙 제62조 제1항).

제3절 공정별 위해요소 파악 및 예방

1. 공정별 위해요소 파악

(1) 식품 위해요소

① 식품 위해요소의 개념 : 인체에 위해를 줄 수 있는 생물학적, 화학적, 물리적 인자나 조건

② 생물학적 · 화학적 · 물리적 위해요소 파악

생물학적 위해요소	황색포도상구균, 살모넬라, 병원성대장균 등 식중독균
화학적 위해요소	중금속, 잔류 농약, 사용 금지된 식품첨가물 등
물리적 위해요소	금속조각, 비닐, 노끈 등

(2) 위해요소의 유입경로와 종류

① 위해요소의 유입경로 : 위해요소의 유입경로에는 환경오염, 원료오염, 원료 취급 부주의, 공정 결함, 작업환경 시설 미흡, 비위생적 행동, 교차오염 등이 있다.

② 위해요소의 종류

발생원	위해요소	특징 및 종류
공기	생물학적 위해요소	대장균 등
	화학적 위해요소	비식용 화학물질의 증기
물	생물학적 위해요소	보툴리누스균, 대장균, 살모넬라균, 바이러스 등
	화학적 위해요소	화학물질
	물리적 위해요소	유해성 이물
얼음	생물학적 위해요소	보툴리누스균, 대장균, 살모넬라균 등
	물리적 위해요소	이물
포장재	생물학적 위해요소	곰팡이, 병원균 증식, 세균, 효모 등
	화학적 위해요소	비식용 화학물질
	물리적 위해요소	이물

2. 공정별 위해요소 예방

(1) 식재료의 위생적 취급

① 식재료는 소비기한이 경과된 것, 보존상태가 나쁜 것은 저렴해도 구입하지 않는다.

② 냉장식품은 비냉장 상태인지, 냉동식품은 해동 흔적이 있는지 확인한다.

③ 통조림은 찌그러짐이나 팽창이 있어서는 안 된다.

④ 식재료는 반드시 재고수량을 파악한 후 적정량을 구입한다.

⑤ 보존한 식품은 선입선출 방식으로 사용하고, 판매 유효기간이 지난 상품은 반드시 버리며, 판매 유효기간 내에 있더라도 신선도가 떨어지는 것은 세균 증식이 진행될 우려가 있으므로 폐기한다.

+ 괄호문제

다음 괄호 안에 알맞은 내용을 쓰시오.

① 중금속, 사용 금지된 식품첨가물 등은 ( ) 위해요소에 속한다.

② 금속조각, 비닐, 노끈 등은 ( ) 위해요소에 속한다.

| 정답 |

① 화학적

② 물리적

확인! OX

식재료의 반품 판단 기준에 대한 설명이다. 옳으면 "O", 틀리면 "X"로 표시하시오.

1. 훈제류 식품의 진공포장이 풀린 경우 반품해야 한다. ( )
2. 소비기한이 지나 곰팡이가 생기거나 변색이 된 경우 반품해야 한다. ( )

정답 1. O 2. X

| 해설 |

2. 소비기한 이내에 곰팡이가 생기거나 변색이 된 경우 반품해야 한다. 단, 매장관리 부주의로 인한 경우는 제외한다.

⑥ 식재료의 반품 판단 기준

구분	내용
진공포장이 풀린 경우	훈제류
곰팡이가 생기거나 변색이 된 경우	소비기한 이내(단, 매장관리 부주의 제외)
봉지가 부풀어 팽창한 경우(소스류)	적정 온도에 보관하지 않은 제품 제외
소비기한이 지난 경우	매장관리 부주의 제외
캔류가 파괴되거나 내용물이 흐를 경우	제품불량 및 배송직원 부주의 시(당일 반품)

(2) 위생적인 식품 관리

① 취급하는 원료 보관실, 포장실, 제조 가공실 등의 내부는 청결하게 관리한다.
② 보관, 운반, 진열 시에는 보존 및 보관 기준에 적합하도록 한다.
③ 냉동, 냉장시설 및 운반시설은 정상적으로 작동시킨다.
④ 제조, 가공 또는 포장에 직접 종사하는 자는 위생모를 착용한다.
⑤ 제조, 가공, 조리에 사용되는 기계, 기구 음식기는 사용 후 살균, 세척하여 항상 청결하게 유지한다.
⑥ 칼, 도마, 행주 등은 미생물 권장 규격에 적합하도록 관리한다.
⑦ 식품 저장고에는 해충을 방지하고 동물 사육을 금지한다.
⑧ 식품에 이물질이 들어가지 않도록 밀봉한다.
⑨ 유지 식품은 일광을 차단하고 저온으로 보존한다.

(3) 식품 조리기구 관리

① 장비, 용기, 도구의 재질은 표면이 비독성이고, 소독약품 등에 잘 견뎌야 하며 녹슬지 않아야 한다.
② 주방장 또는 주방의 위생관리 담당자는 주방에서 사용하는 조리설비, 용기, 도구를 구매할 때나 부품을 교환할 때 구매 전에 구매하고자 하는 물건이 구매 사양과 일치하는지 확인한다.
③ 작업종료 후 지정한 인원은 매일 작업시작 전에 작업장의 모든 장비, 용기, 바닥을 물로 청소하고 식품 접촉 표면은 염소계 소독제 200ppm을 사용하여 살균한 후 습기를 제거한다.
④ 주방 용기와 도구는 세척 매뉴얼에 따라야 한다.

(4) 교차오염

① 교차오염의 정의
㉠ 오염구역과 비오염구역 간에 사람 또는 물건의 이동에 따른 오염의 전이가 발생하는 것
㉡ 오염되지 않은 식자재나 음식이 이미 오염된 음식 재료, 조리기구, 조리사와의 접촉으로 인해 미생물의 전이가 일어나는 것

+괄호문제

다음 괄호 안에 알맞은 내용을 쓰시오.

① 보존한 식품은 (　) 방식으로 사용한다.
② 씻지 않은 손으로 샌드위치를 만드는 경우 (　)이 발생할 수 있다.

| 정답 |
① 선입선출
② 교차오염

확인! OX

식품 취급 시 교차오염 예방에 대한 설명이다. 옳으면 "O", 틀리면 "X"로 표시하시오.

1. 칼, 도마를 식품별로 구분하여 사용한다. (　)
2. 조리 전의 육류와 채소류를 접촉되지 않도록 구분한다. (　)

정답 1. O 2. O

+괄호문제

다음 괄호 안에 알맞은 내용을 쓰시오.

① ( )은 음식이 생산되는 과정 중 미생물에 오염된 사람이나 식품으로 인해 다른 식품이 오염되는 것을 의미한다.

② 손과 손톱에 존재하는 식중독균은 교차오염의 원인이 되므로 식품 취급자는 수시로 ( )를 해야 한다.

| 정답 |

① 교차오염

② 손 씻기

확인! OX

식품조리 과정 시 교차오염 예방에 대한 설명이다. 옳으면 "O", 틀리면 "X"로 표시하시오.

1. 생선 다듬던 도마로 샐러드용 채소를 썰어도 된다. ( )
2. 조리된 음식은 맨손으로 취급한다. ( )

정답 1. X 2. X

| 해설 |

1. 칼, 도마를 식품별로 구분하여 사용한다.
2. 교차오염 관리를 위하여 조리된 음식 취급 시 맨손으로 작업하는 것을 피해야 한다.

② 교차오염의 원인

㉠ 조리하는 사람이 손을 제대로 씻지 않았을 경우

㉡ 조리도구를 식재료의 종류나 상태와 상관없이 같이 사용할 경우

㉢ 식재료에서 식재료로 옮겨가는 경우

㉣ 일반 구역과 청결 구역의 구획 구분이 안 된 경우

③ 교차오염의 예방

식품 취급 시	• 다량의 식품을 원재료 상태로 준비하는 과정에서 교차오염 발생 가능성이 높아진다. • 식재료의 전처리 과정에서 더욱 세심한 청결상태의 유지와 식재료의 관리가 필요하다. • 칼, 도마를 식품별로 구분하여 사용한다. • 조리 전의 육류와 채소류는 접촉되지 않도록 구분한다. • 원재료와 완성품을 구분하여 보관한다. • 바닥과 벽으로부터 일정 거리를 띄워 보관한다. • 식자재와 비식자재를 분리하여 보관한다. • 뚜껑이 있는 청결한 용기에 덮개를 덮어서 보관한다.
작업 시	• 개인 위생관리를 철저히 한다. • 손 씻기를 철저히 한다. • 조리된 음식 취급 시 맨손으로 작업하는 것을 피한다. • 화장실의 출입 후 손을 청결히 하도록 한다. • 위생복을 식품용과 청소용으로 구분하여 사용한다. • 위생장갑은 작업 변경 시 바꾸어 가면서 착용한다. • 작업 흐름을 일정한 방향으로 배치한다.

진짜 통째로 외워온 문제

식자재의 교차오염을 예방하기 위한 보관 방법으로 잘못된 것은?

① 뚜껑이 있는 청결한 용기에 덮개를 덮어서 보관

② 바닥과 벽으로부터 일정 거리를 띄워 보관

③ 원재료와 완성품을 구분하여 보관

④ 식자재와 비식자재를 함께 식품창고에 보관

해설

식자재의 교차오염을 예방하기 위해서는 식자재와 비식자재를 분리하여 보관한다.

정답 ④

제4절 식품첨가물

1. 식품첨가물의 개요

중요도 ★★★

(1) 식품첨가물의 정의(식품위생법 제2조 제2호)

① 식품을 제조·가공·조리 또는 보존하는 과정에서 감미, 착색, 표백 또는 산화방지 등을 목적으로 식품에 사용되는 물질을 말한다.

② 기구·용기·포장을 살균·소독하는 데에 사용되어 간접적으로 식품으로 옮아갈 수 있는 물질을 포함한다.

③ 식품 또는 식품첨가물에 관한 기준 및 규격(식품위생법 제7조 제1항)

식품의약품안전처장은 국민 건강을 보호·증진하기 위하여 필요하면 판매를 목적으로 하는 식품 또는 식품첨가물에 관한 다음의 사항을 정하여 고시한다.

㉠ 제조·가공·사용·조리·보존 방법에 관한 기준

㉡ 성분에 관한 규격

(2) 식품첨가물의 구비조건

① 사용방법이 간편하고 미량으로도 충분한 효과가 있어야 한다.

② 독성이 적거나 없으며 인체에 유해한 영향을 미치지 않아야 한다.

③ 물리적·화학적 변화에 안정해야 한다.

④ 사용이 간편하고 값이 저렴해야 한다.

⑤ 식품에 나쁜 변화를 주지 말아야 한다.

⑥ 식품의 영양가를 유지해야 한다.

⑦ 무미, 무취, 자극성이 없어야 한다.

⑧ 공기, 빛, 열에 안정적이어야 한다.

⑨ 식품 성분 등으로 그 첨가물을 확인할 수 있어야 한다.

⑩ 변패를 일으키는 각종 미생물 증식을 억제할 수 있어야 한다.

(3) 식품첨가물의 안전성 평가

급성독성시험	• 실험대상 동물에게 대상 물질을 1회만 투여하여 단기간에 독성의 영향 및 급성 중독증상 등을 관찰하는 방법 • 반수치사량(Lethal Dose 50%, LD_{50})과 치사량(Lethal Dose, LD) 방식이 있다.
아급성독성시험	실험대상 동물 수명의 10분의 1 정도의 기간에 걸쳐 치사량 이하의 여러 용량으로 연속 경구투여하여 사망률 및 중독증상을 관찰하는 방법
만성독성시험	• 식품첨가물의 독성 평가를 위해 가장 많이 사용하고 있으며, 대상 물질을 장기간 투여했을 때 어떤 장해나 중독이 일어나는가를 알아보는 시험 • 목적 : 식품첨가물이 실험대상 동물에게 어떤 영향도 주지 않는 최대의 투여량인 최대무작용량을 구하는 것

+ 괄호문제

다음 괄호 안에 알맞은 내용을 쓰시오.

① 식품첨가물의 규격과 사용기준은 (　　)이 지정한다.

② 식품위생법상 (　　)은 식품을 제조·가공·조리 또는 보존하는 과정에서 감미, 착색, 표백 또는 산화방지 등을 목적으로 식품에 사용되는 물질이다.

| 정답 |

① 식품의약품안전처장

② 식품첨가물

확인! OX

식품첨가물의 조건에 대한 설명이다. 옳으면 "O", 틀리면 "X"로 표시하시오.

1. 다량 사용으로 효과가 있어야 한다. (　)
2. 변패를 일으키는 각종 미생물 증식을 억제할 수 있어야 한다. (　)

정답 1. X 2. O

| 해설 |

1. 식품첨가물은 사용방법이 간편하고 미량으로도 충분한 효과가 있어야 한다.

2. 식품첨가물의 종류

(1) 보존성을 높이는 식품첨가물

보존료 (방부제)	• 미생물 생육을 억제하여 식품의 변질·부패를 막고 신선도를 유지시키기 위해 사용하는 첨가물 • 데하이드로초산(dehydroacetic acid) : 치즈, 버터, 마가린 등 • 소브산(sorbic acid) : 치즈류, 식육가공품, 어육가공품류, 젓갈류 등 • 안식향산(benzoic acid) : 탄산음료, 간장, 잼류 등 • 프로피온산(propionic acid) : 빵류, 치즈류, 잼류
살균제 (소독제)	• 식품의 부패 원인균 또는 감염병 등의 병원균을 사멸시키기 위하여 사용하는 첨가물 • 과산화초산, 차아염소산나트륨 등
산화방지제 (항산화제)	• 유지의 산패 및 식품 성분의 산화를 방지하기 위하여 사용하는 첨가물 • 천연 산화방지제 : 비타민 E(토코페롤), 비타민 C(아스코브산), 고시폴, 세사몰 • 인공 산화방지제 – 수용성 : 에리토브산, 에리토브산나트륨 – 지용성 : BHA(뷰틸하이드록시아니솔), BHT(다이뷰틸하이드록시톨루엔), 몰식자산프로필

(2) 기호성과 관능을 만족시키기 위한 식품첨가물

착색료	식품에 색을 부여하거나 복원시키는 식품첨가물 예 식용색소녹색제3호, 식용색소녹색제3호알루미늄레이크, 식용색소적색제3호, 식용색소적색제40호, 식용색소적색제40호알루미늄레이크 등 ※ 식용색소의 병용 기준 : 식용색소녹색제3호 및 그 알루미늄레이크, 식용색소적색제2호 및 그 알루미늄레이크, 식용색소적색제3호, 식용색소적색제40호 및 그 알루미늄레이크, 식용색소적색제102호, 식용색소청색제1호 및 그 알루미늄레이크, 식용색소청색제2호 및 그 알루미늄레이크, 식용색소황색제4호 및 그 알루미늄레이크, 식용색소황색제5호 및 그 알루미늄레이크를 2종 이상 병용할 경우, 각각의 식용색소에서 정한 사용량 범위 내에서 사용하여야 하고 병용한 식용색소의 합계는 규정된 식품유형별 사용량 이하이여야 한다.
발색제	식품의 색을 고정하거나 선명하게 하기 위한 첨가물 예 아질산나트륨, 질산나트륨, 질산칼륨
감미료	식품에 감미를 부여하는 첨가물 예 사카린나트륨, D-소비톨, 아스파탐, 스테비올배당체 등
향미증진제	식품의 맛 또는 향미를 증진시키는 식품첨가물 예 L-글루탐산나트륨, 나린진, 베타인, 탄닌산
산도조절제 (산미료)	식품의 산도 또는 알칼리도를 조절하는 식품첨가물 예 구연산, 주석산, 젖산, 초산, 호박산
표백제	식품의 본래의 색을 없애거나 퇴색을 방지하기 위하여 사용하는 첨가물 예 아황산나트륨, 무수아황산
착향료	식품 자체의 냄새를 없애거나 강화시키기 위해 사용되는 첨가물 예 • 천연향료 : 레몬오일, 오렌지오일, 천연과즙 등 • 합성향료 : 벤질알코올, 바닐린

+ 괄호문제

다음 괄호 안에 알맞은 내용을 쓰시오.

① (　)는 식품의 색을 선명하게 하기 위한 식품첨가물이다.

② (　)는 유지의 산패 및 식품의 산화로 인한 품질 저하를 방지하는 식품첨가물이다.

| 정답 |

① 발색제

② 산화방지제

확인! OX

식품첨가물에 대한 설명이다. 옳으면 "O", 틀리면 "X"로 표시하시오.

1. 보존료는 단기간 동안만 강력한 효력을 나타내야 한다. (　)
2. BHA, BHT, 몰식자산프로필, 비타민 C, 비타민 E, 세사몰, 고시폴 등은 산화방지제이다. (　)

정답 1. X 2. O

| 해설 |

1. 보존료는 장기간 효력을 나타내야 한다.

진짜 통째로 외워온 문제

빵, 케이크류에 사용이 허가된 보존료는?

① 탄산암모늄　② 탄산수소나트륨
③ 프로피온산　④ 폼알데하이드

해설
프로피온산은 빵 및 케이크류에 사용할 수 있도록 허가되어 있다. 부패의 원인이 되는 곰팡이나 부패균에 유효하며, 발효에 필요한 효모에는 작용하지 않는다.

정답 ③

(3) 식품의 품질 유지 및 개량을 위한 첨가물

밀가루 개량제	밀가루의 표백과 숙성기간을 단축시키고, 제빵 효과 및 저해 물질을 파괴시키기 위하여 사용되는 첨가물 예 과산화벤조일, 과황산암모늄, 이산화염소
피막제	과일, 채소의 신선도 유지를 위해 표면 처리하는 식품첨가물 예 초산비닐수지, 몰포린지방산염
호료 (증점제)	식품의 점착성을 증가시켜 유화안전성을 좋게 하기 위해 사용되는 첨가물 예 알긴산나트륨, 카제인나트륨
유화제	서로 혼합이 잘 되지 않는 두 종류의 액체를 유화시키기 위하여 사용하는 첨가물 예 대두인지질(레시틴), 자당지방산에스테르(지방산에스터)
이형제	빵이 형틀에 달라붙지 않게 하고 모양을 그대로 유지하기 위해 사용하는 첨가물 예 유동파라핀

(4) 식품의 제조 과정에서 필요한 첨가물

팽창제	빵이나 과자를 만들 때 가스를 발생시켜 부풀게 함으로써 연하고 맛이 좋게 하기 위해 사용하는 첨가물 예 • 인공팽창제 : 탄산수소나트륨, 탄산수소암모늄, 탄산암모늄 • 천연팽창제 : 이스트, 효모
소포제	식품의 제조 과정에서 생기는 거품을 소멸·억제할 목적으로 사용되는 첨가물 예 규소수지(실리콘수지)
추출용제	식품의 원료 물질에서 특정한 성분을 추출하기 위해 사용되는 첨가물 예 헥산, 초산에틸
껌기초제	껌에 적당한 점성과 탄력성을 갖게 하여 그 풍미를 유지시키기 위한 첨가물 예 초산비닐수지, 에스테르검(에스터검)

(5) 식품의 영양 강화를 위한 첨가물

영양강화제	식품의 영양학적 품질을 유지하기 위해 제조공정 중 손실된 영양소를 복원하거나, 영양소를 강화시키는 식품첨가물 예 5′-구아닐산이나트륨, L-글루타민, L-메티오닌

+ 괄호문제

다음 괄호 안에 알맞은 내용을 쓰시오.

① 미생물에 의한 부패나 변질을 방지하고 화학적인 변화를 억제하며 보존성을 높이고 영양가 및 신선도를 유지하는 목적으로 첨가하는 것은 (　)이다.
② (　)은 빵 및 케이크류에 사용된 허가된 보존료이다.

| 정답 |
① 보존료
② 프로피온산

확인! OX

식품첨가물의 종류에 대한 설명이다. 옳으면 "O", 틀리면 "X"로 표시하시오.

1. 안식향산은 과자, 비스킷, 카스텔라 등을 부풀게 하기 위한 팽창제로 사용되는 식품첨가물이다. (　)
2. 밀가루의 표백과 숙성기간을 단축시키기 위해 사용되는 첨가물은 개량제이다. (　)

정답 1. X　2. O

| 해설 |
1. 안식향산은 미생물 생육을 억제하여 식품의 변질·부패를 막고 신선도를 유지시키기 위해 사용하는 보존료이다.

(6) 사용 금지된 유해 식품첨가물

유해 표백제	론갈리트, 삼염화질소
유해 감미료	• 에틸렌글리콜 : 자동차 부동액 • 페릴라틴 : 설탕의 2,000배 감미, 염증 유발 • 사이클라메이트 : 설탕의 40~50배 감미, 암 유발 • 둘신 : 설탕의 250배 감미 • 나이트로(니트로)-올소-톨루이딘 : 설탕의 200배 감미(살인당, 원폭당)
유해 방부제	붕산, 불소화합물, 승홍, 폼알데하이드
유해 착색료	• 아우라민 : 염기성 황색색소, 단무지, 카레에 사용되었으나 독성으로 사용 금지됨 • 로다민 B : 분홍색의 염기성 색소로 어육제품, 붉은 생강에 사용되었으며 구토, 설사, 복통을 일으킴

진짜 통째로 외워온 문제

다음 중 사용이 허가되지 않은 유해 감미료는?

① 사카린
② 아스파탐
③ 만니톨
④ 둘신

해설
둘신은 사용이 금지된 감미료로, 체내에서 분해되면 혈액독을 일으키는 무색결정의 인공 감미료이다.

정답 ④

+ 괄호문제

다음 괄호 안에 알맞은 내용을 쓰시오.

①(　)은 단무지, 카레에 사용되었으나 독성으로 사용 금지된 유해 착색료이다.
②(　)는 어육제품, 붉은 생강에 사용되는 분홍색 염기성 색소로, 사용 금지된 유해 착색료이다.

| 정답 |
① 아우라민
② 로다민 B

확인! OX

식품첨가물에 대한 설명이다. 옳으면 "O", 틀리면 "X"로 표시하시오.

1. 사카린나트륨, 아스파탐, 스테비오사이드는 허용 감미료이다. (　)
2. 둘신, 아우라민은 유해성 식품첨가물이다. (　)

정답 1. O 2. O

CHAPTER 02

개인 위생관리

10% 출제율

출제포인트
- 개인 위생관리
- 식중독의 종류, 특성 및 예방 방법
- 감염병의 종류, 특성 및 예방 방법

제1절 개인 위생관리

1. 개인 위생관리 수칙과 기준

중요도 ★★★

(1) 개인 위생관리 수칙

① 작업장에 입실 전에 지정된 보호구(모자, 작업복, 앞치마, 신발, 장갑, 마스크 등)를 청결한 상태로 착용한다.

② 위생장갑은 반드시 손을 씻고 착용하고 작업이 바뀔 때마다 교체한다.

③ 모든 종업원은 작업 전에 손(장갑), 신발을 세척하고 소독한다.

④ 앞치마는 세척 · 소독 후 착용하고 항상 청결한 상태를 유지하며 전처리용, 조리용, 배식용, 세척용으로 구분하여 사용한다.

⑤ 남자 종업원은 수염을 기르지 말고, 매일 면도를 한다.

⑥ 손톱은 짧게 깎고, 매니큐어 및 짙은 화장은 금한다.

⑦ 작업장 내에는 음식물, 담배, 장신구 및 기타 불필요한 개인용품의 반입을 금한다.

⑧ 작업장 내에서는 흡연행위, 껌 씹기, 음식물 먹기 등의 행위를 금한다.

⑨ 작업장 내에서는 지정된 이동경로를 따라서 이동한다.

⑩ 출입은 반드시 지정된 출입구를 이용하며, 허가받지 않은 인원은 출입할 수 없다.

⑪ 작업장에서 사용하는 모든 설비 및 도구는 항상 청결한 상태로 정리, 정돈한다.

⑫ 작업장 내에서의 교차오염 또는 이차오염의 발생을 방지하여야 한다.

(2) 조리작업에 참여하면 안 되는 경우

① 음식물을 통해 전염될 수 있는 병원균을 보유하고 있는 경우

② 설사, 구토, 황달, 기침, 콧물, 가래, 오한, 발열 등의 증상이 있는 경우

③ 위장염 증상, 부상으로 인한 화농성 질환, 피부병, 베인 부위가 있는 경우

④ 전염성 질환을 보유하고 있는 작업자와 보균자

⑤ 작업 중 칼에 베이거나 손에 상처, 곪은 상처 등이 생기면 상처 부위에 식중독을 유발할 수 있는 황색포도상구균의 오염 가능성이 있으므로, 식품위생 책임자의 지시에 따른다.

기출 키워드

개인 위생관리 수칙, 개인 위생관리 기준, 손 씻기, 개인 복장관리, 식중독의 정의, 식중독에 관한 조사 · 보고, 식중독 대처방법, 식중독 사고 위기대응 단계, 세균성 식중독, 살모넬라 식중독, 장염비브리오 식중독, 황색포도상구균 식중독, 클로스트리듐 보툴리누스균, 알레르기성 식중독, 경구감염병과 세균성 식중독, 식중독균 사멸 조건, 자연독 식중독, 곰팡이독 식중독, 화학적 식중독, 감염병 발생의 3대 요소, 병원소, 장티푸스 예방책, 경구감염병, 바이러스성 감염병, 법정감염병, 인수공통감염병, 브루셀라(파상열), 탄저

2. 개인위생과 복장관리

(1) 손 씻기

① 손은 모든 표면과 직접 접촉하는 부위로 각종 세균과 바이러스를 전파시킨다.

② 손 씻는 순서 : 따뜻한 물로 손을 적신다. → 손에 비누칠을 한다. → 양손을 30초간 문지른다. → 깨끗한 손톱솔을 사용하여 손톱을 세척한다. → 43℃의 온수로 깨끗하게 헹군다. → 1회용 종이타월이나 자동건조기 등으로 건조시킨다.

③ 식품 취급 관리자는 작업 중 2시간마다 손을 씻는다.

④ 손을 씻어야 하는 경우
- ㉠ 음식물을 만지기 전
- ㉡ 기구나 설비를 사용하기 전후
- ㉢ 원재료 식품의 취급 전후
- ㉣ 더러워진 작업장의 표면을 접촉한 후
- ㉤ 작업공정이 바뀌거나 오염 작업구역에서 비오염 작업구역으로 이동하는 경우
- ㉥ 재채기, 기침을 한 후
- ㉦ 귀, 코, 입, 머리와 같은 신체 부위를 접촉한 후
- ㉧ 담배를 피우거나 껌을 씹은 후
- ㉨ 화장실에 다녀온 후

(2) 개인 복장관리

두발	항상 단정하게 묶어 뒤로 넘기고 두건 안으로 넣는다.
화장	화장은 진하게 하지 않으며 향이 강한 향수는 사용하지 않는다.
위생복	위생복 착용지침서에 따라 청결한 위생복을 착용한다.
장신구	화려한 귀걸이, 목걸이, 손목시계, 반지 등을 착용하지 않는다.
앞치마	리본으로 묶어 주며, 더러워지면 바로 교체한다.
손톱	손톱은 짧고 항상 청결하게 유지하고, 상처가 있으면 밴드로 붙인다.
작업화	굽이 낮고 미끄럼 방지 처리된 것을 착용하며 외부용 신발과 구별하여 관리한다.
위생모	근무 중에는 반드시 깊이 정확하게 착용한다.

진짜 통째로 외워온 문제

개인 위생관리에 대한 설명으로 옳은 것은?

① 시간을 확인할 수 있도록 손목시계를 착용한다.
② 위생복 착용지침서에 따라 위생복을 착용한다.
③ 제조 과정 중 메모할 수 있도록 작업대에 메모지와 펜을 준비한다.
④ 품질이 좋은 1회용 장갑은 여러 번 써도 된다.

해설

작업자는 시계, 반지 등 장신구를 착용하지 말아야 하며, 1회용 장갑은 작업이 바뀔 때마다, 손을 씻을 때마다 교체해야 한다. 작업대 위에는 교차오염을 방지하기 위해서 메모지와 펜을 놓지 않는다.

정답 ②

+괄호문제

다음 괄호 안에 알맞은 내용을 쓰시오.

① 작업화는 굽이 낮고 (   ) 처리된 것을 착용하며 외부용 신발과 구별하여 관리한다.
② 손에 상처, 곪은 상처 등이 생기면 상처 부위에 식중독을 유발할 수 있는 (   )의 오염 가능성이 있기 때문에 식품위생 책임자의 지시에 따른다.

| 정답 |
① 미끄럼 방지
② 황색포도상구균

확인! OX

식품 취급 작업자의 개인 위생관리에 대한 설명이다. 옳으면 "O", 틀리면 "X"로 표시하시오.

1. 식품 취급 작업자는 2시간마다 손을 세척해야 한다. (   )
2. 작업 중 껌을 씹지 않는다. (   )

정답 1. O 2. O

제2절 식중독의 종류, 특성 및 예방 방법

1. 식중독의 개요

중요도 ★★★

(1) 식중독의 정의

식중독이란 식품 섭취로 인하여 인체에 유해한 미생물 또는 유독물질에 의하여 발생하였거나 발생한 것으로 판단되는 감염성 질환 또는 독소형 질환을 말한다(식품위생법 제2조 제14호).

(2) 식중독에 관한 조사·보고(식품위생법 제86조)

① 다음에 해당하는 자는 지체없이 관할 특별자치시장·시장·군수·구청장에게 보고하여야 한다. 이 경우 의사나 한의사는 대통령령으로 정하는 바에 따라 식중독 환자나 식중독이 의심되는 자의 혈액 또는 배설물을 보관하는 데에 필요한 조치를 하여야 한다.

㉠ 식중독 환자나 식중독이 의심되는 자를 진단하였거나 그 사체를 검안한 의사 또는 한의사

㉡ 집단급식소에서 제공한 식품 등으로 인하여 식중독 환자나 식중독으로 의심되는 증세를 보이는 자를 발견한 집단급식소의 설치·운영자

② 특별자치시장·시장·군수·구청장은 ①에 따른 보고를 받은 때에는 지체없이 그 사실을 식품의약품안전처장 및 시·도지사에게 보고하고, 대통령령으로 정하는 바에 따라 원인을 조사하여 그 결과를 보고하여야 한다.

③ 식품의약품안전처장은 ②에 따른 보고의 내용이 국민 건강상 중대하다고 인정하는 경우에는 해당 시·도지사 또는 시장·군수·구청장과 합동으로 원인을 조사할 수 있다.

④ 식품의약품안전처장은 식중독 발생의 원인을 규명하기 위하여 식중독 의심환자가 발생한 원인시설 등에 대한 조사절차와 시험·검사 등에 필요한 사항을 정할 수 있다.

+ 괄호문제

다음 괄호 안에 알맞은 내용을 쓰시오.

① 식품위생법상 식중독은 식품 섭취로 인하여 인체에 유해한 미생물 또는 유독물질에 의하여 발생하였거나 발생한 것으로 판단되는 (　) 질환 또는 (　) 질환을 말한다.

② 식품위생법상 식중독 환자나 식중독이 의심되는 자를 진단하였거나 그 사체를 검안한 의사 또는 한의사는 관할 특별자치시장·(　)·(　)·(　)에게 보고하여야 한다.

| 정답 |

① 감염성, 독소형

② 시장, 군수, 구청장

확인! OX

식중독 발생 시 대처사항에 대한 설명이다. 옳으면 "O", 틀리면 "X"로 표시하시오.

1. 의사는 환자의 식중독이 확인되는 대로 행정기관에 보고한다. (　)
2. 식중독 추정 원인 식품은 발견 즉시 폐기한다. (　)

정답 1. O 2. X

| 해설 |

2. 식중독 추정 원인 식품은 감염경로 파악을 위한 중요한 자료이므로 폐기하지 않고 검사기관에 보낸다.

+ 괄호문제

다음 괄호 안에 알맞은 내용을 쓰시오.

① 추가 환자 정보 제공은 식중독 대처 방법 중 (   )에 포함된다.

② 전국에서 동시에 원인불명의 식중독이 확산되는 경우는 식중독 사고 위기대응 단계 중 (   )단계에 해당된다.

| 정답 |

① 후속 조치

② 경계(Orange)

(3) 식중독 대처

① 식중독이 의심되면 즉시 진단을 받는다.

② 의사는 환자의 식중독이 확인되는 대로 관할 행정기관에 보고한다.

③ 행정기관은 신속·정확하게 상부 행정기관에 보고하는 동시에 추정 원인 식품을 수거하여 검사기관에 보낸다.

④ 역학조사를 실시하여 원인 식품과 감염경로를 파악하여 국민에게 주지시킴으로써 식중독의 확대를 막는다.

⑤ 수집된 자료는 예방대책 수립에 활용한다.

⑥ 식중독 발생 시 대처 방법

구분	세부 내용
현장 조치	• 건강진단 미실시자, 질병에 걸린 환자 조리 업무 중지 • 영업 중단 • 오염시설 사용 중지 및 현장 보존
후속 조치	• 질병에 걸린 환자 치료 및 휴무 조치 • 추가 환자 정보 제공 • 시설 개선 즉시 조치 • 전처리, 조리, 보관, 해동관리 철저
예방 사후관리	• 작업 전 종사자 건강 상태 확인 • 주기적인 종사자 건강진단 실시 • 위생교육 및 훈련 강화 • 조리 위생수칙 준수 • 시설, 기구 등 위생상태 주기적 확인

(4) 식중독 사고 위기대응 단계

구분	세부 내용
관심(Blue) 단계	• 소규모 식중독이 다수 발생하거나 식중독 확산 우려가 있는 경우 • 특정 시설에서 연속 또는 간헐적으로 5건 이상 또는 50인 이상의 식중독 환자가 발생 • 신속한 식중독 원인 조사 실시, 발생업소 소독 및 추가 환자 발생 여부 모니터링 • 감염원·감염경로 조사분석, 식중독 발생 확산 여부 검토 및 대응, 식약처 원인조사반 출동
주의(Yellow) 단계	• 여러 시설에서 동시다발적으로 환자가 발생할 우려가 높거나 발생하는 경우 • 동일 식재료 업체나 위탁급식업체가 납품·운영하는 여러 급식소에서 환자가 동시 발생 • 위기대책본부 가동, 식중독 '주의' 경보 발령, 급식 위생관리 강화, 의심 식재료 사용 자제 요청, 추적 조사, 조사 진행사항 및 예방수칙 등 언론 보도
경계(Orange) 단계	• 전국에서 동시에 원인불명의 식중독 확산 • 특정 시설에서 전체 급식 인원의 50% 이상 환자 발생 • 대국민 식중독 '경계' 경보 발령, 의심 식재료 잠정 사용 중단 조치, 관계기관 대응 조치 강화 및 홍보
심각(Red) 단계	• 식품 테러, 천재지변 등으로 대규모 환자 또는 사망자 발생 • 독극물 등 식품 테러로 인한 식재료 오염으로 대규모 환자나 사망자가 발생할 우려가 있는 경우 • 대국민 식중독 '심각' 경보 발령, 의심 식재료 회수·폐기, 관계기관 위기 대응, 긴급구호물자 공급, 대국민 홍보

확인! OX

식중독 대처 방법에 대한 설명이다. 옳으면 "O", 틀리면 "X"로 표시하시오.

1. 식중독 사고 위기대응 단계는 관심, 주의, 경계, 통합 단계이다. (   )
2. 오염시설 사용 중지는 식중독 대처 방법 중 후속 조치에 포함된다. (   )

정답 1. X 2. X

| 해설 |

1. 식중독 사고 시 위기대응 단계는 관심(Blue), 주의(Yellow), 경계(Orange), 심각(Red)단계이다.
2. 오염시설 사용 중지는 식중독 대처 방법 중 현장 조치에 포함된다.

진짜 통째로 외워온 문제

식중독 발생의 주요 경로인 배설물-구강-오염경로(fecal-oral route)를 차단하기 위한 방법으로 가장 적합한 것은?

① 손 씻기 등 개인위생 지키기
② 음식물 철저히 가열하기
③ 조리 후 빨리 섭취하기
④ 남은 음식물 냉장 보관하기

해설

'배설물-구강-오염경로'는 사람의 대변에 있는 병원체가 다른 사람의 입으로 들어가 병을 옮기는 경로로, 주된 원인은 야외 배변과 개인위생 소홀이다. 흙이나 물이 대변에 오염되면 수인성 질병이나 토양 매개 질병을 옮길 수 있다. 화장실에 다녀온 후나 아기 기저귀를 갈고 나서 손 씻기를 제대로 하면 식중독을 예방할 수 있다.

정답 ①

+ 괄호문제

다음 괄호 안에 알맞은 내용을 쓰시오.

① (　　)은 쥐나 곤충류에 의해 발생될 수 있는 식중독이다.
② 장염 비브리오 식중독은 세균성 식중독 중 (　　) 식중독에 속한다.

| 정답 |
① 살모넬라 식중독
② 감염형

2. 식중독의 종류, 특성 및 예방 방법

중요도 ★★★

(1) 세균성 식중독

① 세균성 식중독의 특징
　㉠ 가장 발생 빈도가 높으며, 발병을 위해서는 다량의 균이 필요하다.
　㉡ 전염성이 거의 없고 잠복기가 짧다.
　㉢ 식품에 오염된 원인균(감염형) 또는 균이 생성한 독소(독소형)에 의해 발생한다.
　㉣ 세균성 식중독은 대부분 급성위장염 증상이 나타난다.
② 감염형 식중독 : 세균이 증식한 식품을 섭취하여 발병한다.
　㉠ 살모넬라 식중독

원인균	• 살모넬라균, 인수공통적 특성 • 10만 이상의 살모넬라균을 다량으로 섭취 시 발병
원인	사람, 가축, 가금, 설치류, 애완동물, 야생동물 등
증상 및 잠복기	• 증상 : 급성 위장염, 구토, 설사, 복통, 발열, 수양성 설사 • 잠복기 : 6~72시간
원인 식품	• 달걀, 식육 및 그 가공품, 가금류, 닭고기, 생채소 등 • 2차 오염된 식품에서도 식중독 발생 • 광범위한 감염원
예방법	• 60℃에서 20분간 가열로 사멸 • 식육의 생식을 금하고 이들에 의한 교차오염 주의 • 올바른 방법으로 달걀 취급 및 조리 • 철저한 개인위생 준수

확인! OX

세균성 식중독의 특징에 대한 설명이다. 옳으면 "O", 틀리면 "X"로 표시하시오.

1. 극소량의 균으로도 발병이 가능하다. (　)
2. 전염성이 거의 없고 잠복기가 짧다. (　)

정답 1. X 2. O

| 해설 |
1. 세균성 식중독은 가장 발생 빈도가 높으며, 발병을 위해서는 다량의 균이 필요하다.

ⓛ 장염 비브리오 식중독

원인균	비브리오균, 3~4%의 식염 농도에서 잘 자라는 호염성 세균
원인	게, 조개, 굴, 새우, 가재, 패주 등 갑각류
증상 및 잠복기	• 증상 : 급성위장염 질환, 설사, 원발성 비브리오 패혈증 및 봉소염 • 잠복기 : 8~24시간이며 발병되면 15~20시간 지속
원인 식품	• 제대로 가열되지 않은 어패류 및 그 가공품, 2차 오염된 도시락, 채소 샐러드 등의 복합 식품 • 오염된 어패류에 닿은 조리기구와 손가락 등을 통한 교차오염
예방법	• 어패류의 저온 보관 • 교차오염 주의 • 환자나 보균자의 분변 주의 • 60℃에서 5분, 55℃에서 10분 가열 시 사멸하므로 식품을 가열 조리

ⓒ 병원성대장균 식중독

원인균	병원성대장균(O-157:H7 등)
원인	환자나 가축의 분변
증상 및 잠복기	• 증상 : 구토, 설사, 복통, 발열, 발한, 혈변 • 5세 이하의 유아 및 노인, 면역 체계 이상자에게 특히 위험 • 잠복기 : 4~96시간
원인 식품	• 살균되지 않은 우유 • 덜 조리된 쇠고기 및 관련 제품
예방법	• 식품이나 음용수의 가열 • 철저한 개인 위생관리 • 주변 환경의 청결 • 분변에 의한 식품 오염 방지

③ 독소형 식중독 : 원인균의 증식 과정에서 생성된 독소에 의해 발병한다.

㉠ 황색포도상구균 식중독

원인균	• 황색포도상구균 • 장독소 : 엔테로톡신(내열성이 있어 열에 쉽게 파괴되지 않음)
원인	• 사람 : 코, 피부, 머리카락, 감염된 상처 • 동물
증상 및 잠복기	• 증상 : 구토와 메스꺼움, 복부 통증, 설사, 독감 증상, 근육통, 일시적인 혈압과 맥박수의 변화 • 잠복기 : 2~4시간
원인 식품	• 크림이 들어 있는 제빵류 • 샌드위치, 우유 및 유제품 • 부적절하게 재가열되거나 보온된 조리 식품 • 김밥, 초밥, 도시락, 떡, 우유 및 유제품, 가공육(햄, 소시지 등), 어육제품 및 만두 등
예방법	• 화농성 질환이나 인두염에 걸린 사람의 식품 취급 금지 • 조리 종사자의 손 청결과 철저한 위생복장 착용 • 식품 접촉 표면, 용기 및 도구의 위생적 관리

+ 괄호문제

다음 괄호 안에 알맞은 내용을 쓰시오.

① ( )은 해수 세균의 일종으로 식염 농도 3%에서 잘 생육하며 어패류를 생식할 경우 중독 발생이 쉬운 균이다.

② ( )은 황색포도상구균이 내는 독소 물질로, 내열성이 있어 섭취 전 가열하여도 쉽게 파괴되지 않는다.

| 정답 |

① 비브리오균

② 엔테로톡신

확인! OX

세균성 식중독에 대한 설명이다. 옳으면 "O", 틀리면 "X"로 표시하시오.

1. 병원성대장균 식중독의 가장 적합한 예방책은 건강보균자나 환자의 분변오염을 방지하는 것이다. ( )
2. 살모넬라균 식중독은 10만 이상의 살모넬라균을 다량으로 섭취 시 발병한다. ( )

정답 1. O 2. O

㉡ 클로스트리듐 보툴리누스균 식중독

원인균	보툴리누스균
원인	토양, 물
증상 및 잠복기	• 초기 증상은 구토, 변비 등의 위장 장해, 탈력감, 권태감, 현기증 • 신경계의 주된 증상은 복시, 시력 저하, 언어 장애, 보행 곤란, 사망의 위험성(치사율 70%) • 잠복기 : 12~36시간
원인 식품	pH 4.6 이상의 산도가 낮은 식품을 부적절한 가열 과정을 거쳐 진공 포장한 제품(통조림, 진공 포장 팩)
예방법	적절한 병조림, 통조림 제품 사용

④ 기타 식중독

㉠ 웰치균 식중독 : 중간형 식중독으로 분류할 수 있다. 감염형 식중독과 유사하나, 병원균이 소화관 내에서 증식할 때 독소를 생성하여 식중독의 원인이 된다.

원인균	• A, B, C, D, E, F의 6형이 있는데, 식중독의 원인균은 A형임 • 웰치균은 편성혐기성균이며, 열에 강하고 운동성이 없음 • 발육 최적온도 : 37~45℃
원인	사람이나 동물의 분변, 토양, 하수 등에 분포하며 식품에 오염되어 증식
증상 및 잠복기	• 증상 : 설사와 복통, 구토 등 • 잠복기 : 8~20시간(평균 12시간)
원인 식품	단백질을 많이 함유한 식품(육류 및 가공품, 어패류 및 가공품, 튀김두부 등)
예방법	분변의 오염 방지, 조리된 식품은 냉장·냉동 보관

㉡ 바이러스성 식중독 : 바이러스성 식중독은 주로 노로바이러스에 의해 일어나며, 그 외에도 로타바이러스, 장아데노바이러스, 아스트로바이러스 등에 의한 사례가 있다.

구분	노로바이러스 식중독	로타바이러스 식중독
원인균	노로바이러스	로타바이러스
증상	• 바이러스성 장염, 메스꺼움, 설사, 복통, 구토 • 어린이, 노인과 면역력이 약한 사람에게는 탈수 증상 발생	구토, 묽은 설사, 영유아에게 감염되어 설사의 원인이 됨
잠복기	1~2일	1~3일
원인	• 사람의 분변, 구토물 • 오염된 물	• 사람의 분변과 입으로 주로 감염 • 오염된 물
원인 식품	• 샌드위치, 제빵류, 샐러드 등의 Ready-to-eat food • 케이크 아이싱, 샐러드 드레싱 • 오염된 물에서 채취된 굴	• 물과 얼음 • Ready-to-eat food • 생채소나 과일
예방법	• 철저한 개인 위생관리 • 인증된 유통업자 및 상점에서의 수산물 구입	• 철저한 개인 위생관리 • 손에 의한 교차오염 주의 • 충분한 가열

+ 괄호문제

다음 괄호 안에 알맞은 내용을 쓰시오.

① (　)은 세균의 장독소(엔테로톡신)에 의해 유발되는 식중독이다.

② 알레르기성 식중독의 원인균은 (　)이며 알레르기를 일으키는 (　)을 만든다.

| 정답 |

① 황색포도상구균 식중독

② 모르가니균, 히스타민

확인! OX

보툴리누스균 식중독에 대한 설명이다. 옳으면 "O", 틀리면 "X"로 표시하시오.

1. 보툴리누스균 식중독은 독소형 식중독에 속한다. (　)
2. 세균성 식중독 중 치사율이 가장 높은 식중독은 클로스트리듐 보툴리누스균 식중독이다. (　)

정답 1. O 2. O

+ 괄호문제

다음 괄호 안에 알맞은 내용을 쓰시오.

① (　)은 감염병균에 오염된 물 또는 식품 섭취로 감염되며, 콜레라, 장티푸스, 세균성 이질 등이 있다.

② (　)은 잠복기가 짧고, 2차 감염이 거의 없다.

| 정답 |

① 경구감염병

② 세균성 식중독

확인! OX

경구감염병과 세균성 식중독에 대한 설명이다. 옳으면 "O", 틀리면 "X"로 표시하시오.

1. 경구감염병은 잠복기가 비교적 길다. (　)
2. 세균성 식중독은 수십만~수백만의 균과 독소로 감염된다. (　)

정답 1. O 2. O

㉢ 알레르기성 식중독 : 세균 증식이나 세균독소가 원인이 아니고 세균 오염에 의한 부패산물이 원인으로 발생하는 식중독으로 그 증상이 알레르기로 나타난다.

원인균	모르가니(*Proteus morganii*)균
원인	• 사람이나 동물의 장내에 상주 • 알레르기를 일으키는 히스타민을 만듦
증상 및 잠복기	• 증상 : 안면홍조, 발진(두드러기) • 잠복기 : 30분 전후
원인 식품	가다랑어, 고등어와 같은 붉은 살 어류 및 그 가공품
예방법	항히스타민제 복용

⑤ 세균성 식중독과 경구감염병의 비교

구분	세균성 식중독	경구감염병
발병 경로	식중독균에 오염된 식품 섭취	감염병균에 오염된 물 또는 식품 섭취
감염균	다량의 균과 독소(수십만~수백만)	소량의 균(수십~수백)
잠복기	짧다.	비교적 길다.
2차 감염	2차 감염이 없다(살모넬라, 장염 비브리오 제외).	2차 감염이 있다.
면역	면역성이 없다.	면역성이 있다.
예시	살모넬라, 장염 비브리오, 황색포도상구균 식중독 등	콜레라, 장티푸스, 세균성 이질 등

진짜 통째로 외워온 문제

식중독균 사멸 조건으로 옳은 것은?

① 보툴리누스균 – 80℃에서 20분 가열 시 사멸
② 살모넬라균 – 50℃에서 10분 가열 시 사멸
③ 장염 비브리오균 – 40℃에서 5분 가열 시 사멸
④ 황색포도상구균 – 60℃에서 20분 가열 시 사멸

해설

① 보툴리누스균은 80℃에서 20분 또는 100℃에서 1~2분 가열하면 사멸한다.
② 살모넬라균은 60℃에서 20분 동안 가열하면 사멸한다.
③ 장염 비브리오균은 60℃에서 5분 또는 55℃에서 10분 가열하면 사멸한다.
④ 황색포도상구균은 78℃에서 1분 혹은 64℃에서 10분의 가열로 균은 거의 사멸되나 식중독 원인 물질인 장독소는 내열성이 강하여 100℃에서 60분간 가열해야 사멸한다.

정답 ①

(2) 자연독 식중독

① 자연독 식중독은 동식물에서 자연적으로 생성되는 독소를 섭취했을 때 발병한다.

② 식품 중에 자연적으로 생성되는 천연 독성분은 고열에 끓여도 식중독을 예방하기 어렵다.

③ 자연독 식중독의 종류

구분	식품	독성분	부위
식물성 자연독	감자	솔라닌	감자의 싹과 녹색 부위
		셉신	썩은 감자
	독버섯	아마니타톡신, 무스카린, 무스카리딘, 뉴린, 콜린, 팔린 등	알광대버섯(아마니타톡신)
	독미나리	시큐톡신	-
	고사리	프타퀼로사이드	-
	미치광이풀	히오시아민	-
	면실유(목화)	고시폴	덜 정제된 목화씨 기름
	청매, 은행, 살구씨	아미그달린	덜 익은 매실
동물성 자연독	복어	테트로도톡신	난소, 알
	섭조개, 대합조개	삭시톡신	적조 해역에서 채취한 조개류
	모시조개, 굴, 바지락	베네루핀	-
	고둥, 소라	테트라민	-

(3) 곰팡이독 식중독

① 곰팡이독은 곰팡이 대사물질로 사람이나 동물에 어떤 질병이나 이상 생리작용을 유발한다.

② 곡류, 견과류 등 탄수화물이 풍부한 식품에서 많이 발생한다.

③ 곰팡이독의 종류와 원인 식품

아플라톡신 중독	땅콩, 곡류 등 탄수화물이 풍부한 식품에 아스페르길루스 플라버스(*Aspergillus flavus*)라는 곰팡이가 증식하여 아플라톡신 독소를 생성하여 인체에 간장독을 일으킨다.
맥각 중독	보리, 호밀 등 곡물에 맥각균(*Claviceps purpurea*)이 발생하여, 에르고톡신, 에르고타민 등의 독소를 생성하여 인체에 간장독을 일으킨다.
황변미 중독	• 쌀 저장 시 습기가 차면 페니실륨(*Penicillium*)속 곰팡이가 번식하여 쌀을 누렇게 변질시킨다. • 시트리닌, 시트레오비리딘, 아이슬랜디톡신 등의 독소를 생성하여 신장독, 신경독, 간장독을 일으킨다.

+ 괄호문제

다음 괄호 안에 알맞은 내용을 쓰시오.

① (　)은 덜 익은 매실의 독성분으로 식중독을 일으킨다.

② 땅콩, 곡류 등 탄수화물이 풍부한 식품에서 생성되는 아플라톡신은 (　)에 속한다.

| 정답 |

① 아미그달린

② 곰팡이독

확인! OX

자연독 식중독과 독성물질에 대한 설명이다. 옳으면 "O", 틀리면 "X"로 표시하시오.

1. 감자의 독성분은 솔라닌으로 감자의 싹이 난 부위에 있다. (　)
2. 면실유의 독소는 사포닌으로 덜 정제된 목화씨 기름에 있다. (　)

정답 1. O 2. X

| 해설 |

2. 면실유의 독소는 고시폴이다.

+ 괄호문제

다음 괄호 안에 알맞은 내용을 쓰시오.

① 미나마타병의 원인이 되는 중금속은 ( )이다.

② 식기나 용기의 오용으로 구토, 경련, 골연화증의 증상을 일으키는 이타이이타이병의 원인이 되는 유해성 중금속은 ( )이다.

| 정답 |

① 수은(Hg)

② 카드뮴(Cd)

확인! OX

식중독에 대한 설명이다. 옳으면 "O", 틀리면 "X"로 표시하시오.

1. 엔테로톡신은 화학물질에 의한 식중독의 원인 물질이다. ( )
2. 삭시톡신은 섭조개, 대합 등에 들어 있는 동물성 자연독이다. ( )

정답 1. X 2. O

| 해설 |

1. 엔테로톡신은 황색포도상구균이 생성하는 장독소이다.

(4) 화학적 식중독

① 화학적 식중독은 유해 식품첨가물 또는 중금속에서 나온 유해물질에 의해서 발생하는 식중독이다.

② 중금속 식중독의 종류

중금속	중독 경로	중독 증상
수은(Hg)	• 콩나물 재배 시의 소독제 사용 • 수은을 포함한 공장폐수로 인한 어패류 오염	미나마타병(지각이상, 언어장애, 보행곤란)
카드뮴(Cd)	• 법랑 용기나 도자기의 안료 • 도금공장, 광산폐수에 의한 어패류와 농작물의 오염	이타이이타이병(폐기종, 신장 기능 장애, 단백뇨, 골연화증)
납(Pb)	• 통조림의 땜납 • 법랑 용기나 도자기의 안료	• 구토, 구역질, 복통, 사지 마비(급성) • 피로, 지각 상실, 시력장애
비소(As)	• 순도가 낮은 식품첨가물 중 불순물로 혼입 • 법랑 용기나 도자기의 안료 • 비소제 농약	• 급성중독 : 위장장애(설사), 구토 • 만성중독 : 피부 이상 및 신경장애, 운동마비
구리(Cu)	구리로 만든 식기, 주전자, 냄비 등의 부식	구토, 위통
주석(Sn)	주석으로 도금한 통조림 통	구토, 설사, 복통, 메스꺼움

진짜 통째로 외워온 문제

페니실륨(*Penicillium*)속 곰팡이와 관련이 있는 것은?

① 아플라톡신 중독 ② 맥각 중독
③ 황변미 중독 ④ 미나마타병

해설

황변미 중독은 쌀 저장 시 습기가 차면 페니실륨(*Penicillium*)속 곰팡이가 번식하여 쌀을 누렇게 변질시키는 것으로, 시트리닌, 시트레오비리딘, 아이슬랜디톡신 등의 독소를 생성하여 신장독, 신경독, 간장독을 일으킨다.

정답 ③

제3절 감염병의 종류, 특징 및 예방 방법

1. 감염병의 개요

중요도 ★★☆

(1) 감염병의 정의

① 감염은 세균, 리케차, 바이러스, 진균, 원충 등의 병원체가 우리 몸에 들어와서 그 수가 갑자기 늘어나는 것이다.

② 감염병은 감염으로 일어나는 질병으로, 병원체의 전염성 유무에 따라 전염성과 비전염성 감염병으로 나뉜다.

(2) 감염병 발생의 3대 요소

병원체(병인)	감염병의 병원체를 내포하고 있어 감수성 숙주에게 병원체를 전파시킬 수 있는 근원이 되는 모든 것으로, 환자, 보균자, 접촉자, 매개동물, 토양 등이 있다.
감염경로(환경)	감염원으로부터 병원체가 탈출하여 감수성 숙주에게 도달할 때까지의 경로
감수성 숙주	• 생물이 기생하는 대상으로 삼는 생명체로, 인간, 동식물이 있다. • 숙주의 감수성이 높으면 면역성이 낮아 질병이 발병하기 쉽다.

(3) 감염병 발생 과정

발생 과정	세부 내용
병원체	세균(박테리아), 바이러스, 리케차, 기생충 등
병원소	인간, 동물, 토양, 매개 곤충
병원소로부터 병원체의 탈출	호흡기 탈출, 소화기 탈출, 비뇨기 탈출, 개방병소 탈출, 기계적 탈출
병원체 전파	직접전파, 간접전파, 공기전파 등
병원체 침입	새로운 숙주로의 호흡기계 침입, 소화기계 침입, 피부점막 침입
감수성 숙주의 감염	체내에 병원체가 침입하더라도 병원체에 대한 저항력이나 면역이 있을 때는 감염되지 않는다.

(4) 감염병의 분류

① 병원체에 따른 분류

세균성 감염병	장티푸스, 파라티푸스, 콜레라, 결핵, 장출혈성대장균감염증, 비브리오 패혈증, 세균성 이질, 성홍열, 디프테리아, 탄저, 브루셀라증 등
바이러스성 감염병	급성회백수염(소아마비, 폴리오), 유행성 간염, 감염성 설사증, 인플루엔자, 홍역, 유행성 이하선염, 일본뇌염, 광견병 등
리케차성 감염병	발진티푸스, 발진열, 쯔쯔가무시증, Q열 등
원생동물성 감염병	말라리아, 아메바성 이질 등

② 감염경로에 따른 분류

호흡기계	• 비말감염, 공기매개 감염이라고도 함 • 디프테리아, 폐렴, 백일해, 성홍열, 천연두, 결핵 등
소화기계	콜레라, 세균성 이질, 파라티푸스, 장티푸스, 폴리오, 감염성 설사증 등

+ 괄호문제

다음 괄호 안에 알맞은 내용을 쓰시오.

① (　　)을 일으키는 3가지 요소는 병원체, 감염경로, 감수성 숙주이다.

② 유행성 간염과 인플루엔자, 광견병은 (　　) 감염병이다.

| 정답 |

① 감염병

② 바이러스성

확인! OX

감염병에 대한 설명이다. 옳으면 "O", 틀리면 "X"로 표시하시오.

1. 오염된 음식물은 감염병의 병원소이다. (　　)
2. 성홍열은 바이러스에 의한 경구감염병이다. (　　)

정답 1. X 2. X

| 해설 |

1. 병원소는 병원체가 생존, 증식을 계속하여 인간에게 전파될 수 있는 상태로 저장되는 곳으로, 사람, 동물, 토양 등이다.
2. 성홍열은 세균성 감염병이다.

+ 괄호문제

다음 괄호 안에 알맞은 내용을 쓰시오.

① ( )은 치명률이 높거나 집단 발생의 우려가 커서 발생 또는 유행 즉시 신고하여야 하고, 음압격리와 같은 높은 수준의 격리가 필요한 감염병이다.

② 결핵, 수두, 홍역, 콜레라는 ( )에 속한다.

| 정답 |

① 제1급 감염병

② 제2급 감염병

진짜 통째로 외워온 문제

01 바이러스에 의한 질병은?

① 간염 ② 장티푸스

③ 파라티푸스 ④ 콜레라

해설

감염병의 분류

- 세균성 감염병 : 세균성 이질, 장티푸스, 파라티푸스, 콜레라, 성홍열, 디프테리아 등
- 바이러스성 감염병 : 감염성 설사증, 유행성 간염, 폴리오, 천열, 홍역 등

02 주기적으로 열이 반복되어 나타나므로 파상열이라고 불리는 인수공통감염병은?

① 큐열 ② 결핵

③ 브루셀라병 ④ 돈단독

해설

파상열은 인수공통감염병으로, 인체에 감염 시 고열(38~40℃)이 2~3주 주기적으로 나타난다.

정답 01 ① 02 ③

2. 법정감염병(감염병의 예방 및 관리에 관한 법률 제2조)

구분	병명
제1급 감염병	• 생물테러감염병 또는 치명률이 높거나 집단 발생의 우려가 커서 발생 또는 유행 즉시 신고하여야 하고, 음압격리와 같은 높은 수준의 격리가 필요한 감염병 • 에볼라바이러스병, 마버그열, 라싸열, 크리미안콩고출혈열, 남아메리카출혈열, 리프트밸리열, 두창, 페스트, 탄저, 보툴리눔독소증, 야토병, 신종감염병증후군, 중증급성호흡기증후군(SARS), 중동호흡기증후군(MERS), 동물인플루엔자 인체감염증, 신종인플루엔자, 디프테리아
제2급 감염병	• 전파가능성을 고려하여 발생 또는 유행 시 24시간 이내에 신고하여야 하고 격리가 필요한 감염병 • 결핵, 수두, 홍역, 콜레라, 장티푸스, 파라티푸스, 세균성 이질, 장출혈성대장균감염증, A형간염, 백일해, 유행성이하선염, 풍진, 폴리오, 수막구균 감염증, b형헤모필루스인플루엔자, 폐렴구균 감염증, 한센병, 성홍열, 반코마이신내성황색포도알균(VRSA) 감염증, 카바페넴내성장내세균목(CRE) 감염증, E형간염
제3급 감염병	• 그 발생을 계속 감시할 필요가 있어 발생 또는 유행 시 24시간 이내에 신고하여야 하는 감염병 • 파상풍, B형간염, 일본뇌염, C형간염, 말라리아, 레지오넬라증, 비브리오패혈증, 발진티푸스, 발진열, 쯔쯔가무시증, 렙토스피라증, 브루셀라증, 공수병, 신증후군출혈열, 후천성면역결핍증(AIDS), 크로이츠펠트-야콥병(CJD) 및 변종크로이츠펠트-야콥병(vCJD), 황열, 뎅기열, 큐열, 웨스트나일열, 라임병, 진드기매개뇌염, 유비저, 치쿤구니야열, 중증열성혈소판감소증후군(SFTS), 지카바이러스 감염증, 매독
제4급 감염병	• 제1급 감염병부터 제3급 감염병까지의 감염병 외에 유행 여부를 조사하기 위하여 표본감시 활동이 필요한 감염병 • 인플루엔자, 회충증, 편충증, 요충증, 간흡충증, 폐흡충증, 장흡충증, 수족구병, 임질, 클라미디아감염증, 연성하감, 성기단순포진, 첨규콘딜롬, 반코마이신내성장알균(VRE) 감염증, 메티실린내성황색포도알균(MRSA)감염증, 다제내성녹농균(MRPA) 감염증, 다제내성아시네토박터바우마니균(MRAB) 감염증, 장관감염증, 급성호흡기감염증, 해외유입기생충감염증, 엔테로바이러스감염증, 사람유두종바이러스 감염증

확인! OX

법정감염병에 대한 설명이다. 옳으면 "O", 틀리면 "X"로 표시하시오.

1. 파상풍, B형간염, 일본뇌염, 말라리아는 제3급 감염병에 속한다. ( )
2. 인플루엔자, 급성호흡기감염증은 유행 여부를 조사하기 위하여 표본감시 활동이 필요한 감염병이다. ( )

정답 1. O 2. O

3. 경구감염병과 인수공통감염병

중요도 ★★☆

(1) 경구감염병

① 경구감염병은 감염성 병원체가 음식물이나 음료수, 손, 식기, 완구류 등을 매개체로 입을 통하여 감염되는 것을 말한다.

② 소량으로도 감염이 되며 2차 감염되는 경우가 많으며, 세균성 경구감염병과 바이러스성 경구감염병이 있다.

세균성 경구감염병	장티푸스, 파라티푸스, 세균성 이질, 콜레라, 디프테리아
바이러스성 경구감염병	급성회백수염(소아마비, 폴리오), A형간염, 감염성 설사증, 천열

(2) 인수공통감염병

① 인수공통감염병이란 동물과 사람 간에 서로 전파되는 병원체에 의하여 발생되는 감염병 중 질병관리청장이 고시하는 감염병을 말한다.

② 질병관리청 지정 인수공통감염병(질병관리청고시 제2024-1호)

장출혈성대장균감염증, 일본뇌염, 브루셀라증, 탄저, 공수병, 동물인플루엔자 인체감염증, 중증급성호흡기증후군(SARS), 변종크로이츠펠트-야콥병(vCJD), 큐열, 결핵, 중증열성혈소판감소증후군(SFTS), 장관감염증(살모넬라균 감염증, 캄필로박터균 감염증)

③ 주요 인수공통감염병의 특징

감염병	특징
결핵	• 병원체를 보유한 소의 우유나 유제품을 통해 사람에게 감염된다. • BCG 예방접종, 투베르쿨린 반응 검사를 통해 조기에 발견 가능하다. • 식품을 충분히 가열하여 섭취한다.
탄저	• 수육을 조리하지 않고 섭취하거나 피부의 상처 부위로 감염된다. • 소, 말, 산양 등의 가축에게 급성 패혈증, 수막염을 일으킨다. • 탄저균은 내열성 포자를 형성하므로 병든 가축의 사체는 반드시 소각처리해야 한다.
브루셀라증	• 산양, 양, 돼지, 소에게 감염되면 유산을 일으킨다. • 병에 걸린 동물의 젖이나 유제품으로 사람에게 감염된다. • 인체에 감염 시 고열(38~40℃)이 2~3주 주기적으로 나타나 파상열이라고도 한다.
야토병	• 동물은 이, 진드기, 벼룩에 의해 전파된다. • 병에 걸린 토끼고기, 모피에 의해 사람에게 경구·경피를 통해 감염된다.
Q열	• 병원체는 리케차(소, 양, 설치류)이며, 병원균이 있는 동물의 생젖을 마시거나 병에 걸린 동물의 조직이나 배설물에 접촉하여 감염된다. • 우유 살균, 소의 감염 진단 등으로 예방한다.
돈단독	• 돼지 등 가축의 장기나 고기를 다룰 때 피부의 상처를 통해 균이 침입하거나 경구 감염된다. • 급성 패혈증과 만성 병변이 특징이다.
공수병	• 광견병 바이러스에 의해 뇌염, 신경 증상 등 중추신경계 이상을 일으켜 발병 시 대부분 사망하는 치명적인 바이러스성 감염병이다. • 감염동물로부터 교상을 통해 동물이나 사람에게 전염되며, 바이러스가 동물에게 침투하여 질병을 일으키면 광견병, 사람에게 침투하여 질병을 일으키면 공수병이라고 한다.
리스테리아	• 병원체는 리스테리아균으로 감염동물과 접촉하거나 오염된 식육, 유제품 등을 섭취하여 감염된다. • 소아와 성인에게 뇌수막염, 임산부에게 자궁 내 패혈증을 일으키기도 한다.

+괄호문제

다음 괄호 안에 알맞은 내용을 쓰시오.

① (　　)은 가축에게 감염 시 유산을 일으키는 인수공통감염병이다.

② 두창, 페스트, 탄저, 디프테리아는 제(　　) 감염병이다.

| 정답 |

① 브루셀라증(파상열)

② 1급

확인! OX

경구감염병에 대한 설명이다. 옳으면 "O", 틀리면 "X"로 표시하시오.

1. 발진티푸스는 식품이나 음료수를 통해 감염되는 경구감염병이다. (　)
2. 미량의 균량에서도 감염을 일으키며, 2차 감염이 빈번하게 일어난다. (　)

정답 1. X 2. O

| 해설 |

1. 발진티푸스는 위생 해충 매개 감염병이다.

환경 위생관리

7% 출제율

출제포인트
- 작업환경 위생관리
- 살균과 소독
- 미생물의 종류와 특징 및 예방 방법

기출 키워드

작업장 입지 조건, 주방의 설계, 작업장의 채광 · 조명관리, 작업장의 환기, 제과 · 제빵 공정상 조도 기준, 위생관리를 위한 작업자의 점검사항, 살균, 소독, 멸균, 방부, 물리적 소독법, 화학적 소독법, 가열멸균법, 습열멸균법, 소독제의 구비조건, 석탄산, 역성비누, 차아염소산나트륨, 고압증기, 미생물의 생육에 필요한 조건, 위생지표 세균, 식품의 변질, 부패, 변패, 산패, 발효, 유지의 산패, 미생물의 수분활성도, 수분활성도의 순서, 회충, 구충, 간디스토마, 폐디스토마, 유구조충, 무구조충, 기생충 예방법, 위생동물의 특징, 위생동물 구제의 원칙, 쯔쯔가무시증, 파리 · 모기 구제법, 파리를 매개로 하는 질병, 쥐를 매개로 전염되는 질병

제1절 작업환경 위생관리

1. 작업장 위생관리

중요도 ★★☆

(1) 작업장 입지 조건

① 환경 및 주위가 깨끗한 곳이어야 한다.
② 양질의 물을 충분히 얻을 수 있어야 한다.
③ 폐수 및 폐기물 처리에 편리한 곳이어야 한다.

(2) 주방의 설계

① 작업 동선을 고려하여 설계 · 시공한다.
② 작업 테이블은 작업의 효율성을 높이기 위해 작업장의 중앙부에 설치하는 것이 좋다.
③ 제조공장 배수관의 내경은 최소 10cm로 한다.
④ 작업실의 적정 온도는 25~28℃, 습도는 70~75%를 유지한다.
⑤ 모든 물품은 바닥 15cm, 벽 15cm 떨어진 곳에 보관한다.
⑥ 악취, 유해가스, 매연, 증기 등을 환기시키기에 충분한 환기시설을 갖추어야 한다.
⑦ 주방의 환기는 대형 시설물 1개를 설치하는 것보다 소형 시설물을 여러 개 설치하는 것이 더 효과적이다.

진짜 통째로 외워온 문제

작업장 바닥의 물이 잘 빠지도록 하기 위한 바닥의 경사도로 가장 적절한 것은?

① 2~5° ② 6~10°
③ 10~12° ④ 12~15°

해설
바닥과 배수로는 물 흐름이 용이하도록 적당한 경사(2~5°)를 두어야 한다.

정답 ①

(3) 작업장 시설관리

작업장	• 작업장은 견고하고 평평하며 작업 특성에 따라 내수성, 내열성, 내약품성, 항균성, 내부식성 등 세척 소독이 용이해야 한다. • 틈이나 흠이 발생하지 않는 재질을 사용하고, 틈, 구멍 등이 발생되지 않도록 관리한다. • 배수로는 폐수를 폐수처리 시설로 이동하는 공간으로 작업장 외부 등에 폐수가 교차오염되지 않도록 덮개를 설치한다. • 천장, 상부 구조물, 계단 및 승강기는 오염에 방지될 수 있도록 설계, 시공 유지, 관리한다.
작업장 바닥	• 작업장 바닥에 물로 인해 내려앉은 부분이 있는지 점검한다. • 작업장 바닥에 균열이 있는지 점검한다. • 장신구, 머리핀, 유리, 못 등 이물질이 있는지 점검한다. • 작업장 바닥과 벽의 이음새에 틈이 발생했는지 점검한다. • 작업장 바닥에 녹이나 곰팡이가 있는지 점검한다.
작업장 창문	• 방충망의 설치와 파손 여부를 점검한다. • 창문 유리가 강화 유리인지와 금이 가거나 깨진 곳이 있는지 확인한다. • 창문틀에 먼지나 곰팡이가 있는지 확인한다. • 창문틀과 벽 사이에 틈이 있는지 확인한다. • 방충망은 중성세제로 세척 후 마른 행주로 닦는다.

+ 괄호문제

다음 괄호 안에 알맞은 내용을 쓰시오.

① 작업 테이블은 작업의 효율성을 높이기 위해 작업장의 ( )에 설치하는 것이 좋다.
② 제조공장 배수관의 내경은 최소 ( )로 한다.

| 정답 |
① 중앙부
② 10cm

진짜 통째로 외워온 문제

위생관리를 위해 작업자가 점검해야 하는 것으로 적당하지 않은 것은?

① 믹서기구의 청결 상태
② 빵 팬의 내부 확인
③ 작업장 바닥의 수평 유지 확인
④ 오븐 내의 이물질 유무 확인

해설
③ 작업장 바닥은 파여 있거나 갈라진 틈이 없는지 등을 확인한다.

정답 ③

(4) 작업장의 채광 · 조명관리

① 창문 유리는 강화 유리, 강화 플라스틱을 사용한다.
② 먼지가 쌓이는 것을 방지하기 위하여 창문틀과 내벽은 일직선이 유지되도록 하거나, 창문턱을 60° 이하의 각도로 시설한다.
③ 자연채광을 위하여 창문 면적은 바닥 면적의 1/4 이상이 되도록 한다.
④ 인공조명 시설은 검수대 540lx 이상, 전처리실 · 조리실 작업대 220lx 이상 밝기여야 한다.
⑤ 조명시설의 덮개나 조명의 소독 · 세척 시 소독된 면걸레로 먼지, 검은 때 등을 제거한다.
⑥ 식품이나 포장재가 노출되는 구역 내의 조명장치는 파손이나 이물 낙하 등에 의한 식품의 오염이 방지될 수 있도록 보호장치나 보호커버가 설치되어 있어야 한다.

확인! OX

제과공장 설계 시 환경 조건에 대한 설명이다. 옳으면 "O", 틀리면 "X"로 표시하시오.

1. 폐수 및 폐기물 처리가 편리한 곳이어야 한다. ( )
2. 환경 및 주위가 깨끗하고, 양질의 물을 충분히 얻을 수 있어야 한다. ( )

정답 1. O 2. O

+ 괄호문제

다음 괄호 안에 알맞은 내용을 쓰시오.

① 창문 유리는 ( ) 유리, ( ) 플라스틱을 사용한다.
② 조명의 소독·세척 시 소독된 ( )로 먼지, 검은 때 등을 제거한다.

| 정답 |
① 강화, 강화
② 면걸레

확인! OX

조도 기준에 대한 설명이다. 옳으면 "O", 틀리면 "X"로 표시하시오.

1. 작업장, 식기저장고, 화장실의 조도 기준은 200~220lx 이다. ( )
2. 굽기 공정 시 한계 조도는 70~150lx이다. ( )

정답 1. O 2. O

(5) 조도 기준

① 장소별 조도 기준

장소	조도
작업장, 식기저장고, 화장실	200~220lx
냉장실, 냉동실, 건창고, 식당	100lx 이상
테이블	500~700lx
선별 및 검사구역(육안으로 확인 필요시)	540lx 이상

② 제과·제빵 공정상 조도 기준

작업 내용	표준 조도(lx)	한계 조도(lx)
발효	50	30~70
계량, 반죽, 조리, 정형	200	150~300
굽기, 포장, 장식(기계)	100	70~150
포장, 장식(수작업), 마무리 작업	500	300~700

진짜 통째로 외워온 문제

HACCP 적용업소인 제과 작업장의 채광 및 조명 기준으로 틀린 것은?

① 창문 유리는 강화 유리, 강화 플라스틱을 사용한다.
② 조명의 소독·세척 시 소독된 면걸레로 먼지, 검은 때 등을 제거한다.
③ 자연 채광이 충분히 들어와야 하므로 채광시설에 보호장비를 따로 설치하지는 않는다.
④ 직접 눈으로 확인해야 하는 공정에서는 정확성을 위하여 조도 기준을 540lx 이상으로 한다.

해설

③ 식품이나 포장재가 노출되는 구역 내에 설치된 전구나 조명장치는 안전한 형태의 것이거나 파손이나 이물 낙하 등에 의한 식품의 오염이 방지될 수 있도록 보호장치나 보호커버가 설치되어 있어야 한다.

정답 ③

2. 작업환경 위생관리

중요도 ★☆☆

(1) 출입문

① 작업장 출입구에는 개인 위생복장 착용법과 세척, 건조, 소독설비 등을 구비한다.
② 창문과 출입구는 다른 부분과 서로 연락이 가능하게 설치하고, 주방과 영업장은 화장실과 격리한다.
③ 출입구는 가능하면 자동출입문으로 설치하며 청소가 용이하고 방충·방서가 가능하도록 에어커튼을 설치한다.
④ 식자재 운반구와 피급식자의 출입구를 구분하여 설치한다.

(2) 주방 내 시설물 위생관리

작업대	• 작업대 주변을 정리하고 음용에 적합한 40℃ 정도의 온수로 3회 씻는다. • 스펀지에 중성세제나 알칼리성 세제를 묻혀 골고루 문지른다. • 음용수로 세제를 닦아내고 완전히 건조시킨다. • 70% 알코올 분무 또는 이와 동등한 효과가 있는 방법으로 살균한다.
냉동·냉장시설	• 식자재와 음식물의 출입이 빈번하여 세균 침투와 교차오염이 우려되는 공간이다. • 냉장·냉동고는 최대한 자주 세척 및 살균한다. • 식자재와 음식물이 직접 닿는 랙(rack)이나 내부 표면, 용기는 매일 세척·살균한다.
상온창고	• 적재용 깔판, 팔렛, 선반, 환풍기, 창문 방충망, 온·습도계 등을 관리한다. • 진공청소기로 바닥의 먼지를 제거하고, 대걸레로 바닥을 닦고 자연 건조한다. • 바닥은 항상 건조상태를 유지해야 한다. • 선입선출(FIFO) 원칙을 준수한다. • 3정 5S 원칙에 따라 소모품은 각각 제 위치에 정리 정돈한다. ※ 3정 5S • 3정 : 정위치, 정품, 정량 • 5S : 정리(Seiri), 정돈(Seidon), 청소(Seosoh), 청결(Seiketsu), 습관화(Shitsuke)
화장실	• 변기에 더러운 찌꺼기가 끼어서는 안 된다. • 바닥 타일에 균열이 가거나 떨어진 것은 없어야 한다. • 유리창, 벽면, 천정, 섀시, 조명등, 환기팬 등에 먼지 등이 부착되어서는 안 된다. • 방향제, 변기 세척제 등을 구비한다.
청소도구	• 청소용 빗자루, 걸레 등을 아무 데나 방치해서는 안 되며 청소 후에는 깨끗이 세척하고 건조하여 지정된 장소에 보이지 않도록 보관한다. • 불결하고 비위생적인 청소도구는 효과적인 세척이 어렵다.
기물	• 조리원이 근무하는 주방공간에 설치된 장비나 기물은 항상 청결한 상태를 유지해야 하고 정기적인 세척이 필요하다. • 주방설비는 제작사마다 모델이 다르기 때문에 구입 시 반드시 작동 매뉴얼과 세척을 위한 설명서를 확보한다.
배수로	• 배수로는 하부에 부착된 찌꺼기까지 청소를 철저히 하지 않으면 하수구에서 악취를 유발하거나 하루살이 등 해충이 발생하고 심지어 쥐의 이동통로가 되므로 주기적으로 확인한다. • 배수로 설계 및 설치가 잘못된 경우 무거운 중량물을 옮길 때 대차하중에 의해서 파손되는 경우가 많다.
배기후드	• 청소하기 전에 배기후드 하부 조리장비에 먼지나 이물이 떨어지지 않도록 비닐로 덮는다. • 배기후드 내의 거름망을 분리하고 거름망을 세척제에 불린 후 세척하고 헹군다. • 부드러운 수세미에 세척제를 묻혀 배기후드의 내부와 외부를 닦는다. • 세척제를 잘 제거한 후 마른 수건으로 닦고 건조한다.

(3) 기기·도구의 위생관리

① 도구의 정의 : 도구란 전기나 동력을 사용하지 않고 손으로 사용하는 것으로, 제빵 공정 중 계량, 반죽, 분할, 성형 또는 굽기에 사용되는 것을 통틀어 이른다.

② 기기와 도구

기기	빵을 만들 때 사용되는 기기에는 반죽기, 오븐 등이 있다.
도구	빵을 만들 때 사용되는 기본 도구에는 그릇, 체, 계량컵, 스크레이퍼, 밀대, 오븐 장갑, 팬끌개, 밀가루 보관용 통, 가루 뜨개, 냉각 팬(타공 팬), 빵 보관용 통 등이 있다. 기본 도구 이외에 다양한 제빵에 사용되는 도구들로는 짤 주머니, 거품기, 주걱 등이 있다.

+괄호문제

다음 괄호 안에 알맞은 내용을 쓰시오.

① 주방설비는 구입 시 반드시 작동 (   )과 세척을 위한 설명서를 확보한다.

② 냉동·냉장시설은 세균 침투와 (   )이 우려되는 공간이다.

| 정답 |

① 매뉴얼

② 교차오염

확인! OX

주방 내 작업대 위생관리에 대한 설명이다. 옳으면 "O", 틀리면 "X"로 표시하시오.

1. 작업대는 40℃ 정도의 온수로 3회 씻는다. ( )
2. 작업대는 70% 알코올 분무 또는 이와 동등한 효과가 있는 방법으로 살균한다. ( )

정답 1. O 2. O

③ 도구 재질에 따른 세척 · 보관

스테인리스 스틸류	• 중성세제로 세척한 후 마른행주로 물기를 제거하고 실온에 보관한다. • 물기가 남아 있으면 사용할 때 가루 재료가 달라붙을 수 있으므로 반드시 제거해서 보관한다. • 그릇의 경우 보통 겹쳐서 보관하는데, 겹친 공간에 남아 있는 물기로 인해 각종 곰팡이 등이 생길 수 있으므로 주의한다.
플라스틱 · 고무류	• 플라스틱과 고무류는 중성세제로 세척한 후 말려서 보관한다. • 열에 약하기 때문에 건조기 등에 넣어 보관하면 변형이 생기거나 고무의 탄성이 저하되어 사용하기 불편하다. • 사용 중 흠집이 생기기 쉬우므로 세척할 때 흠집에 이물질이 있는지 확인한다.
나무류	• 나무류는 젖은 행주로 닦고 마른행주로 물기를 제거한 후 건조기에 보관한다. • 나무는 수분이 남아 있으면 곰팡이 등 유해 물질이 생길 수 있으므로 주의한다.

④ 반죽기 관리

반죽기 청결 상태 확인	• 반죽기 속도 조절 기어와 고정 고리, 타이머 스위치, 안전망 등에 반죽이나 덧가루 등 이물질이 있으면 닦는다. • 반죽 믹싱볼에 물기가 있으면 마른 행주로 닦는다. • 반죽 믹싱볼을 만질 때는 손에 물기가 없도록 해야 한다. • 반죽기 본체에 연결되는 훅의 윗부분에 쇳가루나 윤활 기름이 있는지 확인하고 이물질이 있으면 닦는다. • 안전망 안쪽에는 밀가루나 반죽이 튀어 묻는 경우가 많으므로 꼼꼼히 확인한다.
반죽기 속도 조절 기어 상태 확인	• 반죽기의 속도 조절 기어는 제조사에 따라 모양이 다르지만 보통 1~4단으로 되어 있다. • 반죽기 사용 전 속도 조절 기어가 1단으로 되어 있는지 확인하고, 그렇지 않으면 1단으로 조정한다.

제2절 살균과 소독

1. 살균과 소독의 개요

중요도 ★★★

(1) 용어의 정의

살균	세균, 효모, 곰팡이 등 미생물의 생활력을 파괴하여 감염 위험성을 제거하는 것
멸균	세균, 효모, 곰팡이 등 미생물을 사멸시켜 무균 상태로 만드는 것
소독	물리 · 화학적 방법으로 병원성 미생물을 사멸시켜 감염 및 증식력을 없애는 것
방부	미생물의 성장을 억제하여 부패나 발효를 방지하는 것

(2) 소독방법의 분류

물리적 소독법	열처리법	건열멸균법, 화염멸균법, 습열멸균법
	비열처리법	자외선멸균법, 방사선멸균법, 세균여과법, 초음파멸균법, 냉동법 등
화학적 소독법	석탄산, 크레졸, 역성비누(양성비누), 에틸알코올, 승홍수, 과산화수소, 머큐로크롬, 생석회, 차아염소산나트륨, 폼알데하이드, 표백분(클로르칼크, 클로르석회), 중성세제(합성세제) 등	

+ 괄호문제

다음 괄호 안에 알맞은 내용을 쓰시오.

① (　　)은 물리 · 화학적 방법으로 병원성 미생물을 죽여서 감염 · 증식력을 제거하는 것이다.

② (　　)은 세균, 효모, 곰팡이 등 미생물의 생활력을 파괴하여 감염 위험성을 제거하는 것이다.

| 정답 |
① 소독
② 살균

확인! OX

도구 재질에 따른 세척에 대한 설명이다. 옳으면 "O", 틀리면 "X"로 표시하시오.

1. 플라스틱 · 고무류는 열에 약하므로, 건조기 등에 넣어 보관한다. (　)
2. 나무류는 젖은 행주로 닦고 마른행주로 물기를 제거한 후 건조기에 보관한다. (　)

정답 1. X 2. O

| 해설 |
1. 플라스틱 · 고무류는 열에 약하기 때문에 건조기에 넣어 보관하면 변형이 생기거나 고무의 탄성이 저하되어 사용하기 불편하다.

2. 물리적 소독법

중요도 ★☆☆

(1) 열처리법

① 건열멸균법 : 유리기구나 주사바늘 등을 소독하는 방법으로 건열멸균기(dry oven)에 넣고 160~170℃에서 30분 이상 가열한다.

② 화염멸균법 : 도자기류, 유리봉, 금속류 등 불에 타지 않는 물건을 소독하는 방법으로 알코올램프, 천연가스 등의 불꽃 속에서 20초 이상 가열한다.

③ 습열멸균법

종류	소독 방법	소독 대상
자비소독법	약 100℃의 끓는 물에서 15~20분간 소독	식기, 행주, 의류 등
고압증기소독법	• 고압솥을 이용하여 121℃에서 15~20분간 소독 • 아포를 포함한 모든 균 사멸	통조림, 거즈 등
저온살균법	62~65℃에서 30분간 가열한 후 급랭	우유
초고온순간살균법	130~150℃에서 2초간 가열한 후 급랭	우유
간헐멸균법	100℃의 유통증기에서 1일 15~20분씩 3일간 소독	유리그릇, 금속제품

(2) 비열처리법

자외선멸균법	• 자외선 살균력은 260~280nm에서 가장 유효 • 모든 균종에 효과가 있으며, 살균효과가 큼 • 살균효과가 표면에 한정되는 단점이 있음 • 무균실, 수술실 등에서 공기, 기구, 용기 등의 소독에 사용
방사선멸균법	• 식품에 방사선을 방출하는 ^{60}Co, ^{137}Cs 등의 물질을 조사시켜 균을 사멸 • 감자, 양파 등의 발아를 억제하여 장기간 저장이 가능하게 함
세균여과법	음료수나 액체식품 등을 세균 여과기로 걸러서 균을 제거시키는 방법(바이러스는 걸러지지 않음)
초음파멸균법	초음파를 세균 부유액에 작용하여 세균을 파괴하는 방법

3. 화학적 소독법

중요도 ★★★

(1) 소독제의 구비조건

① 살균력·침투력이 강할 것

② 사용이 간편하고 가격이 저렴할 것

③ 용해성이 높으며 안전성이 있을 것

④ 소독 대상물에 부식성과 표백성이 없을 것

⑤ 불쾌한 냄새가 나지 않을 것

⑥ 사람과 가축에 대한 독성이 없을 것

⑦ 석탄산계수가 높을 것

+ 괄호문제

다음 괄호 안에 알맞은 내용을 쓰시오.

① 소독제는 (   )계수가 높은 것이 좋다.

② 자외선 살균력은 (   )nm에서 가장 유효하다.

| 정답 |

① 석탄산

② 260~280

확인! OX

소독에 대한 설명이다. 옳으면 "O", 틀리면 "X"로 표시하시오.

1. 소독제는 용해성이 낮으며 금속 부식성과 표백성이 없어야 한다. ( )
2. 고압증기소독법은 미생물과 아포 형성균의 멸균에 가장 좋은 소독법이다. ( )

정답 1. X 2. O

| 해설 |

1. 소독제는 용해성이 높으며 금속 부식성과 표백성이 없어야 한다.

(2) 소독약품의 종류

석탄산	• 사용 농도 : 3% 수용액 • 사용 용도 : 변소(분뇨)·하수도·진개 등의 오물 소독 • 소독제의 살균력을 비교하기 위해 이용되는 소독력의 지표 • 석탄산계수 = $\frac{\text{다른 소독약의 희석배수}}{\text{석탄산의 희석배수}}$
크레졸	• 사용 농도 : 3% 수용액 • 사용 용도 : 변소(분뇨)·하수도·진개 등의 오물 소독, 손 소독 • 석탄산보다 2배 강한 소독력을 가짐
역성비누(양성비누)	• 사용 농도 : 0.01~0.1%로 만들어 사용 • 사용 용도 : 손 소독, 식품 및 식기 등 • 무색, 무취, 무자극성, 무독성 • 유기물이 존재하거나, 일반비누와 혼합하여 사용하면 살균효과가 감소함
에틸알코올	• 사용 농도 : 70% 에탄올 • 사용 용도 : 손 소독, 유리 기구, 금속 기구 등
승홍수	• 사용 농도 : 0.1% 수용액 • 사용 용도 : 주로 손·피부 소독, 금속 부식성이 있어 비금속 기구 소독 • 온도 상승에 따라 살균력도 비례하여 증가함
과산화수소	• 사용 농도 : 2.5~3.5% 수용액 • 사용 용도 : 피부나 상처 소독에 적합(특히 입 안의 상처 소독)
머큐로크롬	• 사용 농도 : 3% 수용액 • 사용 용도 : 피부 상처, 점막
생석회	• 사용 용도 : 주로 변소(분뇨)·하수도·진개 등 오물 소독 • 공기에 노출되면 살균력이 저하됨
차아염소산나트륨	• 사용 농도 : 200ppm(식품 접촉 기구 표면 소독) • 사용 용도 : 채소, 식기, 과일, 물수건 등
폼알데하이드(기체)	• 사용 농도 : 포르말린 1~1.5% 수용액 • 사용 용도 : 실내(병원, 도서관, 거실 등)
표백분(클로르칼크, 클로르석회)	사용 용도 : 우물, 수영장 소독 및 채소·식기 소독
중성세제(합성세제)	• 사용 농도 : 0.1~0.2%(식기 세척) • 살균작용은 없고 세정력만 있음

진짜 통째로 외워온 문제

차아염소산나트륨 100ppm은 몇 %인가?

① 0.001%　　② 0.01%
③ 0.1%　　④ 10%

해설
차아염소산나트륨 100ppm은 0.01%를 나타낸다.
%는 백분율, ppm은 백만분율로, %에 10,000을 곱하면 ppm을 구할 수 있다.
예 1% = 1 × 10,000 = 10,000ppm, 0.1% × 10,000 = 1,000ppm, 0.01% × 10,000 = 100ppm

정답 ②

+괄호문제

다음 괄호 안에 알맞은 내용을 쓰시오.

① (　)는 양이온 계면활성제로 종업원의 손 소독과 용기 및 기구의 소독제로 적합하다.
② (　)는 주로 분변 소독에 사용되며 공기에 오래 노출되면 살균력이 떨어진다.

| 정답 |
① 역성비누
② 생석회

확인! OX

소독약품에 대한 설명이다. 옳으면 "O", 틀리면 "X"로 표시하시오.

1. 소독제로 가장 많이 사용하는 알코올의 농도는 70%이다. (　)
2. 석탄산은 소독제의 살균력을 비교하기 위해서 이용되는 소독약이다. (　)

정답 1. O 2. O

제3절 미생물의 종류와 특징 및 예방 방법

1. 미생물의 개요

중요도 ★★★

(1) 미생물의 종류

곰팡이	• 균사 또는 포자에 의해 증식하며, 술, 된장, 간장, 치즈 등 발효식품에 이용된다. • 식품의 제조, 변질에 관여하여 진균독을 일으킬 수 있다.
효모	출아법으로 증식하며, 주류의 양조, 알코올 제조, 제빵 등에 이용된다.
스피로헤타	단세포와 다세포 생물의 중간 단계 미생물로, 나선형 형태로 매독의 병원체가 있다.
세균	형태에 따라 구균, 간균, 나선균으로 분류되며 세균성 식중독, 경구감염병, 식품 부패의 원인이다.
리케차	세균과 바이러스 중간 형태로, 발진티푸스의 병원체가 된다.
바이러스	가장 작은 미생물로, 살아 있는 세포에만 증식한다.

(2) 미생물의 생육에 필요한 조건

조건	세부 내용
영양소	탄소원(당질), 질소원(아미노산, 무기질소), 무기물, 비타민 등
수분	• 미생물의 주성분이며 생리기능을 조절하는 데 필요 • 수분활성도(Aw) : 일정한 온도에서 식품이 나타내는 수증기압에 대한 그 온도에 있어서의 순수한 물의 최대 수증기압의 비(식품 수분의 수증기압 ÷ 순수한 물의 수증기압) • 수분활성도가 높을수록 미생물의 발육이 더욱 용이해짐 • 미생물이 생육할 수 있는 최저 수분활성도 – 곰팡이 : 0.80 – 효모 : 0.88 – 세균 : 0.93
온도	• 일반적으로 0℃ 이하 또는 80℃ 이상에서는 잘 발육하지 못함 • 저온균 : 증식 최적온도 15~20℃인 균으로 수중 세균이 해당 • 중온균 : 증식 최적온도 25~37℃인 균으로 사상균, 효모, 대부분의 병원균이 해당 • 고온균 : 증식 최적온도 50~60℃인 균으로 온천균, 퇴비균이 해당
산소	• 호기성균 : 산소가 있어야만 생육이 가능한 균으로 곰팡이, 효모, 식초산균 등이 해당 • 혐기성균 : 산소가 없어도 증식이 되는 균으로 진공포장 식품이나 통조림에 있음 – 통성혐기성균 : 산소의 유무와 관계없이 생육이 가능한 균(효모, 대부분 세균) – 편성혐기성균 : 산소를 절대적으로 기피하는 균(보툴리누스균, 웰치균 등)
수소이온 농도(pH)	• 곰팡이, 효모는 산성(pH 4.0~6.0)에서 잘 자람 • 세균은 중성, 약알칼리성(pH 6.5~7.5)에서 잘 자람

(3) 위생지표 세균

위생적으로 지표가 되는 균을 정하여 식품의 안전성을 평가하며, 보통 대장균을 위생지표 세균으로 사용하는데, 분변계 대장균, 장구균 등이 있다.

+ 괄호문제

다음 괄호 안에 알맞은 내용을 쓰시오.

① ( )가 높을수록 미생물의 발육이 더욱 용이해진다.

② ( )은 산소가 없어도 증식이 되는 균으로 진공포장 식품이나 통조림에 있다.

| 정답 |

① 수분활성도

② 혐기성균

확인! OX

미생물의 수분활성도에 대한 설명이다. 옳으면 "O", 틀리면 "X"로 표시하시오.

1. 곰팡이가 생육할 수 있는 최저 수분활성도는 0.80이다. ( )
2. 부패 미생물이 번식할 수 있는 최저 수분활성도(Aw)의 순서는 세균 > 효모 > 곰팡이이다. ( )

정답 1. O 2. O

+ 괄호문제

다음 괄호 안에 알맞은 내용을 쓰시오.

① 공기와 접촉이 많을수록 유지의 (　)가 촉진된다.

② (　)는 단백질 이외의 성분을 갖는 식품이 변질되는 현상이다.

| 정답 |

① 산패

② 변패

진짜 통째로 외워온 문제

분변오염의 지표균은?

① *Escherichia coli*　② *Vibrio parahaemolyticus*

③ *Bacillus cereus*　④ *Salmonella* spp.

해설

대장균(*Escherichia coli*)은 수질의 분변오염의 지표균으로, 대장균 검출로 다른 미생물이나 분변오염을 추측할 수 있고 검출 방법이 간편하고 정확하다.

정답 ①

2. 식품의 변질

중요도 ★★☆

(1) 식품의 변질 개요

① 변질의 정의 : 식품을 보존하지 않고 장기간 방치하게 되면 외관이 변하고 성분이 파괴되며 향기·맛 등이 달라지는데, 이때 식품의 원래 특성을 잃게 되는 현상을 변질이라 한다.

② 식품의 변질 현상

부패	단백질 식품이 혐기성 세균에 의해 분해되어 변질되는 현상
후란	단백질 식품이 호기성 미생물에 의해 분해되어 변질되는 현상
변패	단백질 이외의 식품(탄수화물 등)이 미생물에 의해서 변질되는 현상
산패	유지(油脂)가 산소, 일광, 금속(Cu, Fe)에 의해 변질되는 현상
발효	탄수화물이 미생물의 작용을 받아 유기산, 알코올 등을 생성하게 되는 현상

(2) 식품의 부패판정법

① 관능검사 : 색의 변화, 조직의 변화(탄력성·유연성), 맛의 변화, 냄새 발생으로 판정한다.

② 물리적 검사 : 부패할 때 나타나는 경도, 탄성, 점성, 색 및 전기저항 등 물리적인 변화를 측정하는 방법

③ 생균수 측정 : 식품 1g당 10^7~10^8일 때 초기 부패로 판정한다.

④ 화학적 검사 : 수소이온농도(pH), 휘발성 염기질소, 트라이메틸아민(TMA), 암모니아, ATP 측정 등

(3) 유지의 산패 요인

① 온도가 높을수록, 수분·지방 분해효소가 많을수록 산패가 촉진된다.

② 금속이온(철, 구리 등), 광선, 자외선은 산패를 촉진시킨다.

③ 불포화도가 높을수록 산패가 활발하게 일어난다.

확인! OX

식품의 부패판정법에 대한 설명이다. 옳으면 "O", 틀리면 "X"로 표시하시오.

1. 관능검사는 식품의 색의 변화, 조직의 변화, 맛의 변화, 냄새 발생으로 판정하는 방법이다. (　)
2. 물리적 검사는 부패할 때 나타나는 경도, 탄성, 점성, 색 및 전기저항 등의 변화를 측정하는 방법이다. (　)

정답 1. O 2. O

(4) 식품의 부패 방지법

물리적 방법	• 건조법 : 식품 내 수분을 감소시켜서 부패를 방지하는 방법 • 냉장 · 냉동법 : 식품을 저온(10℃ 이하)에서 저장하는 방식 • 자외선살균법 : 일광 또는 자외선(2,500~2,800 Å)을 이용하여 살균 • 방사선살균법 : 식품에 방사선을 조사하여 살균 • 고압증기멸균법 : 고압증기멸균기를 이용해 121℃에서 15~20분간 살균하는 방식
화학적 방법	• 염장법 : 소금에 절여 탈수 · 건조시켜 저장하는 방식으로 주로 해산물, 젓갈 저장 시 이용됨 • 당장법 : 50% 이상의 설탕물에 담가 삼투압을 이용하여 부패 세균의 생육을 억제 • 초절임법 : 식초산(3~4%)이나 구연산, 젖산을 이용하여 저장 • 가스(CA)저장법 : 탄산가스나 질소가스 속에 넣어 보관하는 방식

3. 식품과 기생충

중요도 ★★★

(1) 채소류를 통해 감염되는 기생충(중간숙주 없음)

기생충	특징
회충	경구감염, 우리나라에서는 가장 감염률이 높음
구충(십이지장충)	경피감염
요충	경구감염, 집단감염, 항문 · 회음부 주위에 소양증 유발
편충	경구감염
동양모양선충	경구감염, 내염성

(2) 어패류를 통해 감염되는 기생충(중간숙주 2개)

숙주	간디스토마(간흡충)	폐디스토마(폐흡충)	광절열두조충	유극악구충
제1중간숙주	왜우렁이	다슬기	물벼룩	물벼룩
제2중간숙주	담수어	민물게, 가재	연어, 숭어	가물치, 뱀장어

(3) 육류를 통해 감염되는 기생충(중간숙주 1개)

기생충	중간숙주
유구조충(갈고리촌충, 돼지고기촌충)	돼지
무구조충(민촌충, 소고기촌충)	소
선모충	돼지
톡소플라스마	돼지, 개, 고양이
만손열두조충	닭

(4) 기생충 예방법

① 채소류는 희석시킨 중성세제로 세척 후 흐르는 물에 5회 이상 씻는다.

② 육류나 어패류를 날것으로 먹지 않는다.

③ 조리기구를 살균 · 소독 후 사용한다.

④ 개인 위생관리를 철저히 한다.

⑤ 인분뇨를 사용하지 않고 화학비료를 사용하여 재배한다.

+ 괄호문제

다음 괄호 안에 알맞은 내용을 쓰시오.

① 폐디스토마의 제1중간숙주는 (   )이다.

② 유구조충(갈고리촌충)의 중간숙주는 (   )이다.

| 정답 |

① 다슬기

② 돼지

확인! OX

기생충에 대한 설명이다. 옳으면 "O", 틀리면 "X"로 표시하시오.

1. 회충은 채소류를 통해 감염되는 기생충이다. ( )
2. 무구조충의 중간숙주는 가재, 게이다. ( )

정답 1. O 2. X

| 해설 |

2. 무구조충의 중간숙주는 소이다.

+ 괄호문제

다음 괄호 안에 알맞은 내용을 쓰시오.

① 파리 및 모기 구제의 가장 이상적인 방법은 (   )을 제거하는 것이다.

② (   )에 의해 전파되는 질병은 콜레라, 파라티푸스, 이질, 장티푸스 등이다.

| 정답 |

① 발생원

② 파리

확인! OX

질병을 매개하는 위생동물에 대한 설명이다. 옳으면 "O", 틀리면 "X"로 표시하시오.

1. 쥐를 매개체로 전염되는 질병은 돈단독증이다. ( )
2. 일반적으로 위생동물은 발육 기간이 길다. ( )

정답 1. X 2. X

| 해설 |

1. 쥐를 매개체로 전염되는 질병은 유행성출혈열, 페스트, 렙토스피라증, 쯔쯔가무시증이다.
2. 일반적으로 위생동물은 짧은 시간에 폭발적으로 개체수가 증가된다.

제4절 방충 · 방서관리

1. 위생동물

(1) 위생동물의 특징

① 식성 범위가 넓다.

② 음식물과 농작물에 피해를 준다.

③ 병원미생물을 식품에 감염시키는 것도 있다.

④ 발육 기간이 짧고 번식이 왕성하다.

⑤ 쥐, 진드기, 파리, 바퀴벌레 등이 속한다.

(2) 위생동물이 매개하는 질병

해충	질병
모기	말라리아, 일본뇌염, 황열, 사상충증, 뎅기열 등
파리	콜레라, 파라티푸스, 이질, 장티푸스, 결핵, 디프테리아 등
바퀴벌레	• 이질, 콜레라, 장티푸스, 폴리오, 살모넬라증 등 • 습성 : 군거성, 잡식성, 질주성, 야간활동성
진드기	쯔쯔가무시증(양충병), 유행성 뇌염, 유행성출혈열 등
이, 벼룩	페스트, 발진티푸스 등
쥐	유행성출혈열(신증후군출혈열), 페스트, 렙토스피라증, 쯔쯔가무시증

2. 방충 · 방서관리

(1) 위생동물 구제의 원칙

① 발생원 및 서식처를 제거한다.

② 생태 습성에 따라 구제한다.

③ 동시에 광범위하게 실시한다.

④ 발생 초기에 실시하는 것이 효과적이다.

(2) 방충관리

① 배수로, 폐기물 처리장 등을 청결하게 관리한다.

② 실내의 포충등은 외부의 해충을 유인하지 않도록 외부에서 보이지 않는 곳에 설치한다.

③ 출입구에는 벌레를 유인하지 않는 옐로 램프(yellow lamp)를 설치한다.

④ 작업장 내·외부에 설치되어 있는 에어 샤워, 방충문 등을 정기적으로 점검하고 이상 발견 시 신속하게 조치한다.

⑤ 전기충격식 살충기는 충제의 비산으로 인한 오염을 방지하기 위해 작업대 근처에는 설치하지 않는다.

⑥ 작업장 및 주변 소독을 월 1회 이상 실시한다.

⑦ 시설 외부에 설치하는 전기충격 살충장치는 벌레를 유인하게 되므로 출입구 부근이 아닌 다른 곳에 설치한다.

(3) 방서관리

① 배수구와 트랩(trap)은 0.8cm 이하의 그물망을 설치한다.

② 작업장의 방충·방서 금속망은 30메시(mesh)가 적당하다.

③ 작업장의 콘크리트 두께는 바닥은 10cm 이상, 벽은 15cm 이상으로 한다.

④ 문틈은 0.3cm 이하, 창의 하부에서 지상까지의 간격은 90cm 이상을 유지한다.

⑤ 쥐막이 시설은 식품과 사람에 대하여 오용되지 않도록 적정성 여부를 확인한다.

+괄호문제

다음 괄호 안에 알맞은 내용을 쓰시오.

① 작업장의 주변 방충, 방서용 금속망은 (　)메시(mesh)가 적당하다.

② 배수구와 트랩(trap)에 (　) 이하의 그물망을 설치한다.

| 정답 |

① 30

② 0.8cm

진짜 통째로 외워온 문제

01 해썹(HACCP) 적용업소에서 업소의 방충·방서관리로 적합하지 않은 것은?

① 환풍기에 방충망을 설치한다.

② 끈끈이, 포충등을 수시로 확인한다.

③ 작업장 문을 닫아 놓고 작업한다.

④ 창문은 환기가 잘되도록 작업 중 열어 놓는다.

해설

끈끈이는 비위생적이므로, 작업대 근처에는 설치하지 않는다. 실내의 포충등은 외부의 해충을 유인하지 않도록 외부에서 보이지 않는 곳에 설치하며, 출입구에는 벌레를 유인하지 않는 옐로 램프를 설치한다.

02 쥐를 매개체로 전염되는 질병이 아닌 것은?

① 쯔쯔가무시증　② 신증후군출혈열

③ 돈단독증　④ 렙토스피라증

해설

돈단독증은 돼지 등 가축의 장기나 고기를 다룰 때 피부의 창상으로 균이 침입하거나 경구감염되는 인수공통감염병이다.

정답 01 ② 02 ③

확인! OX

방충·방서관리에 대한 설명이다. 옳으면 "O", 틀리면 "X"로 표시하시오.

1. 작업장 및 주변 소독을 월 1회 이상 실시한다. (　)
2. 문틈은 0.3cm 이하, 창의 하부에서 지상까지의 간격은 90cm 이상을 유지한다. (　)

정답 1. O 2. O

공정 점검 및 관리

1%
출제율

출제포인트
- 공정의 이해 및 관리
- 설비 및 기기

기출 키워드

위해요소의 관리, 설비 및 기기 관리

제1절 공정의 이해 및 관리

1. 공정의 이해 및 관리

(1) 공정의 이해

① 제품설명서와 공정흐름도를 작성하고 위해요소 분석을 통해 중요관리점을 결정한다.
② 결정된 중요관리점에 대한 세부적인 관리 계획을 수립하여 공정 관리한다.

(2) 공정별 관리

공정	관리
가열 전 일반제조 공정	일반적인 위생관리 수준으로 관리해도 무방한 공정으로, 해당 공정은 다음과 같다. • 재료의 입고 및 보관 단계 • 계량 단계 • 배합 • 분할 → 정형 → 팬닝 • 굽기 전 충전물 주입 및 토핑
가열 후 청결제조 공정	가열 후에는 CCP 1단계가 종료되었기 때문에 반드시 청결구역에서 보다 더 청결하게 관리가 되어야 하며, 내포장 공정까지의 해당 공정은 다음과 같다. • 가열(굽기)공정 • 냉각 • 굽기 후 충전물 주입 및 토핑 • 내포장
내포장 후 일반제조 공정	포장된 제품을 취급하는 공정으로 일반적인 위생수준으로 작업하며, 해당 공정은 다음과 같다. • 금속검출 : 원재료, 부재료에서 유래되거나 제조공정 중 혼입될 수 있는 금속물질을 관리하는 중요관리점(CCP-2)에 해당된다. • 외포장 • 보관 및 출고

2. 공정별 위해요소 파악 및 예방

중요도 ★☆☆

(1) 위해요소와 중요관리점

① 위해요소는 「식품위생법」에서 정하고 있는 인체의 건강을 해할 우려가 있는 생물학적, 화학적 또는 물리적 인자나 조건을 말한다.

② 생물학적 · 화학적 · 물리적 위해요소 파악

생물학적 위해요소	황색포도상구균, 살모넬라, 병원성대장균 등 식중독균
화학적 위해요소	중금속, 잔류 농약, 사용 금지된 식품첨가물 등
물리적 위해요소	금속조각, 비닐, 노끈 등

③ 중요관리점(CCP)은 위해요소 중점관리 기준을 적용하여 식품의 위해요소를 예방 · 제거하거나 허용 수준 이하로 감소시켜 해당 식품의 안전성을 확보할 수 있는 중요한 단계 · 과정 또는 공정을 말한다.

(2) 위해요소의 효율적인 관리

생물학적 위해요소	식중독균은 가열(굽기/유탕) 공정을 통해 제어
화학적 위해요소	원료 입고 시험성적서 확인 등을 통해 적합성 여부를 판단하고 관리
물리적 위해요소	• 제조공정에서 혼입될 수 있는 금속파편, 나사, 너트 등의 금속성 이물은 금속검출기를 통과시켜 제거 • 그 밖의 비닐, 노끈 등 연질성 이물은 육안 등으로 선별

(3) 공정 관리 지침서 작성

① 제품설명서 작성하기

② 공정흐름도 작성하기

③ 위해요소 분석하기

④ 중요관리점 결정하기

⑤ 중요관리점에 대한 세부 관리계획 수립하기

+ 괄호문제

다음 괄호 안에 알맞은 내용을 쓰시오.

① 제과에서 발생할 수 있는 (   )는 황색포도상구균, 살모넬라, 병원성대장균 등의 식중독균이 있다.

② (   )은 식품의 위해요소를 예방 · 제거하여 식품의 안전성을 확보할 수 있는 중요한 공정이다.

| 정답 |

① 생물학적 위해요소

② 중요관리점

제2절 설비 및 기기

1. 설비 관리

설비 및 기기	관리 내용
작업대	• 작업대는 부식성이 없는 스테인리스 등의 재질로 설비한다. • 나무로 된 테이블은 나무 사이에 세균이 번식할 우려가 있으므로 정기적으로 대패로 윗부분을 깎아 주어야 한다.
냉장 · 냉동기기	• 냉동실은 –18℃ 이하, 냉장실은 5℃ 이하의 적정 온도를 유지한다. • 매일 일정한 시간에 내부 온도를 측정하고 그 기록을 1년간 보관한다. • 서리 제거는 온도를 유지하기 위해 1주일에 1회 정기적으로 실시한다.

확인! OX

위해요소의 효율적 관리에 대한 설명이다. 옳으면 "O", 틀리면 "X"로 표시하시오.

1. 생물학적 위해요소인 식중독균은 가열(굽기/유탕) 공정을 통해 제어한다. (   )
2. 제조공정에서 혼입될 수 있는 금속성 이물은 금속검출기를 통과시켜 제거한다. (   )

정답 1. O 2. O

+ 괄호문제

다음 괄호 안에 알맞은 내용을 쓰시오.

① 냉동실은 영하 (　) 이하, 냉장실은 (　) 이하의 적정 온도를 유지하고 주 1회 세정, 소독한다.

② 쇼케이스의 온도는 (　) 이하를 유지하고 문틈에 쌓인 찌꺼기를 제거하여 청결하게 유지한다.

| 정답 |

① 18℃, 5℃

② 10℃

설비 및 기기	관리 내용
믹싱기	• 믹싱볼과 부속품은 분리한 후 음용수에 중성세제 또는 약알칼리성 세제를 전용 솔에 묻혀 세정한 후 깨끗이 헹궈 건조하여 엎어서 보관한다. • 사용 후에는 믹싱기의 변속기나 몸체를 깨끗이 닦고, 1단으로 조절하여 전원을 끄고 플러그를 뺀다.
발효기	• 발효실은 사용 후 철저하게 습기를 제거하고 건조시키며, 정기적인 청소 관리를 한다. • 물을 받아서 사용하는 발효실은 발효가 끝난 후 물을 빼고 건조시킨다.
오븐	• 오븐 클리너를 사용하여 그을림을 깨끗이 닦아 준다. • 부패를 방지하기 위하여 주 2회 이상 청소해야 한다.
파이 롤러	사용 후 헝겊 위나 가운데 스크레이퍼 부분의 이물질을 솔로 깨끗이 털어내고 청소를 철저히 해야 세균의 번식을 막을 수 있다.
튀김기	따뜻한 비눗물을 팬에 가득 붓고 10분간 끓여 내부를 충분히 깨끗이 씻은 후 건조시켜 뚜껑을 덮어 둔다.
POS	• 먼지 등의 이물질이 없도록 청결하게 유지한다. • 방수덮개를 사용하여 습기나 물기로 인한 고장을 방지한다. • 제품을 직접 만지거나 포장한 손으로 POS를 만지지 말고, POS를 만진 손으로 제품을 포장하거나 만지지 않는다.
제빙기	• 필터는 주기적으로, 입구와 외관은 행주로 1일 1회 청소한다. • 전용 주걱을 사용한다.
저울	• 이동 시 밑부분을 들어야 한다. • 사용 후 뚜껑을 제거하고 닦은 뒤 부착하여 보관한다.

2. 기기 및 소도구 관리

① 상온의 진열대는 제품을 진열하기 전·후에 깨끗하게 관리한다.

② 제품을 진열대에 놓을 경우, 상온의 먼지나 세균에 노출될 수 있으므로 뚜껑을 덮어 보관하거나 포장하여 진열한다.

③ 쇼케이스의 온도는 10℃ 이하를 유지하고 문틈에 쌓인 찌꺼기를 제거하여 청결하게 유지한다.

④ 에어컨 필터는 주 1회 중성세제를 이용하여 세척 후 건조시켜 사용한다.

⑤ 제품을 집는 집게와 쟁반 등 제품에 직접적으로 닿는 기구들은 철저하게 세척, 소독하여 사용한다. 쟁반 위에는 일회용 종이를 깔고 사용한다.

⑥ 일회용 비닐장갑은 사용 후 반드시 폐기한다.

⑦ 케이크틀, 쿠키틀 등은 녹슬지 않도록 관리하며 기름때가 있는 상태로 보관하지 않는다.

⑧ 소기구류(칼, 도마, 행주)는 중성세제, 약알칼리세제를 사용하여 세척 후 바람이 잘 통하고 햇볕 잘 드는 곳에 1일 1회 이상 소독한다.

확인! OX

설비 및 기기 관리에 대한 설명이다. 옳으면 "O", 틀리면 "X"로 표시하시오.

1. 오븐은 부패를 방지하기 위하여 주 2회 이상 청소해야 한다. (　)
2. 에어컨 필터는 주 1회 중성세제를 이용하여 세척 후 건조시켜 사용한다. (　)

정답 1. O 2. O

S D E D U

합격의 공식 시대에듀

교육은 우리 자신의 무지를 점차 발견해 가는 과정이다.

- 윌 듀란트 -

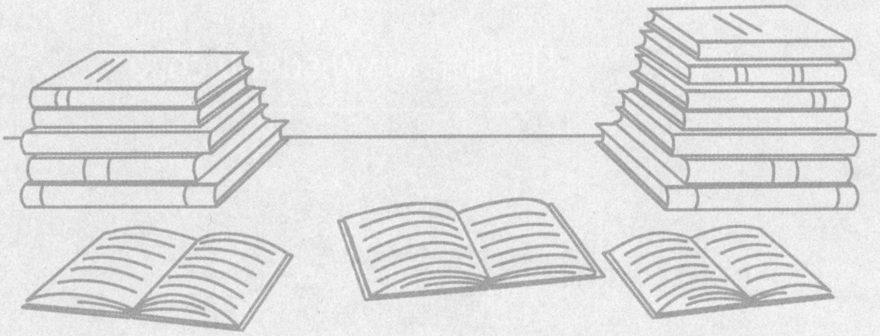

PART 02

과자류 · 빵류 재료 준비 및 계량

CHAPTER 01

배합표 작성 및 재료 준비

2% 출제율

출제포인트
- 배합표의 작성
- 고율 배합과 저율 배합의 특징
- 재료 준비와 전처리

기출 키워드

배합표, 베이커스 퍼센트, 고율 배합, 저율 배합, 전처리, 가루 재료 계량, 건포도 전처리

제1절 배합표 작성

1. 배합표

중요도 ★★★

(1) 배합표 개요

① 제품의 만드는 데 필요한 각 재료의 종류, 비율, 중량 등을 숫자로 표시한 표이다.

② 배합표의 배합률은 %로, 배합량은 g과 kg로 표기한다.

③ 중량을 계산하는 방법에는 베이커스 퍼센트(Baker's percentage)과 트루 퍼센트(True percentage) 방법이 있다.

(2) 배합표의 종류

① 베이커스 퍼센트(Baker's %)

㉠ 반죽에 들어가는 밀가루의 양을 100%로 하고 각 재료가 차지하는 양을 비율(%)로 표시한 방법이다.

㉡ Baker's %의 배합량 계산법

- $\text{밀가루 무게(g)} = \dfrac{\text{밀가루 비율(\%)} \times \text{총 반죽 무게(g)}}{\text{총 배합률(\%)}}$

- $\text{총 반죽 무게(g)} = \dfrac{\text{총 배합률(\%)} \times \text{밀가루 무게(g)}}{\text{밀가루 비율(\%)}}$

- $\text{각 재료의 무게(g)} = \dfrac{\text{각 재료의 비율(\%)} \times \text{밀가루 무게(g)}}{\text{밀가루 비율(\%)}}$

② 트루 퍼센트(True %)

㉠ 총배합에 들어가는 재료의 합을 100%로 하고 각 재료가 차지하는 양을 비율(%)로 표시한 방법이다.

㉡ Ture %의 배합량 계산법

$$\text{트루 퍼센트} = \frac{\text{각 재료의 중량(g)}}{\text{총 재료의 중량(g)}} \times 100$$

2. 제과에서의 고율 배합과 저율 배합

중요도 ★★★

① 고율 배합과 저율 배합은 반죽형 반죽에서 사용되는 개념이다.

② 고율 배합(high ratio)과 저율 배합(low ratio)

고율 배합	• 설탕의 사용량이 밀가루의 사용량보다 많고, 수분(달걀, 우유 등)이 설탕량보다 많은 배합 • 많은 설탕을 녹일만한 양의 물을 사용하여 수분이 제품에 많이 남게 되므로 촉촉한 상태를 오랫동안 유지해 신선도를 높이고 부드러움이 지속
저율 배합	설탕, 유지, 달걀 등의 재료를 거의 넣지 않고 기본 재료인 밀가루, 소금, 물을 위주로 하여 만든 배합

③ 고율 배합과 저율 배합의 비교

구분	고율 배합	저율 배합
설탕과 밀가루의 양	설탕 ≧ 밀가루	설탕 ≦ 밀가루
공기의 혼입	많음	적음
반죽의 비중	낮음	높음
화학 팽창제 사용량	적음	많음
굽기	저온 장시간(오버 베이킹)	고온 단시간(언더 베이킹)

진짜 통째로 외워온 문제

케이크의 배합에서 고율 배합이 저율 배합에 비해 더 높거나 많은 항목은?

① 믹싱 중 공기의 혼입 정도　　② 비중
③ 화학 팽창제의 사용량　　④ 굽는 온도

해설
고율 배합은 저율 배합과 비교하여 공기의 혼입 정도가 많고, 반중의 비중이 낮으며, 화학 팽창제의 사용량이 적고 저온에서 장시간 굽는다.

정답 ①

+ 괄호문제

다음 괄호 안에 알맞은 내용을 쓰시오.

① 베이커스 퍼센트에서 기준이 되는 재료는 (　)이다.
② 고율 배합과 저율 배합을 비교했을 때 반죽의 비중은 (　) 배합이 낮다.

| 정답 |
① 밀가루
② 고율

제2절 재료 계량 및 준비

1. 재료 계량

(1) 재료의 계량 방법

① 배합표를 확인하고 재료를 정확하게 계량한다.

② 재료의 특성에 따라 알맞은 계량 방법을 사용한다. 일반적으로 액체 재료는 부피로, 고체 재료는 무게로 측정한다.

③ 무게의 기본 단위는 g이며, 1kg은 1,000g, 1L는 1,000mL이다.

확인! OX

배합에 대한 설명이다. 옳으면 "O", 틀리면 "X"로 표시하시오.

1. 베이커스 퍼센트는 전체 재료의 양을 100%로 하는 것이다. (　)
2. 고율 배합 반죽은 저온에서 장시간 굽는 오버 베이킹을 해야 한다. (　)

정답 1. X 2. O

| 해설 |
1. 베이커스 퍼센트는 밀가루의 양을 100%로 하는 것이다.

+ 괄호문제

다음 괄호 안에 알맞은 내용을 쓰시오.

① 저울을 이용하여 계량 시 "용기" 버튼을 눌러 표시부에 ( )으로 맞춰 사용한다.

② 가루 재료는 ( )하여 재료를 고르게 분산시킬 수 있다.

| 정답 |

① 0

② 체치기

확인! OX

재료 계량 및 준비에 대한 설명이다. 옳으면 "O", 틀리면 "X"로 표시하시오.

1. 저울로 재료 계량 시 유산지는 무게가 나가지 않으므로 재료와 함께 재어도 무방하다. ( )
2. 건포도는 전처리하여 반죽과의 수분 이동을 억제할 수 있다. ( )

정답 1. X 2. O

| 해설 |

1. 저울 위에 유산지를 올리고 "용기" 버튼을 눌러 "0"으로 맞춘 후 순수한 재료의 무게를 측정해야 한다.

(2) 저울을 이용한 계량 방법

① 저울의 "ON" 버튼을 눌러 전원을 켠다. 표시부의 이상 여부를 검토하고, "0"이 되는지 확인한다.

② 측정할 재료를 담을 용기를 측정 판 위에 올린다. 용기의 무게가 입력된 경우 "용기" 버튼을 눌러 "0"으로 맞춘다. 재료를 용기 안에 넣으면 순수한 재료만의 무게가 측정된다.

③ 유산지를 사용하여 무게를 측정할 때는 유산지를 측정 판 위에 올린 후 "용기" 버튼을 눌러 "0"으로 맞춘다. 재료를 유산지 위에 올려 순수한 재료만의 무게를 측정한다.

④ 측정이 완료된 후에는 "OFF" 버튼을 눌러 전원을 끈다.

2. 재료 준비

중요도 ★★☆

(1) 전처리 : 계량한 재료로 반죽을 하기 전에 행하는 모든 작업을 말한다.

(2) 재료의 준비 및 전처리

① 가루 재료(밀가루, 설탕, 탈지분유 등)의 체치기

㉠ 재료를 고르게 분산시킬 수 있다.

㉡ 재료 속에 있을 수 있는 불순물과 덩어리를 제거할 수 있다.

㉢ 공기를 혼입하여 발효를 촉진하고, 흡수율도 증가시킬 수 있다.

㉣ 공기의 혼입으로 밀가루의 부피를 증가시킬 수 있다.

② **탈지분유** : 설탕 또는 밀가루와 혼합하여 체로 쳐서 분산시키거나, 물에 녹여서 사용한다.

③ **유지** : 냉장고나 냉동고에서 미리 꺼내어 실온에서 부드러운 상태로 만든 후 사용하는 것이 좋다.

④ **생이스트** : 밀가루에 잘게 부수어 넣고 혼합하여 사용하거나 물에 녹여 사용한다.

⑤ **소금** : 이스트와 닿으면 활성화를 억제하거나 파괴하므로 함께 계량하지 않고 가능하면 물에 녹여서 사용한다.

⑥ **개량제** : 가루 재료(밀가루 등)에 혼합하여 사용한다.

⑦ **건포도(건조 과일)**

㉠ 건포도 양의 12%에 해당하는 물(27℃)에 4시간 이상 담가 둔 뒤에 사용하거나 건포도가 잠길 만큼 물을 부어 10분 정도 담가뒀다 체에 밭쳐서 사용한다.

㉡ 건조 과일의 경우 수분을 공급하여 식감을 개선하고, 풍미를 향상시키며, 제품 내부와 건조 과일 간의 수분 이동을 최소화하기 위해 전처리 과정을 거친다.

⑧ **견과류** : 제품의 용도에 따라 굽거나 볶아서 사용한다.

재료의 성분 및 특징

20% 출제율

출제포인트
- 제과 · 제빵 재료의 종류
- 제과 · 제빵 재료의 성분
- 제과 · 제빵 재료의 특징

제1절 밀가루

기출 키워드

밀가루, 강력분, 박력분, 건조 글루텐, 젖은 글루텐, 전분, 달걀, 유지, 필수지방산, 튀김기름, 유제품, 카제인, 우유의 살균법(가열법), 치즈, 이스트, 이스트 푸드, 물, 경수, 안정제, 한천, 젤라틴, 펙틴, 향신료, 오레가노, 계피, 초콜릿

1. 밀알의 구조

① 배아 : 밀의 약 3%를 차지하며 씨앗의 싹이 트는 부분으로 제분 시 제거된다.
② 내배유 : 밀의 약 83%를 차지하며 주로 밀가루가 되는 부분이다.
③ 껍질 : 밀의 약 14%를 차지하며 일반적으로 제분 시 제거되며 사료로 많이 쓰인다.

2. 밀가루의 분류 및 특징

(1) 밀알의 경도에 따른 분류

밀알의 경도에 따라서 단단하면 경질밀, 부드러우면 연질밀로 나뉜다. 강력분은 경질밀로 제분한 것이고, 박력분은 연질밀로 제분한 것이다. 중력분은 두 밀을 혼합하여 제분하거나 제분한 밀가루를 혼합한 것이다.

(2) 단백질 함량에 따른 분류

구분	단백질 함량(%)	점성과 탄력성	용도
강력분(경질춘맥)	11~14	강함	제빵용
중력분	9~11	중간	제면, 다목적용
박력분(연질동맥)	7~9	약함	제과용

3. 밀가루의 성분

중요도 ★★★

(1) 단백질

① 밀가루 함량의 10~15%를 차지한다.
② 밀가루 단백질은 빵의 부피, 색상, 기공, 조직 등 빵의 품질 특성을 결정짓는 중요한 역할을 한다.

+ 괄호문제

다음 괄호 안에 알맞은 내용을 쓰시오.

① 밀알은 ( ) 약 3%, 내배유 약 83%, 껍질 약 14%로 구성되어 있다.

② 밀가루의 ( ) 함량에 따라 강력분, 중력분, 박력분으로 분류된다.

| 정답 |

① 배아

② 단백질

③ 밀가루에 들어 있는 글루테닌과 글리아딘 두 단백질은 물과 결합하여 글루텐을 형성한다. 글루테닌은 반죽의 탄력성에, 글리아딘은 반죽의 점성에 영향을 준다.

④ 글루텐

㉠ 밀가루 반죽의 단백질 대부분을 차지한다.

㉡ 글루텐은 발효 중에 생성되는 이산화탄소를 보유하는 역할을 하며, 오븐에서 제품을 굽는 동안 글루텐 단백질의 열변성에 의해 빵의 단단한 구조를 형성하는 중요한 기능을 가진다.

㉢ 글루텐은 자기 중량 3배 정도의 물을 흡수하기 때문에 젖은 글루텐의 함량을 알면 건조 글루텐의 함량을 알 수 있다.

- 젖은 글루텐(%) = $\frac{\text{젖은 글루텐 중량}}{\text{밀가루 중량}} \times 100$
- 건조 글루텐(%) = 젖은 글루텐(%) ÷ 3

(2) 탄수화물

① 밀가루 함량의 70%를 차지하며, 그중 대부분은 전분이고 이외에 덱스트린, 셀룰로스, 당류, 펜토산이 있다.

② 손상전분

㉠ 발아 혹은 제분 시 기계적 손상을 받은 전분립을 말한다.

㉡ 장시간 발효하는 동안 가스 생산을 지탱해 줄 발효성 탄수화물을 생성하여 발효를 빠르게 도와준다.

㉢ 흡수율을 높이고 굽기 과정 중에 적정 수준의 덱스트린을 형성한다.

㉣ 건전한 전분이 손상전분으로 대체되면 흡수율이 약 2배 증가한다.

㉤ 밀가루의 적당한 손상전분 함량은 4.5~8%이다.

(3) 지방

제분 전에는 밀 전체의 2~4%, 배아는 8~15%, 껍질은 6% 정도 존재하며, 제분된 밀가루에는 1~2% 차지한다.

(4) 수분

밀가루에 10~14% 정도 함유되어 있다.

(5) 회분

① 일종의 무기질로 회분 함량에 따라 밀가루의 등급이 나뉜다.

② 회분이 많다는 것은 밀가루에 밀의 내피가 많다는 것으로, 효소 활성과 섬유질 함량도 많다는 것이다.

③ 밀기울의 양을 판단하는 기준이다.

확인! OX

밀가루에 대한 설명이다. 옳으면 "O", 틀리면 "X"로 표시하시오.

1. 제과용 밀가루 제조에 사용되는 밀은 경질춘맥이 적합하다. ( )
2. 글리아딘은 글루텐을 형성하는 밀가루의 주요 단백질이다. ( )

정답 1. X 2. O

| 해설 |

1. 제과용 밀가루 제조 시 연질동맥이 적합하다.

4. 밀가루의 표백과 숙성

(1) 밀가루의 표백

① 밀가루에는 카로티노이드계 색소인 카로틴, 크산토필과 플라본 등 색소가 존재한다.
② 제분 직후의 미숙성 밀가루는 지용성 색소인 크산토필 때문에 노란색을 띤다.
③ 크산토필은 공기 중에 쉽게 산화되어 무색 화합물이 된다.

(2) 밀가루의 숙성

① 숙성기간은 온도, 습도 등에 따라 다르지만 자연 숙성 시간은 2~3개월 정도가 좋다.
② 반죽의 기계적 적성을 좋게 한다.
③ 숙성하지 않은 밀가루의 특징
㉠ 밀가루의 pH가 6.1~6.2 정도로 빵 발효에 적당하지 않다.
㉡ 밀가루 내의 크산토필 색소 때문에 어둡고 노란색을 띤다.
㉢ 효소작용이 활발하여 글루텐을 파괴한다.
④ 숙성한 밀가루의 특징
㉠ 밀가루의 pH가 낮아져 발효를 촉진한다.
㉡ 밀가루 내의 크산토필 색소는 공기 중에 산화되어 희게 된다.
㉢ 환원성 물질이 산화되어 반죽 글루텐의 파괴를 막아준다.
㉣ 글루텐의 질이 개선되고 흡수성이 향상된다.

5. 밀가루 보관 시 주의사항

① 온도 18~24℃, 습도 55~65%에서 보관한다.
② 바닥에 깔판을 놓고 적재하며, 통풍이 잘되고 서늘한 곳에 보관한다.
③ 밀가루 보관 시 냄새가 강한 물건과의 접촉·보관을 피해야 한다.

6. 밀가루 반죽의 적성 시험 기계

아밀로그래프 (Amylograph)	• 밀가루의 호화 온도, 호화 정도, 전분의 점도 변화를 측정 • α-아밀레이스 효과를 판정 • 보통 제빵용 밀가루의 그래프 곡선의 높이는 400~600B.U. 정도
패리노그래프 (Farinograph)	• 밀가루의 흡수율, 믹싱 내구성, 믹싱 시간 등 글루텐의 질을 측정 • 고속 믹서 내에서 일어나는 물리적 성질을 파동 곡선 기록기로 기록
익스텐소그래프 (Extensograph)	• 반죽의 신장성과 저항성 측정 • 밀가루 반죽을 끊어질 때까지 늘려서 반죽의 신장성을 측정
믹소그래프 (Mixograph)	• 반죽의 형성 및 글루텐 발달을 측정 • 온도와 습도 조절 장치가 부착된 고속 기록 장치가 있는 믹서
레오그래프 (Rheograph)	• 반죽이 기계적 발달을 할 때 일어나는 변화를 측정하여 그래프로 기록 • 밀가루의 흡수율 계산에 적합

+ 괄호문제

다음 괄호 안에 알맞은 내용을 쓰시오.

① 밀가루에는 (   )계 색소인 카로틴, 크산토필과 플라본 등의 색소가 함유되어 있다.
② 숙성하지 않은 밀가루는 (   ) 색소 때문에 어둡고 노란색을 띤다.

| 정답 |
① 카로티노이드
② 크산토필

확인! OX

밀가루에 대한 설명이다. 옳으면 "O", 틀리면 "X"로 표시하시오.

1. 아밀로그래프는 반죽의 신장성을 측정하는 기기이다. ( )
2. 패리노그래프는 밀가루의 흡수율을 측정할 수 있는 기기이다. ( )

정답 1. X 2. O

| 해설 |
1. 반죽의 신장성을 측정하는 기계는 익스텐소그래프이다.

제2절 기타 가루 재료

1. 호밀 가루

① 제분율에 따라 백색, 중간색, 흑색으로 분류한다.
② 호밀 가루에 지방 함량이 높으면 저장성이 나쁘다.
③ 호밀 가루는 글루텐을 만드는 단백질의 함유량이 25.7%에 불과해 탄력성과 신장성이 떨어진다.
④ 밀가루에 비하여 펜토산 함량이 높아 글루텐 형성을 방해하고, 반죽이 끈적이게 한다.
⑤ 밀가루에 비해 구조력이 약하여 빵 제조 시 밀가루와 섞어 사용하며, 이를 통해 독특한 맛과 조직의 특성을 부여하며 색상을 향상할 수 있다.

2. 기타 가루

(1) 활성 글루텐

밀가루에서 단백질을 추출하여 건조 분말로 만든 것으로 건조 글루텐이라고도 한다. 글루텐 형성 능력이 약한 밀가루나 기타 가루의 개량제로 사용된다.

(2) 프리믹스

제품의 특성에 맞게 제과·제빵용 건조 재료와 팽창제 및 유지 재료를 알맞은 배합률로 균일하게 혼합한 원료를 말한다.

(3) 옥수수 가루

옥수수 단백질 제인(zein)은 라이신과 트립토판이 결핍된 불완전 단백질이지만, 다른 곡류에는 부족한 트레오닌과 함황 아미노산인 메티오닌이 많아 다른 곡류와 혼합하여 사용하면 영양학적 보완이 가능하다.

진짜 통째로 외워온 문제

옥수수 단백질 제인(zein)에서 부족하기 쉬운 아미노산은?

① 트립토판 ② 메티오닌
③ 류신 ④ 트레오닌

해설
옥수수 단백질 제인(zein)은 불완전 단백질로 라이신과 트립토판이 결핍되어 있지만 비교적 트레오닌과 메티오닌 함량이 높다.

정답 ①

+ 괄호문제

다음 괄호 안에 알맞은 내용을 쓰시오.

① 활성 글루텐은 밀가루에서 단백질을 추출하여 분말로 만든 것으로 (　)이라고도 한다.
② (　)는 건조 재료와 팽창제 및 유지 재료를 알맞은 배합률로 균일하게 혼합한 원료이다.

| 정답 |
① 건조 글루텐
② 프리믹스

확인! OX

기타 가루 재료에 대한 설명이다. 옳으면 "O", 틀리면 "X"로 표시하시오.

1. 호밀 가루는 밀가루에 비하여 펜토산 함량이 낮아 반죽이 끈적인다. (　)
2. 옥수수 단백질 제인(zein)에는 트레오닌과 메티오닌이 비교적 많다. (　)

정답 1. X 2. O

| 해설 |
1. 호밀 가루는 펜토산 함량이 높아 반죽을 끈적이게 한다.

제3절 감미제

1. 감미제의 개요

중요도 ★★★

(1) 정의

제과·제빵 제조 시 단맛을 내도록 첨가하는 천연·인공물질을 말한다.

(2) 제과에서의 기능

① 감미제로 단맛이 나게 한다.

② 윤활작용으로 흐름성, 퍼짐성, 절단성 등을 조절한다.

③ 캐러멜화 반응과 메일라드(maillard, 마이야르) 반응에 의해 껍질 색이 진해진다.

④ 글루텐을 부드럽게 하고 기공, 조직 속을 부드럽게 하는 연화 효과가 있다.

⑤ 수분 보유력이 있으므로 노화를 지연하고 신선도를 오래 지속시킨다.

진짜 통째로 외워온 문제

제과에서 설탕류가 갖는 주요 기능이 아닌 것은?

① 물의 경도 조절　② 수분 보유제

③ 감미제　④ 껍질 색 제공

해설

제과에서 설탕류는 감미제로 제품에 단맛을 부여하며, 수분 보유력이 있어 제품의 노화를 지연하고 신선도를 지속시키며, 캐러멜화와 메일라드 반응에 의해 껍질 색을 제공하는 등의 기능을 한다.

정답 ①

(3) 제빵에서의 기능

① 속결, 기공을 부드럽게 한다.

② 발효가 진행되는 동안 이스트에 발효성 탄수화물을 공급한다.

③ 휘발성 산, 알데하이드와 같은 화합물의 생성으로 풍미를 증진시킨다.

④ 아미노산과 환원당으로 반응하여 껍질 색을 진하게 한다(메일라드 반응).

⑤ 수분 보유력이 있으므로 노화를 지연시키고 저장 기간을 증가시킨다.

(4) 상대적 감미도 비교

과당(175) > 전화당(130) > 설탕(100) > 포도당(75) > 맥아당(32) > 유당(16)

+괄호문제

다음 괄호 안에 알맞은 내용을 쓰시오.

① 감미제는 캐러멜화와 ( ) 반응을 통해 제품 껍질 색을 진하게 하는 기능을 한다.

② 설탕의 상대적 감미료는 ( ) 이다.

| 정답 |

① 메일라드(마이야르)

② 100

확인! OX

감미제에 대한 설명이다. 옳으면 "O", 틀리면 "X"로 표시하시오.

1. 포도당은 설탕에 비해 감미도가 높다. ( )
2. 감미제는 수분 보유력이 있어 제품의 노화를 지연시키고 저장 기간을 증가시킨다. ( )

정답 1. X 2. O

| 해설 |

1. 포도당의 감미도는 설탕의 감미도(100)에 비해 75 정도로 낮다.

2. 감미제의 종류

중요도 ★★☆

(1) 설탕(자당)

① 정제당 : 당밀과 불순물을 제거하여 만든 순수한 당이다.

입상 형당	설탕이 알갱이 형태를 이룬 것으로 용도에 따라 입자의 크기가 다양함
분당	• 정제당을 분쇄한 것으로 고운 체로 통과시킨 후 덩어리 방지제를 첨가한 제품 • 응고를 방지하기 위하여 전분을 3% 정도 첨가함

② 함밀당 : 불순물만 제거한 당밀을 분리하지 않고 함께 굳힌 설탕이다.

③ 전화당

㉠ 설탕을 가수분해하여 생긴 포도당과 과당의 혼합물이다.

㉡ 설탕의 1.3배의 감미도를 갖는다.

㉢ 갈색화 반응이 빠르므로 껍질 색 형성을 빠르게 한다.

㉣ 설탕에 소량의 전화당을 혼합하면 용해도가 높아진다.

㉤ 수분 보유력이 높으므로 제품의 보존기간을 지속시킬 수 있으며, 보습이 필요한 제품에 사용된다.

④ 액당

㉠ 고도로 정제된 자당이나 전화당이 물에 녹은 시럽 형태의 당을 의미한다.

㉡ 액당의 당도(%) $= \frac{\text{용질}}{\text{용매} + \text{용질}} \times 100$

진짜 통째로 외워온 문제

설탕에 대한 설명으로 잘못된 것은?

① 폰던트(Fondant)는 설탕의 결정성을 이용한 것이다.
② 수분 보유제의 역할을 한다.
③ 설탕은 과당보다 용해성이 크다.
④ 제빵 시 설탕량이 과다할 경우 이스트 양을 늘린다.

해설
설탕은 과당보다 용해성이 작다.

정답 ③

(2) 포도당

① 전분을 가수분해하여 만든다.

② 설탕의 감미도(100)에 비해 포도당은 75 정도이다.

③ 포도당은 이스트에 의해 가장 먼저 발효에 사용된다.

④ 설탕보다 낮은 pH와 온도에서 캐러멜화가 일어난다.

+ 괄호문제

다음 괄호 안에 알맞은 내용을 쓰시오.

① ( )은 설탕을 가수분해시켜 생긴 포도당과 과당의 혼합물이다.
② 분당의 응고를 방지하기 위하여 ( )을 3% 정도 첨가한다.

| 정답 |
① 전화당
② 전분

확인! OX

감미제에 대한 설명이다. 옳으면 "O", 틀리면 "X"로 표시하시오.

1. 물 100g에 설탕 25g을 녹이면 당도는 25%이다. ( )
2. 물엿은 전분을 산이나 효소로 가수분해하여 만든 감미료이다. ( )

정답 1. X 2. O

| 해설 |
1. $\frac{25}{100+25} \times 100 = 20\%$

(3) 맥아와 맥아시럽

① 맥아 : 발아시킨 보리(엿기름)의 낟알을 말한다.

② 맥아시럽 : 맥아분(엿기름)에 물을 넣고 열을 가하여 만든다.

③ 사용 목적 : 향과 껍질 색 개선, 이스트 발효 촉진, 가스 생산 증가, 제품 내 수분 함유 증가 등

(4) 물엿

① 전분을 산이나 효소로 가수분해하여 만든 감미료로 물이 혼합된 상태의 점성 있는 액체이다.

② 포도당, 맥아당, 그 밖의 이당류, 덱스트린이 혼합된 반유동성 감미 물질로 점성, 보습성이 뛰어나 제품의 조직을 부드럽게 할 목적으로 많이 사용한다.

(5) 당밀

① 당밀이 다른 설탕과 구분되는 구성 성분으로 회분(무기질)이 있다.

② 제과에서 많이 사용하는 럼주는 당밀을 발효시켜 만든다.

③ 사용 목적 : 당밀 특유의 단맛과 풍미, 노화 지연, 향료와의 조화

(6) 유당

① 동물성 당류로 포도당과 갈락토스가 결합한 이당류이다.

② 락테이스(락타아제)에 의해 분해되며 제빵용 이스트에 의해서는 분해되지 않는다.

③ 이스트에 의해 발효되지 않고, 반죽에 잔류당으로 남아 갈변반응을 일으켜 껍질 색을 진하게 한다.

④ 유산균에 의해 유산이 생성된다.

(7) 기타 감미제

① 아스파탐 : 아미노산계 합성 감미료로 칼로리가 거의 없으며 설탕의 약 200배의 감미도를 갖는다.

② 올리고당 : 설탕의 30% 정도의 감미도이며, 장내의 비피더스균 증식인자로 알려져 있다.

③ 이성화당 : 전분을 효소나 산에 의해 가수분해시켜 얻은 포도당액을 효소나 알칼리 처리로 포도당과 과당으로 만들어 놓은 당이다.

④ 꿀 : 감미와 수분 보유력이 높고 향이 우수하다.

⑤ 천연 스테비아 : 감미도가 설탕의 300배이다.

+괄호문제

다음 괄호 안에 알맞은 내용을 쓰시오.

① 아스파탐은 (　　)계 합성 감미료이다.

② 장내의 비피더스균 증식을 활발하게 하는 당은 (　　)이다.

| 정답 |

① 아미노산

② 올리고당

확인! OX

감미제에 대한 설명이다. 옳으면 "O", 틀리면 "X"로 표시하시오.

1. 유당은 포도당과 갈락토스가 결합한 이당류이다. (　)
2. 럼주는 맥아를 발효시켜 만든다. (　)

정답 1. O 2. X

| 해설 |

2. 럼주는 당밀을 발효시켜 만든다.

+ 괄호문제

다음 괄호 안에 알맞은 내용을 쓰시오.

① 유지의 가소성은 ( )의 양에 의해 결정된다.
② 기름 속에 물이 입자 모양으로 분산된 상태를 ( )형이라 한다.

| 정답 |
① 트라이글리세라이드(트리글리세리드)
② 유중수적

확인! OX

유지 제품에 대한 설명이다. 옳으면 "O", 틀리면 "X"로 표시하시오.

1. 공기를 포집하여 부피를 커지게 하는 것은 유지의 유화성에 해당한다. ( )
2. 유지의 경화는 불포화지방산에 니켈을 촉매로 수소를 첨가시켜 불포화도를 감소시키는 것이다. ( )

정답 1. X 2. O

| 해설 |
1. 유지의 공기를 포집하여 부피를 커지게 하는 특징은 크림성이다.

제4절 유지 제품

1. 유지의 기능 및 특징

중요도 ★★★

(1) 유지의 기능

① 제빵에서는 윤활작용, 부피 증가, 식빵의 슬라이스를 돕고 풍미를 가져다 주며, 가소성과 신장성을 향상시키며, 빵의 노화를 지연시킨다.
② 제과에서는 쇼트닝성, 공기혼입, 크림화, 안정화, 식감과 저장성에 영향을 준다.

(2) 유지의 특징

① 가소성
㉠ 반고체인 유지에 힘을 가했을 때 모양의 변화와 유지가 가능한 성질로 사용 온도 범위, 즉 가소성 범위가 넓은 것이 좋다.
㉡ 유지의 가소성은 트라이글리세라이드(triglyceride)의 양에 의해 결정된다.
㉢ 가소성을 이용한 제품 : 퍼프 페이스트리, 데니시 페이스트리, 파이, 크로와상 등

② 크림성
㉠ 반죽에 분산해 있는 유지가 거품의 형태로 공기를 포집하고 있는 성질이다.
㉡ 공기를 포집하여 질감이 부드럽고 부피를 커지게 한다.
㉢ 크림성이 중요한 제품 : 파운드 케이크, 레이어 케이크 등

③ 유화성
㉠ 서로 녹지 않는 두 가지 액체가 어느 한쪽에 작은 입자 상태로 분산된 상태이다.
㉡ 수중유적형과 유중수적형

수중유적형(O/W)	물속에 기름이 입자 모양으로 분산 예 마요네즈, 우유, 아이스크림
유중수적형(W/O)	기름 속에 물이 입자 모양으로 분산 예 버터, 마가린, 쇼트닝

④ 안정성
㉠ 지방의 산화와 산패를 억제하는 성질로, 장기간의 저장성을 가져야 하는 건과자류나 고온에서 작업을 하는 튀김기름에 필요한 중요한 성질이다.
㉡ 수소를 첨가하여 불포화도를 줄이거나 항산화제를 사용한다.

수소 첨가	• 지방산의 이중결합에 수소를 첨가하여 불포화도를 줄임 • 유지의 경화 : 불포화지방산에 니켈을 촉매로 수소를 첨가하여 지방의 불포화도를 감소시키는 것
항산화제(산화방지제)	• 산화적 연쇄반응을 방해하여 유지의 안정효과를 갖게 하는 물질 • 천연 항산화제 : 비타민 E, 레시틴, 세사몰 등 • 합성 항산화제 : BHA, BHT 등

⑤ 쇼트닝성
㉠ 반죽의 조직에 층상으로 분포하여 윤활작용을 하는 유지의 특징이다.
㉡ 조직 간의 결합을 저해함으로써 반죽을 바삭바삭하고 부서지기 쉽게 한다.

2. 유지의 종류

버터 (butter)	• 우유 지방 80%, 수분 14~17%, 소금 0~3%로 구성 • 유중수적형(W/O)으로 빵이나 과자에 많이 사용 • 융점이 낮고, 크림성이 부족하여 가소성 범위가 좁음 • 다이아세틸(diacetyl, 디아세틸)은 버터의 향미에 관여
마가린 (margarine)	• 버터 대용품으로 개발되었으며 버터에 비해 가소성, 크림성이 우수 • 지방 함량이 80% 이상이며, 주로 식물성 유지로 만듦 • 쇼트닝에 비해 융점이 낮고 가소성이 적음
쇼트닝 (shortening)	• 라드(돼지기름) 대용품으로 개발되었으며, 무색, 무미, 무취임 • 크림성이 우수, 저장성 등을 개선 • 식빵 제조 시 4~6% 첨가했을 때 제품의 부피를 가장 크게 함 • 빵 제품에는 부드러움을, 제과 제품에는 바삭한 식감을 줌
라드 (lard)	• 돼지의 지방을 분리해서 정제한 것으로 상온에서 백색의 고형 지방임 • 품질이 일정하지 못하고, 보존성도 떨어짐
튀김기름 (frying oil)	• 튀김기름의 표준 온도 180~195℃, 발연점이 높은 면실유가 좋음 • 고온으로 계속 가열하면 유리지방산이 높아져 발연점이 낮아짐

+ 괄호문제

다음 괄호 안에 알맞은 내용을 쓰시오.

① ( )은 버터의 독특한 향미에 관여한다.

② 식빵 제조 시 쇼트닝을 ( )% 정도 사용하면 제품의 최대 부피를 얻을 수 있다.

| 정답 |

① 다이아세틸(디아세틸)

② 4~6

제5절 우유와 유제품

1. 우유

중요도 ★★☆

(1) 우유의 특징

① 일반적으로 신선한 우유는 pH 6.5~6.7이다.

② 우유 단백질의 75~80%는 카제인으로 열에 강해 100℃에서도 응고되지 않는다.

③ 우유 단백질에 의해 믹싱 내구성을 향상시킨다.

④ 글루텐의 기능을 향상시키며 빵의 속결을 부드럽게 한다.

⑤ 발효 시 완충작용으로 pH가 급격히 떨어지는 것을 방지한다.

⑥ 수분 보유력이 있어서 노화를 지연시킨다.

⑦ 밀가루에 부족한 필수 아미노산인 라이신(lysin)과 칼슘을 보충한다.

⑧ 풍미(맛)를 향상시킨다.

진짜 통째로 외워온 문제

일반적으로 신선한 우유의 pH는?

① pH 4.0~4.5 ② pH 3.0~4.0

③ pH 5.5~6.0 ④ pH 6.5~6.7

(해설)

신선한 우유의 pH는 약 6.6이다.

정답 ④

확인! OX

유지에 대한 설명이다. 옳으면 "O", 틀리면 "X"로 표시하시오.

1. 마가린은 라드의 대용품으로 개발되었으며, 무색, 무미, 무취 제품이다. ( )
2. 튀김기름은 계속 고온으로 가열하면 유리지방산이 높아져 발연점이 높아진다. ( )

정답 1. X 2. X

| 해설 |

1. 쇼트닝은 라드의 대용품으로 개발되었으며, 무색, 무미, 무취이다.
2. 튀김기름은 고온으로 계속 가열하면 발연점이 낮아진다.

+ 괄호문제

다음 괄호 안에 알맞은 내용을 쓰시오.

① 우유의 산가 ( )%에서 단백질 카제인이 응고한다.

② 우유의 성분 중 ( )은 갈변반응을 일으켜 제품의 껍질 색을 개선해 준다.

| 정답 |

① 0.5~0.7

② 유당

확인! OX

우유 및 유제품에 대한 설명이다. 옳으면 "O", 틀리면 "X"로 표시하시오.

1. 우유 단백질 중 카제인이 가장 함량이 높다. ( )
2. 우유 단백질 중 락토알부민은 열에 의해 쉽게 응고되지 않는다. ( )

정답 1. O 2. X

| 해설 |

2. 락토알부민은 열에 의해 쉽게 응고되며, 산에 의해 응고되지 않는다.

(2) 우유의 살균법(가열법)

저온 장시간 살균법(LTLT법)	60~65℃에서 30분간 가열
고온 단시간 살균법(HTST법)	70~75℃에서 15초간 가열
초고온 순간 살균법(UHT법)	130~150℃에서 3초 가열

2. 우유의 성분

(1) 우유 지방(유지방)

① 우유는 교반 시 비중의 차이로 지방 입자가 뭉쳐 크림이 된다.

② 카로틴, 레시틴, 세파린, 콜레스테롤, 지용성 비타민 A・D・E 등이 들어 있다.

③ 지방 용해성 스테롤인 콜레스테롤을 0.071~0.43% 함유한다.

(2) 우유 단백질(유단백질)

① 우유에는 단백질이 3.4~3.5% 정도 함유되어 있으며, 이 중 카제인이 80%, 그 외 락토알부민, 락토글로불린, 필수 아미노산 등이 있다.

② 카제인

㉠ 우유의 주된 단백질로 열에 응고되지 않는다.

㉡ 산(우유의 산가 0.5~0.7%)과 효소에 의해 응고되어 치즈나 요구르트를 만들 수 있다.

③ 락토알부민, 락토글로불린 : 산에 의해 응고되지 않고 열에 의해 쉽게 응고된다.

(3) 유당

① 제빵용 이스트에 발효되지 않는다.

② 캐러멜화나 메일라드 반응과 같은 갈변반응을 일으켜 껍질 색을 개선해 준다.

③ 우유에 함유된 당질은 약 4.8%이며, 그중 대부분이 유당이다.

(4) 무기질

① 우유 전체의 1/4를 차지하는 칼슘과 인은 영양학적으로 중요한 역할을 한다.

② 구연산은 0.02% 정도 함유되어 있다.

(5) 효소와 비타민

① 지방 분해효소, 단백질 분해효소, 당 분해효소 등 효소는 많지만 대부분 불활성이다.

② 비타민 A, 리보플라빈, 티아민은 풍부하지만 비타민 D・E는 결핍된다.

3. 유제품

중요도 ★★☆

(1) 시유(market milk)

일반 우유로 표준화, 균질화, 살균, 멸균, 포장, 냉장된 우유이다.

(2) 농축 우유(concentrated milk) : 우유의 수분을 증발시켜 농축한 것으로 고형분 함량이 높으며 종류로 연유, 생크림 등이 있다.

① 크림 : 우유를 교반시키면 비중의 차이로 지방 입자가 뭉쳐지는데 이것을 농축시켜 만든 것이다.

구분	유지방 함량
커피용, 조리용 생크림	16% 전후
휘핑용 생크림	35% 이상
버터용 생크림	80% 이상

② 연유

㉠ 가당 연유 : 우유에 40% 이상의 설탕을 첨가하여 1/3 부피로 농축시킨 것으로 보존성이 좋다.

㉡ 무가당 연유 : 우유를 그대로 1/3 부피로 농축시킨 것이다.

(3) 분유(dry milk)

① 우유의 수분을 제거해서 가루로 만든 것이다.

㉠ 전지분유 : 우유에서 수분을 제거한 분말 상태로 지방이 많다. 다른 첨가물은 넣지 않는다.

㉡ 탈지분유 : 우유에서 지방분을 제거한 것으로 유당이 50% 함유되어 있고 단백질, 회분 함량이 높다.

㉢ 혼합분유 : 전지분유나 탈지분유에 곡류 가공품, 코코아 가공품 등의 식품을 첨가한 것이다.

② 제빵에서 분유를 사용하는 목적은 영양 강화 및 반죽의 pH 조절을 위함이다.

③ 탈지분유의 단백질에는 라이신의 함량이 많으며 칼슘도 풍부하게 함유되어 있다.

④ 아미노산과 단당류의 반응에 의한 갈색화 반응을 촉진시켜 겉껍질 색에 영향을 준다.

⑤ 반죽의 글루텐을 강화시키며, 단백질에 의한 완충 효과에 의해 발효가 저해 받는다.

⑥ 탈지분유의 사용량이 3% 미만일 경우에는 제품의 풍미에 영향을 미치지 않는다.

(4) 치즈

① 우유나 그 밖의 유즙을 레닌과 젖산균을 넣어 카제인을 응고시킨 후 발효·숙성시켜 만든 것이다.

② 자연 치즈, 가공 치즈 등이 있다.

+ 괄호문제

다음 괄호 안에 알맞은 내용을 쓰시오.

① 가당 연유는 우유에 (　　)을 첨가하여 1/3 부피로 농축시킨 것이다.

② 치즈는 우유의 (　　)을 응고시킨 후 발효·숙성시켜 만든 것이다.

| 정답 |

① 설탕

② 카제인

확인! OX

우유 및 유제품에 대한 설명이다. 옳으면 "O", 틀리면 "X"로 표시하시오.

1. 탈지분유는 유당 50%로 구성되어 있다. (　)
2. 제빵에서 분유는 반죽의 pH 상승을 촉진시킨다. (　)

정답 1. O 2. X

| 해설 |

2. 분유는 반죽의 발효 시 pH 변화에 대한 완충 역할을 한다.

+ 괄호문제

다음 괄호 안에 알맞은 내용을 쓰시오.

① 달걀 껍질은 대부분 (　　)으로 이루어져 있다.
② 난백 단백질 중 (　　)은 철과의 결합 능력이 강한 항세균 물질이다.

| 정답 |
① 탄산칼슘
② 콘알부민

진짜 통째로 외워온 문제

분유에 대한 설명으로 옳지 않은 것은?

① 탈지분유 - 우유에서 지방을 제거하고 수분은 남긴 것이다.
② 전지분유 - 순수하게 우유의 수분을 제거한 것이다.
③ 조제분유 - 여러 가지 영양소를 첨가하여 기능성 분유를 만들기 위한 것이다.
④ 고지방분유 - 지방 함량이 높은 우유의 분말이다.

해설
탈지분유는 우유에서 지방과 수분을 제거한 것이다.

정답 ①

제6절 달걀

1. 달걀의 구성 및 구성비

중요도 ★★☆

(1) 달걀의 구성

① 껍질
㉠ 달걀의 10% 정도를 차지한다.
㉡ 대부분은 탄산칼슘으로 구성되어 있고, 세균 침입을 막는 큐티클로 싸여 있다.

② 전란 : 달걀의 껍질을 제외한 노른자와 흰자를 전란이라고 한다.

③ 노른자
㉠ 고형질의 70%를 차지하는 지방은 트라이글리세라이드(65%), 인지질(30%)과 콜레스테롤, 카로틴, 비타민 등으로 이루어져 있다.
㉡ 지방과 인이 결합한 복합지질로 지방의 유화력이 강한 성분인 레시틴이 노른자에 함유되어 있다. 레시틴은 마요네즈 제조에 이용한다.

④ 흰자
㉠ 주로 수분과 단백질로 구성되어 있다.
㉡ 난백 단백질
- 오브알부민 : 흰자의 54%를 차지하며, 필수 아미노산을 함유
- 콘알부민 : 철과의 결합 능력이 강하여 미생물의 이용하지 못하는 항세균 물질
- 오보뮤코이드 : 트립신과 결합하여 트립신의 작용을 억제
- 기타 : 라이소자임, 아비딘 등

㉢ 달걀흰자에는 황을 함유하고 있는 함황아미노산(메티오닌) 성분이 있어 은(silver) 제품과 접촉하면 은 제품이 검은색으로 변할 수 있다.

확인! OX

달걀에 대한 설명이다. 옳으면 "O", 틀리면 "X"로 표시하시오.

1. 달걀의 10% 정도는 껍질로 구성되어 있다. (　)
2. 노른자에서 가장 많은 것은 단백질이다. (　)

정답 1. O 2. X

| 해설 |
2. 지방이 달걀노른자의 70%를 구성한다.

(2) 달걀의 구성비

부위	구성비(%)	고형질 비율(%)	수분 비율(%)
껍질	약 10	–	–
전란	약 90	25	75
노른자	약 30	50	50
흰자	약 60	12	88

진짜 통째로 외워온 문제

전란의 고형질은 일반적으로 약 몇 %인가?

① 12%　② 88%
③ 75%　④ 25%

해설
전란은 수분 75%, 고형질 25%로 구성되어 있다.

정답 ④

+ 괄호문제

다음 괄호 안에 알맞은 내용을 쓰시오.

① 달걀노른자에는 유화 기능을 갖는 (　)이 함유되어 있다.
② (　)는 달걀을 깼을 때 노른자의 높이를 지름으로 나눈 값을 말한다.

| 정답 |
① 레시틴
② 난황계수

2. 달걀의 기능

중요도 ★★★

① 결합제 : 달걀의 단백질이 밀가루와의 결합 작용으로 과자 제품의 구조를 형성한다.
② 농후화제 : 단백질이 열에 의해 응고되어 농후화제 역할을 한다.
③ 수분 공급 : 전란의 75%가 수분으로 제품에 수분을 공급한다.
④ 유화제 : 노른자의 레시틴이 유화작용을 하며 반죽의 분리 현상을 막아준다.
⑤ 팽창작용
　㉠ 믹싱 중 공기를 포집하고, 이 공기는 굽기를 통해 제품의 부피로 늘어나게 한다.
　㉡ 달걀은 30℃ 정도에서 기포성과 포집성이 가장 좋다.
⑥ 색 : 노른자의 카로티노이드(황색) 색소는 식욕을 돋우는 기능이 있다.

3. 신선한 달걀의 조건

중요도 ★★★

① 껍질이 거칠고 난각 표면에 광택이 없고 선명하다.
② 밝은 불에 비추어 봤을 때 밝고 노른자가 구형(공 모양)이다.
③ 6~10%의 소금물에 담갔을 때 가라앉는다.
④ 달걀을 깼을 때 노른자가 바로 깨지지 않고 높이가 높다.
　㉠ 난황계수 : 노른자의 높이를 지름으로 나눈 값을 말한다.
　㉡ 신선한 달걀의 난황계수는 0.36~0.44 정도이며 오래될수록 수치가 낮아진다.
⑤ 오래된 달걀은 점도가 감소하고, pH가 떨어져 부패한다.

확인! OX

달걀에 대한 설명이다. 옳으면 "O", 틀리면 "X"로 표시하시오.

1. 달걀의 일반적인 수분 함량은 75%이다. (　)
2. 신선한 달걀은 껍질에 광택이 있고 부드럽다. (　)

정답 1. O　2. X

| 해설 |
2. 신선한 달걀은 껍질이 광택이 없고 거칠다.

+괄호문제

다음 괄호 안에 알맞은 내용을 쓰시오.

① 이스트는 주로 (   )으로 증식하는 단세포 생물이다.
② 건조 이스트를 일반적으로 용해시키기에 적합한 물의 온도는 약 (   )℃이다.

| 정답 |
① 출아법
② 40

제7절 이스트 및 이스트 푸드

1. 이스트(효모)

(1) 이스트의 성질

① 주로 출아법으로 증식하는 단세포 생물이다.
② 제빵용 효모의 학명은 사카로마이세스 세레비시에(*Saccharomyces cerevisiae*)이다.
③ 호기성으로 산소의 유무에 따라 증식과 발효가 달라진다.
④ 이스트 발육의 최적 조건은 온도 28~32℃, 최적 pH는 4.5~5.0이다.
⑤ 저장 온도는 -1~7℃이며 -3℃ 이하에서는 활동이 정지된다.
⑥ 이스트의 발효에 의해 탄산가스(이산화탄소), 에틸알코올, 유기산 등을 생성한다.
⑦ 반죽 내에서 탄산가스를 생산하여 팽창에 관여한다.
⑧ 독특한 풍미와 식감을 갖는 양질의 빵을 만든다.

(2) 이스트에 들어 있는 대표적인 효소

프로테이스(프로테아제)	단백질의 분해효소로 최종 아미노산 입자로 분해
라이페이스(리파아제)	지방을 지방산과 글리세롤로 분해
인버테이스(인버타아제)	자당을 포도당과 과당으로 분해
말테이스(말타아제)	맥아당을 2분자의 포도당으로 분해
치메이스(치마아제)	포도당과 과당을 분해하여 탄산가스와 알코올을 만듦

(3) 이스트의 종류

① 생이스트(fresh yeast)
㉠ 압착 이스트, 압착 효모라고도 불린다.
㉡ 수분 함량이 68~83%이고 보존성이 낮다.
㉢ 소비기한은 냉장(0~7℃ 보관)에서 제조일로부터 약 2~3주이다.
㉣ 생이스트는 1g당 100억 이상의 살아 있는 효모가 존재한다.

② 건조 이스트(dry yeast)
㉠ 생이스트를 건조시켜 수분 함량을 7.5~9% 정도로 만든 이스트를 말한다.
㉡ 활성 건조 이스트를 용해시키기에 적당한 물의 온도는 40℃ 정도이다.
㉢ 생이스트보다 활성이 약 2배는 더 강하다.

③ 인스턴트 드라이 이스트(instant dry yeast)
㉠ 이스트의 배양액을 동결 건조시켜 과립 형태로 만든 것이다.
㉡ 사용하기도 편리하며 물에 녹여서 사용하거나 밀가루와 섞어서 사용하기도 한다.
㉢ 생이스트보다 1/2 이하로 적은 양을 사용해도 비슷한 발효력을 가진다.

확인! OX

이스트 및 이스트 푸드에 대한 설명이다. 옳으면 "O", 틀리면 "X"로 표시하시오.

1. 건조 이스트가 생이스트에 비해 약 2배 정도 활성을 한다. (   )
2. 이스트에는 유당을 분해하는 효소인 락테이스가 있다. (   )

정답 1. O 2. X

| 해설 |
2. 단세포 생물인 이스트에는 락테이스가 없으므로 유당을 분해하지 못한다.

2. 이스트 푸드(yeast food)

중요도 ★★☆

(1) 이스트 푸드의 개요

① 정의 : 이스트의 발효를 촉진시키고 빵 반죽의 질을 개량하는 제빵 개량제이다.

② 이스트 푸드의 특징

㉠ 빵의 부피를 크게 부풀려 촉감을 좋게 한다.

㉡ 물의 경도를 조절하거나 이스트의 영양원이 된다.

㉢ 물 조절제, 이스트 조절제, 반죽 조절제(산화제) 등의 역할을 한다.

㉣ 밀가루 중량 대비 약 0.1~0.2% 사용한다.

(2) 이스트 푸드의 역할

① 물 조절제

㉠ 물의 경도를 조절하여 제빵성을 향상시킨다.

㉡ 칼슘염은 물 조절제로 물의 연수를 경수로 고정하여 반죽의 수축력을 향상시킨다.

② 이스트 조절제

㉠ 이스트의 먹이인 질소 등의 영양을 공급하여 발효를 조절한다.

㉡ 암모늄염을 함유시켜 이스트에 질소를 공급해 준다.

③ 반죽 조절제

㉠ 효소제 : 반죽의 신장성을 향상

㉡ 산화제 : 산화를 일으키는 물질로 반죽의 글루텐을 강화시켜 제품의 부피 확대

㉢ 환원제 : 산화제와 반대 효과를 내며 글루텐을 연화시켜 반죽 시간을 단축

+괄호문제

다음 괄호 안에 알맞은 내용을 쓰시오.

① 이스트 푸드는 밀가루 중량 대비 ( )% 정도 사용한다.

② ( )제는 반죽 조절제로 글루텐을 연화시켜 반죽 시간을 단축시킨다.

| 정답 |

① 0.1~0.2

② 환원

제8절 팽창제

1. 팽창제의 개요

(1) 팽창제의 특징

① 반죽을 부풀게 한다.

② 산의 종류에 따라 작용 속도가 달라진다.

③ 제품의 크기 퍼짐을 조절하고 부드러운 조직을 부여한다.

(2) 팽창제의 종류

천연 팽창제 (이스트)	• 부피 팽창, 연화 작용, 향 개선 등 주로 빵에 사용됨 • 발효 조건이 까다롭고, 발효 시간도 오래 걸려 사용에 많은 주의가 필요함
화학적 팽창제	• 천연 팽창제보다 사용이 간편하지만 팽창력이 약함 • 갈변 및 뒷맛을 좋지 않게 하는 결함이 있음

확인! OX

이스트 및 이스트 푸드에 대한 설명이다. 옳으면 "O", 틀리면 "X"로 표시하시오.

1. 이스트 푸드 중 칼슘염은 물 조절제 역할을 한다. ( )
2. 이스트 푸드는 빵의 부피를 부풀려 촉감을 좋게 한다. ( )

정답 1. O 2. O

2. 화학 팽창제의 종류

(1) 베이킹파우더(baking powder)

① 정의 : 탄산수소나트륨(중조)에 산성제를 배합하고, 분산제로 전분이나 밀가루를 첨가한 팽창제이다.

② 베이킹파우더의 특징

㉠ 베이킹소다의 단점을 보완하기 위해 만들어졌다.
㉡ 탄산수소나트륨이 기본이 되고 산을 첨가하여 중화시킨 것이다.
㉢ 베이킹파우더의 팽창력은 이산화탄소에 의한 것이다.
㉣ 베이킹소다를 베이킹파우더로 대체하려면 베이킹소다의 3배를 사용한다.
㉤ 정상 조건하에서 베이킹파우더 무게의 12% 이상의 유효 가스를 발생시켜야 한다.
㉥ 과량의 산은 반죽의 pH를 낮게 만들고, 과량의 중조는 pH를 높게 만든다.
㉦ 케이크, 쿠키에 만드는 데 많이 사용된다.

③ 베이킹파우더를 과다 사용할 경우

㉠ 속결이 거칠며, 속 색은 어둡다.
㉡ 오븐 스프링이 커서 찌그러지거나 주저앉기 쉽다.
㉢ 같은 조건일 때 건조가 빠르다.
㉣ 밀도가 낮고 부피가 커진다.

④ 중화가

㉠ 산에 대한 탄산수소나트륨(중조)의 백분율로, 유효 가스를 발생시키고 중성이 되는 값이다.
㉡ $중화가(\%) = \frac{탄산수소나트륨(중조)의\ 양}{산성제의\ 양} \times 100$

(2) 탄산수소나트륨(중조, 베이킹소다)

① 베이킹파우더의 주성분으로, 베이킹파우더 형태로 사용하거나 단독으로 사용한다.
② 탄산수소나트륨은 물에 녹거나 산과 반응하여 이산화탄소를 만들어 낸다.
③ 알칼리성으로 반죽의 pH를 높인다.
④ 과다 사용 시 제품의 색상이 어두워지고, 비누 맛・소다 맛이 난다.

(3) 암모늄염계 팽창제

① 물이 있으면 단독으로 작용하며, 이산화탄소와 암모니아 가스를 발생시킨다.
② 밀가루 단백질을 부드럽게 하는 효과를 낸다.

(4) 이스트 파우더(이스파타)

① 중조에 염화암모늄 등을 혼합한 팽창제이다.
② 주로 찜케이크 또는 만쥬 등에 많이 사용되며, 팽창력이 강하다.
③ 제품의 색을 희게하며, 과다 사용 시 암모니아 냄새가 날 수 있다.

+괄호문제

다음 괄호 안에 알맞은 내용을 쓰시오.

① 베이킹파우더의 팽창력은 ( )에 의한 것이다.
② ( )는 산에 대한 탄산수소나트륨(중조)의 백분율로 구할 수 있다.

| 정답 |
① 이산화탄소(탄산가스)
② 중화가

확인! OX

팽창제에 대한 설명이다. 옳으면 "O", 틀리면 "X"로 표시하시오.

1. 베이킹파우더를 과량 사용 시 제품의 기공과 조직이 조밀해진다. ( )
2. 이스트 파우더는 중조와 산제를 이용한 팽창제이다. ( )

정답 1. X 2. X

| 해설 |
1. 베이킹파우더 과다 사용 시 과다한 팽창으로 기공과 조직이 조밀하지 못하다.
2. 이스트 파우더는 중조에 염화암모늄을 혼합한 팽창제이다.

진짜 통째로 외워온 문제

다음 재료의 계량 오차량이 같다고 가정할 때, 제품에 가장 영향을 크게 미치는 것은?

① 설탕 ③ 밀가루
③ 달걀 ④ 베이킹파우더

해설
화학적 팽창제의 계량 오차는 제품에 큰 영향을 미친다.

정답 ④

+ 괄호문제

다음 괄호 안에 알맞은 내용을 쓰시오.

① 일반적으로 제빵에 쓰이는 물은 중성의 ( )이다.
② 아경수의 경도는 ( )ppm 이다.

| 정답 |
① 아경수
② 120~180

제9절 물

1. 물의 기능

① 반죽의 글루텐을 형성하며 반죽의 온도, 농도, 점도를 조절한다.
② 재료 분산, 효모와 효소 활성에 도움을 준다.

2. 물의 경도

물의 경도는 주로 물에 녹아 있는 무기질(주로 칼슘염과 마그네슘염)의 양을 탄산칼슘으로 환산하여 ppm 단위로 표시한 것을 말한다.

연수(단물, 60ppm 이하)	• 반죽의 글루텐을 연화시켜 반죽이 질고 끈적거림 • 가스 보유력을 떨어뜨려 오븐 스프링이 나쁨 • 발효의 속도가 빠름
아경수(120~180ppm)	제빵에 사용하는 물로 가장 적합함
경수(센물, 180ppm 이상)	• 반죽의 글루텐을 강화시켜 반죽이 되고 탄력성을 증가시킴 • 발효의 속도가 느림 • 일시적 경수 : 가열로 탄산염이 침전되어 연수가 되는 물 • 영구적 경수 : 가열로 경도가 변하지 않는 물, 물에 칼슘염과 마그네슘염이 일반적인 양보다 많이 녹아 있음

확인! OX

물에 대한 설명이다. 옳으면 "O", 틀리면 "X"로 표시하시오.

1. 제빵 시 물은 이스트의 먹이 역할을 한다. ( )
2. 연수를 사용하면 반죽의 탄력성이 강하다. ( )

정답 1. X 2. X

| 해설 |
1. 물은 이스트의 먹이 역할은 하지 않는다.
2. 연수를 사용하면 글루텐을 연화시켜 질고, 끈적이는 반죽이 된다.

진짜 통째로 외워온 문제

제빵 반죽 시 가장 적합한 물의 ppm은?

① 60~80ppm ② 90~110ppm
③ 120~180ppm ④ 181~200ppm

해설
일반적으로 제빵에 적합한 물의 경도는 아경수(120~180ppm)이다.

정답 ③

+ 괄호문제

다음 괄호 안에 알맞은 내용을 쓰시오.

① 물의 산도는 반죽의 효소작용과 (　) 형성에 영향을 준다.

② 물의 경도에 따라 (　)를 사용할 경우 가스 보유력이 떨어진다.

| 정답 |

① 글루텐

② 연수

3. 물의 경도에 따른 반죽의 조치사항

(1) 연수 사용 시 조치사항

① 반죽이 질어지므로 가수량을 2% 정도 감소시킨다.

② 가스 보유력이 떨어지므로 발효 시간을 짧게 한다.

③ 이스트 푸드, 소금의 양을 늘려 경도를 조절한다.

(2) 경수 사용 시 조치사항

① 반죽이 되므로 가수량을 증가시킨다.

② 발효를 촉진하기 위해 이스트 사용량을 증가시킨다.

③ 효소 공급(맥아 등)을 늘려 발효를 촉진시킨다.

④ 이스트 푸드, 소금의 양을 감소하여 경도를 조절한다.

4. 물의 산도

① 물의 pH는 반죽의 효소작용과 글루텐의 형성에 영향을 준다.

② 일반적으로 제빵에 쓰이는 물은 중성의 아경수가 적합하다.

③ 알칼리성이 강하거나 산성이 강한 물은 반죽 사용에 적합하지 않다.

알칼리성이 강한 물	• 발효 속도가 지연됨 • 반죽의 탄력성을 떨어뜨리고, 반죽의 부피가 작아짐 • 조치사항 : 산성 이스트 푸드 사용량을 증가
산성이 강한 물	• 발효가 촉진됨 • 산성이 너무 강하면 반죽의 글루텐을 용해시켜 반죽의 탄력성이 저하됨

제10절 초콜릿

1. 초콜릿 개요

(1) 초콜릿

① 카카오 빈을 주원료로, 카카오매스, 카카오버터, 설탕, 코코아, 유화제, 우유, 향 등을 첨가하여 1차, 2차 가공을 거쳐 초콜릿이 만들어진다.

② 초콜릿의 지방 성분

㉠ 카카오버터는 상온에서는 굳어진 결정을 하고 있지만 체온 가까이에서는 급히 녹는 성질이 있기 때문에 먹을 때 독특한 맛이 금방 퍼진다.

㉡ 카카오버터는 일반 유지에 비해 산화되기 어려워 맛이 오래 보존된다.

③ 보관 : 초콜릿은 온도 15~18℃, 습도 40~50%에서 보관하는 것이 적정하다.

확인! OX

물에 대한 설명이다. 옳으면 "O", 틀리면 "X"로 표시하시오.

1. 경수 사용 시 소금을 양을 늘려 경도를 조절한다. (　)
2. 경수로 반죽하면 반죽이 되지므로 급수량을 늘려야 한다. (　)

정답 1. X 2. O

| 해설 |

1. 경수 사용 시 소금의 양을 감소하여 경도를 조절한다.

(2) 초콜릿 원료

① 카카오매스(비터 초콜릿, 카카오 페이스트)

㉠ 카카오 빈의 껍질을 벗겨 속 부분(배유)을 마쇄하면서 가열하여 페이스트 상태가 되는 것을 말한다.

㉡ 다른 성분이 포함되어 있지 않아 카카오 빈 특유의 쓴맛이 그대로 살아 있다.

㉢ 코코아 5/8와 카카오버터 3/8로 이루어져 있다.

㉣ 카카오매스 자체의 풍미와 지방의 함량, 껍질의 혼입량에 따라 품질이 달라진다.

② 코코아분말

㉠ 카카오 빈을 볶은 후 껍질을 벗겨서 지방을 제거한 덩어리를 분말화한 것을 말한다.

㉡ 알칼리 처리하지 않은 천연 코코아(산성을 나타냄)와 알칼리 처리한 더치 코코아(중성을 나타냄)가 있다.

③ 카카오버터

㉠ 카카오 빈의 껍질을 벗긴 후 압착 또는 용매 추출하여 얻은 지방을 말한다.

㉡ 초콜릿의 맛을 좌우하는 중요한 재료이다.

㉢ 글리세린 1개에 지방산 3개가 결합한 단순 지방이다.

㉣ 실온에서는 단단한 상태이지만, 입안에 넣는 순간 녹게 만든다.

㉤ 고체로부터 액체로 변하는 온도 범위(가소성)가 2~3℃로 매우 좁다.

④ 기타 : 설탕, 유제품, 유화제, 향료(바닐라) 등

2. 초콜릿의 종류

다크 초콜릿	• 카카오매스에 카카오버터, 설탕, 유화제, 바닐라 향 등을 첨가하여 만듦 • 코코아고형분 함량 30% 이상(코코아버터 18% 이상, 무지방 코코아고형분 12% 이상)인 것
밀크 초콜릿	• 다크 초콜릿에 우유의 고형분을 넣어 부드러운 맛을 내는 초콜릿 • 코코아고형분을 20% 이상(무지방 코코아고형분 2.5% 이상) 함유하고 유고형분이 12% 이상(유지방 2.5% 이상)인 것
화이트 초콜릿	• 코코아고형분을 제외한 카카오버터와 설탕, 분유, 레시틴, 바닐라를 첨가하여 만듦 • 코코아버터를 20% 이상 함유하고, 유고형분이 14% 이상(유지방 2.5% 이상)인 것
가나슈용 초콜릿	• 카카오매스에 카카오버터를 넣지 않고 설탕만을 더한 초콜릿 • 유지 함량이 적어 생크림같이 지방과 수분이 분리될 위험이 있는 재료와 어울림
코팅용 초콜릿 (파타글라세)	• 카카오매스에서 카카오버터를 제거하고 식물성 유지와 설탕을 첨가하여 만듦 • 템퍼링 작업 없이 사용할 수 있음 • 겨울에는 융점이 낮은 것을, 여름에는 융점이 높은 것을 사용함
커버추어 초콜릿	카카오버터 함유량이 30% 이상인 초콜릿

+ 괄호문제

다음 괄호 안에 알맞은 내용을 쓰시오.

① 초콜릿의 맛을 크게 좌우하는 원료는 ( )이다.

② ( )은 코코아고형분이 없는 흰색의 초콜릿이다.

| 정답 |

① 카카오버터

② 화이트 초콜릿

확인! OX

초콜릿에 대한 설명이다. 옳으면 "O", 틀리면 "X"로 표시하시오.

1. 초콜릿 보관 시 적정 온도는 18℃, 습도 50%이다. ( )
2. 카카오버터는 실온에서 고체상태이지만, 입안에 넣으면 녹는다. ( )

정답 1. O 2. O

3. 템퍼링(tempering)

중요도 ★★★

(1) 정의

카카오버터가 안정된 결정 상태로 되어 굳을 수 있도록 사전에 하는 온도조절을 말한다.

(2) 초콜릿의 템퍼링 효과

① 광택이 좋고 내부 조직이 조밀하다.

② 팻 블룸(fat bloom) 현상을 줄일 수 있다.

③ 안정한 결정이 많고 결정형이 일정하다.

④ 입안에서의 용해성이 좋아진다.

진짜 통째로 외워온 문제

초콜릿을 템퍼링한 효과에 대한 설명 중 틀린 것은?

① 입안에서의 용해성이 나쁘다.
② 안정한 결정이 많고 결정형이 일정하다.
③ 광택이 좋고 내부 조직이 조밀하다.
④ 팻 블룸이 일어나지 않는다.

해설

템퍼링한 초콜릿은 입안에서의 용해성을 좋게 한다.

정답 ①

4. 블룸(bloom) 현상

중요도 ★★☆

① 초콜릿 표면에 흰 반점이나 무늬가 나타나는 것을 말한다.

② 카카오버터의 결정이 거칠어지고 설탕의 결정이 석출되어 초콜릿의 조직이 노화하는 현상이다.

③ 카카오버터로 인한 팻 블룸과 설탕으로 인한 슈거 블룸이 있다.

팻 블룸(fat bloom)	• 지방이 유출되었다가 다시 굳으면서 얼룩이 생기는 현상 • 초콜릿 제조 혹은 보관 중 온도조절이 부적합할 때 발생 • 초콜릿의 균열을 통해서 표면에 침출
슈거 블룸(sugar bloom)	• 설탕이 재결정화되어 표면에 하얗게 피는 현상 • 초콜릿 보관 방법이 적절하지 않아 설탕이 공기 중의 수분을 흡수하여 녹았다가 재결정이 되면서 표면에 흰 얼룩이 나타남

+ 괄호문제

다음 괄호 안에 알맞은 내용을 쓰시오.

① 초콜릿 표면에 흰 반점이나 무늬가 나타나는 것을 ( ) 현상이라고 한다.

② ( )은 지방의 유출로 인해 나타나는 현상을 말한다.

| 정답 |

① 블룸

② 팻 블룸

확인! OX

초콜릿에 대한 설명이다. 옳으면 "O", 틀리면 "X"로 표시하시오.

1. 초콜릿을 템퍼링하면 입안에서의 용해성이 나빠진다. ( )
2. 설탕이 재결정화된 것을 슈거 블룸이라고 한다. ( )

정답 1. X 2. O

| 해설 |

1. 초콜릿을 템퍼링하면 입안에서의 용해성이 좋아진다.

진짜 통째로 외워온 문제

식품의 기준 및 규격상 카카오 씨앗의 껍질을 벗긴 후 압착 또는 용매 추출하여 얻은 지방을 무엇이라 하는가?

① 코코아버터 ② 코코아매스
③ 코코아분말 ④ 코코아 페이스트

해설
식품의 기준 및 규격 고시에 따르면 코코아버터는 카카오 씨앗의 껍질을 벗긴 후 압착 또는 용매 추출하여 얻은 지방을 말한다.

정답 ①

+ 괄호문제

다음 괄호 안에 알맞은 내용을 쓰시오.

① 제빵에서 밀가루, 이스트, 물, ( )은 기본적인 필수 재료이다.
② 제빵 시 사용하는 식염은 ( )과 염소의 화합물이다.

| 정답 |
① 소금
② 나트륨

제11절 기타 제과 · 제빵의 재료

1. 소금

(1) 소금의 개요

① 소금은 밀가루, 이스트, 물과 함께 제빵의 4대 기본 재료이다.
② 제빵 시 사용하는 식염은 99%의 나트륨(Na)과 염소(Cl)의 화합물이며, 이외에 탄산칼슘, 탄산마그네슘 등의 혼합물로 구성되어 있다.
③ 일반적으로 소금은 밀가루 대비 2% 정도 사용한다.
④ 반죽의 글루텐을 단단하게 하여 반죽 시간을 증가시키는 효과가 있다.
⑤ 글루텐이 형성된 후 식염을 첨가하게 되면 반죽 시간을 줄일 수 있다(후염법).

(2) 소금의 기능

① 풍미 증가와 맛을 조절한다.
② 삼투압 작용으로 잡균의 번식을 억제하여 방부 효과가 있다.
③ 캐러멜화의 온도를 낮추기 때문에 껍질 색 형성이 빠르게 되어 색이 진해진다.
④ 반죽의 글루텐을 강화하여 제품에 탄력을 준다.
⑤ 반죽의 물 흡수율을 감소시키나, 클린업 단계 이후에 넣으면 흡수율 증가로 제품의 저장성을 높인다.

확인! OX

제과 · 제빵의 재료에 대한 설명이다. 옳으면 "O", 틀리면 "X"로 표시하시오.

1. 소금은 일반적으로 밀가루 대비 2% 정도 사용한다. ( )
2. 소금은 반죽의 물성을 좋게 하여 반죽 시간을 단축시킨다. ( )

정답 1. O 2. X

| 해설 |
2. 소금은 글루텐을 단단하게 하여 반죽 시간을 증가시킨다.

+ 괄호문제

다음 괄호 안에 알맞은 내용을 쓰시오.

① 오레가노는 (   )와 비슷한 향을 내는 향신료로 피자에 많이 쓰인다.

② (   )는 메이스와 같은 나무에서 생산되며, 단맛의 향기가 나는 향신료이다.

| 정답 |

① 박하

② 넛메그

2. 향료와 향신료

중요도 ★☆☆

(1) 정의

① **향료** : 식품 및 화장품 등의 생활 용품에 향기를 더하기 위해 첨가하는 향이 강한 유기물질을 말한다.

② **향신료** : 식품에 풍미를 돋우어 식욕을 돋우는 식물성 물질을 말한다.

(2) 향료의 종류

① 성분에 따른 분류

㉠ 천연향료 : 자연에서 채취한 후 추출, 정제, 농축, 분리 과정을 거쳐 얻은 향료

㉡ 합성향료 : 석유 및 석탄류에 포함된 방향성 유기물질로부터 합성하여 만든 향료

㉢ 조합향료 : 천연향료와 합성향료를 조합하여 양자 간의 문제점을 보완한 향료

② 가공 방법에 따른 종류

수용성 향료 (essence)	• 알코올성 향료로 휘발성이 강해 향의 보존이 약함 • 내열성이 약하여 굽기 중 휘발성이 크므로 아이싱과 충전물 제조에 적당함
유성 향료 (essential oil)	• 글리세린, 식물성 기름 등의 유지에 향을 용해한 향료 • 휘발성이 낮고, 내열성이 강함
유화 향료 (emulsified flavor)	• 유성 향료가 물에 잘 분산되도록 유화제를 사용한 향료 • 휘발성이 낮고, 내열성이 강함
분말 향료 (powdered flavor)	• 유화 향료를 분무 건조하여 분말화한 향료 • 향료의 휘발 및 변질을 방지하기 쉬움

(3) 향신료의 사용 목적

① 냄새를 완화한다.

② 제품에 식욕을 돋는 색을 부여한다.

③ 맛과 향을 부여하여 식욕을 증진한다.

(4) 향신료의 종류

① **계피(시나몬)** : 열대성 상록수 나무껍질을 벗겨 만든 향신료로 맛이 맵고 달다.

② **넛메그와 메이스** : 넛메그는 단맛의 향기가 있는 향신료로, 육두구과 교목의 종자를 말리면 넛메그가 된다. 종자를 싸고 있는 빨간 껍질을 말리면 메이스가 된다.

③ **생강** : 열대성 다년초의 다육질 뿌리로 매운 맛과 특유의 방향을 가지고 있다.

④ **오레가노** : 박하와 비슷한 향을 지닌 향신료로 이탈리아 요리에 많이 쓰인다.

⑤ **카다몬** : 생강과 같은 종류이며 인도, 실론 등지에서 자란다. 상쾌한 향기를 내며 맛은 맵고 약간 쓰다.

⑥ **올스파이스** : 빵, 케이크에 많이 사용하는 향신료로 시나몬, 정향, 육두구를 혼합한 향이 강하게 난다.

확인! OX

향료와 향신료에 대한 설명이다. 옳으면 "O", 틀리면 "X"로 표시하시오.

1. 수용성 향료는 내열성이 강하다. ( )
2. 계피는 식물의 잎을 건조시켜 만든 향신료이다. ( )

정답 1. X 2. X

| 해설 |

1. 수용성 향료는 알코올성 향료로 내열성이 약하다.
2. 계피는 나무껍질을 벗겨 만든 향신료이다.

3. 주류

(1) 사용 목적

주류는 제과·제빵 시 바람직하지 못한 냄새를 없애거나, 풍미를 내거나 향을 부여하기 위하여 사용한다.

(2) 종류

① 양조주 : 곡물이나 과실을 원료로 하여 효모를 발효시킨 것으로 알코올 농도가 낮다.

② 증류주 : 발효시킨 양조주를 증류한 것으로 알코올 농도가 높다.

예 럼(Rum)은 사탕수수를 원료로 한 당밀을 발효시킨 증류주이다.

③ 혼성주 : 증류주를 기본으로 정제당을 넣고 과실 등의 추출물로 향미를 낸 것으로 대부분 알코올 농도가 높다.

㉠ 오렌지 리큐르 : 그랑 마르니에(Grand Marnier), 쿠앵트로(Cointreau), 큐라소(Curacao)

㉡ 체리 리큐르 : 마라스키노(Maraschino)

㉢ 커피 리큐르 : 칼루아(Kahlua)

제12절 유화제

1. 유화제(계면활성제)의 특징

① 유화제는 계면활성제라고도 하며 물과 기름이 잘 혼합되도록 도와주는 역할을 한다.

② 물과 기름을 분산시키고 분산된 입자가 응집하지 않도록 안정화시킨다.

③ 빵에서는 글루텐과 전분 사이로 이동하는 자유수의 분포를 조절하여 노화를 방지한다.

④ 빵이나 케이크를 부드럽게 하고, 부피는 증가시킨다.

2. 유화제의 종류

모노 – 디 글리세라이드	• 지방의 가수분해로 생성되며 제과·제빵에서 가장 보편적인 유화제임 • 기본적인 유화쇼트닝에는 6~8% 첨가하는 것이 적당
레시틴	• 달걀노른자, 옥수수유, 콩 등에서 얻어지는 인지질 • 쇼트닝이나 마가린의 유화제로 사용
기타	아실 락틸레이트, SSL 등

+ 괄호문제

다음 괄호 안에 알맞은 내용을 쓰시오.

① ( )은 사탕수수를 원료로 한 당밀을 발효시킨 증류주이다.

② 모노 – 디 글리세라이드는 ( )의 가수분해로 생성된다.

| 정답 |

① 럼

② 지방

확인! OX

유화제에 대한 설명이다. 옳으면 "O", 틀리면 "X"로 표시하시오.

1. 유화제는 물과 기름을 분산시키고 분산된 입자가 응집하지 않도록 안정화시킨다. ( )

2. 유화제는 빵이나 케이크를 부드럽게 하는 역할을 한다.

정답 1. O 2. O

+괄호문제

다음 괄호 안에 알맞은 내용을 쓰시오.

① (　　)은 당과 산에 의해서 젤을 형성하며 젤화제, 증점제 등으로 사용된다.
② 젤라틴은 (　　) 단백질이다.

| 정답 |
① 펙틴
② 동물성

제13절 안정제

1. 안정제의 기능

중요도 ★★★

① 아이싱의 끈적거림과 부서짐을 방지한다.
② 크림 토핑의 거품을 안정되게 하며 머랭의 수분 배출을 억제한다.
③ 흡수제로 노화 지연에 효과가 있으며, 파이 충전물의 증점제로도 사용한다.
④ 도넛의 글레이즈 코팅이 부스러지는 것을 방지한다.

2. 안정제의 종류

중요도 ★☆☆

(1) 한천

① 우뭇가사리 등의 홍조류를 삶아서 얻은 액을 냉각시켜 엉기게 한 것을 잘라서 동결 건조한 것이 한천이다.
② 양갱, 과자, 양장피의 원료로 사용된다.

(2) 젤라틴

① 동물의 가죽이나 뼈 등에서 추출하는 동물성 단백질이다.
② 순수한 젤라틴은 무취, 무미, 무색이다.
③ 끓는 물에 용해되며, 냉각되면 단단한 젤(gel) 상태가 된다.
④ 설탕량이 많으면 젤 상태가 단단하고, 산성 용액에 가열하면 젤 능력이 없어진다.
⑤ 젤리, 마시멜로, 아이스크림 등에 응고제, 안정제, 유화제로 쓰인다.

(3) 펙틴

① 과실류와 감귤류의 껍질에 많이 함유되어 있으며 당과 산에 의해서 젤을 형성하며 젤화제, 증점제, 안정제, 유화제 등으로 사용된다.
② 주로 잼이나 젤리를 만드는 데 사용된다.

(4) CMC(Carboxy Methyl Cellulose)

① 셀룰로스의 유도체로, 찬물, 뜨거운 물 모두에 잘 녹는다.
② 산에 대한 저항력이 약하고 pH 7에서 효과가 가장 좋다.
③ 다른 안정제에 비하여 값이 싸고 용해성이 좋으며 아이스크림, 셔벗, 초콜릿 우유, 인스턴트 라면, 빵, 맥주 등에 다양하게 이용하고 있다.

(5) 검류

① 탄수화물인 다당류로 구성되어 있으며, 친수성 물질이다.
② 유화제, 안정제, 점착제 등으로 사용한다.
③ 아라비아 검, 구아 검, 로커스트 빈 검, 카라야 검 등이 있다.

확인! OX

안정제에 대한 설명이다. 옳으면 "O", 틀리면 "X"로 표시하시오.

1. 펙틴은 해조류인 우뭇가사리에서 추출한다. (　)
2. 젤라틴은 동물의 가죽이나 뼈 등에서 추출한다. (　)

정답 1. X 2. O

| 해설 |
1. 한천은 해조류인 우뭇가사리에서 추출한다.

기초 재료과학

5% 출제율

출제포인트
- 탄수화물, 지방, 단백질, 효소의 성질
- 탄수화물, 지방, 단백질, 효소의 분류
- 탄수화물, 지방, 단백질, 효소의 특징

제1절 탄수화물

기출 키워드
탄수화물, 단당류, 포도당, 과당, 설탕, 맥아당, 유당, 다당류, 전분, 전분의 호화, 전분의 노화, 감미도, 지방, 지방산, 단백질, 아미노산, 글루테닌, 글리아딘, 펩타이드, 효소, 라이페이스, 아밀레이스, 락테이스

1. 탄수화물(당질)의 개요

① 탄소(C), 수소(H), 산소(O)로 구성된 유기화합물이다.

② 수소와 산소의 비율이 2 : 1, 즉 물과 같은 비율로 존재하기 때문에 탄수화물이라고 한다.

③ 분자 1개 이상의 수산기(-OH)와 카복시기(-COOH)를 가지고 있다.

④ 결합된 당 수에 따라 단당류, 이당류, 다당류 등으로 나뉜다.

⑤ 감미도의 크기 : 과당(175) > 전화당(130) > 자당(100) > 포도당(75) > 맥아당(32), 갈락토스(32) > 유당(16)

2. 탄수화물의 분류

중요도 ★★☆

(1) 단당류

① 가수분해로 더 이상 분해할 수 없는 가장 기본적인 탄수화물 단위체이다. 탄소의 수에 따라 3탄당(triose), 4탄당(tetrose), 5탄당(pentose), 6탄당(hexose) 등으로 구분된다.

② 오탄당 : 리보스, 아라비노스, 자일로스 등

③ 육탄당

포도당 (glucose)	• 식물성 식품에 광범위하게 분포, 과일 중 포도에 많이 들어 있음 • 탄수화물의 최종 분해 산물로 자연계에 널리 분포 • 포유동물의 혈액 속에 약 0.1% 존재(혈당) • 체내 글리코겐(glycogen) 형태로 저장
과당 (fructose)	• 과실과 꽃 등에 유리상태로 존재하며 벌꿀에 특히 많이 함유 • 단맛은 포도당의 2배 정도로 가장 단맛이 강함
갈락토스 (galactose)	• 유당(젖당)의 구성 성분으로 존재하고 모유와 우유 등 포유동물의 유즙에 존재 • 해조류나 두류에 다당류 형태로 존재
만노스 (mannose)	• 6개의 탄소 원자가 포함된 단당류 • 곤약, 감자, 백합 뿌리 등에 존재

+ 괄호문제

다음 괄호 안에 알맞은 내용을 쓰시오.

① 탄수화물은 (   )와 (   )의 비율이 2 : 1로 물과 비율이 같다.

② (   )은 가수분해되지 않는 가장 단순한 탄수화물이다.

| 정답 |

① 수소, 산소

② 단당류

확인! OX

탄수화물에 대한 설명이다. 옳으면 "O", 틀리면 "X"로 표시하시오.

1. 감미도의 크기는 자당 > 포도당 > 유당 > 맥아당 순서이다. (   )
2. 젖당은 단당류에 속한다. (   )

정답 1. X 2. X

| 해설 |

1. 감미도의 크기는 자당 > 포도당 > 맥아당 > 유당 순서이다.
2. 젖당은 이당류에 속한다.

(2) 이당류

① 단당류 2분자가 결합된 당류이다.

② 단맛이 있고 물에 녹으며 결정형이다.

자당 (설탕, sucrose)	• 포도당과 과당이 결합된 당(포도당+과당) • 비환원당이며, 사탕수수나 사탕무에 함유 • 감미도를 100으로 정하여 상대적 감미도의 측정 기준으로 사용 • 160℃ 전후에서 녹기 시작해 200℃에서 캐러멜화됨
맥아당 (엿당, maltose)	• 포도당 두 분자가 결합된 당(포도당+포도당) • 엿기름에 많고 소화·흡수가 빠름
젖당 (유당, lactose)	• 포도당과 갈락토스가 결합된 당(포도당+갈락토스) • 동물성 당으로 포유동물의 유즙에 많이 함유됨 • 이스트에 의해 분해되지 않는 당 • 장내 세균의 발육을 도와 정장작용에 도움을 줌 • 칼슘과 인의 흡수를 도움

(3) 소당류

① 단당류가 3개 이상 10개 미만이다.

② 신체 내 소화효소가 존재하지 않아 소화되지 않는다.

③ 충치 예방효과가 있고 장내 유익한 비피더스균을 증식시킨다.

라피노스 (raffinose)	• 갈락토스, 포도당과 과당으로 이루어진 삼당류 • 비환원성이며 콩, 사탕무 등에 존재
스타키오스 (stachyose)	• 갈락토스 2분자, 포도당과 과당으로 이루어진 사당류 • 인체 내에서 소화되기 어려우며, 장내 세균에 의해 가스 생성 요인 • 목화씨와 콩에 많이 들어 있음

(4) 다당류

① 가수분해되어 수많은 단당류를 형성하는 분자량이 매우 큰 물질의 탄수화물이다.

② 단맛이 없으며 물에 녹지 않는다.

전분 (starch)	• 식물의 저장 탄수화물로 다수의 포도당이 결합된 다당류 • 냉수에는 잘 녹지 않고, 열탕에 의해 팽윤·용해되어 풀처럼 됨
글리코겐 (glycogen)	• 동물체의 저장 탄수화물로 간, 근육, 조개류에 많이 함유 • 굴과 효모에도 존재
셀룰로스 (cellulose)	• 식물 세포막의 구성 성분(과일과 채소에 주로 함유되어 있음) • 체내에는 소화효소가 없지만 장의 연동작용을 자극하여 배설작용을 촉진
펙틴 (pectin)	• 세포벽 또는 세포 사이의 중층에 존재하는 다당류 • 과실류와 감귤류의 껍질에 많이 함유 • 당과 산에 의해 젤을 형성함
한천(agar)	우뭇가사리와 같은 홍조류의 세포성분으로 양갱이나 젤리 등에 이용

(5) 전분

① 전분은 다당류로 옥수수, 보리 등의 곡류와 감자, 고구마, 타피오카 등의 뿌리에 존재한다.

② 전분의 구조 : 아밀로스와 아밀로펙틴의 두개의 구조의 형태로 이루어져 있다.

구분	아밀로스(amylose)	아밀로펙틴(amylopectin)
분자량	적음	많음
포도당 결합 형태	α-1,4 결합	α-1,4 결합, α-1,6 결합
아이오딘 용액 반응	청색	적자색
호화, 노화	빠름	느림
함유량	–	찹쌀, 찰옥수수(100%)

③ 전분의 호화(gelatinization, α화) 현상

㉠ 전분에 물을 넣고 가열하면 수분을 흡수하면서 팽윤되며 점성이 커지는데, 투명도도 증가하여 반투명의 α전분 상태가 되는 현상이다.

㉡ 전분의 종류에 따라 호화 특성이 달라진다.

㉢ 전분의 호화에 영향을 주는 요인

- 수분 함량이 많을수록 호화에 이롭다.
- 전분의 입자가 작을수록 호화가 빨라진다.
- 설탕의 농도가 높을수록 호화가 억제된다.
- 알칼리성에서는 전분의 팽윤과 호화가 촉진된다.
- 온도가 높을수록, 침수 시간이 길수록 호화가 촉진된다.

④ 전분의 노화(retrogradation, β화) 현상

㉠ 호화된 전분을 상온에 방치할 경우, 전분입자는 서서히 평행으로 모이면서 인접한 전분 분자끼리 수소결합을 하여 부분적으로 재결정 구조를 형성하여 β전분에 가까운 상태로 되는 현상을 말한다.

㉡ 전분의 노화에 영향을 주는 요인

- 입자가 작은 곡류 전분은 노화되기 쉽다.
- 수분 함량이 30~60%일 때 가장 빨리 노화가 일어나고, 15% 이하일 때는 노화가 잘 일어나지 않으며 10% 이하일 때는 노화가 거의 일어나지 않는다.
- 전분의 노화는 0~4℃의 냉장 온도에서 가장 쉽게 일어나며, 60℃ 이상과 −20℃ 이하에서는 노화가 억제된다.
- 알칼리성에서는 노화가 매우 지연되며, 강한 산성에서는 노화가 현저히 촉진된다.
- 설탕을 첨가하면 노화가 억제된다.
- 식품첨가물인 모노글리세라이드(monoglyceride)를 첨가하면 노화가 지연된다.
- 황산마그네슘은 노화를 촉진하나, 무기염류는 노화를 지연시키는 경향이 있다.

+ 괄호문제

다음 괄호 안에 알맞은 내용을 쓰시오.

① 일반적으로 전분은 아밀로스와 (　　)으로 이루어져 있다.

② 전분의 (　　) 현상은 α전분이 β전분으로 되돌아가는 현상을 말한다.

| 정답 |
① 아밀로펙틴
② 노화

확인! OX

전분의 호화와 노화에 대한 설명이다. 옳으면 "O", 틀리면 "X"로 표시하시오.

1. 노화를 지연시키기 위해 다량의 설탕을 첨가한다. (　　)
2. 일반적으로 전분의 호화는 가열 온도가 낮고 전분 크기가 작을수록 잘 일어난다. (　　)

정답 1. O 2. X

| 해설 |
2. 전분 호화는 가열 온도가 높고 전분 크기가 작을수록 잘 일어난다.

+ 괄호문제

다음 괄호 안에 알맞은 내용을 쓰시오.

① 지방은 지방산과 (　　)이 결합하여 만들어진 에스터 화합물이다.
② (　　)은 상온에서 고체로 존재하며 이중결합이 없는 지방산이다.

| 정답 |
① 글리세린(글리세롤)
② 포화지방산

⑤ 전분의 당화

㉠ 전분에 묽은 산을 넣고 가열하면 쉽게 가수분해되어 당화된다.
㉡ 전분에 효소를 넣고 호화 온도(55~60℃)를 유지시켜도 가수분해되어 당화된다.
㉢ 전분을 가수분해하는 과정에서 생성된 최종 산물로 만드는 식품과 당류
- 물엿 : 옥수수 전분을 가수분해하여 부분적으로 당화시켜 만든 것이다.
- 포도당 : 전분을 가수분해하여 얻은 최종 산물로 설탕을 사용하는 배합에 설탕의 일부분을 포도당으로 대체하면, 재료비도 절약하고 황금색으로 착색되어 껍질색도 좋아진다.
- 이성화당 : 전분당 분자의 분자식은 변화시키지 않으면서 분자구조를 바꾼 당이다.

제2절 지방(지질)

1. 지방의 개요

① 탄소(C), 수소(H), 산소(O)로 구성된 유기화합물이다.
② 3분자의 지방산과 1분자의 글리세린(글리세롤)이 결합하여 만들어진 에스터(에스테르) 화합물이다. 화학적으로는 트라이글리세라이드라고 한다.
③ 물에 녹지 않으며 지용성 용매[에터(에테르), 아세톤 등]에 녹는다.

2. 지방산

(1) 포화지방산과 불포화지방산

포화지방산	• 동물성 지방에 많이 함유 • 융점이 높고 물에 녹기 어려움 • 상온에서 고체로 존재하며 이중결합이 없는 지방산 예 스테아르산, 팔미트산, 버터, 소기름, 돼지기름, 난유 등
불포화지방산	• 식물성 유지 또는 어류에 많이 함유 • 불포화도가 높아질수록 산패가 잘 일어남 • 상온에서 액체로 존재하며 이중결합이 있는 지방산 예 올레인산, 리놀레산, 리놀렌산, 아라키돈산, EPA, DHA 등

확인! OX

지방에 대한 설명이다. 옳으면 "O", 틀리면 "X"로 표시하시오.

1. 불포화지방산은 포화지방산에 비해 융점이 높다. (　)
2. 필수지방산은 체내에서 합성되지 못하여 식품으로 섭취해야 하는 지방산이다. (　)

정답 1. X 2. O

| 해설 |
1. 포화지방산이 불포화지방산보다 융점(녹는점)이 높다.

(2) 필수지방산

① 불포화지방산 중 체내에서 합성되지 못하여 식품으로 섭취해야 하는 지방산으로 식물성 기름, 콩기름에 많이 함유되어 있다.
② 호르몬의 전구체, 세포막 구성 등 동물의 성장에 필수적이다.

③ 피부의 건강 유지, 혈액 중 콜레스테롤의 축적을 방지한다.
④ **종류** : 리놀레산, 리놀렌산, 아라키돈산 등
⑤ **결핍증** : 피부염, 성장지연 등

3. 지방(지질)의 분류

(1) 단순지질

① **중성지방** : 지방산과 글리세롤이 결합한 에스터(예 유지, 왁스)이다.
② **유지** : 상온에서 액체인 것은 유(油 ; oil), 고체인 것은 지(脂 ; fat)라고 한다.
③ **왁스** : 습윤이나 건조 방지 등의 광택 작용을 하며 영양학적 의의는 없다.

(2) 복합지질 : 단순지질에 다른 화합물(질소, 인, 당 등)이 결합된 지질이다.

① 인지질
㉠ 인지질 = 단순지질 + 인으로 구성되어 있다.
㉡ 글리세롤과 2개의 지방산에 염기가 결합된 형태이다.
㉢ 핵, 미토콘드리아 등의 세포성분의 구성 요소로, 뇌조직, 신경조직에 다량으로 함유되어 있다.
㉣ 레시틴(지질의 대사에 관여하고 뇌신경 등에 존재하며 황산화제, 유화제로 사용), 세팔린, 스핑고미엘린 등이 있다.

② 당지질
㉠ 당지질 = 단순지질 + 당으로 구성되어 있다.
㉡ 지방산, 당질 및 질소화합물에 함유(인산, 글리세롤은 함유하지 않음)되어 있다.
㉢ 뇌, 신경조직에 다량으로 함유되어 있다.

③ **지단백질(혈장 단백질)** : 단백질 + 지방으로 구성되어 있으며, 혈액 응고에 관여한다.

(3) 유도지질 : 단순지질과 복합지질의 가수분해로 생성되는 물질이다.

① 콜레스테롤
㉠ 동물성 식품에만 존재하며, 뇌, 신경조직, 간 등에 많이 들어 있고, 물에 녹지 않는다.
㉡ 성 호르몬, 부신피질 호르몬, 담즙산, 비타민 D 등의 전구체이다.
㉢ 간에서 분해되어 담즙산을 생성하며, 지질의 유화와 흡수에 관여한다.

② 에르고스테롤
㉠ 효모나 표고버섯에 많다.
㉡ 비타민 D의 전구체로 자외선과 반응하여 비타민 D_2를 생성한다.

+ 괄호문제

다음 괄호 안에 알맞은 내용을 쓰시오.

① 인지질은 단순지질과 ( ) 으로 구성되어 있다.
② ( )은 단순지질과 복합지질의 가수분해로 생성되는 물질을 말한다.

| 정답 |
① 인
② 유도지질

확인! OX

지방에 대한 설명이다. 옳으면 "O", 틀리면 "X"로 표시하시오.

1. 에르고스테롤은 비타민 D의 전구물질로 프로비타민 D로 불린다. ( )
2. 콜레스테롤은 담즙의 성분이며, 다량 섭취 시 동맥경화의 원인 물질이 된다. ( )

정답 1. O 2. O

+ 괄호문제

다음 괄호 안에 알맞은 내용을 쓰시오.

① 단백질을 구성하는 기본 단위는 (   )이다.

② 아미노산은 종류에 따라 (   )이 다르다.

| 정답 |

① 아미노산

② 등전점

4. 아이오딘가(요오드가)

① 정의 : 지방의 불포화도를 나타내는 것으로 유지 100g 중에 첨가되는 아이오딘(요오드)의 g이다.

② 지방산 포화도에 따른 분류

구분	아이오딘가	특징
건성유	130 이상	상온에서 방치하면 굳어버리는 성질을 가짐 예 아마인유, 오동나무기름, 들깨기름 등
반건성유	100~130	건성유과 불건성유의 중간 성질의 유지 예 참기름, 대두유, 면실유 등
불건성유	100 이하	상온에서 방치해도 굳어지지 않는 성질을 가짐 예 동백기름, 올리브유, 피마자유 등

제3절 단백질

1. 단백질의 특성

① 탄소(C), 수소(H), 산소(O), 질소(N), 유황(S) 등의 원소로 구성된 유기화합물이다.

② 질소는 단백질에 평균 16% 정도 함유되어 있다.

③ 단백질은 20여 종의 아미노산의 펩타이드(펩티드) 결합으로 이루어진다.

④ 열에 의하여 변성된다.

2. 아미노산

중요도 ★★☆

(1) 아미노산의 성질

① 아미노산은 단백질의 기본 단위로 탄소(C), 수소(H), 질소(N), 황(S) 등으로 구성되어 있다.

② 아미노산은 종류에 따라 등전점(양전하와 음전하의 이온수가 같을 때 용액의 pH)이 다르다.

③ 천연 단백질을 구성하고 있는 아미노산은 20개로 주로 α-아미노산이고, L형이다.

④ 물과 같은 극성 용매에는 잘 녹으나, 클로로폼, 아세톤 등 비극성 유기용매에는 잘 녹지 않는다. 또 열에 안정적이며 융점이 높다.

(2) 필수 아미노산

① 체내에서 합성되지 않거나 합성되더라도 그 양이 생리기능을 달성하기에 불충분하여 반드시 음식으로부터 공급되어야 하는 아미노산을 말한다.

② 영아에게는 히스티딘과 아르기닌이 필수 아미노산으로서 특히 중요하다.

확인! OX

단백질에 대한 설명이다. 옳으면 "O", 틀리면 "X"로 표시하시오.

1. 트립토판은 필수 아미노산이다. ( )
2. 규소는 아미노산을 구성하는 주된 원소이다. ( )

정답 1. O 2. X

| 해설 |

2. 아미노산의 주된 원소는 탄소, 수소, 질소가 있다.

③ 종류

㉠ 성인(9가지) : 페닐알라닌, 트립토판, 발린, 류신, 아이소류신, 메티오닌, 트레오닌, 라이신, 히스티딘

※ 8가지로 보는 경우 히스티딘은 제외

㉡ 영아(10가지) : 성인 9가지 + 아르기닌(아르지닌)

(3) 제한 아미노산

① 식품 내에 필수 아미노산 중 인체에서 요구되는 양에 비해서 상대적으로 부족한 아미노산을 말한다.

② 식품의 들어 있는 제한 아미노산

㉠ 쌀 : 라이신

㉡ 옥수수 : 트립토판, 라이신

㉢ 콩 : 메티오닌

3. 단백질의 분류

(1) 단순 단백질

① 아미노산만으로 구성된 단백질이다.

② 종류 : 알부민(albumin), 글로불린(globulin), 글루테닌(glutenin), 프롤라민(prolamin), 알부미노이드(albuminoid), 히스톤(histone), 프로타민(protamine) 등

(2) 복합 단백질

① 단백질과 비단백질 성분으로 구성된 복합형 단백질이다.

② 종류 : 인단백질, 당단백질, 지단백질, 핵단백질, 색소단백질, 금속단백질 등

(3) 유도 단백질

① 단백질이 열, 산, 알칼리 등의 작용으로 변성되거나 분해된 단백질이다.

② 종류

㉠ 제1차 유도 단백질(변성단백질, 응고단백질) : 열・자외선(물리적), 묽은 산, 알칼리, 알코올(화학적), 효소적 작용으로 변화하여 응고된 것이다.

㉡ 제2차 유도 단백질(분해단백질) : 제1차 유도 단백질이 가수분해되어 아미노산이 되기까지 중간산물이다.

(4) 빵 반죽의 탄력(경화)과 신장(연화)에 영향을 미치는 아미노산

① 시스틴 : 밀가루 단백질을 구성하는 아미노산이다. 이황화 결합(–S–S–)을 갖고 있으므로 빵 반죽의 구조를 강하게 하고 가스 포집력을 증가시키며, 반죽을 다루기 좋게 한다.

+괄호문제

다음 괄호 안에 알맞은 내용을 쓰시오.

① ( )은 중성용매에 녹지 않고 묽은 산, 묽은 염기에 녹는 단백질로 밀에 존재하는 단순 단백질이다.

② ( )은 유황을 함유한 아미노산으로 –S–S– 결합을 가진다.

| 정답 |

① 글루테닌

② 시스틴

확인! OX

단백질에 대한 설명이다. 옳으면 "O", 틀리면 "X"로 표시하시오.

1. 필수 아미노산에는 라이신, 아라키돈산, 메티오닌 등이 있다. ( )
2. 성장기 어린이에게 히스티딘이 필수 아미노산으로서 특히 중요하다. ( )

정답 1. X 2. O

| 해설 |

1. 아라키돈산은 동물성 오일에서 나오는 필수지방산이다.

+ 괄호문제

다음 괄호 안에 알맞은 내용을 쓰시오.

① 효소를 구성하는 주요 구성 물질은 (　　)이다.
② (　　)는 전분을 분해하는 효소로 다이아스테이스라고도 한다.

| 정답 |
① 단백질
② 아밀레이스(아밀라아제)

② 시스테인 : 밀가루 단백질을 구성하는 아미노산이다. 타이올기(-SH)를 갖고 있으므로 빵 반죽의 구조를 부드럽게 하여 글루텐의 신장성을 증가시키고 반죽 시간과 발효시간을 단축시키며 노화를 방지한다.

③ 밀가루 숙성은 -SH 결합을 산화시켜 -S-S 결합으로 바꾸는 것이다.

제4절 효소

1. 효소

① 생물체 속에서 일어나는 유기화학 반응의 촉매 역할을 한다.
② 효소는 유기화합물인 단백질로 구성되었기 때문에 온도, pH, 수분 등의 영향을 받는다.
③ 효소는 어느 특정 기질에만 반응하는 선택성에 따라 분류된다.

2. 효소의 분류 및 특성 중요도 ★★★

(1) 탄수화물 분해효소

① 이당류 분해효소

인버테이스(인베르타아제)	• 설탕을 포도당과 과당으로 분해 • 이스트에 존재함
말테이스(말타아제)	• 장에서 분비되며 이스트에 존재 • 맥아당을 포도당 2분자로 분해
락테이스(락타아제)	• 소장에서 분비하며 동물성 당인 유당을 포도당과 갈락토스로 분해함 • 단세포 생물인 이스트에는 락테이스가 없음

② 다당류 분해효소

아밀레이스(아밀라아제)	• 전분을 분해하는 효소로 다이아스테이스라고도 함 • 전분을 덱스트린 단위로 잘라 액화시키는 α-아밀레이스와 잘려진 전분을 맥아당 단위로 자르는 β-아밀레이스가 있음
셀룰레이스(셀룰라아제)	식물의 형태를 만드는 구성 탄수화물인 섬유소를 포도당으로 분해함
이눌라아제	돼지감자를 구성하는 이눌린을 과당으로 분해함

③ 산화 효소
㉠ 치메이스(치마아제) : 포도당, 갈락토스, 과당과 같은 단당류를 에틸알코올과 이산화탄소로 산화시키는 효소로 제빵용 이스트에 존재한다.
㉡ 페르옥시데이스(퍼옥시다아제) : 카로틴계의 황색 색소를 무색으로 산화시키며, 대두에 존재한다.

확인! OX

효소에 대한 설명이다. 옳으면 "O", 틀리면 "X"로 표시하시오.

1. 아밀레이스는 맥아당을 포도당 2분자로 분해한다. (　)
2. 락테이스는 동물성 당인 유당을 포도당과 갈락토스로 분해한다. (　)

정답 1. X 2. O

| 해설 |
1. 맥아당을 포도당 2분자로 분해하는 것은 말테이스이다.

(2) 지방 분해효소

① 라이페이스(리파아제) : 지방을 지방산과 글리세린으로 분해한다.

② 스테압신 : 췌장에 존재하며 지방을 지방산과 글리세린으로 분해한다.

(3) 단백질 분해효소

① 프로테이스(프로테아제)

㉠ 단백질을 펩톤, 폴리펩타이드, 펩타이드, 아미노산으로 분해한다.

㉡ 글루텐을 연화시켜 믹싱을 단축하고 내성도 약하게 한다.

② 펩신 : 위액에 존재하는 단백질 분해효소이다.

③ 레닌 : 위액에 존재하는 단백질 응고효소이다.

④ 트립신 : 췌액에 존재하는 단백질 분해효소이다.

⑤ 펩티데이스(펩티다아제) : 췌장에 존재하는 단백질 분해효소이다.

⑥ 천연 단백질 분해효소

㉠ 파인애플 : 브로멜린(bromelin)

㉡ 파파야 : 파파인(papain)

㉢ 무화과 : 피신(ficin)

㉣ 키위 : 액티니딘(actinidin)

+ 괄호문제

다음 괄호 안에 알맞은 내용을 쓰시오.

① 라이페이스는 (　　)을 분해하는 효소이다.

② 프로테이스는 (　　)을 분해하는 효소이다.

| 정답 |

① 지방

② 단백질

확인! OX

효소에 대한 설명이다. 옳으면 "O", 틀리면 "X"로 표시하시오.

1. 펩신은 위액에 존재하는 단백질 응고효소이다. (　)
2. 식품에 함유된 단백질 분해효소로는 브로멜린, 피신, 파파인 등이 있다. (　)

정답 1. X 2. O

| 해설 |

1. 위액에 존재하는 단백질 응고효소는 레닌이다.

재료의 영양학적 특성

3% 출제율

출제포인트
- 영양과 영양소
- 탄수화물, 지방, 단백질의 영양학적 특성
- 무기질, 비타민, 물의 영양학적 특성

기출 키워드

영양소, 열량, 탄수화물, 지방, 단백질, 무기질, 비타민, 아이오딘, 아연, 황, 수용성 비타민, 지용성 비타민, 비타민 결핍증, 물

제1절 영양소의 개요

1. 영양과 영양소

(1) 영양

생물체가 외부로부터 물질을 섭취하여 체성분을 만들고, 체내에서 에너지를 발생시켜 생명현상을 유지하는 일을 말한다.

(2) 영양소

① 정의 : 외부로부터 섭취하는 영양에 관여하는 물질을 말한다.

② 종류

㉠ 열량 영양소 : 탄수화물, 지방, 단백질은 체내에서 화학반응을 거쳐 에너지를 발생시키며 인체 활동의 에너지원이 된다.

㉡ 구성 영양소 : 단백질, 무기질, 물은 신체 구성의 성분으로 새로운 조직형성이나 보수에 관여하고, 몸을 구성한다.

㉢ 조절 영양소 : 비타민, 무기질, 물은 신체의 기능을 조절하는 영양소이다.

2. 영양소 섭취

중요도 ★★★

(1) 기초대사량

① 생명을 유지하는 데 필요한 최소한의 에너지량을 말한다.

② 체온유지나 호흡, 심장박동 등 기초적인 생명 활동을 위한 신진대사에 쓰이는 에너지량으로 보통 휴식상태 또는 움직이지 않고 가만히 있을 때 기초대사량만큼의 에너지가 소모된다.

(2) 식품의 열량

① 식품의 열량은 식품에 함유되어 있는 3대 영양소(탄수화물, 단백질, 지방) 함량에 따라 다르며, 탄수화물 1g은 4kcal, 지방 1g은 9kcal, 단백질 1g은 4kcal의 열량으로 계산한다.

② **한국인 영양소 섭취기준** : 탄수화물 55~65%, 단백질 7~20%, 지방 15~30%의 비율로 전체 에너지를 섭취하도록 권장하고 있다.

③ **열량(kcal) 계산** : (단백질 양 + 탄수화물 양) × 4kcal + (지방의 양) × 9kcal

진짜 통째로 외워온 문제

건조된 아몬드 100g에 탄수화물 16g, 단백질 18g, 지방 54g, 무기질 3g, 수분 6g, 기타 성분 등을 함유하고 있다면 이 아몬드 100g의 열량은?

① 약 200kcal
② 약 364kcal
③ 약 622kcal
④ 약 751kcal

해설

단백질, 탄수화물 1g은 4kcal, 지방 1g은 9kcal의 열량을 내므로,
아몬드 100g의 열량 = (18 + 16) × 4 + (54 × 9)
= 136 + 486 = 622kcal

정답 ③

+ 괄호문제

다음 괄호 안에 알맞은 내용을 쓰시오.

① (   ) 영양소는 에너지를 발생하여 인체 활동의 에너지원이 된다.
② 단백질 1g은 (   )kcal의 열량으로 계산한다.

| 정답 |
① 열량
② 4

제2절 영양학적 특성

1. 탄수화물(당질)

중요도 ★★★

(1) 탄수화물의 특성

① 탄소(C), 수소(H), 산소(O)의 구성된 유기화합물이다.

② 탄수화물은 크게 소화되는 당질과 소화되지 않는 섬유소로 나눈다.

(2) 탄수화물의 기능

① 에너지의 공급원(1g당 4kcal)으로 체내 소화 흡수율이 높다(98%).

② 단백질의 절약작용을 한다.

③ 지질대사의 조절작용을 한다.

④ 혈당을 유지(0.1%)한다.

⑤ 감미료의 기능을 한다.

⑥ 섬유소를 공급한다.

확인! OX

영양소에 대한 설명이다. 옳으면 "O", 틀리면 "X"로 표시하시오.

1. 단백질 55~65%, 지방 7~20%, 탄수화물 15~30%의 비율로 섭취하도록 권장하고 있다. (   )
2. 무기질은 열량을 내는 열량 급원이다. (   )

정답 1. X 2. X

| 해설 |
1. 탄수화물 55~65%, 단백질 7~20%, 지방 15~30%의 비율로 섭취하도록 권장하고 있다.
2. 열량 급원은 단백질, 탄수화물, 지방이다.

+ 괄호문제

다음 괄호 안에 알맞은 내용을 쓰시오.

① 탄수화물은 크게 소화되는 (　)과 소화되지 않는 (　)로 나눈다.

② 탄수화물의 섭취 권장량은 하루 열량 필요량의 (　)%가 적당하다.

| 정답 |

① 당질, 섬유소

② 55~65

확인! OX

탄수화물에 대한 설명이다. 옳으면 "O", 틀리면 "X"로 표시하시오.

1. 탄수화물은 다량 섭취 시 몸에 저장되지 않고 배출된다. (　)
2. 탄수화물은 체내에 열량을 공급한다. (　)

정답 1. X 2. O

| 해설 |

1. 탄수화물은 다량 섭취 시, 간과 근육에 글리코겐으로 저장된다.

(3) 탄수화물의 섭취 및 대사

① **섭취 권장량** : 하루 열량 필요량의 55~65%가 적당하다. 다량 섭취 시, 간과 근육에 글리코겐으로 저장된다.

② **소화 및 흡수**

㉠ 탄수화물은 입과 소장에서 소화된다.

㉡ 탄수화물은 입에서 효소인 아밀레이스에 의해 다당류가 이당류로 분해된다.

㉢ 위에는 탄수화물 분해효소가 없으며, 소장에 있는 분해효소에 의해 단당류로 최종 분해되어 흡수하게 된다.

③ **과잉 섭취**

㉠ 에너지를 내고 남은 탄수화물은 지방으로 전환되어 체내에 축적된다.

㉡ 비만증, 당뇨, 위확대증, 위하수증, 비타민·무기질 부족증 등에 걸리기 쉽다.

④ **결핍** : 체중 감소, 발육 불량 등이 나타난다.

2. 지방(지질)

중요도 ★★★

(1) 지방의 특성

① 탄소(C), 수소(H), 산소(O)의 구성된 유기화합물이다.

② 지방산(3분자)과 글리세롤(1분자)의 에스터(Ester) 결합이다.

③ 물에 녹지 않고 지용성 용매(에터, 아세톤 등)에 녹는 물질이다.

(2) 지방의 기능

① 에너지 공급원(1g당 9kcal)이다.

② 체구성 성분(뇌와 신경조직의 구성 성분)이다.

③ 주요 장기를 보호하고 체온을 유지한다.

④ 지용성 비타민(비타민 A, D, E, K)의 인체 내 흡수를 도와준다.

⑤ 비타민 B_1의 절약작용을 한다.

⑥ 콜레스테롤은 담즙산과 호르몬의 전구체이다.

(3) 지방의 섭취 및 대사

① **섭취 권장량** : 하루 열량 필요량의 15~30% 정도(필수지방산 2%)가 적당하다.

② **소화 및 흡수** : 지방의 연소와 합성은 간에서 이루어지며 지방 분해를 위해 췌장에서 라이페이스(리파아제)가 분비된다.

③ **과잉 섭취** : 비만증, 동맥경화증, 고혈압, 심장병 등 유발

④ **결핍** : 성장 부진, 신체 쇠약 등

3. 단백질

중요도 ★★★

(1) 단백질의 특성

① 탄소, 수소, 산소, 질소의 원소로 구성되어 있고, 그 밖에 황, 인 등도 함유하고 있다.
② 모든 생물의 몸을 구성하는 고분자 유기물로, 수많은 아미노산의 펩타이드 결합으로 이루어져 있다.
③ 질소함량은 평균 16%이며, 식품 중의 질소계수 6.25를 곱하면 단백질의 양을 구할 수 있다.
④ 산이나 효소로 가수분해되어 각종 아미노산의 혼합물을 생성한다.
⑤ 열, 산, 염에 의해 응고된다.
⑥ 고유한 등전점을 가지고 있다.
⑦ 용해도, 삼투압, 점도는 가장 낮고 흡착성과 기포성은 크다.

(2) 단백질의 기능

① 에너지의 공급원(1g당 4kcal)이다.
② 체조직(근육, 머리카락, 혈구, 혈장 단백질 등)을 구성한다.
③ 효소, 호르몬, 항체를 구성한다.
④ 삼투압의 조절과 체액의 pH를 일정하게 유지한다.
⑤ 물렁뼈 조직을 형성하고 뼈의 기초를 만든다.

(3) 단백질의 영양학적 분류

완전단백질	생명 유지, 성장에 필요한 모든 필수 아미노산이 충분히 들어 있는 단백질 예 달걀(오브알부민), 우유(카제인) 등의 모든 동물성 단백질, 콩 단백질
부분적 불완전 단백질	동물 성장, 생육에 필요한 필수 아미노산을 모두 함유하고 있으나 아미노산 함량이 부족한 단백질 예 쌀(오리제닌), 보리(홀데인)
불완전 단백질	생명 유지 또는 성장에 필요한 충분한 양의 필수 아미노산을 갖고 있지 못하며 불완전 단백질만으로는 동물의 성장과 유지가 어려움 예 젤라틴(육류), 옥수수(제인)

(4) 단백질의 섭취 및 대사

① 섭취 권장량 : 하루 열량 필요량의 7~20% 정도이다.
② 소화 및 흡수
㉠ 단백질은 위에서 소화되기 시작한다.
㉡ 단백질은 십이지장인 췌장에서 분비된 트립신에 의해 더 작게 분해된다.
㉢ 체내에서 사용한 단백질은 주로 소변을 통해 배출된다.
③ 과잉 섭취 : 혈압 상승, 불면증 등 유발
④ 결핍 : 빈혈, 지방간, 콰시오커(kwashiorkor) 등

+ 괄호문제

다음 괄호 안에 알맞은 내용을 쓰시오.

① 지방의 섭취 권장량은 하루 열량 필요량의 ( )% 정도이다.
② 지방은 비타민 ( )의 절약 작용을 한다.

| 정답 |
① 15~30
② B_1

확인! OX

지방에 대한 설명이다. 옳으면 "O", 틀리면 "X"로 표시하시오.

1. 지방은 1g당 4kcal의 에너지를 발생시킨다. ( )
2. 지방은 뇌와 신경조직 등을 구성하는 성분이다. ( )

정답 1. X 2. O

| 해설 |
1. 지방은 1g당 9kcal의 에너지를 발생시킨다.

+ 괄호문제

다음 괄호 안에 알맞은 내용을 쓰시오.

① 단백질의 구성 단위는 ( ) 이다.

② 단백질의 섭취 권장량은 총 섭취 열량의 ( )% 정도이다.

| 정답 |

① 아미노산

② 7~20

(5) 단백질 영양 평가 지표

생물가	• 인체 내의 단백질 이용 정도를 평가하는 방법 • 생물가(%) = $\frac{\text{체내에 보유된 질소량}}{\text{체내에 흡수된 질소량}} \times 100$
단백가	• 필수 아미노산 비율이 이상적인 표준 단백질을 가정하여 이를 100으로 잡고 다른 단백질의 필수 아미노산 함량을 비교하는 방법 • 단백가(%) = $\frac{\text{식품 중 필수 아미노산 함량}}{\text{표준 단백질 필수 아미노산 함량}} \times 100$

진짜 통째로 외워온 문제

질병에 대한 저항력을 지닌 항체를 만드는 데 꼭 필요한 영양소는?

① 탄수화물 ② 지방

③ 칼슘 ④ 단백질

해설

항체는 체내 단백질에 의해 만들어진다.

정답 ④

4. 무기질

중요도 ★★★

(1) 무기질의 특성

① 체중의 4%가 무기질로 구성되어 있다.

② 무기질은 열량을 공급하지 않는다.

③ 무기질은 인체 내 함량에 따라 다량원소와 미량원소로 나뉜다.

다량원소	1일 필요량이 100mg 이상이고 체중의 0.005% 이상 존재하는 무기질 예 칼슘(Ca), 인(P), 마그네슘(Mg), 황(S), 나트륨(Na), 칼륨(K), 염소(Cl) 등
미량원소	1일 필요량이 100mg 이하이고 체중의 0.005% 미만으로 존재하는 무기질 예 철(Fe), 구리(Cu), 망가니즈(Mn), 아이오딘(I), 코발트(Co), 아연(Zn) 등

④ 무기질은 식품을 완전히 연소시켰을 때 재로 남는 것을 말하며, 남는 물질에 따라 산성과 알칼리성으로 구분한다.

산성 식품	인, 황, 염소를 함유한 식품 예 곡류, 육류, 어패류, 달걀류 등
알칼리성 식품	나트륨, 칼슘, 칼륨, 마그네슘을 함유한 식품 예 채소, 과일, 우유, 기름, 굴 등

확인! OX

단백질에 대한 설명이다. 옳으면 "O", 틀리면 "X"로 표시하시오.

1. 단백질의 주요 결합은 글리코사이드 결합이다. ( )
2. 단백질은 체조직 구성에 필수적인 영양소이다. ( )

정답 1. X 2. O

| 해설 |

1. 단백질의 주요 결합은 펩타이드 결합이다.

(2) 무기질의 기능

① 체액의 pH 및 삼투압 조절, 산·알칼리의 평형 및 수분 균형을 유지하는 체내 생리기능의 조절과 효소작용의 촉매작용을 한다.

② 신경 자극의 전달과 근육의 탄력을 유지한다.

③ 소화액 및 체내 분비액의 산과 알칼리를 조절한다.

④ 골격조직과 치아의 경조직을 구성하며 근육, 장기, 혈액, 피부, 신경, 연조직과 호르몬, 효소 등 체조직을 구성하는 성분이다.

⑤ 근육의 탄력 유지와 혈액 응고에 관여한다.

(3) 무기질의 종류

구분	특징 및 기능	결핍증	급원 식품
칼슘 (Ca)	• 인체에 무기질 중 가장 많이 존재 • 골격과 치아를 구성 • 혈액 응고 작용, 근육에 탄력	구루병, 골다공증, 골연화증	우유 및 유제품, 녹색채소 등
인 (P)	• 골격 형성 • 세포의 구성 요소	성장 부진, 골격과 치아 부진	우유 및 유제품, 육류, 곡류 등
마그네슘 (Mg)	• 당질대사 효소의 구성 성분 • 신경과 근육의 흥분 억제	신경 및 근육경련, 구토, 설사	곡류, 녹색 채소, 견과류 등
나트륨 (Na)	• 세포외액의 양이온, 신경 자극 전달 • 삼투압 유지에 관여	근육경련, 식욕감퇴	식염, 생선, 육류, 우유 등
황 (S)	• 세포 단백질의 구성 • 해독작용	손톱, 발톱, 모발의 발육부진	콩류, 육류, 달걀 등
철분 (Fe)	• 헤모글로빈의 주성분으로 산소 운반 • 체내에서 사용된 철은 재사용됨 • 생리적 요구가 높을 때 흡수율이 높아짐	빈혈, 피로	육류, 달걀, 녹황색 채소 등
염소 (Cl)	• 위액의 산도 조절, 소화를 도움 • 염화나트륨으로 존재	식욕부진, 소화불량	소금, 육류, 달걀 등
구리 (Cu)	• 헤모글로빈 형성의 촉매작용 • 철분 흡수 및 이용 도움	적혈구 감소, 빈혈	굴, 간, 채소류 등
아이오딘 (I)	• 갑상선 호르몬(티록신)의 구성 성분 • 에너지 대사 조절	갑상선종	다시마, 미역, 김 등
아연 (Zn)	• 인슐린, 적혈구의 구성 성분 • 상처 회복, 면역기능	발육 장애, 빈혈	굴, 간, 육류, 콩류 등
코발트 (Co)	• 비타민 B_{12}의 구성 성분 • 간접적으로 적혈구 구성에 관계	악성 빈혈	간, 콩, 해조류 등

+ 괄호문제

다음 괄호 안에 알맞은 내용을 쓰시오.

① 철(Fe), 구리(Cu), 아이오딘(I) 등은 ( )원소에 해당한다.

② ( )은 인체에 무기질 중 가장 많이 존재하며, 주로 골격과 치아를 구성한다.

③ ( )은 갑상선성 호르몬의 주성분으로 결핍되면 갑상선종을 일으킨다.

| 정답 |

① 미량

② 칼슘

③ 아이오딘

확인! OX

무기질에 대한 설명이다. 옳으면 "O", 틀리면 "X"로 표시하시오.

1. 신체를 구성하는 무기질은 체중의 10% 정도 차지한다. ( )
2. 무기질은 1g은 4kcal의 열량으로 계산한다. ( )
3. 무기질은 체내 생리기능의 조절과 효소작용의 촉매작용을 한다. ( )

정답 1. X 2. X 3. O

| 해설 |

1. 무기질은 체중의 4% 정도 차지한다.
2. 무기질은 열량을 공급하지 않는다.

5. 비타민

중요도 ★★★

(1) 비타민의 특성

① 비타민은 생명현상(생명 유지, 성장, 건강 유지 등)의 유지 및 번식 등 대사활동에 필수적인 영양소이다.

② 체내에서 합성되지 않기 때문에 음식이나 다른 공급원으로부터 반드시 공급받아야 한다.

③ 다른 영양소와는 달리 아주 소량이 필요한 물질이다.

(2) 비타민의 기능

① 체내에 소량 함유된 영양소로 생리작용을 조절하여 성장·건강을 유지한다.

② 조효소의 구성 성분으로 탄수화물 대사 및 에너지 대사에 관여한다.

③ 여러 영양소의 효율적인 이용에 관여한다.

④ 피부병, 빈혈, 신경증 등의 질병을 예방한다.

⑤ 일부는 항산화제로 이용된다.

(3) 비타민의 분류

① **수용성 비타민** : 물에 녹고 축적이 적으므로, 매일 일정량을 섭취해야 결핍 증세가 나타나지 않는다.

구분	기능 및 특징	결핍증	급원 식품
비타민 B_1 (티아민)	• 탄수화물 대사에서 조효소로 작용 • 말초신경계의 기능에 관여	각기병	돼지고기, 콩류 등
비타민 B_2 (리보플라빈)	• 성장 촉진작용 • 피부, 점막 보호	구순구각염, 구내염	우유, 간, 육류, 달걀 등
비타민 B_3 (나이아신)	• 항펠라그라(pellagra) 인자 • 체내에서 필수 아미노산인 트립토판으로부터 나이아신이 합성	펠라그라	콩, 효모, 생선 등
비타민 B_6 (피리독신)	단백질 대사에 관여	피부병	간, 곡류, 난황 등
비타민 B_9 (엽산)	적혈구 등 세포 생성을 도움	악성빈혈	간, 달걀 등
비타민 B_{12} (시아노코발라민)	• 적혈구 합성에 관여 • 젖산균의 발육 촉진 효과	악성빈혈	간, 조개류, 치즈 등
비타민 C (아스코브산)	• 항산화 작용을 보조하는 물질 • 적혈구 면역 활동 향상 • 혈관 노화 방지 효과	괴혈병, 피하출혈	채소, 과일 등

+ 괄호문제

다음 괄호 안에 알맞은 내용을 쓰시오.

① (   ) 비타민은 매일 일정량을 섭취해야 결핍 증세가 나타나지 않는다.

② 비타민 (   )의 결핍 증상으로 괴혈병이 있다.

| 정답 |

① 수용성

② C

확인! OX

비타민에 대한 설명이다. 옳으면 "O", 틀리면 "X"로 표시하시오.

1. 비타민 K는 출혈 시 혈액 응고에 관여한다. (   )
2. 수용성 비타민에는 비타민 A, D, K가 해당한다. (   )

정답 1. O 2. X

| 해설 |

2. 비타민 A, D, K는 지용성 비타민이다.

② 지용성 비타민 : 알코올과 유지에 녹고, 지방과 함께 흡수되며, 축적 시 과잉 장애가 일어날 수 있다.

구분	기능 및 특징	결핍증	급원 식품
비타민 A (레티놀)	• 성장 촉진, 질병에 대한 저항력 • 시력의 정상 유지에 관여	야맹증, 안구 건조증	간, 버터, 녹황색 채소 등
비타민 D (칼시페롤)	• 칼슘과 인의 흡수 촉진 • 자외선에 의해 체내에서 합성 • 칼슘의 흡수를 도와 골격 형성	구루병, 골연화증	버터, 난황, 효모 등
비타민 E (토코페롤)	• 항산화제, 노화 방지, 생식기능 도움 • 유지의 산화 방지에 주로 사용	불임증, 근육마비	식물성 기름, 난황, 우유 등
비타민 K (필로퀴론)	• 혈액 응고 촉진 • 장내 세균에 의해 합성	혈액 응고 지연, 신생아 출혈	녹황색 채소, 간 등

③ 수용성 비타민과 지용성 비타민의 비교

구분	수용성 비타민	지용성 비타민
종류	비타민 B군, C	비타민 A, D, E, K
용해	물에 용해	기름, 유기 용매에 용해
전구체	존재하지 않음(나이아신은 예외)	존재함
공급	필요량을 매일 공급	매일 공급할 필요 없음
과잉	초과량은 배출	지방조직에 저장
결핍	결핍 증세가 빠르게 일어남	결핍 증세가 서서히 나타남

6. 물

(1) 물의 특성

① 물은 사람 체중의 약 2/3를 차지하며, 10% 이상 손실되면 발열, 경련, 혈액순환 장애가 생기고 20% 이상 상실하면 생명이 위험하다.

② 수분은 체내에서 영양소를 운반하고 노폐물을 제거・배설한다.

③ 수분은 체온을 일정하게 유지하고, 건조상태의 것을 원상태로 회복한다.

(2) 식품 중에 함유된 물의 종류

① 자유수 : 식품 중에 존재하고 있는 보통의 수분이다.

② 결합수 : 탄수화물이나 단백질 등의 유기물과 결합되어 있는 수분이다.

③ 자유수와 결합수의 비교

자유수	결합수
• 식품을 건조시키면 쉽게 증발 • 압력을 가하여 압착하면 제거 • 0℃ 이하에서는 동결 • 용질에 대해 용매로 작용 • 미생물의 생육과 번식에 이용 • 식품의 변질에 영향을 줌	• 식품을 건조해도 증발되지 않음 • 압력을 가하여 압착해도 쉽게 제거되지 않음 • 0℃ 이하에서도 동결되지 않음 • 용질에 대해 용매로 작용하지 못함 • 미생물의 생육과 번식에 이용되지 못함 • 보통의 물보다 밀도가 큼

+괄호문제

다음 괄호 안에 알맞은 내용을 쓰시오.

① (　) 비타민은 축적 시 과잉 장애가 일어날 수 있다.

② 비타민 (　)의 결핍 증상으로 야맹증, 안구건조증이 있다.

| 정답 |

① 지용성

② A

확인! OX

비타민에 대한 설명이다. 옳으면 "O", 틀리면 "X"로 표시하시오.

1. 나이아신의 결핍증으로 대표적인 질병은 펠라그라이다. (　)
2. 지용성 비타민은 단시간에 결핍 증세가 나타난다. (　)

정답 1. O 2. X

| 해설 |

2. 지용성 비타민은 서서히 결핍 증세가 나타난다.

PART 03

과자류 · 빵류 제품 저장관리

제품의 냉각 및 포장

1%
출제율

출제포인트
- 제품의 냉각 방법 및 특징
- 포장재별 특징
- 불량제품 관리

기출 키워드

냉각 온도, 냉각 방법, 자연냉각, 터널식 냉각, 공기조절식 냉각, 냉각의 목적, 냉각 손실이 발생하는 이유, 빵류 냉각 시 온도·수분 함량, 포장재의 조건, 쿠키 포장지의 특성, 제품평가의 기준, 제품 결함의 원인

제1절 제품의 냉각 방법 및 특징

1. 과자류 제품 냉각

(1) 과자류 냉각의 개요

① 정의 : 오븐에서 굽기 후 꺼낸 과자류 제품의 온도는 100℃ 근처인데, 35~40℃ 정도의 온도가 된 것을 냉각이라 한다.

② 목적 : 곰팡이 및 기타 균의 피해를 방지하고 절단, 포장을 용이하게 하는 데 있다.

③ 냉각 환경

㉠ 온도 : 15~20℃ 사이를 유지하는 것이 좋다.

㉡ 습도 : 일반적으로 80% 정도면 적당하다.

㉢ 시간 : 15분에서 1시간이면 대부분의 제과류의 냉각이 이루어진다.

㉣ 장소 : 환기와 통풍이 잘되는 곳으로 병원성 미생물의 혼입이 없는 곳이어야 한다.

(2) 냉각 방법

자연 냉각	실온에 두고 3~4시간 냉각시키는 방법
냉각기 냉각	• 냉장고 : 0~5℃의 온도를 유지하고 제과 제품의 보관에 많이 사용됨 • 냉동고 : 완만한 냉동고는 −20℃ 이상으로 냉동하고, 급속 냉동은 −40℃ 이하에서 냉동 • 냉각 컨베이어 : 냉각실에 22~25℃의 냉각공기를 불어넣어 냉각시키는 방법으로, 대규모 공장에서 많이 사용됨

(3) 오븐 사용 제품 냉각하기

① 오븐에서 구워 바로 나온 제품을 다음의 작업지시서 사례를 참고하여 냉각한다.

오븐 사용 여부	제품	냉각 방법
오븐 사용	파운드 케이크, 스펀지 케이크, 구움 과자 등	자연 냉각
오븐 비사용	무스, 젤리, 케이크 등	냉장고 냉각
	빙과류, 장식하기 전 무스 등	냉동고 냉각

② 자연 냉각을 위해 실온으로 설정하고, 서늘하고 통풍이 잘되는 곳을 장소로 한다.

2. 빵류 제품 냉각

중요도 ★★☆

(1) 냉각의 개요

① 정의 : 갓 구워낸 빵의 속 온도는 97~99℃인데, 35~40℃로 낮추는 것을 말한다.

② 수분 함량은 굽기 직후 껍질이 12~15%, 빵 속은 40~45%인데, 이를 식히면 껍질이 27%, 빵 속이 38%로 낮춰진다.

③ 냉각의 목적

㉠ 곰팡이, 세균, 야생효모균에 피해를 입지 않도록 한다.

㉡ 빵의 저장성을 증대시키고 빵의 절단(슬라이스) 및 포장을 용이하게 한다.

(2) 냉각 방법

① 자연냉각 : 상온에서 냉각하는 것으로 3~4시간 소요된다.

② 터널식 냉각 : 공기배출기를 이용한 냉각으로 2~2.5시간 소요된다.

③ 공기조절식 냉각(에어컨디션식 냉각) : 온도 20~25℃, 습도 85%의 공기에 통과시켜 90분간 냉각하는 방법이다.

(3) 냉각 손실이 발생하는 이유

① 냉각하는 동안 수분 증발로 무게가 감소한다.

② 여름보다 겨울에 냉각 손실이 크다.

③ 냉각 장소의 습도가 낮으면 냉각 손실이 크다.

진짜 통째로 외워온 문제

01 갓 구워낸 식빵의 냉각 시 적절한 수분 함량은?

① 약 5%　　② 약 15%
③ 약 25%　　④ 약 38%

(해설)
냉각 시 빵 속의 온도는 35~40℃, 수분 함량은 38%이다.

02 빵 제품 냉각에 대한 설명으로 틀린 것은?

① 빵의 수분은 내부에서 외부로 이동하여 평형을 이루지 못한다.
② 냉각된 제품의 수분 함량은 38%를 초과하지 않는다.
③ 냉각된 빵의 내부 온도는 32~35℃에 도달하였을 때 절단·포장한다.
④ 일반적인 제품에서 냉각 중에 수분 손실이 12% 정도가 된다.

(해설)
냉각 손실은 2% 정도이며 빵 속의 온도가 35~40℃, 수분은 38%가 될 때까지 식힌다.

정답 01 ④　02 ④

+ 괄호문제

다음 괄호 안에 알맞은 내용을 쓰시오.

① 오븐에서 나온 빵을 냉각할 때의 수분 함량은 (　)이다.
② (　)은 공기배출기를 이용한 냉각으로 2~2.5시간 소요된다.

| 정답 |
① 38%
② 터널식 냉각

확인! OX

빵류의 냉각에 대한 설명이다. 옳으면 "O", 틀리면 "X"로 표시하시오.

1. 빵을 식혀 상온으로 낮추는 냉각은 빵 속의 온도를 35~40℃로 낮추는 것이다. (　)
2. 냉각된 빵의 내부 온도가 35℃ 정도에 도달하였을 때 절단·포장한다. (　)

정답 1. O　2. O

제2절 포장재별 특성

1. 제품 포장

중요도 ★☆☆

(1) 과자류 제품 포장

① 과자류 포장의 개요

㉠ 정의 : 취급상의 위험과 외부환경으로부터 제품의 가치 및 상태를 보호하고 다루기 쉽도록 적합한 용기에 넣는 과정이다.

㉡ 목적 : 변질, 변색 등의 품질 변화를 방지하는 것이며, 제품의 수명을 연장하고 위생적 안전을 고려하는 데 있다.

② 과자류 포장의 기능

㉠ 내용물 보호 : 과자류 제품은 손상되기 쉬우므로 효과적인 포장을 통해 내용물을 보호하고 제품 손상을 방지해야 한다.

㉡ 취급의 편의 : 취급하고 먹기 편하도록 사용의 편의성을 제공한다.

㉢ 제품을 차별화하고 소비자들의 구매 충동을 촉진시키므로, 매출 증대 효과가 있다.

㉣ 상품의 가치를 증대시키고 소비자에게 정보를 제공한다.

㉤ 적절한 포장으로 지나친 낭비를 막고 환경친화적인 포장을 추구한다.

③ 과자류 포장재의 조건

㉠ 포장 용기는 유해물질이 있거나 포장재로 인하여 내용물이 오염되어서는 안 된다.

㉡ 식품에 접촉하는 포장은 청결해야 하며, 식품에 어떤 영향을 주어서도 안 된다.

(2) 빵류 제품 포장

① 빵류 포장의 개요

㉠ 정의 : 포장은 유통과정에서 제품의 가치 및 상태를 보호하기 위해 적합한 재료나 용기를 사용하여 장식하거나 담는 것으로, 빵류 제품의 포장 온도는 35~40℃이다.

㉡ 목적 : 빵의 저장성 증대, 미생물 오염 방지, 상품의 가치 향상

② 빵류 포장재의 조건

위생적 안전성	인쇄 잉크로 인한 카드뮴과 납 등의 오염, 열경화성 페놀용기에서 검출되는 폼알데하이드 등의 유해물질에 주의한다.
보호성	채광성, 방습성, 방수성, 보향성이 우수한 포장재를 사용하여야 한다.
작업성	포장재가 물리적 손상을 입히지 않아야 하고 밀봉이 용이해야 한다.
편리성	포장재는 소비자가 사용하기 편리하도록 개봉이 쉬워야 한다.
효율성	• 포장은 저렴한 비용으로 큰 광고효과를 얻을 수 있는 판매촉진 기능을 한다. • 소비자가 청결감을 느끼고, 구입 충동을 느낄 수 있도록 포장지를 잘 디자인하여야 한다.
경제성	저렴한 가격에 대량 생산할 수 있어야 하고, 운반, 보관이 편리해야 한다.
환경 친화성	포장재를 재사용하거나 재활용해야 한다.

+ 괄호문제

다음 괄호 안에 알맞은 내용을 쓰시오.

① 과자류 포장은 물리적, 화학적, 생물학적, 인위적인 요인으로부터 내용물을 (　　) 하고 제품 손상을 (　　)하는 것이다.

② 과자류 포장은 먹기 편하도록 사용의 (　　)을 제공해야 한다.

| 정답 |

① 보호, 방지

② 편의성

확인! OX

빵류 포장에 대한 설명이다. 옳으면 "O", 틀리면 "X"로 표시하시오.

1. 빵류 포장재는 위생적 안전성, 보호성, 작업성, 편리성, 효율성, 경제성, 환경 친화성 등의 특성을 갖추어야 한다. (　)

2. 빵류 포장의 목적은 빵의 저장성 증대, 미생물 오염 방지, 상품의 가치 향상 등이다. (　)

정답 1. O 2. O

2. 포장재별 특성

(1) 종이 · 종이 제품, 지기

① 종이

㉠ 가볍고 가격이 저렴하며 인쇄적성이 좋으나, 기체투과성이 크고 방습성, 내수성, 열접착성이 없다.

㉡ 종이는 크라프트지와 가공지(황산지, 글라신지, 왁스지 등)로 나누어진다.

② 셀로판

㉠ 셀로판은 광택이 있고 인쇄가 잘되며, 가스투과성이 낮고 먼지가 잘 묻지 않는다.

㉡ 코팅한 셀로판은 강도, 열접착성이 우수하며, 수분 및 산소차단성이 좋다.

③ 판지

㉠ 판지는 식품의 외포장재로 가장 많이 사용되는 것으로, 국산 판지는 두께 0.3mm 이상이거나 중량 100g 이상의 종이를 말한다.

㉡ 다층판지는 플라스틱 필름이나 다른 종이와 결합시켜 사용한다.

(2) 플라스틱과 포장 용기

① 플라스틱은 가볍고 가소성이 있으며, 산, 알칼리, 염 등의 화학물질에 대해 매우 안정하다.

② 인쇄성, 열접착성이 좋고 가격이 저렴하여 대량 생산이 가능하다.

③ 빵의 포장 재질로 가장 많이 사용되는 저밀도 폴리에틸렌은 주로 봉투 형태로 사용된다.

(3) 플라스틱 포장재

① 폴리에틸렌

㉠ 가격이 저렴하고 방습성, 방수성이 좋으나 기체투과성이 크다.

㉡ 저밀도 폴리에틸렌(LDPE)은 내한성이 커서 냉동식품 포장에 이용되고, 유연성이 좋고 가격이 저렴하여 봉투, 백, 겉포장 등에 사용된다.

㉢ 고밀도 폴리에틸렌(HDPE)은 LDPE에 비해 유연성은 좋지 않지만, 기체차단성이 좋고 120℃ 정도에서 연화하므로 가열살균 포장용기로 사용된다.

② **폴리프로필렌** : 뛰어난 표면 광택과 투명성을 가지며 내유성, 내한성, 방습성이 좋고, 특히 내열성이 커서 레토르트 파우치 포장재로 사용된다.

③ **폴리염화비닐** : 내수성, 내유성, 내산성, 내알칼리성, 투명성, 진공 성형성이 좋아 사탕 포장, 과자류, 신선육, 채소류 포장에 사용된다.

④ **폴리에스터** : 기계적 강도가 크고, 내열성, 내한성, 인쇄성, 투습도가 적다. 진공 포장, 레토르트 파우치, 스낵, 조미료, 커피 등의 포장재로 사용된다.

+ 괄호문제

다음 괄호 안에 알맞은 내용을 쓰시오.

① 종이는 (　　)와 가공지(황산지, 글라신지, 왁스지 등)로 나누어진다.

② 빵의 포장 재질로 가장 많이 사용되는 (　　)은 주로 봉투 형태로 사용된다.

| 정답 |

① 크라프트지

② 저밀도 폴리에틸렌

확인! OX

포장지의 특성에 대한 설명이다. 옳으면 "O", 틀리면 "X"로 표시하시오.

1. 쿠키 포장지는 통기성이 있어야 한다. (　)
2. 포장 전 빵의 온도가 너무 낮을 때는 노화가 빨라진다. (　)

정답 1. X 2. O

| 해설 |

1. 쿠키 포장지는 쿠키가 눅눅해지는 것을 막기 위하여 통기성이 없어야 한다.

+ 괄호문제

다음 괄호 안에 알맞은 내용을 쓰시오.

① (　　)은 특히 내열성이 커서 레토르트 파우치 포장재로 사용된다.

② 저밀도 폴리에틸렌(LDPE)은 (　　)이 커서 냉동식품 포장에 이용된다.

| 정답 |

① 폴리프로필렌

② 내한성

확인! OX

제품평가의 기준에 대한 설명이다. 옳으면 "O", 틀리면 "X"로 표시하시오.

1. 외부평가는 터짐성, 외형의 균형, 부피, 굽기의 균일화, 껍질 색, 껍질 형성 등을 평가한다. (　)
2. 내부 평가는 조직, 기공, 속결, 속색 등을 평가한다. (　)

정답 1. O 2. O

(4) 포장 재질의 특성과 용도

포장 재질	특성	사용 용도
저밀도 폴리에틸렌	저렴함, 낮은 온도의 활용성	식빵, 단과자빵 봉투
중간 밀도 폴리에틸렌	시각적 효과	봉투 및 식빵 겉포장
폴리프로필렌	두껍고 강함	겉포장
셀로판	고가, 시각 효과가 우수	모든 용도로 사용

제3절 불량제품 관리

1. 제품평가

(1) 제품평가의 개요

① 제품평가란 상품 가치를 평가하기 위해서 제품의 외부와 내부를 평가하는 것이다.

② 제품평가의 기준

㉠ 외부평가 : 터짐성, 외형의 균형, 부피, 굽기의 균일화, 껍질 색, 껍질 형성 등을 평가한다.

㉡ 내부평가 : 조직, 기공, 속결, 속색 등을 평가한다.

㉢ 식감평가 : 냄새, 맛을 평가한다.

(2) 과자류 제품의 노화

① 노화 : 과자의 껍질과 내부에서 일어나는 물리적, 화학적 변화로 제품의 맛, 향기가 변하며 수분 손실로 인해 딱딱해지는 현상

② 과자류 제품의 노화정지 온도는 21~35℃, −18℃의 냉동온도이다.

2. 빵류 제품의 결함별 원인

제품의 결함	원인
부피가 작음	이스트 사용량 부족, 소금·설탕·쇼트닝·분유 사용량 과다, 알칼리성 물 사용, 2차 발효 부족, 믹싱 부족, 지나친 발효, 미성숙·약한 밀가루 사용
껍질에 수포 발생	진 반죽, 발효 부족, 2차 발효실 습도 높음, 오븐의 윗불 온도 높음
껍질에 반점 발생	분유가 녹지 않음, 덧가루 과다 사용, 설탕 용출
빵 속의 줄무늬 발생	덧가루 과다 사용, 중간발효 시 반죽 건조, 개량제 과다 사용, 재료의 혼합 부족, 된 반죽, 기름 과다 사용
바닥이 움푹 들어감	진 반죽, 철판의 과도한 이형유 사용, 2차 발효실 습도 높음, 낮은 오븐 온도
빵 속 색깔이 어두움	지나친 2차 발효, 낮은 오븐 온도, 반죽의 신장성 부족

CHAPTER 02

제품의 저장 및 유통

1% 출제율

출제포인트
- 저장방법의 종류 및 특징
- 제품의 유통 · 보관 방법
- 제품의 저장 · 유통 중의 변질 및 오염원 관리 방법

제1절 저장 방법의 종류 및 특성

기출 키워드

저장의 목적, 저장의 원칙, 실온 저장 관리 시 적정 온도와 습도, 냉장 저장 관리 시 적정 온도와 습도, 냉장 저장 재료별 보관 기준, 냉동 해동 방법, 냉동 저장 관리 시 적정 온도와 습도, 유통기한, 유통기한에 영향을 미치는 요인, 제품 변질의 요인

1. 저장의 개요

(1) 저장

저장이란 식재료의 사용량과 일시가 결정되어 구매를 통해 구입한 식재료를 철저한 검수 과정을 거치며 출고할 때까지 손실 없이 합리적인 방법으로 보관하는 과정이다.

(2) 저장의 목적

① 폐기로 인한 재료 손실을 최소화하여 원재료의 적정 재고를 유지하기 위함이다.
② 재료를 위생적이며 안전하게 보관하여 손실을 방지하기 위한 출고관리이다.
③ 재료 낭비로 인한 원가 상승을 막고 정확한 출고량을 파악하여 관리하기 위함이다.

(3) 저장의 원칙

① 선입선출(FIFO) 원칙에 따른다.
② 잠재적 위험 식품은 5~57℃의 위험 온도 범주에서 보관하지 않는다.
③ 더럽거나, 개봉되거나 찢어진 포장 등에 의해 오염될 수 있으므로 청결하게 보관한다.
④ 저장 장소는 청결하고 건조하게 유지 관리한다.
⑤ 적정량 보관으로 공기 순환이 원활하도록 적정 온도를 유지한다.

2. 저장 방법의 종류 및 특성

중요도 ★☆☆

(1) 실온 저장 관리

① 적정 온도와 습도 : 건조창고의 온도는 10~20℃, 상대습도 50~60%를 유지하며, 채광과 통풍이 잘되어야 한다.
② 방충 · 방서시설, 환기시설을 구비하고 창고 내부에 온도계와 습도계를 부착한다.

③ 식품과 비식품은 분리하여 보관한다.
④ 소비기한이 짧은 것은 앞에 진열하여 소비기한 표시가 보이도록 한다.
⑤ 작업 편의성을 고려하여 정리 정돈한다.
  ㉠ 재료 보관 선반의 재질은 목재나 스테인리스를 선택한다.
  ㉡ 선반은 4~5단으로 폭 60cm 이내, 바닥에서 15cm 이상, 벽에서 15cm의 공간을 띄우도록 한다.

(2) 냉장 저장 관리

① 적정 온도와 습도 : 냉장 저장 온도는 0~10℃로, 습도는 75~95%에서 저장 관리한다.
② 냉장고 내부에 온도계와 습도계를 부착하고 냉장실 온도를 주기적으로 확인한다.
③ 재료의 사용 시 선입선출 기준에 따라 관리한다.
④ 작업편의성을 고려하여 정리 정돈한다.
  ㉠ 냉장고 용량의 70% 이하로 식품을 보관한다.
  ㉡ 우유와 달걀 같은 재료는 냄새가 심한 식자재와 함께 보관하지 않는다.
  ㉢ 식품 보관 시 식힌 다음에 보관한다.
  ㉣ 투명 비닐 또는 뚜껑을 덮어 낙하물질로부터 오염을 방지하도록 한다.
  ㉤ 재료와 완제품은 바닥에 두지 않고 냉장고 바닥으로부터 25cm 위에 보관한다.
  ㉥ 식품을 종류별로 각각 다른 냉장고에 보관한다. 함께 보관할 경우 익히지 않은 음식은 뚜껑을 덮어 냉장고 하단에, 조리된 음식이나 더 이상 조리가 필요하지 않은 음식은 냉장고 상단에 보관한다.
  ㉦ 공기 순환을 위해 선반은 틈이 갈라진 모양이어야 하며, 통조림은 개봉한 다음 통째 냉장고에 보관하지 않는다.
⑤ 냉장 저장 재료별 보관 기준

재료	저장 시 유의점	보관 기간	온도	습도
우유	빙점 이하에서 얼지 않도록 보관	2일	4℃	75~85%
달걀	씻지 않고 냉장 상태로 보관	2주	5℃	
육류	밀봉 처리하여 보관	5일	4℃	
과일/채소류	물기 없이 보관	3일	4~6℃	
버터	미개봉	6개월	0~2℃	
마가린	미개봉	6개월	1~2℃	
치즈	–	6~12개월	1~2℃	
이스트	밀봉 처리하여 보관	4주	0~3℃	
생크림케이크	포장 박스에 담아 보관	4일	10℃ 이하	

+ 괄호문제

다음 괄호 안에 알맞은 내용을 쓰시오.

① 저장은 (   ) 원칙에 따른다.
② 선반은 4~5단으로 폭 60cm 이내, 바닥에서 (   ) 이상, 벽에서 (   )의 공간을 띄우도록 한다.

| 정답 |
① 선입선출
② 15cm, 15cm

확인! OX

냉장 저장 관리에 대한 설명이다. 옳으면 "O", 틀리면 "X"로 표시하시오.

1. 냉장고 용량의 50% 이하로 식품을 보관한다. ( )
2. 우유와 달걀 같은 재료는 냄새가 심한 식자재와 함께 보관하지 않는다. ( )

정답 1. X 2. O

| 해설 |
1. 냉장고 용량의 70% 이하로 식품을 보관한다.

(3) 냉동 저장 관리

① 냉동 방법

㉠ 에어블라스트 냉동법(급속 냉동, air blast) : 완제품을 −40℃의 냉풍으로 급속히 냉동시키는 방법으로, 60분 정도면 완전 경화된다.

㉡ 컨덕트 냉동법(급속 냉동, conduct) : 속이 비어 있는 두꺼운 알루미늄 판 속에 암모니아 가스를 넣어 −50℃ 정도로 냉각시키는 방법으로, 40분 정도면 완전 경화된다.

㉢ 나이트로겐 냉동법(순간 냉동, nitrogen) : −195℃의 액체 질소(나이트로겐)를 블라스트 컨베이어에 올려놓고 순간적으로 냉동시키는 방법으로, 약 3~5분 정도면 완전 경화된다.

② 냉동 해동 방법

㉠ 해동 중에 맛, 향, 감촉, 영양, 모양 등의 변화가 없어야 한다.

㉡ 냉동 해동 방법

해동 방법	세부 내용
완만 해동	냉장고 내에서 해동하는 방법으로, 대량으로 해동할 경우 이용한다.
상온 해동	실내에서 해동하는 방법으로, 공기 중의 수분이 제품에 직접 응결되지 않도록 해동한다.
액체 중 해동	보통 10℃ 정도의 물 또는 식염수로 해동하는 방법으로, 흐르는 물에 해동한다.
급속 해동	• 건열 해동 : 대류식 오븐을 이용하는 방법이다. • 전자레인지 해동 : 비교적 단시간에 해동할 수 있는 방법이다.

③ 냉동 저장 관리

㉠ 냉동 저장 온도는 −23~−18℃, 습도 75~95%에서 관리한다.

㉡ 냉동품이나 미리 식힌 음식물만을 냉동실에 저장하며 음식물을 식히는 용도로 사용하지 않는다.

㉢ 찬 공기가 잘 순환하도록 적정량만을 보관한다.

㉣ 냉동실 내에 여러 개의 온도계를 설치하여 온도 차이를 측정한다.

㉤ 냉동실에 넣을 음식물은 포장하거나 수분 방지가 되는 통로에 보관하고, 가능하면 원래 납품된 상태의 통에 저장한다.

㉥ 냉동 저장 재료별 보관 기준

재료	저장 시 유의점과 사용 가능 기간	온도
냉동 과실, 냉동 야채류, 냉동 주스	사용 직전까지 포장 용기 채로 보관	−20℃ 이하
냉동 육류	냉장고에서 해동하며 해동한 육류는 24시간 이내 사용	−20℃ 이하 해동, 1~5℃
버터	사용 시는 2~5℃, 실온 보관 시 일주일 저장 가능	−20℃
냉동 케이크	포장 용기에 담아 보관	−18℃ 이하
과일 파이	−	−18℃ 이하
아이스크림	−	−20~−14℃

+괄호문제

다음 괄호 안에 알맞은 내용을 쓰시오.

① (　　)의 적정 온도는 0~10℃로, 습도는 75~95%이다.

② (　　)은 냉장고 내에서 해동하는 방법으로, 대량으로 해동할 경우 이용한다.

| 정답 |
① 냉장 저장
② 완만 해동

확인! OX

재료의 저장에 대한 설명이다. 옳으면 "O", 틀리면 "X"로 표시하시오.

1. 달걀은 −10~−5℃로 냉동 저장하여야 품질을 보장할 수 있다. (　)
2. 건조창고의 저장 온도로 적합한 것은 10~20℃이다. (　)

정답 1. X 2. O

| 해설 |
1. 달걀은 씻지 않고 5℃의 냉장 상태로 보관한다.

제2절 제품의 유통 · 보관 방법

1. 유통기한과 소비기한

(1) 유통기한

① 유통기한은 제품의 제조일로부터 소비자에게 판매가 허용되는 기한이다.

② 품질유지기한은 식품의 특성에 맞는 적절한 보존 방법이나 기준에 따라 보관할 경우 해당 식품 고유의 품질이 유지될 수 있는 기한이다.

③ 유통기한에 영향을 미치는 요인

내부적 요인	원재료, 제품의 배합 및 조성, 수분함량 및 수분활성도, pH 및 산도
외부적 요인	제조 공정, 위생 수준, 포장 재질 및 포장 방법, 저장 및 유통

(2) 소비기한

① 식품 등에 표시된 보관 방법을 준수할 경우 섭취하여도 안전에 이상이 없는 기한을 말한다. 소비기한은 유통기한보다 길다.

② 소비기한 표시

㉠ 소비기한은 “○○년○○월○○일까지”, “○○.○○.○○까지”, “○○○○년○○월○○일까지”, “○○○○.○○.○○까지” 또는 “소비기한 : ○○○○년○○월○○일”로 표시하여야 한다. 다만, 축산물의 경우 제품의 소비기한이 3월 이내인 경우에는 소비기한의 “년” 표시를 생략할 수 있다.

㉡ 제조일을 사용하여 소비기한을 표시하는 경우에는 “제조일로부터 ○○일까지”, “제조일로부터 ○○월까지” 또는 “제조일로부터 ○○년까지”, “소비기한 : 제조일로부터 ○○일”로 표시할 수 있다.

㉢ 소비기한이 서로 다른 제품을 함께 포장할 경우 가장 짧은 소비기한을 표시한다.

2. 제품 유통

(1) 유통기한의 설정 · 표시

① 제품의 특성에 따라 소비자에게 판매가 가능한 최대 기간으로 정한다.

② 식품의 용기 · 포장에 지워지지 않는 잉크 각인, 소인 등으로 잘 보이도록 한다.

③ 냉동 또는 냉장 보관하여 유통하는 제품은 ‘냉동 보관’ 또는 ‘냉장 보관’을 표시하고 제품의 품질 유지에 필요한 냉동 또는 냉장 온도를 함께 표시한다.

(2) 포장 기준

① 포장용기의 위생에 유의하여 포장지를 선택한다.

② 포장 제품에 의해 제품의 고유성이 변화되지 않도록 주의한다.

③ 제품 유통 중 온도 관리기준에 따라 적정 온도를 설정한다.

+ 괄호문제

다음 괄호 안에 알맞은 내용을 쓰시오.

① ( )은 제품의 제조일로부터 소비자에게 판매가 허용되는 기한이다.

② ( )은 소비자가 실제로 식품을 섭취할 수 있는 기한이다.

| 정답 |

① 유통기한

② 소비기한

확인! OX

제품 유통에 대한 설명이다. 옳으면 “O”, 틀리면 “X”로 표시하시오.

1. 소비기한이 서로 다른 제품을 함께 포장할 경우 가장 긴 소비기한을 표시한다. ( )
2. 품질유지기한은 식품의 특성에 맞는 적절한 보존 방법이나 기준에 따라 보관할 경우 해당 식품 고유의 품질이 유지될 수 있는 기한이다. ( )

정답 1. X 2. O

| 해설 |

1. 소비기한이 서로 다른 제품을 함께 포장할 경우 가장 짧은 소비기한을 표시한다.

제3절 제품의 저장 및 유통 중 변질 및 오염원 관리방법

1. 제품의 변질

중요도 ★☆☆

(1) 제품 변질 억제

제품의 완제품을 유통할 시 제품의 상품 가치를 높이고 유지시키는 데 가장 중요한 것은 제품의 변질을 억제하는 것이다.

(2) 제품 변질의 요인

물리적 요인	온도에 의한 물리적 작용에 따른 변질
화학적 요인	산소, 금속, 광선에 의한 화학적 작용에 따른 변질
생화학적 요인	효소에 의한 생화학적 작용에 따른 변질
생물학적 요인	위생동물과 미생물에 의한 생물학적 작용에 따른 변질

(3) 제품 변질의 유형

부패	제품을 구성하는 단백질에 혐기성 세균이 증식한 생물학적 요인에 의해 분해되어 악취와 유해물질 등을 생성한다.
변패	제품을 구성하는 탄수화물과 지방에 생물학적 요인인 미생물의 분해작용으로 냄새와 맛이 변화한다.
발효	제품을 구성하는 탄수화물에 생물학적 요인인 미생물이 번식하여 제품의 성질이 인체에 유익하도록 변화를 일으킨다.
산패	제품을 구성하는 지방의 산화 등에 의하여 악취나 변색이 일어난다.

(4) 노화, 부패, 산패의 차이

노화	수분이 이동·발산하여 껍질이 눅눅해지고 빵 속이 푸석해진다.
부패	미생물의 침입으로 단백질 성분이 파괴되어 악취가 발생한다.
산패	지방이 산화되어 악취가 발생한다.

+괄호문제

다음 괄호 안에 알맞은 내용을 쓰시오.

① 제품 변질의 요인 중 물리적 요인은 (   )에 의한 물리적 작용에 따른 변질이다.

② 제품 변질의 요인 중 생물학적 요인은 (   )과 미생물에 의한 생물학적 작용에 따른 변질이다.

| 정답 |

① 온도

② 위생동물

확인! OX

제품 변질의 유형에 대한 설명이다. 옳으면 "O", 틀리면 "X"로 표시하시오.

1. 산패는 제품을 구성하는 지방의 산화 등에 의하여 악취나 변색이 일어나는 것이다. (   )
2. 발효는 제품을 구성하는 탄수화물에 미생물이 번식하여 인체에 유익하도록 변화를 일으키는 것이다. (   )

정답 1. O 2. O

PART 04

과자류 제품 제조

CHAPTER 01

반죽 및 반죽관리

5% 출제율

출제포인트

- 과자류 반죽법의 종류 및 특징
- 과자류 반죽 온도
- 과자류 반중 비중

기출 키워드

반죽형 반죽, 크림법, 블렌딩법, 1단계법, 설탕물법, 복합법, 거품형 반죽, 공립법, 별립법, 시폰형 반죽, 마찰계수, 제품별 비중

제1절 반죽법의 종류 및 특징

1. 반죽형 반죽

중요도 ★★★

(1) 반죽형 반죽의 의의

① 밀가루, 달걀, 유지, 설탕 등을 구성 재료로 하고 화학제 팽창제를 사용하여 부피를 형성하는 반죽이다.

② 유지의 함량이 많고, 일반적으로 밀가루가 달걀보다 많아 반죽 비중이 높고 식감이 무겁다.

③ 대표적으로 파운드 케이크, 과일 케이크, 머핀, 마들렌과 각종 레이어 케이크가 있다.

(2) 반죽형 반죽의 방법

크림법	• 처음에 유지와 설탕, 소금을 넣고 믹싱하여 크림을 만든 후 달걀을 서서히 투입하여 크림을 부드럽게 하고 여기에 체로 친 밀가루와 베이킹파우더, 건조 재료를 가볍고 균일하게 혼합하여 반죽하는 방법 • 일반적이고 전통적인 방법으로, 대부분의 반죽형 제품에 많이 사용되며 부피가 양호함 • 파운드 케이크, 쿠키 등에 사용
블렌딩법	• 처음에 유지와 밀가루를 믹싱하여 유지가 밀가루 입자를 얇은 막으로 피복한 후, 건조 재료와 액체 재료를 혼합하는 방법 • 데블스 푸드 케이크, 마블 파운드 등에 사용
1단계법	• 모든 재료를 한 번에 투입한 후 믹싱하는 방법으로 유화제와 베이킹파우더가 필요 • 노동력과 시간이 절약되는 장점이 있으며, 기계 성능이 좋은 경우에 많이 이용 • 마들렌, 피낭시에 등 구움 과자 반죽 제조에 이용
설탕물법	• 유지에 설탕물 시럽을 넣고 혼합한 후, 가루 재료를 넣고 마지막에 달걀을 혼합하는 방법 • 계량이 편리하고 질 좋은 제품을 생산할 수 있음
복합법	• 유지를 크림화하여 밀가루를 혼합한 후, 달걀 전란과 설탕을 휘핑하여 유지에 균일하게 혼합하는 방법과 달걀흰자와 노른자를 분리하여 노른자는 유지와 함께 크림화하고 흰자는 머랭을 올려 제조하는 방법이 있음 • 파운드 케이크, 버터 쿠키 등의 제조에 크림법을 많이 사용하나, 제품에 따라 복합법을 사용하기도 함

2. 거품형 반죽

중요도 ★★★

(1) 거품형 반죽의 의의

① 달걀 믹싱 중 공기를 포집하여 부피가 커지며, 굽기 중 열에 의해 공기가 팽창하고 단백질 구조가 응고되어 골격을 이룬다.

② 반죽형에 비해 달걀 사용량이 많아 반죽의 비중이 낮고 식감이 부드럽고 가볍다.

③ 대표적인 제품으로 스펀지 케이크, 엔젤푸드 케이크, 롤 케이크, 머랭 등이 있다.

(2) 거품형 반죽의 방법

① **공립법** : 흰자와 노른자를 분리하지 않고 전란에 설탕을 넣어 함께 거품을 내는 방법이다.

㉠ 더운 방법 : 달걀과 설탕을 넣고 중탕하여 37~43℃로 데운 후 거품을 내는 방법으로, 주로 고율 배합에 사용되며, 기포성이 양호하고 설탕의 용해도가 좋아 껍질색이 균일하다.

㉡ 차가운 방법 : 중탕하지 않고 달걀과 설탕을 거품 내는 방법으로, 반죽 온도는 22~24℃가 적합하고 저율 배합에 사용된다.

② **별립법** : 달걀노른자와 흰자를 분리하여 제조하는 방법으로, 각각 설탕을 넣고 따로 거품 내어 사용한다. 공립법에 비해 제품의 부피가 크며 부드러운 것이 특징이다.

③ **1단계법** : 유화제를 첨가하여 모든 재료를 동시에 넣고 반죽하는 방법이다.

④ **제누와즈법** : 케이크 반죽에 유지를 넣어 만드는 방법이다.

(3) 시폰형 반죽

① 달걀의 흰자와 노른자를 분리하여 노른자는 거품을 내지 않고 반죽형과 같은 방법으로 제조하고, 흰자는 머랭을 만들어 두 가지 반죽을 혼합하여 제조하는 방법이다.

② 반죽형의 부드러움과 거품형 반죽의 가벼운 식감이 특징이다.

③ 시폰 케이크가 대표적인 제품이다.

+ 괄호문제

다음 괄호 안에 알맞은 내용을 고르시오.

① 반죽형 케이크는 유지의 사용량이 (적다/많다).

② 반죽형 반죽은 반죽의 비중이 (낮다/높다).

| 정답 |

① 많다

② 높다

확인! OX

시폰형 반죽에 대한 설명이다. 옳으면 "O", 틀리면 "X"로 표시하시오.

1. 전란으로 거품을 낸다. ( )

2. 반죽에 머랭을 이용한다. ( )

정답 1. X 2. O

| 해설 |

1. 달걀의 흰자와 노른자를 분리하여 노른자는 거품을 내지 않고, 흰자로 거품을 낸다.

+ 괄호문제

다음 괄호 안에 알맞은 내용을 쓰시오.

① 소규모 제과점에서 주로 사용하는 믹서는 (　)이다.
② 에어 믹서 사용 시 공기 압력이 가장 높아야 하는 제품은 (　)이다.

| 정답 |
① 수직형 믹서
② 엔젤푸드 케이크

확인! OX

반죽 온도에 대한 설명이다. 옳으면 "O", 틀리면 "X"로 표시하시오.

1. 반죽 온도가 높으면 표면이 터지고 거칠어진다. (　)
2. 반죽 온도가 낮으면 기공이 열리고 큰 구멍이 생긴다. (　)

정답 1. X　2. X

| 해설 |
1. 반죽 온도가 높으면 기공이 열리고 조직이 거칠어져 노화가 빨라진다.
2. 반죽 온도가 낮으면 기공이 조밀해서 부피가 작아지고 표면이 터지고 거칠어진다.

진짜 통째로 외워온 문제

01 반죽법에 대한 설명으로 옳은 것은?

① 별립법 – 달걀노른자와 흰자를 분리하여 제조하는 방법
② 단단계법 – 달걀흰자에 설탕을 넣어서 거품을 내는 방법
③ 시폰법 – 유지와 밀가루를 먼저 믹싱하는 방법
④ 블렌딩법 – 모든 재료를 한 번에 투입한 후 믹싱하는 방법

해설
② 단단계법 : 1단계법이라고도 하며, 모든 재료를 한 번에 투입한 후 믹싱하는 방법이다.
③ 시폰법 : 달걀의 흰자와 노른자를 분리하여 노른자는 거품을 내지 않고 흰자는 머랭을 만들어 두 가지 반죽을 혼합하여 제조하는 방법이다.
④ 블렌딩법 : 유지와 밀가루를 먼저 믹싱하는 방법이다.

02 스펀지 케이크의 반죽 형태는?

① 크림법　② 공립법
③ 1단계법　④ 시폰형

해설
스펀지 케이크는 거품형 반죽의 대표적인 제품으로 주로 공립법이 사용된다.

정답 01 ①　02 ②

3. 믹서의 종류

수직형 믹서	소규모 제과점에서 주로 사용하며 케이크, 빵 반죽이 모두 가능
수평형 믹서	많은 양의 빵 반죽에 사용하며, 반죽 양은 용적의 30~60%가 적당함
에어 믹서	재료를 한 번에 넣어 반죽하며 대량 생산에 쓰임. 엔젤푸드 케이크는 에어 믹서 사용 시 공기 압력이 높아야 함
스파이럴 믹서	나선형 훅이 내장되어 있고, 주로 독일빵, 프랑스빵 등에 사용

제2절 반죽의 온도와 비중

1. 반죽 온도

중요도 ★★☆

(1) 반죽 온도 조절

① 과자 반죽의 온도가 낮으면 기공이 조밀해서 부피가 작아져 식감이 나빠지며, 증기압에 의한 팽창 작용으로 표면이 터지고 거칠어질 수 있다.
② 온도가 높으면 기공이 열리고 큰 구멍이 생겨 조직이 거칠어져 노화가 빨라진다.

(2) 온도 계산법

마찰계수	반죽의 결과 온도×6－(실내 온도＋밀가루 온도＋설탕 온도＋유지 온도＋달걀 온도＋물 온도)
사용수 온도	희망 반죽 온도×6－(실내 온도＋밀가루 온도＋설탕 온도＋유지 온도＋달걀 온도＋마찰계수)
얼음 사용량	$\frac{\text{사용할 물의 양}\times(\text{수돗물 온도}-\text{사용할 물 온도})}{80+\text{수돗물 온도}}$

(3) 제품별 반죽 온도

파운드 케이크	20~24℃
버터 스펀지 케이크	22~25℃
퍼프 페이스트리	18~20℃
옐로/화이트 케이크	22~24℃
슈	약 40℃

+괄호문제

다음 괄호 안에 알맞은 내용을 쓰시오.

① 퍼프 페이스트리의 적정 반죽 온도는 (   )이다.

② 약 40℃로 반죽해야 하는 제품은 (   )이다.

| 정답 |

① 18~20℃

② 슈

2. 반죽의 비중

중요도 ★★★

(1) 반죽의 비중

① 비중이 높으면 부피가 작고, 기공이 조밀하고 단단해지며, 무거운 제품이 된다.

② 비중이 낮으면 기공이 크고 거칠며 부피가 커서 가벼운 제품이 된다.

(2) 비중 계산법

$$\text{비중}=\frac{\text{같은 부피의 반죽 무게}}{\text{같은 부피의 물 무게}}=\frac{\text{반죽 무게}-\text{컵 무게}}{\text{물 무게}-\text{컵 무게}}$$

(3) 제품별 비중

파운드 케이크	0.8~0.9(0.85 전후)
레이어 케이크	0.75~0.85(0.8 전후)
스펀지 케이크	0.45~0.55(공립법), 0.5~0.6(별립법)
시폰/롤 케이크	0.4~0.5

확인! OX

반죽 비중에 대한 설명이다. 옳으면 "O", 틀리면 "X"로 표시하시오.

1. 반죽 비중이 낮으면 가벼운 제품이 된다. ( )
2. 반죽 비중이 낮으면 제품 부피가 작아진다. ( )

정답 1. O 2. X

| 해설 |

2. 반죽 비중이 낮으면 기공이 크고 부피가 커서 가벼운 제품이 되고, 비중이 높으면 부피가 작고 기공이 조밀해 무거운 제품이 된다.

CHAPTER 02

반죽 정형

5% 출제율

출제포인트
- 과자류 정형 방법
- 과자류 팬닝 방법
- 반죽의 비용적

기출 키워드

짜내기, 찍어 내기, 접어 밀기, 팬닝, 팬 용적, 제과 제품별 비용적, 팬 오일(이형유)

제1절 정형

1. 정형의 의의

반죽을 일정한 형태의 과자 모양으로 만들어 주는 과정을 정형 또는 성형이라고 한다.

2. 정형 방법

짜내기	반죽을 짤 주머니에 넣고 일정한 크기와 모양으로 철판에 짜내는 방법으로, 짤 주머니에 끼우는 깍지의 모양에 따라 다양한 형태의 제품을 만들 수 있음
찍어 내기	반죽을 밀어 편 다음 다양한 형태의 성형틀을 이용해 원하는 모양을 찍어 뜨는 방법
접어 밀기	밀가루 반죽에 유지를 감싼 후 밀어 펴고 접는 것을 반복하는 방법으로, 퍼프 페이스트리 반죽 등에 사용
냉각하기	틀에 부은 반죽을 굳히는 제품(무스, 젤리, 바바루아 등)은 자연 냉각을 시키거나 냉장고나 냉동고 또는 냉수에 냉각함

제2절 팬닝(panning, 패닝)

1. 팬닝

중요도 ★★★

(1) 팬닝의 의의

다양한 모양의 틀(팬)에 반죽을 채워 넣고 구워 내 형태를 만드는 방법이다. 적정량의 반죽을 계산하여 일정하게 팬닝하는 것이 중요하다.

(2) 팬닝 시 주의사항

① 팬에 적정량의 팬 오일을 바르고 종이 깔개를 사용한다.
② 반죽의 이음매가 틀의 바닥에 놓이도록 팬닝한다.
③ 반죽량이 많으면 제품의 윗면이 터지거나 흘러넘친다.

④ 반죽량이 부족하면 모양 형성이 좋지 않다.

⑤ 패닝 후 반죽이 마르는 것을 방지하기 위하여 즉시 굽는다.

2. 분할 팬닝 방법

중요도 ★★★

(1) 팬 용적 계산법

① 사각 팬

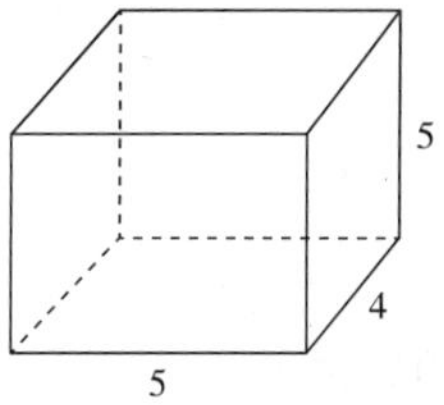

팬 용적 = 가로 × 세로 × 높이 = 5 × 4 × 5

= $100cm^3$

② 경사진 옆면을 가진 사각 팬

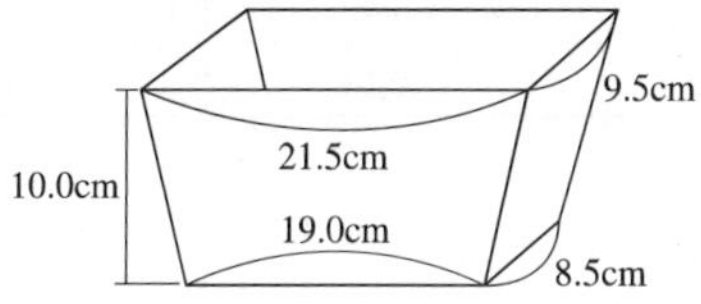

팬 용적 = 평균 가로 × 평균 세로 × 높이

= 20.25 × 9 × 10 = $1,822.5cm^3$

③ 원형 팬

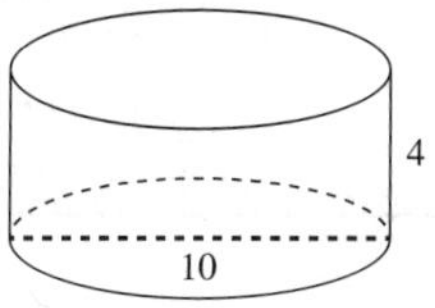

팬 용적 = 반지름 × 반지름 × π(3.14) × 높이

= 5 × 5 × 3.14 × 4 = $314cm^3$

④ 경사진 옆면을 가진 원형 팬

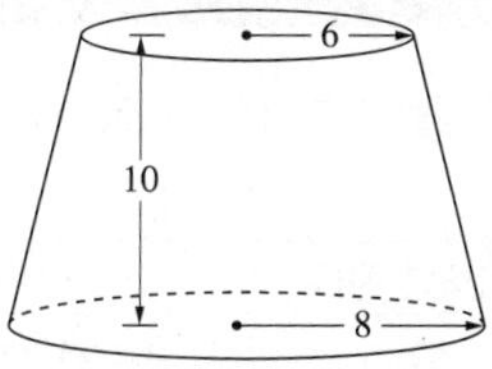

팬 용적

= 평균 반지름 × 평균 반지름 × π(3.14) × 높이

= 7 × 7 × 3.14 × 10 = $1,538.6cm^3$

⑤ 경사진 옆면과 안쪽에 경사진 관이 있는 원형 팬

㉠ 외부 팬 용적 = 평균 반지름 × 평균 반지름 × π(3.14) × 높이

㉡ 내부 팬 용적 = 평균 반지름 × 평균 반지름 × π(3.14) × 높이

㉢ 실제 팬 용적 = 외부 팬 용적 − 내부 팬 용적

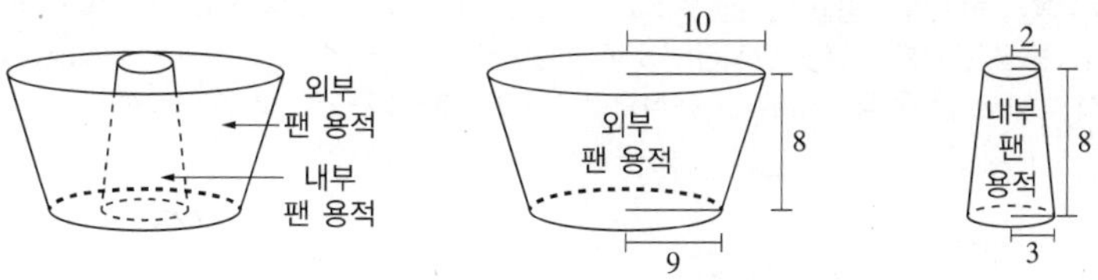

+ 괄호문제

다음 괄호 안에 알맞은 내용을 쓰시오.

① 반죽을 일정한 형태의 과자 모양으로 만드는 공정을 ( )이라고 한다.

② 반죽을 밀어 편 다음 성형틀을 이용해 원하는 모양을 찍어 뜨는 방법은 ( )이다.

| 정답 |

① 정형

② 찍어 내기

확인! OX

과자류 팬닝 방법에 대한 설명이다. 옳으면 "O", 틀리면 "X"로 표시하시오.

1. 반죽량이 적으으면 제품의 윗면이 터지거나 흘러넘친다. ( )
2. 반죽의 이음매가 틀의 바닥에 놓이도록 팬닝한다. ( )

정답 1. X 2. O

| 해설 |

1. 반죽량이 적으면 제품의 모양 형성이 좋지 않고, 반죽량이 많으면 윗면이 터지거나 흘러넘친다.

- 외부 팬 용적 : $9.5 \times 9.5 \times 3.14 \times 8 = 2,267.08cm^3$
- 내부 팬 용적 : $2.5 \times 2.5 \times 3.14 \times 8 = 157cm^3$
- 실제 팬 용적 : $2,267.08 - 157 = 2,110.08cm^3$

⑥ 치수 측정이 어려운 팬

㉠ 제품별 비용적에 따라 적정한 반죽의 양을 결정

㉡ 평지(유채)씨(rape seed)를 수평으로 담아 매스실린더로 계량

㉢ 물을 수평으로 담아 계량

(2) 반죽의 비용적

① 비용적 : 단위 무게당 차지하는 부피. 즉 반죽 1g을 굽는 데 필요한 팬의 부피를 말하며 단위는 cm^3/g이다.

② 규정된 팬 용적($1,230cm^3$)과 반죽의 무게에 따른 비용적

구분	파운드 케이크	엔젤푸드 케이크	스펀지 케이크	레이어 케이크
반죽 무게(g)	511	261	242	415
비용적(cm^3/g)	2.40	4.71	5.08	2.96

③ 각 제품의 적정 팬닝 양(팬 높이)

㉠ 제품의 반죽 양 : 팬 용적 ÷ 팬 비용적

㉡ 팬의 부피를 계산하지 않을 경우

거품형 반죽	팬 부피의 50~60%
반죽형 반죽	팬 부피의 70~80%
푸딩	팬 부피의 95%

진짜 통째로 외워온 문제

01 파운드 케이크를 만들려고 한다. 이때 다음의 용적을 가진 팬을 이용하려고 할 때, 팬 용적은 얼마인가?

구분	윗면 지름	아랫면 지름	높이
외부 팬	18cm	20cm	10cm
내부 팬	4cm	6cm	10cm

① $785.6cm^3$　② $2,637.6cm^3$

③ $10,550.4cm^3$　④ $11,600.7cm^3$

해설

- 외부 팬 용적 : 평균 반지름 × 평균 반지름 × 3.14 × 높이로, $9.5 \times 9.5 \times 3.14 \times 10 = 2,833.85cm^3$
- 내부 팬 용적 : 평균 반지름 × 평균 반지름 × 3.14 × 높이로, $2.5 \times 2.5 \times 3.14 \times 10 = 196.25cm^3$
- 실제 팬 용적 : 외부 팬 용적 − 내부 팬 용적으로, $2,833.85 - 196.25 = 2,637.6cm^3$

+괄호문제

다음 괄호 안에 알맞은 내용을 쓰시오.

① 비용적의 단위는 (　)이다.

② 푸딩의 적정 팬닝 양은 팬 부피의 (　) 정도이다.

| 정답 |

① cm^3/g

② 95%

확인! OX

과자류 반죽의 비용적에 대한 설명이다. 옳으면 "O", 틀리면 "X"로 표시하시오.

1. 파운드 케이크, 엔젤푸드 케이크, 스펀지 케이크 중 비용적이 가장 높은 것은 파운드 케이크이다. (　)
2. 거품형 반죽은 팬 부피의 70~80%가 적정 팬닝 양이다. (　)

정답 1. X　2. X

| 해설 |

1. 스펀지 케이크의 비용적이 가장 높다(5.08).
2. 거품형 반죽의 적정 팬닝 양은 팬 부피의 50~60% 정도이다.

02 파운드 케이크의 반죽 양이 685g이다. 알맞은 팬 용적은 얼마인가?

① 1,344cm^3　② 1,644cm^3
③ 1,944cm^3　④ 2,044cm^3

해설

파운드 케이크의 비용적은 2.40cm^3/g, 반죽 양은 685g이고, 팬 용적 = 반죽 양 × 팬 비용적이므로, 685 × 2.40 = 1,644cm^3이다.

정답 01 ② 02 ②

+ 괄호문제

다음 괄호 안에 알맞은 내용을 쓰시오.

① 팬닝 시 팬 온도는 (　)가 적합하다.
② 팬 오일은 (　)이 높은 것이 좋다.

| 정답 |
① 30~35℃
② 발연점

3. 팬 관리

중요도 ★★★

① 팬 오일(이형유)
　㉠ 제품 팬닝 시 사용하는 팬(틀)은 팬 오일을 바른 후 사용해야 한다.
　㉡ 팬 오일은 제품이 팬에 들러붙지 않고 구운 후에 팬에서 잘 이탈되도록 한다.
② 팬 오일의 종류 : 유동파라핀(백색광유), 정제 라드(쇼트닝), 식물유(면실유, 대두유, 땅콩기름), 혼합유 등
③ 팬 오일의 조건
　㉠ 발연점이 높아야 한다(210℃ 이상).
　㉡ 고온이나 장시간의 산패에 잘 견디는 안정성이 있어야 한다.
　㉢ 무색, 무미, 무취로 제품의 맛에 영향이 없어야 한다.
　㉣ 바르기 쉽고 골고루 잘 발려야 한다.
　㉤ 고화되지 않아야 한다.
④ 팬 오일 사용량 : 반죽 무게의 0.1~0.2%
⑤ 팬의 온도 : 30~35℃(평균 32℃)

진짜 통째로 외워온 문제

반죽을 구울 때 팬에 달라붙지 않게 바르는 것은?

① 쇼트닝　② 밀가루
③ 왁스　④ 글리세린

해설

팬 오일의 종류로는 유동파라핀(백색광유), 정제 라드(쇼트닝), 식물유(면실유, 대두유, 땅콩기름), 혼합유 등이 있다.

정답 ①

확인! OX

팬 오일에 대한 설명이다. 옳으면 "O", 틀리면 "X"로 표시하시오.

1. 밝은 황색이 나는 것이 좋다. (　)
2. 유동파라핀을 팬 오일로 사용할 수 있다. (　)

정답 1. X 2. O

| 해설 |
1. 팬 오일은 무색, 무미, 무취여야 한다.

CHAPTER 03

반죽 익히기

3% 출제율

출제포인트
• 과자류 굽기
• 과자류 튀기기
• 과자류 찌기

기출 키워드

오버 베이킹, 언더 베이킹, 캐러멜화, 데크 오븐, 튀김의 적정 온도, 튀김유의 조건, 튀김유의 적

제1절 굽기

1. 굽기의 특징

중요도 ★★☆

(1) 굽기에 영향을 주는 요인

① 가열에 의한 팽창

㉠ 오븐 온도에서 반죽의 공기와 이산화탄소가 팽창을 일으키고 액체로부터 수증기가 생성된다.

㉡ 이산화탄소 발생과 팽창이 일어나고 팽창제로 기공이 팽창되고 단백질이 변성하여 응고하며, 전분이 호화되는 동안 기공이 늘어나 얇은 상태로 유지하게 해 준다.

② 팬의 재질

㉠ 얇은 팬은 열이 반죽의 중심까지 매우 빠르게 전달하도록 하여 최적 부피의 케이크가 된다.

㉡ 깊은 팬에서 구운 케이크는 얇은 팬에서 구운 케이크보다 중심부에 틈이 생기기 쉽다.

㉢ 굽는 팬이 어둡고 흐리다면 열침투가 우수하여 케이크 반죽이 고르게 가열된다.

③ 오븐 온도

㉠ 고배합의 반죽은 160~180℃의 낮은 온도에서 굽고, 저배합의 반죽은 높은 온도에서 굽는 것이 일반적이다.

㉡ 오버 베이킹(over baking) : 저온 장시간. 반죽 양이 많거나 고율 배합, 발효 부족 제품에 적합하다. 조직은 부드러우나 윗면이 평평해지고 수분 손실이 크다.

㉢ 언더 베이킹(under baking) : 고온 단시간. 반죽 양이 적거나 저율 배합, 발효가 과한 제품에 적합하다. 수분이 빠지지 않아 껍질이 쭈글쭈글해지고 조직이 거칠며 설익어 M자형 결함이 생긴다.

(2) 굽기 중 변화

① 전분의 호화, 단백질의 응고, 공기의 팽창, 갈변반응 등이 일어난다.

② 굽기 중 색 변화

㉠ 캐러멜화 반응(caramelization) : 설탕이 갈색이 날 정도의 온도(160℃)로 가열하면 진한 갈색이 되고, 당류 유도체 혼합물의 변화로 풍미를 만든다.

㉡ 메일라드 반응(maillard reaction) : 비효소적 갈변반응으로 당류와 아미노산, 펩타이드, 단백질 모두를 함유하고 있기 때문에 대부분의 모든 식품에서 자연 발생적으로 일어난다.

진짜 통째로 외워온 문제

굽기에 관한 설명으로 옳지 않은 것은?

① 발효가 과다한 제품은 높은 온도에서 굽는다.
② 발효가 부족한 제품은 낮은 온도에서 굽는다.
③ 고율 배합, 반죽 양이 많은 제품은 낮은 온도에서 오랫동안 굽는다.
④ 저율 배합, 반죽 양이 적은 제품은 낮은 온도에서 오랫동안 굽는다.

해설

④ 저율 배합 반죽은 높은 온도에서 단시간 굽는다.

오버 베이킹(over baking)

- 수분을 증발시켜 말리듯이 굽는 방법으로 장식용 빵을 굽거나 바삭한 식감의 그리시니 등을 구울 때 사용한다.
- 반죽 양이 많거나 고율 배합, 발효 부족 제품에 적당하다.
- 낮은 온도에서 오래 구우면 윗면이 평평하고 조직이 부드러워지나 수분 손실이 크다.

정답 ④

+ 괄호문제

다음 괄호 안에 알맞은 내용을 쓰시오.

① 굽기 중에는 전분의 ( ), 단백질의 응고, 공기의 팽창, ( )반응 등이 일어난다.
② 굽기 중 캐러멜화 반응을 일으키는 것은 ( )이다.

| 정답 |
① 호화, 갈변
② 설탕

확인! OX

오버 베이킹에 대한 설명이다. 옳으면 "O", 틀리면 "X"로 표시하시오.

1. 제품의 윗부분이 평평해진다. ( )
2. 높은 온도에서 단시간에 굽는 것을 말한다. ( )

정답 1. O 2. X

| 해설 |
2. 오버 베이킹은 저온에서 장시간 굽는 것을 말한다.

2. 오븐

중요도 ★★☆

(1) 오븐의 구조

① 하부에 열원이 있어 따뜻해진 공기의 자연 대류와 따뜻해진 벽으로부터의 방사열에 의해서 가열되는 것이 있다.

② 가열된 공기가 내부에 부착된 팬(fan)에 의해서 순환하여, 강제대류에 의해서 열이 전달되는 것이 있다.

③ 내부의 상하에 전기 히터(heater)가 부착되어 있어서, 방사열에 의해서 가열되는 것이 있다.

(2) 오븐의 종류

데크 오븐	• 일반적으로 가장 많이 사용하며 선반에서 독립적으로 상하부 온도를 조절하여 제품을 구울 수 있음 • 온도가 균일하게 형성되지 않는다는 단점이 있으나 각각의 선반 출입구를 통해 제품을 손으로 넣고 꺼내기가 편리함 • 구워지는 상태를 눈으로 확인할 수 있어 각각의 팬의 굽는 정도를 조절할 수 있음
로터리 랙 오븐	• 오븐 속의 선반이 회전하여 구워짐 • 내부 공간이 커서 주로 대량 생산 공장에서 사용
터널 오븐	• 반죽이 들어가는 입구와 제품이 나오는 출구가 서로 다른 오븐으로 다양한 제품을 대량 생산 가능 • 다른 기계들과 연속 작업을 통해 제과·제빵의 전 과정을 자동화할 수 있어 대규모 공장에서 주로 사용
컨벡션 오븐	• 고온의 열을 강력한 팬을 이용하여 강제 대류시키며 제품을 굽는 오븐으로, 전체적인 열 편차가 없고 조리 시간도 짧음 • 대규모 업소에서부터 일반 가정까지 다양한 용량의 제품이 있으며, 대형 프랜차이즈 베이커리에서 복합 형태의 오븐으로 많이 사용

진짜 통째로 외워온 문제

소규모 제과점용으로 가장 많이 사용되며 반죽을 넣는 입구와 제품을 꺼내는 출구가 같은 오븐은?

① 컨벡션 오븐 ② 터널 오븐
③ 릴 오븐 ④ 데크 오븐

해설
데크 오븐은 제과점에서 일반적으로 사용하는 오븐으로, 선반에서 독립적으로 상하부 온도를 조절하여 제품을 구울 수 있다. 다만 온도가 균일하게 형성되지 않는다는 단점이 있다.

정답 ④

+괄호문제

다음 괄호 안에 알맞은 내용을 쓰시오.

① 오븐 속의 선반이 회전하여 제품을 굽는 오븐은 (　)이다.
② 열풍을 강제 순환시켜 굽기의 편차가 적은 오븐은 (　)이다.

| 정답 |
① 로터리 랙 오븐
② 컨벡션 오븐

확인! OX

오븐의 종류에 대한 설명이다. 옳으면 "O", 틀리면 "X"로 표시하시오.

1. 데크 오븐은 온도가 균일하게 형성된다는 장점이 있다. (　)
2. 터널 오븐은 반죽이 들어가는 입구와 나오는 출구가 서로 다른 오븐으로 대량 생산에 용이하다. (　)

정답 1. X 2. O

| 해설 |
1. 데크 오븐은 온도가 균일하게 형성되지 않는다는 단점이 있다.

제2절 튀기기

1. 튀기기의 특징

중요도 ★★☆

(1) 튀김 과정

① 튀김은 175~195℃의 고온에서 단시간 조리하므로 튀김 재료의 수분이 급격히 증발하고 기름이 흡수되어 바삭바삭한 질감과 함께 휘발성 향기 성분이 생성되며 영양소나 맛의 손실이 적다.

② 튀김의 3단계

제1단계	• 식품이 뜨거운 기름에 들어가면 식품의 표면 수분이 수증기가 되고, 식품 내부의 수분이 식품 표면으로 이동 • 식품 표면의 수증기 면은 식품을 타지 않게 보호하며 기름이 흡수되는 것을 막지만, 일부 기름이 수분이 달아나는 기공으로 흡수됨
제2단계	튀김 열에 의해 메일라드 반응이 일어나 식품의 표면이 갈색이 되며, 수분이 달아나는 기공이 커지고 많아짐
제3단계	식품의 내부로 열이 전달되어 익음

(2) 튀김에 적당한 온도와 시간

① 일반적으로 180℃ 정도에서 2~3분이지만, 식품의 종류와 크기, 튀김옷의 수분 함량 및 두께에 따라 달라진다.

② 튀김 재료의 10배 이상 충분한 양의 기름을 준비한다.

③ 한 번에 넣고 튀기는 재료와 양은 일반적으로 튀김 냄비 기름 표면적의 1/3~1/2 이내여야 비열이 낮은 기름 온도의 변화가 작아 맛있는 튀김이 된다.

④ 튀김유의 깊이는 12~15cm 정도가 적당하다.

⑤ 튀김 냄비는 직경이 작은 두꺼운 금속 팬을 사용한다.

(3) 기름 흡수에 영향을 주는 조건

① 튀김 시간이 길어질수록 흡유량이 많아진다.

② 튀기는 식품의 표면적이 클수록 흡유량이 증가한다.

③ 재료의 성분과 성질

㉠ 당과 지방의 함량, 레시틴의 함량, 수분 함량이 많을 때 기름 흡수가 많다.

㉡ 노른자에는 인지질이 함유되어 있어서 흡유량을 증가시킨다.

㉢ 반죽 시 형성되는 글루텐은 흡유량을 감소시키기 때문에, 글루텐 함량이 낮은 박력분을 사용하면 강력분을 사용할 때보다 흡유량이 많다.

+ 괄호문제

다음 괄호 안에 알맞은 내용을 쓰시오.

① 튀김은 일반적으로 (　)의 온도에서 (　)분 정도 튀긴다.

② 튀김유의 깊이는 (　)cm 정도가 적당하다.

| 정답 |

① 180℃, 2~3

② 12~15

확인! OX

튀김의 기름 흡수에 대한 설명이다. 옳으면 "O", 틀리면 "X"로 표시하시오.

1. 튀기는 식품의 표면적이 클수록 흡유량이 적다. (　)
2. 강력분을 사용하면 박력분을 사용할 때보다 흡유량이 적다. (　)

정답 1. X 2. O

| 해설 |

1. 튀기는 식품의 표면적이 클수록 흡유량이 증가한다.

2. 튀김유

중요도 ★★★

(1) 튀김유의 조건 및 선택

① 튀김유의 조건

㉠ 색이 연하고 투명하고 광택이 있는 것, 냄새가 없고, 기름 특유의 원만한 맛을 가진 것, 거품의 생성이나 연기가 나지 않는 것, 열안정성이 높은 것이 좋다.

㉡ 튀김유 중의 리놀렌산은 산패취를 일으키기 쉬우므로 적은 것이 좋으며, 항산화 효과가 있는 토코페롤을 다량 함유한 기름이 좋다.

㉢ 튀김유의 질을 저하하는 4대 요인에는 온도(열), 물(수분), 공기(산소), 이물질 등이 있다.

② 튀김유의 선택

㉠ 튀김에는 대두유, 옥수수 기름, 면실유 등 발연점이 높은 기름이 적합하다.

㉡ 튀김유의 유리지방산 함량은 0.35~0.5%가 적당하고 수분 함량은 0.15% 이하로 유지해야 한다.

(2) 튀김유의 가열에 의한 변화

① 열로 인해 산패가 촉진되며 유리지방산과 이물의 증가로 발연점이 점점 낮아진다.

② 지방의 점도가 증가하며, 튀기는 동안 단백질이 열에 의해 분해되어 생긴 아미노산과 당이 메일라드 반응에 의해 갈색 색소를 형성하여 색이 짙어진다.

③ 튀김기름의 경우 거품이 형성되는 현상이 나타난다.

진짜 통째로 외워온 문제

케이크 도넛을 튀길 때 도넛의 흡유량에 관한 설명으로 옳은 것은?

① 반죽에 수분이 많을 경우 흡유량은 적어진다.
② 설탕의 양이 많을 경우 흡유량은 많아진다.
③ 팽창제의 양이 많을 경우 흡유량은 적어진다.
④ 글루텐의 양이 많을 경우 흡유량은 많아진다.

해설

① 반죽에 수분이 많을 경우 흡유량은 많아진다.
③ 팽창제의 양이 많을 경우 흡유량은 많아진다.
④ 글루텐의 양이 적을 경우 흡유량은 많아진다.

정답 ②

+괄호문제

다음 괄호 안에 알맞은 내용을 쓰시오.

① 튀김유의 (　　)은 산패취를 일으킨다.
② 튀김유의 4대 적은 온도(열), (　　), 공기, 이물질이다.

| 정답 |
① 리놀렌산
② 물(수분)

확인! OX

도넛의 튀김유에 대한 설명이다. 옳으면 "O", 틀리면 "X"로 표시하시오.

1. 발연점이 낮을수록 좋다. (　)
2. 이물질이 많으면 질이 저하된다. (　)

정답 1. X 2. O

| 해설 |
1. 튀김에는 발연점이 높은 기름이 적합하다.

제3절 찌기

1. 찌기의 특징

(1) 찌기

① 수증기의 열이 대류현상으로 전달되는 현상을 이용한 조리 방법이다.

② 물이 수증기가 될 때 537cal/g의 기화 잠열을 갖는다. 이 수증기가 식품에 닿으면 액화되어 열을 방출하여 식품이 가열된다.

③ 식품을 넣기 전에 충분히 수증기를 발생시켜 공기를 찜통 밖으로 방출해야 한다.

④ 찔 때 물의 양은 물을 넣는 부분의 70~80% 정도가 적당하다.

⑤ 85~90℃로 가열하며, 그릇의 재질은 금속보다도 열의 전도가 적은 도기가 좋다.

⑥ 찌기를 이용한 제품으로는 찜케이크, 만쥬, 치즈케이크, 푸딩, 찐빵 등이 있다.

(2) 이스파타

① 중조와 염화암모늄을 혼합한 암모니아계 합성 팽창제로 암모니아 냄새가 날 수 있다.

② 팽창력이 강하고 제품의 색을 희게 하며 즉시 반응하는 속효성이 있어 만쥬 또는 찜류 제품에 적합하다.

2. 찌기 중 달걀의 열 응고성 변화

① 희석 정도, 첨가물의 종류와 양에 따라 응고 온도, 응고 시간, 조직감이 달라진다.

② 커스터드 푸딩은 증기의 온도가 85~90℃ 이상 되지 않도록 주의해야 한다. 재료 배합에 따라 응고 온도는 다르나 중심 온도는 74~80℃ 정도이다.

+ 괄호문제

다음 괄호 안에 알맞은 내용을 쓰시오.

① 제품을 찔 때 물의 양은 찜기의 ( ) 정도가 적당하다.

② 찜류 제품에는 팽창제로 ( )를 사용한다.

| 정답 |

① 70~80%

② 이스파타

확인! OX

과자류 제품 찌기에 대한 설명이다. 옳으면 "O", 틀리면 "X"로 표시하시오.

1. 커스터드 푸딩은 증기 온도가 90℃ 이상 되지 않도록 주의한다. ( )
2. 찌기로 만드는 제품으로는 엔젤푸드 케이크, 스펀지 쿠키, 푸딩 등이 있다. ( )

정답 1. O 2. X

| 해설 |

2. 엔젤푸드 케이크, 스펀지 쿠키는 구워서 만드는 제품이다.

CHAPTER 04

충전물 · 토핑물 제조

2% 출제율

출제포인트
- 과자류 충전물
- 과자류 토핑물
- 과자류 장식물

기출 키워드

커스터드 크림, 버터크림, 가나슈 크림, 아몬드 크림, 필링, 아이싱, 글레이즈, 초콜릿, 템퍼링, 머랭, 마지팬

제1절 충전물 제조

1. 충전물의 특징

(1) 충전물의 정의

충전물은 타르트, 파이, 슈 등에 채우는 내용물로, 일반적으로 필링(Filling)이라고 부른다. 만드는 형태와 재료에 따라 크림 충전물과 기타 충전물로 나눌 수 있고, 사용 방법에 따라 넣어서 굽는 충전물과 구운 후 충전하는 충전물이 있다.

(2) 충전물의 종류

① 크림 충전물

㉠ 우유나 생크림을 주재료로 하여 달걀, 설탕, 버터 등의 재료를 더한다.

㉡ 달걀에 설탕과 우유를 더한 커스터드 크림, 버터에 설탕 또는 시럽을 넣고 거품을 내 공기를 포함시킨 버터크림, 초콜릿에 생크림을 더한 가나슈크림, 버터와 설탕을 섞어 달걀을 넣어 거품을 낸 아몬드 크림 등이 있다.

㉢ 크림류는 재료의 특성상 세균이 번식하기 쉬우므로 랩으로 싸거나 뚜껑을 덮어 냉장고에 보관하여 사용한다.

② 기타 충전물

㉠ 타르트, 파이, 페이스트리 등에 충전용, 토핑용으로 많이 사용된다.

㉡ 생과일, 과일 퓌레에 설탕 등을 넣고 졸여 만드는 잼, 필링 등이 있고, 버터크림을 베이스로 아몬드 파우더를 섞어 내열성을 갖게 만드는 아몬드 크림 등이 있다.

2. 충전물 제조

중요도 ★☆☆

(1) 커스터드 크림

① 바닐라빈은 반으로 갈라 칼끝으로 안의 씨 부분을 긁어 낸다.

② 냄비에 우유와 설탕의 1/2, 바닐라빈 내용물, 바닐라빈 껍질을 넣고 끓기 직전에 불에서 내린다(일반적으로 80℃ 정도가 가장 적합).

③ 스테인리스 그릇에 달걀노른자를 넣고 풀어 준 후, 설탕 나머지 1/2을 넣고 반죽이 찰기가 생기고 색이 옅어질 때까지 혼합하고 전분을 섞는다.

④ 데운 우유를 조금씩 넣으면서 섞는다(한꺼번에 넣으면 덩어리가 지거나 달걀노른자가 익을 수 있으므로 주의).

⑤ 체에 걸러 냄비에 다시 넣고 불에 올린다(우유를 너무 끓이면 호화가 많이 진행되어 체에 거를 수 없음).

⑥ 나무 주걱이나 내열성 실리콘 주걱을 이용하여 냄비 바닥을 저어 냄비 밑이 눌지 않도록 주의하면서 끓인다.

⑦ 뽀글뽀글 끓으면 불에서 내린다(덜 끓이면 빨리 상하고 너무 끓이면 농도가 진해짐).

⑧ 기호에 따라서 버터와 제과용 술을 첨가할 수 있다.

⑨ 다 된 크림은 냄비 잔열로 갈변, 뭉침이 생길 수 있으니 넓은 스테인리스 그릇 또는 넓은 철판 등에 빠르게 옮긴다.

⑩ 커스터드 크림은 잘 상하므로 식으면 냉장고에 보관한다.

(2) 버터크림

① 이탈리안 버터크림

㉠ 물과 설탕을 110~120℃까지 끓인다(불에서 내려 시럽을 옮길 때 거품이 없어지지 않을 정도).

㉡ 반죽기에 달걀흰자와 설탕을 넣고 불투명한 흰색이 되고 각이 설 때까지 거품을 낸다. 여기에 시럽을 스테인리스 그릇 가장자리에 흐르도록 부으면서 거품을 낸다(시럽을 다 넣으면 고속으로 거품을 내다가 머랭이 매끄러워지면 중속으로 바꿈).

㉢ 반죽기 스테인리스 그릇 밑을 확인해 보고 열기가 거의 없어질 때까지 거품을 낸다.

㉣ 실온에 두어 크림 상태가 된 버터를 넣고 저속으로 회전시키면서 섞는다.

㉤ 부드럽고 광택이 나면 다 된 것이다.

② 전란 이용 버터크림

㉠ 전란에 설탕을 넣고 잘 섞은 다음 중탕으로 설탕이 녹도록 한다.

㉡ 반죽 온도가 37~38℃가 되면 반죽기에 넣고 거품을 낸다.

㉢ 다른 스테인리스 그릇에 버터를 넣고 부드럽게 풀면서 하얗게 될 때까지 혼합한다.

㉣ 전란과 설탕을 거품 낸 것에 혼합한 버터를 3~4회 나누어 넣고 잘 섞이도록 천천히 섞는다(너무 빨리 섞으면 분리될 수 있으므로 주의).

㉤ 크림 상태로 부드럽게 섞여지면 다 된 것이다.

+ 괄호문제

다음 괄호 안에 알맞은 내용을 쓰시오.

① 타르트, 슈 등에 채우는 충전물을 일반적으로 (　　)이라고 부른다.

② 크림류는 세균이 번식하기 쉬우므로 (　　) 보관한다.

| 정답 |

① 필링

② 냉장

확인! OX

이탈리안 버터크림 제조에 대한 설명이다. 옳으면 "O", 틀리면 "X"로 표시하시오.

1. 설탕 시럽 온도는 110~120℃ 정도가 좋다. (　　)
2. 반죽에 버터를 넣고 최대한 빠른 속도로 섞어야 한다. (　　)

정답 1. O 2. X

| 해설 |

2. 버터를 넣고 저속으로 회전시키며 섞는다.

③ 프렌치 버터크림

㉠ 스테인리스 그릇에 달걀노른자를 넣고 하얗게 될 때까지 거품을 낸다.

㉡ 스테인리스 그릇에 설탕, 물엿, 물을 넣고 118℃가 되도록 끓인다.

㉢ 거품을 낸 달걀노른자에 시럽을 스테인리스 그릇 안쪽으로 조금씩 흐르게 붓는다.

㉣ 미지근한 상태가 되면 포마드 상태의 버터를 3~4번에 나누어 넣고 충분히 크림 상태가 되도록 섞는다.

(3) 가나슈크림

① 다크 초콜릿은 녹이기 쉽게 잘게 잘라 준비한다.

② 냄비에 생크림을 넘치지 않도록 주의하면서 끓인다.

③ 끓인 생크림을 잘게 자른 초콜릿 위에 붓는다.

④ 온도가 내려가도록 잠깐 기다린 후 거품이 생기지 않도록 주의하면서 섞는다(초콜릿과 생크림은 지방분이 높은 경우 표면에 유지가 녹아 뜨는 경우가 있는데, 끓인 생크림의 온도를 낮춰 넣으면 유지의 분리를 막을 수 있음).

⑤ 가나슈크림의 맛을 높이기 위해 버터 또는 물엿을 첨가할 수 있다(버터는 양의 10~20%, 물엿은 6~10%를 넣는 것이 일반적).

⑥ 체에 걸러 스테인리스 그릇에 넣은 다음 표면에 랩을 씌우고 식힌다(그릇 위로 랩을 씌우면 랩 표면에 물방울이 생겨 가나슈크림 위로 떨어질 수 있으므로 주의).

⑦ 냉장고에서 넣고 차게 굳힌다.

(4) 아몬드 크림

① 버터는 상온에 두어 부드러운 상태가 되도록 하고 아몬드 분말은 체에 내린다.

② 버터를 부드럽게 풀어 준 후 소금과 설탕을 넣고 잘 섞어 준다.

③ 풀어 놓은 달걀을 조금씩 넣으면서 섞는다. 이때 먼저 넣은 달걀이 완전히 섞이면 다시 달걀을 넣는다.

④ 아몬드 분말을 넣고 잘 섞는다.

⑤ 럼을 첨가하고 잘 섞는다(기호에 따라 첨가하지 않을 수 있음).

진짜 통째로 외워온 문제

커스터드 크림의 재료에 속하지 않는 것은?

① 우유 ② 달걀
③ 설탕 ④ 생크림

해설

커스터드 크림은 설탕, 달걀노른자, 버터, 우유, 향료를 넣어 끓인 크림이다.

정답 ④

+괄호문제

다음 괄호 안에 알맞은 내용을 쓰시오.

① 프렌치 버터크림을 만들 때 버터를 ( )번에 나누어 넣는다.

② 가나슈크림에 넣는 물엿의 양은 ( ) 정도가 좋다.

| 정답 |

① 3~4

② 6~10%

확인! OX

가나슈크림 제조에 대한 설명이다. 옳으면 "O", 틀리면 "X"로 표시하시오.

1. 초콜릿과 생크림을 지나치게 섞으면 공기가 함유되어 상하는 원인이 된다. ( )
2. 거품이 생기도록 고속으로 저으며 생크림과 초콜릿을 섞는다. ( )

정답 1. O 2. X

| 해설 |

2. 가나슈크림 제조 시 거품이 생기지 않도록 주의하며 섞는다.

제2절 토핑물 제조

1. 토핑물의 특징

중요도 ★★☆

(1) 토핑물의 정의

① 완성된 제품의 위에 올리거나 코팅하여 제품의 맛과 디자인을 개선하는 데 사용한다.

② 주로 내열성이 없는 경우가 많아 가열 시 변색되거나 물성이 변하는 경우가 많다.

(2) 토핑물의 종류

① 잼류나 과일 필링, 폰던트(fondant, 폰당, 혼당, 퐁당) 등이 있다.

② 아이싱 : 설탕을 위주로 안정제(아이싱 반죽의 끈적임과 부서짐 방지)를 혼합하여 빵 또는 과자 제품의 표면에 바르거나 설탕옷을 입혀 모양을 내는 장식이다. 물, 유지, 설탕, 향료, 식용색소 등을 사용하며 프랑스어로는 글라사주(glacage)라고 한다.

③ 아이싱에 최소의 액체를 사용하고, 40℃ 정도의 아이싱 크림을 사용하고, 제품을 충분히 냉각하고, 안정제나 흡수제를 사용하면 끈적임이 방지된다.

④ 글레이즈 : 과자류 제조 마무리에 표면이 마르지 않도록 시럽, 젤리 등을 발라 광택을 내는 일을 말한다.

2. 토핑물 제조

(1) 딸기 토핑물

① 딸기 꼭지를 제거하고 적당한 크기로 잘라 놓는다.

② 냄비에 딸기, 설탕 2/3, 소금, 레몬즙 또는 레몬주스, 물을 넣고 불에 올린 후 중간 불로 가열하여 농축한다.

③ 나머지 설탕 1/3에 펙틴을 고르게 섞어 넣고 냄비에 눌어붙지 않도록 나무 주걱으로 저으면서 농축시킨다. 50~60brix 정도에서 농축을 끝낸다.

④ 불에서 내린 후 체로 거품을 제거한다.

⑤ 병에 가득 채운 후 뚜껑을 덮고 뒤집어 살균하고 실온에 보관한다.

(2) 아이싱

① 워터 아이싱(water icing) : 케이크나 스위트롤에 바르는 아이싱으로, 물과 설탕으로 만든다.

② 로열 아이싱(royal icing) : 웨딩 케이크나 크리스마스 케이크에 고급스런 순백색의 장식을 위해 사용하는 것으로, 흰자와 머랭 가루를 분당과 섞고, 색소나 향료, 아세트산을 더해 만든다.

+괄호문제

다음 괄호 안에 알맞은 내용을 쓰시오.

① 과자류 제조 마무리 시 제품 표면이 마르지 않도록 시럽, 젤리 등을 발라 광택을 내는 것을 (   )라고 한다.

② 딸기 토핑물 제조 시 (   ) brix 정도에서 제품의 농축을 끝낸다.

| 정답 |

① 글레이즈

② 50~60

확인! OX

아이싱에 대한 설명이다. 옳으면 "O", 틀리면 "X"로 표시하시오.

1. 액체를 최소량으로 사용하면 끈적임이 방지된다. (   )
2. 제품이 냉각되기 전에 아이싱하면 끈적임이 방지된다. (   )

정답 1. O 2. X

| 해설 |

2. 제품이 충분히 냉각된 뒤 아이싱을 해야 끈적임이 방지된다.

+ 괄호문제

다음 괄호 안에 알맞은 내용을 쓰시오.

① 흰자나 머랭 가루를 분당과 섞어 만든 순백색 아이싱은 (   )이다.

② 폰던트(퐁당)를 만들 때 시럽의 온도는 (   ) 정도가 적당하다.

| 정답 |

① 로열 아이싱

② 115℃

③ 폰던트(퐁당) 아이싱(fondant icing) : 설탕과 물(10 : 2의 비율)을 115℃까지 가열하여 끓인 시럽을 40℃로 급랭시켜 치대면 결정이 희뿌연 상태의 폰던트(퐁당)가 된다. 일반적으로 폰던트(퐁당)는 에클레어 또는 케이크 위에 아이싱으로 많이 쓰인다.

④ 초콜릿 아이싱(chocolate icing) : 초콜릿을 녹여 물과 분당을 섞어 만든다.

진짜 통째로 외워온 문제

폰던트(fondant, 퐁당)를 만들기 위하여 시럽을 끓일 때 시럽액 온도로 가장 적당한 범위는?

① 114~118℃ ② 72~78℃

③ 131~135℃ ④ 82~85℃

해설

폰던트(퐁당)는 냄비에 물과 설탕을 혼합하여 115℃ 정도까지 끓여서 만든 시럽을 사용한다.

정답 ①

제3절 장식물 제조

1. 장식물의 특징

(1) 장식물의 정의

① 제품의 디자인적 완성도를 높이기 위하여 더하여 주는 것이다.

② 다양한 원료나 제품을 장식물로 사용할 수 있으나, 수분이 많은 크림 위에 장식되는 경우가 많아서 수분에 강한 것이 좋다.

(2) 장식물의 종류

초콜릿이나 머랭, 마지팬, 설탕 공예품, 파스티아주, 과일, 견과류 등이 있다.

2. 장식물 제조

중요도 ★★★

(1) 초콜릿

① 초콜릿 템퍼링

㉠ 템퍼링 순서

- 1단계 : 초콜릿을 녹여 카카오버터가 가지고 있던 결정화를 해체시킨다.
- 2단계 : 결정화가 신속하게 진행되는 온도로 초콜릿을 식힌다.
- 3단계 : 안정적인 결합만 초콜릿에 남도록 초콜릿의 온도를 다시 올린다.
- 4단계 : 작업 진행 도중 초콜릿이 굳지 않도록 적정한 온도로 유지시킨다.

확인! OX

초콜릿 템퍼링 방법에 대한 설명이다. 옳으면 "O", 틀리면 "X"로 표시하시오.

1. 초콜릿 템퍼링 시 맨 처음 녹이는 공정의 온도는 50~55℃ 정도가 적당하다. ( )
2. 용해된 초콜릿에 물이 들어가지 않도록 주의한다. ( )

정답 1. O 2. O

㉡ 템퍼링 방법

- 수랭법 : 초콜릿을 중탕으로 50~55℃ 정도로 녹인 후 찬물 위에서 27~28℃로 식힌 다음 따뜻한 물로 옮겨 최종 온도를 30~31℃로 맞춘다.
- 대리석법 : 20℃ 정도 되는 대리석에 50℃ 정도로 완전히 녹인 초콜릿의 2/3 정도를 부어 스패출러나 스크레이퍼로 펴고 모으기를 반복하여 온도를 27~28℃로 낮춘 후 남은 초콜릿에 다시 합쳐 최종 온도를 30~31℃로 맞춘다. 또는 20℃ 정도 되는 대리석에 50℃ 정도로 완전히 녹인 초콜릿을 부어서 27~28℃로 식힌 후 중탕 혹은 드라이기를 이용하여 30~31℃로 맞춘다.
- 접종법 : 50℃ 정도로 녹여 둔 초콜릿에 그 양의 1/3 정도 되는 템퍼링된 초콜릿 조각(혹은 동전 초콜릿)을 조금씩 넣으면서 녹여 최종 온도를 30~31℃로 맞춘다.
- 불완전 녹이기법 : 전체 초콜릿의 80% 정도를 중탕이나 전자레인지로 36℃가 넘지 않도록 녹인 후 나머지 녹지 않은 20%를 섞어서 최종 온도를 30~31℃로 맞춘다.

② 초콜릿 플라스틱 반죽

[초콜릿 플라스틱 배합표]

재료	비율(%)	무게(g)
다크초콜릿	100	300
물엿	50	150
합계	150	450

㉠ 재료를 배합표에 맞게 계량한다.

㉡ 초콜릿을 중탕하기 쉽도록 잘게 자른다.

㉢ 초콜릿 플라스틱 반죽을 제조한다.

- 스테인리스 그릇에 초콜릿을 담고 불 위에 중탕으로 녹인다. 초콜릿 플라스틱은 템퍼링이 필요 없으므로 온도를 40℃ 전후로 하면 된다.
- 중탕한 초콜릿에 물엿을 넣고 섞는다(여름에는 물엿의 양을 40%로 줄임).
- 살짝 섞은 플라스틱 반죽을 비닐이나 비닐봉지 등에 넣어 실온에서 24시간 이상 휴지시킨다. 보통 휴지되면서 반죽이 딱딱하게 굳는다.

(2) 머랭

① 달걀흰자에 설탕을 넣어서 거품을 낸 것으로, 크림용으로 광범위하게 사용된다.

② **프렌치 머랭** : 냉제 머랭으로도 불리며 가장 기본이 되는 머랭이다. 달걀흰자(온도 24℃)로 거품을 내다가 설탕을 조금씩 넣어 주면서 중속으로 거품을 만든다. 이때 거품을 안정시키기 위해서 주석산 0.5%와 소금 0.3%를 넣고 거품을 올리기도 한다.

③ **이탈리안 머랭** : 거품을 낸 달걀흰자에 118~121℃에서 끓인 설탕 시럽을 넣고 고속으로 섞어 준다. 크림이나 무스와 같이 가열하지 않는 제품, 케이크의 데코레이션용으로 많이 사용한다.

+ 괄호문제

다음 괄호 안에 알맞은 내용을 쓰시오.

① 머랭을 만드는 주요 재료는 ( )이다.

② 으깬 아몬드나 아몬드 분말에 설탕, 분당 등을 섞어 만드는 제과 장식물은 ( )이다.

| 정답 |

① 달걀흰자

② 마지팬

확인! OX

머랭 제조에 대한 설명이다. 옳으면 "O", 틀리면 "X"로 표시하시오.

1. 이탈리안 머랭 제조 시 설탕 시럽의 온도는 118~121℃ 정도로 맞춘다. ( )
2. 프렌치 머랭 제조 시 거품 안정을 위해 주석산이나 소금을 넣을 수 있다. ( )

정답 1. O 2. O

④ 스위스 머랭 : 달걀흰자와 설탕을 믹싱볼에 넣고 잘 혼합한 후에 43~49℃에서 중탕하여 달걀흰자에 설탕이 완전히 녹으면 볼을 믹서에 옮겨 중간이나 팽팽한 정도가 될 때까지 거품을 내어 만든다. 각종 장식(공예) 모양을 만들 때 사용한다.

(3) 마지팬

① 아몬드를 물에 2~3시간 담가 놓다가 체에 걸러 물기를 빼고 껍질을 벗긴다.
② 분당은 미리 체질해 덩어리가 없도록 준비한다.
③ 설탕과 물, 물엿을 동 냄비에 넣고 115℃로 끓인 다음, 여기에 자른 아몬드를 넣고 섞는다. 이때 시럽이 식으면서 설탕의 재결정화가 이루어져 하얗게 된다.
④ 하얗게 된 아몬드를 차가운 철판이나 대리석 작업대 위에 펼쳐 놓은 뒤, 약간 마르면 나무 주걱으로 아몬드를 서로 띄어 놓으면서 완전히 식힌다.
⑤ 완전히 식은 반죽을 롤러에 조금씩 넣고 7~8회 빻으면 결이 곱게 된다. 아몬드에서 나온 기름으로 인해서 페이스트 형태로 된다. 롤러의 간격은 처음엔 넓게 1.2mm로 하다가 차츰 줄여 0.1mm가 되도록 한다.
⑥ 한 덩어리가 된 마지팬에 분당을 반쯤 넣어 주무르듯 치댄 후 나머지 분당을 넣고 섞으면 반죽이 완성된다.
⑦ 적당한 크기로 분할하여 원하는 형태의 장식물을 만든다.

(4) 파스티아주 장식물

① 유리그릇에 레몬즙과 물을 섞고 판젤라틴을 담가 불려 놓는다.
② 레몬즙을 넣은 물에 불린 젤라틴을 전자레인지에 10초 정도 돌려 완전히 녹인다.
③ 반죽기 볼에 분당과 녹인 젤라틴을 넣고 섞는다(처음에는 저속으로 섞다가 분당이 뭉치면 고속으로 2~3분 섞음).
④ 반죽을 꺼내어 작업대 위에서 치댄다.
⑤ 적당한 크기로 잘라 밀대로 밀어 편다(달라붙지 않도록 분당을 덧가루로 사용).
⑥ 모양 틀로 찍어 내고 색을 입혀 모양을 완성한다.
⑦ 실온에서 3~4시간 건조하여 장식물로 사용한다.

+ 괄호문제

다음 괄호 안에 알맞은 내용을 쓰시오.

① 파스티아주의 재료로 ( ), 물, 레몬즙, 분당 등이 있다.
② 파스티아주 제조 시 마지막으로 ( )에서 3~4시간 건조한다.

| 정답 |
① 판젤라틴
② 실온

확인! OX

파스티아주 제조에 대한 설명이다. 옳으면 "O", 틀리면 "X"로 표시하시오.

1. 파스티아주 제조 시 불린 젤라틴을 전자레인지에 1분가량 돌려 녹인다. ( )
2. 파스티아주 반죽을 밀 때 달라붙지 않도록 밀가루를 덧가루로 사용한다. ( )

정답 1. X 2. X

| 해설 |
1. 젤라틴을 전자레인지에 넣고 10초 정도 돌려 녹인다.
2. 덧가루로 분당을 사용한다.

제품 제과 방법

25% 출제율

출제포인트
- 케이크 제조
- 쿠키 제조
- 다양한 제품 제조

제1절 케이크 제조

기출 키워드
파운드 케이크·스펀지 케이크·시폰 케이크 제조법, 반죽형 쿠키, 거품형 쿠키, 퍼프 페이스트리·슈·파이 실패 이유, 도넛 글레이즈 온도, 밤과자

1. 파운드 케이크

중요도 ★★★

(1) 파운드 케이크의 특징

① 기본 재료인 밀가루, 설탕, 달걀, 버터 네 가지를 1파운드씩 넣어 만든 케이크이다.
② 응용 제품으로는 마블 케이크, 과일 파운드 케이크 등이 있다.

(2) 제조 방법

① 반죽
㉠ 반죽형 반죽 제법으로 만들며, 일반적으로 크림법을 사용한다.
㉡ 제조 시 유지의 품온은 18~25℃가 적당하다.

② 정형
㉠ 파운드 팬에 깔개종이를 깔고 틀 부피의 70% 정도까지 반죽을 채운다.
㉡ 팬닝 시 밑면의 껍질 형성을 방지하기 위해 이중팬을 사용한다.
㉢ 고무 주걱을 이용하여 팬의 양쪽 끝부분의 반죽이 약간 높고 가운데 부분이 낮게, 윗면을 매끈하고 평평하게 고른다.

③ 익히기
㉠ 작업 지시서에 따라 오븐 온도를 190~200℃로 예열한다.
㉡ 예열된 오븐에 간격을 맞추어 파운드 케이크를 넣는다.
㉢ 굽기 중간에 윗면에 색깔이 나면 오븐에서 꺼내어 칼에 기름을 묻힌 후, 양쪽 끝부분을 1cm 남기고 나머지 부분을 가른다.
㉣ 파운드 케이크 윗면에 뚜껑을 덮고 오븐에 다시 넣어 35~45분간 굽는다.
㉤ 굽기가 완료된 파운드 케이크를 디팬닝한다.
㉥ 구운 파운드 케이크 윗면에 달걀물(노른자 100% + 설탕 20~40%)을 바른다.

+ 괄호문제

다음 괄호 안에 알맞은 내용을 쓰시오.

① 파운드 케이크 팬닝 시 팬은 껍질 형성을 막기 위해 (   ) 을 사용한다.
② 스펀지 케이크 정형 시 반죽을 팬 부피의 (   ) 정도 팬닝한다.

| 정답 |
① 이중팬
② 55~60%

확인! OX

케이크 제조 시 유의 사항에 대한 설명이다. 옳으면 "O", 틀리면 "X"로 표시하시오.

1. 파운드 케이크 반죽 내 수분이 과하면 구울 때 윗면이 터진다. (   )
2. 스펀지 케이크 제조 시 너무 오래 구우면 제품 부피가 커진다. (   )

정답 1. X 2. X

| 해설 |
1. 반죽 내 수분이 불충분하면 윗면이 터진다.
2. 너무 오래 굽거나 온도가 높으면 부피가 작아진다.

(3) 유의 사항

① 반죽에 설탕 입자가 용해되지 않고 남아 있으면 굽기 시 윗면이 터진다.
② 반죽 내 수분이 불충분하거나 오븐 온도가 높아 껍질 형성이 너무 빠르면 굽기 시 윗면이 터진다.
③ 파운드 케이크를 구울 때 증기를 분사하면 윗면의 터짐을 방지하고, 향과 수분의 손실을 막고, 표피의 캐러멜화 반응을 연장할 수 있다.
④ 과일 파운드 케이크는 강도가 약한 밀가루를 사용하거나, 반죽이 지나치고 큰 공기 방울이 반죽에 남거나, 탄산수소나트륨을 과하게 사용하면 과일이 가라앉는다.

2. 스펀지 케이크

중요도 ★★★

(1) 스펀지 케이크의 특징

① 거품형 반죽의 대표적인 제품으로 달걀 단백질의 신장성, 변성에 의해 거품을 형성하고 팽창하는 성질을 이용한다.
② 거품형 반죽 케이크로는 스펀지 케이크, 엔젤푸드 케이크 등이 있다.

(2) 제조 방법

① 반죽
㉠ 거품형 반죽 제법으로 만들며 주로 공립법이 사용된다.
㉡ 더운 방법을 사용할 때 달걀의 중탕 온도는 37~42℃ 정도로 한다.

② 정형
㉠ 팬에 맞추어 재단한 종이를 깔아 준다.
㉡ 팬 부피의 55~60% 정도의 반죽을 팬닝한다.
㉢ 고무 주걱을 이용하여 윗면을 평평하게 고르면서 잘 섞이지 않은 반죽을 풀어 주고 큰 기포를 없앤다.

③ 익히기
㉠ 윗불 180℃, 아랫불 160℃로 예열한다.
㉡ 반죽을 예열된 오븐에 간격을 맞추어 넣고 25~30분간 굽는다.
㉢ 굽기가 완료된 케이크를 디팬닝한다.

(3) 유의 사항

① 반죽에 설탕이 많은 경우 오븐에서 제품이 주저앉거나 껍질이 두꺼워지고 부피가 증가한다.
② 반죽에 설탕이 적으면 제품의 껍질이 갈라진다.
③ 밀가루를 너무 많이 섞으면 글루텐이 생기고 비중이 높아진다.
④ 너무 높은 온도에서 굽거나 오래 구우면 부피가 작아진다.

3. 시폰 케이크

중요도 ★★☆

(1) 시폰 케이크의 특징

① 프랑스어 '비단'에서 온 용어로 촉촉하고 부드러운 맛이 특징이다.

② 반죽형의 부드러움과 거품형의 조직과 기공을 모두 가지고 있다.

(2) 제조 방법

① 반죽

㉠ 달걀노른자는 반죽형과 같은 방법으로 제조하고, 흰자는 머랭을 만들어 혼합한다.

㉡ 비중은 0.4~0.5 정도가 적당하다.

② 정형

㉠ 반죽은 미리 물을 뿌려 준비해 둔 시폰 팬 부피의 60% 정도를 팬닝한다.

㉡ 반죽을 채운 팬을 작업대 위에 가볍게 부딪혀 큰 기포를 제거한다.

③ 익히기

㉠ 오븐은 윗불 180℃, 아랫불 150℃로 예열한다.

㉡ 반죽을 팬의 60% 정도 채워 오븐에 간격을 맞추어 넣고 25~30분간 굽는다.

㉢ 완성되면 오븐에서 꺼내 10분 정도 냉각시킨 다음, 팬을 뒤집어 스패출러 등을 이용해 팬과 제품 사이를 떼어 뒤집어 뺀다.

㉣ 굽기가 완료된 케이크를 디팬닝한다.

(3) 유의 사항

① 팬에 물 뿌리기 공정을 진행할 때 물이 너무 과하게 뿌려지면, 구울 때 케이크 내부에 큰 구멍과 터널이 생기는 현상이 발생한다.

② 굽기 시간이 짧거나 반죽에 수분이 많거나 오븐 온도가 낮으면 굽기 후 팬에서 분리된다.

진짜 통째로 외워온 문제

엔젤푸드 케이크에 주석산 크림을 사용하는 이유가 아닌 것은?

① 색을 희게 한다.
② 흡수율을 높인다.
③ 흰자를 강하게 한다.
④ pH 수치를 낮춘다.

해설
주석산 크림은 알칼리성인 흰자의 pH 농도를 낮춰 중화시키므로 머랭을 만들 때 산도를 낮추어 거품을 단단하게 해 준다.

정답 ②

+ 괄호문제

다음 괄호 안에 알맞은 내용을 쓰시오.

① 시폰 케이크 제조 시 달걀흰자는 (　　)을 만들어 혼합한다.

② 시폰 케이크 제조 시 반죽은 팬 부피의 (　　) 정도 채워 오븐에 굽는다.

| 정답 |
① 머랭
② 60%

확인! OX

시폰 케이크 제조에 대한 설명이다. 옳으면 "O", 틀리면 "X"로 표시하시오.

1. 팬에 물을 과하게 뿌리면 구울 때 케이크 내부에 터널이 생긴다. (　)
2. 시폰 케이크 비중은 0.4~0.5 정도가 적당하다. (　)

정답 1. O 2. O

제2절 쿠키 제조

1. 쿠키

중요도 ★★★

(1) 쿠키의 특징

① 수분이 적고(5% 이하) 크기가 작은 과자를 말한다.
② 일반적인 반죽 온도는 18~24℃이다.
③ 유지와 설탕의 함량이 같은 반죽(밀가루 : 설탕 : 유지 = 2 : 1 : 1)이 표준 반죽이다.
④ 설탕 함량이 많으면 구운 후 딱딱하고 바삭한 제품이 된다.
⑤ 유지 함량이 많으면 구운 후 말랑말랑하고 잘 부스러지는 제품이 된다.

(2) 쿠키의 종류

① 반죽형 쿠키

드롭 쿠키	• 달걀과 같은 액체 재료의 함량이 높아 수분이 많고 부드러움 • 페이스트리 백에 넣어 짜서 만들며, 저장 중 건조가 빠르고 잘 부스러짐
스냅 쿠키	• 드롭 쿠키보다 액체 재료를 적게 사용하여 수분이 적고 바삭바삭함 • 반죽을 밀어 펴서 원하는 모양을 찍어 만듦
쇼트브레드 쿠키	• 버터와 쇼트닝 같은 유지 함량이 높아 바삭바삭하고 부드러움 • 반죽을 밀어 펴서 정형기(모양틀)로 원하는 모양을 찍어 만듦

② 거품형 쿠키

머랭 쿠키	• 달걀흰자와 설탕을 주재료로 하여 낮은 온도에서 지나치게 착색되지 않게 구움 • 밀가루는 달걀흰자의 1/3 정도만 사용하며 페이스트리 백에 넣어 짜서 만듦
스펀지 쿠키	• 스펀지 케이크 반죽과 비슷하나 밀가루 함량을 높여 모양을 유지함 • 전란을 사용하며 쿠키 중에 수분 함량이 가장 많음 • 짜는 형태의 쿠키로 분할 후 상온에서 건조하여 구우면 모양이 잘 형성됨

2. 쿠키의 퍼짐성

구분	쿠키의 퍼짐이 큼	쿠키의 퍼짐이 작음
반죽	묽은 반죽	된 반죽
유지	함량이 높음	함량이 적음
팽창제, 글루텐	과다한 팽창제 사용	글루텐 발달이 활발
pH	알칼리성 반죽	산성 반죽
설탕	입자가 크고 많이 사용	입자가 작고 적게 사용
온도	온도가 낮음	온도가 높음

+ 괄호문제

다음 괄호 안에 알맞은 내용을 쓰시오.

① 반죽형 쿠키 중 상대적으로 수분이 많아 짜서 만드는 것은 (　　)이다.
② 머랭 쿠키 제조 시 밀가루는 달걀흰자의 (　　) 정도 사용한다.

| 정답 |
① 드롭 쿠키
② 1/3

확인! OX

쿠키 제조에 대한 설명이다. 옳으면 "O", 틀리면 "X"로 표시하시오.

1. 설탕을 많이 사용하면 쿠키가 잘 퍼진다. (　)
2. 굽기 온도가 낮으면 쿠키가 잘 퍼지지 않는다. (　)

정답 1. O 2. X

| 해설 |
2. 굽기 온도가 높으면 쿠키의 퍼짐이 작다.

제3절 다양한 제품 제조

1. 퍼프 페이스트리

중요도 ★★☆

(1) 퍼프 페이스트리의 특징

① 밀가루 반죽에 유지를 감싸서 여러 번 밀어 펴기와 접기를 하여 결을 낸 제품이다.

② 유지의 수분이 증기로 변하여 증기압으로 팽창하는 것이 특징이다.

③ **스코틀랜드식(반죽형 파이 반죽)** : 유지를 네모지게 잘라 물, 밀가루와 섞어 반죽한다. 밀어 펴는 동안 글루텐이 발전한다.

④ **프랑스식(접기형 파이 반죽)** : 밀가루, 유지, 물로 반죽을 만든다. 글루텐을 완전히 발전시킨 반죽에 유지를 싸서 밀어 편다.

(2) 제조 방법

① 반죽

㉠ 냉수나 얼음물을 사용하여 반죽 온도를 20℃ 정도로 맞춘다.

㉡ 가루를 작업대 위에 펼치고 버터를 넣고 콩알 크기로 자른다.

㉢ 물에 설탕, 달걀노른자를 넣고 풀어 준다.

㉣ 가운데 부분을 우물 모양으로 만들어 액체 재료(물, 달걀노른자, 생크림)를 넣고 자르듯이 혼합한다.

㉤ 파이 반죽이 한 덩어리가 되도록 혼합한다.

② 휴지

㉠ 반죽을 비닐에 넣고 사각으로 모양을 잡은 뒤 냉장(0~4℃)에서 20~30분간 휴지한다.

㉡ 휴지의 목적은 글루텐 안정, 재료의 수화, 밀어 펴기 용이, 반죽과 유지의 되기 조절이다.

③ 접기

㉠ 반죽을 정사각형으로 만들고 충전용 유지를 넣어 밀어 편 후 접는다.

㉡ 밀어 펴기 후 최초 크기로 3겹을 접는다.

㉢ 휴지 - 밀어 펴기 - 접기를 반복한다.

㉣ 반죽의 가장자리는 항상 직각이 되도록 한다.

④ 밀어 펴기

㉠ 유지를 배합한 반죽을 냉장(0~5℃)에서 30분 이상 휴지시킨다.

㉡ 휴지 후 균일한 두께(1~1.5cm 정도)가 되도록 밀어 펴기를 한다.

㉢ 수작업인 경우 밀대로, 기계는 파이 롤러를 이용한다.

㉣ 밀어 펴기, 접기는 같은 횟수로 보통 3×3, 3×4로 한다.

+ 괄호문제

다음 괄호 안에 알맞은 내용을 쓰시오.

① 퍼프 페이스트리 팽창은 주로 (　)에 기인한다.

② 퍼프 페이스트리 반죽 시 (　)나 (　)로 반죽 온도를 조절한다.

| 정답 |

① 증기압

② 냉수, 얼음물

확인! OX

퍼프 페이스트리 제조에 대한 설명이다. 옳으면 "O", 틀리면 "X"로 표시하시오.

1. 굽기 전에 꼭 휴지 과정을 거쳐야 한다. (　)
2. 충전용 유지가 많을수록 부피가 커진다. (　)

정답 1. O 2. O

⑤ 정형

㉠ 칼이나 파이 롤러를 이용하여 원하는 크기, 모양으로 절단한다.

㉡ 굽기 전 충분히(30~60분간) 휴지시킨 후 굽기를 한다.

㉢ 굽는 면적이 넓은 경우 또는 충전물이 있는 경우 껍질에는 작은 구멍을 내 준다.

⑥ 익히기

㉠ 오븐은 윗불 170~180℃, 아랫불 170℃로 예열한다.

㉡ 퍼프 페이스트리를 오븐에 균일한 간격으로 넣고 25~30분간 굽는다.

㉢ 퍼프 페이스트리 굽기가 완료되면 식힘 망에서 냉각한다.

(3) 유의 사항

① 오븐과 반죽의 온도가 낮으면 부풀어 오르지 않는다.

② 반죽이 되거나, 밀어 펴기를 너무 과도하게 하거나, 굽기 전 휴지가 충분하지 않으면 제품이 수축할 수 있다.

③ 밀어 펴기를 잘못하거나, 오래된 반죽을 사용하거나, 충전물이 너무 많거나, 온도가 적절하지 않으면 굽는 동안 유지가 흘러나올 수 있다.

④ 덧가루를 과하게 사용하면 제품의 결이 단단해지고, 부서지기 쉬우며, 생밀가루 냄새가 나기 쉽다.

⑤ 굽기 전 껍질에 구멍을 내지 않거나 달걀 물을 너무 많이 칠하면 껍질에 수포가 생기고 결이 거칠어진다.

⑥ 충전용 유지가 많을수록 부피가 커지고, 결이 분명해지나 밀어 펴기가 어려워진다.

진짜 통째로 외워온 문제

퍼프 페이스트리의 반죽법은?

① 이스트 반죽　　② 스펀지 반죽

③ 접이형 반죽　　④ 액체발효 반죽

해설

퍼프 페이스트리 반죽은 접이형 반죽법(롤인법)이나 반죽형 반죽법을 사용한다. 퍼프 페이스트리는 반죽에 이스트를 넣지 않고, 구울 때 반죽 사이의 유지가 녹아 생긴 공간을 수증기압으로 부풀려서 만든다.

정답 ③

+ 괄호문제

다음 괄호 안에 알맞은 내용을 쓰시오.

① 퍼프 페이스트리를 굽기 전에 30~60분간 (　　)시킨다.

② (　　)가 많을수록 부피가 커지고, 결이 분명해진다.

| 정답 |

① 휴지

② 충전용 유지

확인! OX

퍼프 페이스트리 제조 시 유의 사항에 대한 설명이다. 옳으면 "O", 틀리면 "X"로 표시하시오.

1. 밀어 펴기 때 무리한 힘을 가하면 제품 부피가 커진다. (　　)
2. 덧가루를 과하게 사용하면 제품이 부서지기 쉽다. (　　)

정답 1. X　2. O

| 해설 |

1. 밀어 펴기를 너무 과도하게 하거나 무리한 힘을 가하면 제품이 수축한다.

2. 슈

중요도 ★★☆

(1) 슈의 특징

① 프랑스어로 양배추란 뜻으로 구워진 모양이 양배추 같아 붙은 이름이다.

② 슈 반죽을 이용하여 만든 제품으로는 슈 크림이 가장 대표적이며, 모양과 충전물에 따라 에클레어, 살랑보, 를리지외즈, 시뉴, 파리 브레스트 등이 있다.

(2) 제조 방법

① 반죽

㉠ 슈 반죽은 물, 유지, 밀가루, 달걀, 소금을 주재료로 여기에 팽창이 잘되게 화학 팽창제 또는 탄산수소암모늄을 넣고 기호에 따라 설탕, 우유 등을 첨가한다.

㉡ 물에 소금과 유지를 넣고 끓인 후 밀가루를 넣고 저으면서 완전히 호화시킨다.

㉢ 60~65℃에서 냉각시킨 후 달걀을 소량씩 넣으면서 매끈한 반죽을 만든다.

② 정형

㉠ 짤 주머니에 지름 1cm 정도의 원형 깍지를 끼우고 반죽을 1/3 정도 채워 준다.

㉡ 지름 3cm 전후의 크기로 일정한 간격을 유지하며 균일하게 반죽을 짜 준다.

㉢ 슈 반죽은 오븐에 넣기 전에 반죽 표면이 완전히 적셔지도록 분무기로 물을 충분히 뿌려 준다.

③ 익히기

㉠ 오븐은 윗불 200℃, 아랫불 180℃로 예열한다.

㉡ 슈 반죽을 오븐에 균일한 간격으로 넣고 20~25분 정도 구우면서 팽창시킨다.

㉢ 표피가 거북이 등처럼 되고 밝은 갈색이 나면 윗불을 180℃로 높이고, 아랫불을 150℃로 낮추어 건조시키면서 굽는다. 총 굽는 시간은 30~35분 정도 소요된다.

㉣ 슈 굽기가 완료되면 식힘 망에서 냉각한다.

(3) 유의 사항

① 껍질 반죽은 액체 재료를 많이 사용하기 때문에 굽기 중 증기 발생으로 팽창한다.

② 너무 빠른 껍질 형성을 막기 위해 처음에 윗불을 약하게 한다.

③ 짜 놓은 반죽의 크기가 일정하지 않거나 간격을 너무 좁게 짜면 구울 때 서로 퍼지면서 붙게 된다.

④ 표면의 수분이 적정하면 껍질 형성을 지연시켜 부피를 좋게 하지만, 수분이 너무 많으면 과다한 수증기로 인해 부피가 작은 제품이 된다.

⑤ 짜 놓은 반죽을 장시간 방치하면 표면이 건조되어 마른 껍질이 만들어져 굽는 동안 팽창압력을 견디는 신장성을 잃게 된다.

⑥ 온도가 낮고 팬 오일이 적으면 슈 껍질의 밑면이 좁고 공 모양이 될 수 있다.

+ 괄호문제

다음 괄호 안에 알맞은 내용을 쓰시오.

①(　)는 구워진 모양이 양배추 같아 프랑스어로 양배추라는 의미의 이름이 붙여졌다.

② 슈 껍질 반죽은 액체 재료를 많이 사용하여 굽기 중 (　) 발생으로 팽창한다.

| 정답 |

① 슈

② 증기

확인! OX

슈 제조에 대한 설명이다. 옳으면 "O", 틀리면 "X"로 표시하시오.

1. 물, 유지, 밀가루, 이스트를 사용해 반죽한다. (　)
2. 너무 빨리 오븐에서 꺼내면 찌그러지거나 주저 앉을 수 있다. (　)

정답 1. X 2. O

| 해설 |

1. 슈 반죽의 주재료는 물, 유지, 밀가루, 달걀, 소금 등이다.

3. 파이

중요도 ★★☆

(1) 파이의 특징

① 구운 과자의 일종으로 반죽형 파이 반죽 과자이며 부풀림이 적다.

② 파이 반죽은 '깔개용 파이 반죽'을 말하며 쇼트 페이스트라고 부른다.

③ 껍질을 위아래로 덮은 제품에는 사과 파이, 파인애플 파이, 체리 파이 등이 있으며 밑면 껍질만 있는 제품에는 호두 파이, 고구마 파이 등이 있다.

(2) 제조 방법

① 반죽

㉠ 다른 재료의 맛과 향을 살리기 위해 반죽에 소금을 첨가한다.

㉡ 반죽은 18~22℃ 정도로 낮아야 한다.

㉢ 반죽 후 냉장고에 넣어 휴지시킨 후 사용한다.

② 정형

㉠ 휴지가 완성된 반죽을 덧가루 뿌린 면포 위에서 밀어 편다.

㉡ 팬의 크기에 맞게 자르고 껍질 가장자리에 물을 칠한 뒤 20℃ 이하로 식힌 충전물을 넣고 위 껍질을 얹는다.

㉢ 굽기 전 위 껍질에 달걀 물, 녹인 버터, 우유 중 하나를 발라 준다.

③ 익히기

㉠ 사과 파이 제조 시 윗불 200℃, 아랫불 240~270℃로 오븐을 예열하고, 20~25분간 굽는다.

㉡ 호두 파이 제조 시 윗불 170℃, 아랫불 160℃로 오븐을 예열하고 30~40분간 굽는다.

(3) 유의 사항

① 반죽을 너무 얇게 밀어 펴면 정형 공정 시 또는 구울 때 방출되는 증기에 의해 찢어지기 쉽고, 파치 반죽을 많이 사용하면 수축되기 쉽다. 밀어 펴기가 부적절하거나 고르지 않아도 찢어지기 쉽다.

② 성형 시 작업을 너무 많이 하거나 덧가루를 과도하게 사용한 반죽은 글루텐 발달에 의해 질긴 반죽이 되기 쉽다. 위 껍질을 너무 과도하게 늘려 파이 껍질의 가장자리를 봉합하면 구운 후 수축한다.

③ 파이 껍질의 둘레를 잘 봉하지 않거나 윗면에 구멍을 뚫어 놓지 않으면 구울 때 발생하는 수증기가 빠지지 못해 충전물이 흘러나온다. 바닥 껍질이 너무 얇으면 충전물이 넘친다.

④ 파이 껍질에 구멍을 뚫어 놓지 않거나 달걀 물을 과하게 칠하면 물집이 생긴다.

⑤ 충전물 배합이 부정확하거나, 양이 너무 많거나, 충전물에 설탕량이 많거나, 오븐 온도가 낮아 굽는 시간이 길면 충전물이 끓어 넘친다.

+ 괄호문제

다음 괄호 안에 알맞은 내용을 쓰시오.

① 파이 정형 시 반죽을 팬의 크기에 맞게 자르고 껍질 가장자리에 (　)을 칠한다.

② 파이 충전물에 (　)이 너무 많으면 구울 때 충전물이 흘러 넘친다.

| 정답 |

① 물

② 설탕

확인! OX

파이 제조에 대한 설명이다. 옳으면 "O", 틀리면 "X"로 표시하시오.

1. 반죽은 18~22℃ 정도로 품온이 낮아야 좋다. (　)
2. 반죽을 너무 얇게 펴면 파이 껍질이 질기고 단단해진다. (　)

정답 1. O 2. X

| 해설 |

2. 반죽을 너무 얇게 밀어 펴면 껍질이 찢어지기 쉽다.

진짜 통째로 외워온 문제

사과파이 제조 과정으로 바람직하지 않은 방법은?

① 휴지가 끝난 반죽에 덧가루를 뿌리고 밀대로 밀어준다.
② 반죽은 아랫부분보다 윗부분을 더 두껍게 한다.
③ 반죽 아랫부분을 포크로 구멍을 내준다.
④ 뚜껑 성형은 격자형이나 덮개형으로 한다.

해설
바닥은 0.3cm 두께로 밀고, 뚜껑은 0.2cm 두께로 밀어 바닥 반죽을 더 두껍게 한다.

정답 ②

4. 케이크 도넛

(1) 도넛의 특징

① 도넛은 팽창 방법에 따라 케이크 도넛과 빵 도넛 두 가지로 나뉘며, 케이크 도넛은 베이킹파우더를 이용하여 부풀린다.
② 모양이나 충전물, 아이싱 등을 다르게 하여 다양한 제품을 만들 수 있다.

(2) 제조 방법

① 반죽
㉠ 반죽기에 달걀, 설탕, 소금을 넣고 비터로 점성이 생길 때까지 섞어 준다.
㉡ 버터를 중탕으로 녹여 섞는다.
㉢ 체에 내린 중력분, 베이킹파우더, 베이킹소다를 모두 넣고 가볍게 섞어 한 덩어리로 만들고 비닐에 싸서 휴지시킨다.

② 정형
㉠ 휴지한 반죽은 한번에 밀어 펴기 좋은 양으로 분할하여 일정한 되기가 되도록 덧가루를 적당히 뿌리며 가볍게 치댄다.
㉡ 일정한 되기가 된 반죽은 덧가루를 적당히 뿌린 작업대 위에서 1cm 정도의 두께로 균일하게 밀어 편 후 비닐을 덮어 10분 정도 실온에서 휴지시킨다.
㉢ 휴지한 반죽은 자투리 반죽을 최소화하여 정형기를 사용하여 반죽을 찍어 낸다.
㉣ 철판에 옮겨 놓은 반죽은 비닐로 덮어 10~15분간 실온에서 휴지하여 튀김 중에 수축되는 것을 방지한다.

③ 익히기
㉠ 180~190℃에서 3~5분간 튀긴다.
㉡ 한 면을 튀기는 데 1분 30초 정도가 소요되며, 색이 나면 한 번만 뒤집어 준다.
㉢ 건져 내어 기름을 빼고 식힌다.

+괄호문제

다음 괄호 안에 알맞은 내용을 쓰시오.

① 케이크 도넛은 ( )를 이용하여 부풀린다.
② 도넛의 튀김 온도로는 ( ) 정도가 적당하다.

| 정답 |
① 베이킹파우더
② 180~190℃

확인! OX

케이크 도넛 제조에 대한 설명이다. 옳으면 "O", 틀리면 "X"로 표시하시오.

1. 반죽을 너무 오래 휴지하면 베이킹소다가 산화되어 튀길 때 볼륨이 작아진다. ( )
2. 튀길 때 여러 번 뒤집어 고루 익게 한다. ( )

정답 1. O 2. X

| 해설 |
2. 한 면을 튀기다가 색이 나면 한 번만 뒤집어 준다.

+괄호문제

다음 괄호 안에 알맞은 내용을 쓰시오.

① (　)이 많이 들어간 케이크 도넛 반죽은 팽창이 저해된다.
② 도넛 글레이즈 온도는 (　) 정도가 좋다.

| 정답 |
① 강력분
② 45~50℃

(3) 유의 사항

① 강력분이 많이 들어간 케이크 도넛 반죽은 단단하여 팽창을 저해하고, 10~20분간의 플로어 타임을 주지 않으면 반죽을 단단하게 한다. 반죽 완료 후부터 튀김 시간 전까지의 시간이 지나치게 경과한 경우에는 부피가 작다.
② 케이크 도넛 반죽이 너무 질거나 연하면 튀김 중 반죽의 퍼짐이 커져서 더 넓은 표면적이 기름과 접촉하게 되므로 도넛에 기름이 많아진다.
③ 밀어 펴기 시 두께가 일정하지 않거나 많은 양의 파치 반죽을 밀어서 성형한 경우 파치의 상에 따라 얇거나 두껍게 되어 모양과 크기가 균일하지 않다.
④ 밀어 펴기 시 과다한 덧가루는 튀긴 후에도 밀가루 흔적이 남아 색이 고르지 않다.
⑤ 튀기기 전에 플로어 타임을 주지 않으면 도넛 껍질이 터지는 현상이 발생한다.
⑥ 도넛 글레이즈 시 온도는 45~50℃ 정도가 좋다.

진짜 통째로 외워온 문제

케이크 도넛 제조 시 프리믹스 제품을 사용할 때 믹싱법은?

① 단단계법　② 크림법
③ 블렌딩법　④ 복합법

해설
프리믹스 제품이란 가정에서 손쉽게 요리할 수 있도록 밀가루 따위에 설탕, 버터 등을 배합한 분말 제품으로 단단계법(1단계법)으로 믹싱한다.

정답 ①

5. 밤과자

(1) 밤과자의 특징

① 밀가루, 메밀가루, 쌀가루 등으로 만든 반죽에 앙금을 넣고 싸서 찌거나 구운 과자이다.
② 앙금은 팥앙금 이외에 밤, 호두, 건포도 등을 첨가해 다양하게 만들 수 있다.

(2) 제조 방법

① 반죽
㉠ 달걀을 먼저 풀어 준 후 설탕, 물엿, 소금, 연유, 버터를 스테인리스 그릇에 넣고 설탕이 완전히 녹도록 중탕한다(이때 달걀이 지나치게 거품이 나지 않도록 주의).
㉡ 20℃로 식힌 다음 가루 재료를 넣고 나무 주걱을 이용하여 섞는다.
㉢ 반죽을 비닐에 넣거나 싸서 냉장고에서 20~30분 휴지시킨다.

확인! OX

케이크 도넛 제조 시 유의 사항에 대한 설명이다. 옳으면 "O", 틀리면 "X"로 표시하시오.

1. 케이크 도넛 제조 시 휴지를 짧게 하면 껍질 색이 진해진다. (　)
2. 케이크 도넛 반죽에 수분이 너무 적으면 도넛에 기름이 많아진다. (　)

정답 1. X 2. X

| 해설 |
1. 반죽의 휴지와 껍질 색은 관련이 없다.
2. 반죽에 수분이 많을 경우 흡유량은 많아진다.

② 정형

㉠ 휴지한 밤과자의 반죽은 덧가루를 적당량 사용하여 앙금과 같은 되기로 치댄다.

㉡ 반죽을 길게 늘려 적당량 분할하여 둥글리기하고 손바닥으로 눌러 납작하게 한다.

㉢ 한 손으로 반죽을 잡고 돌리면서 중앙에 흰 앙금을 조금씩 충전한다.

㉣ 이음매를 잘 봉합하고 살짝 누른 다음 아래쪽을 뾰족하게 해서 밤 모양으로 정형한다.

㉤ 뾰족한 부분의 반대쪽에 물을 묻혀 참깨를 찍어 묻힌 후 평철판에 팬닝한다.

㉥ 물을 약하게 분무하여 반죽 위의 덧가루를 제거한 후 건조시킨다.

㉦ 달걀노른자에 캐러멜 색소를 혼합하여 밤 색깔을 맞춘 후, 체에 걸러 표면의 물기가 마른 반죽 위에 깨가 묻은 부분을 제외한 윗면에 붓으로 2회 발라 준다.

③ 익히기

㉠ 오븐은 윗불 180℃, 아랫불 150℃로 예열하고 25분간 굽는다.

㉡ 밤과자 굽기가 완료되면 식힘 망에서 냉각한다.

(3) 유의 사항

① 중탕 후 충분히 냉각하지 않으면 가루 재료를 섞은 후 반죽이 질게 느껴지므로 주의한다.

② 반죽을 할 때 덧가루를 지나치게 많이 사용하면 구운 후 반죽이 터지므로 주의한다.

③ 반죽과 앙금의 되기가 맞지 않으면 구울 때 제품이 터질 수 있다.

④ 충전용 앙금이 중앙에 위치하도록 잘 싸야 구울 때 반죽 껍질이 터지지 않는다.

⑤ 캐러멜 색소는 한 번 바른 후 약간 마른 뒤에 다시 한 번 발라야 얼룩이 생기지 않고 제품 색이 고르게 난다.

진짜 통째로 외워온 문제

다음 중 표면 건조를 하지 않는 제품은 무엇인가?

① 슈 ② 밤과자
③ 마카롱 ④ 핑거쿠키

해설
슈는 굽기 전 물을 분무하거나 침지시키고 표면 건조를 하지 않는다.

정답 ①

+괄호문제

다음 괄호 안에 알맞은 내용을 쓰시오.

① 밤과자를 반죽할 때 (   )를 지나치게 사용하면 구운 후 반죽이 터질 수 있다.

② 밤과자 반죽과 앙금의 (   )가 맞아야 제품이 터지지 않는다.

| 정답 |
① 덧가루
② 되기

확인! OX

밤과자 제조 과정에 대한 설명이다. 옳으면 "O", 틀리면 "X"로 표시하시오.

1. 반죽을 한 덩어리로 만들어 즉시 분할한다. (   )
2. 정형 후 물을 뿌려 덧가루를 제거한다. (   )

정답 1. X 2. O

| 해설 |
1. 밤과자 반죽은 충분히 휴지시켜야 한다.

PART 05

빵류 제품 제조

CHAPTER 01

반죽 및 반죽관리

14% 출제율

출제포인트
- 반죽 작업 공정의 6단계
- 반죽법의 종류와 특징
- 반죽 온도의 계산

기출 키워드

반죽 작업 공정, 스트레이트법, 비상스트레이트법, 스펀지법, 액체발효법, 연속식 제빵법, 노타임 반죽법, 냉동 반죽법, 흡수율, 마찰계수, 사용수 온도, 얼음 사용량

제1절 반죽법의 종류 및 특징

1. 반죽

중요도 ★★★

(1) 반죽의 의의 및 목적

① 의의 : 모든 재료를 혼합하여 밀가루 단백질과 물을 결합시키고, 글루텐을 생성·발전시키며, 발효 중 전분이나 유지와 함께 이스트가 생성하는 이산화탄소를 보존할 수 있는 막을 형성하는 것이다.

② 목적

㉠ 밀가루에 물을 충분히 흡수시켜 글루텐 단백질을 결합시킨다.

㉡ 글루텐을 생성·발전시켜 반죽의 가소성, 탄력성, 점성, 신장성 등을 최적의 상태로 만든다.

(2) 반죽의 물리적 특성

① 탄성(탄력성) : 반죽을 늘이려고 할 때 다시 되돌아가려는 성질

② 점성(유동성) : 변형된 물체가 그 힘이 없어졌을 때 원래대로 되돌아가려는 성질

③ 점탄성 : 점성과 탄성을 동시에 가지고 있는 성질

④ 신장성 : 반죽이 늘어나는 성질

⑤ 가소성 : 일정한 모양을 유지할 수 있는 고체의 성질

⑥ 흐름성 : 반죽이 팬 또는 용기에 가득 차도록 흐르는 성질

(3) 반죽 작업 공정의 6단계(M. J 스튜어트 피거)

① 픽업 단계(pick-up stage) : 데니시 페이스트리

㉠ 가루 재료와 물이 균일하게 혼합되고 글루텐의 구조가 형성되기 시작하는 단계이다.

㉡ 반죽은 끈기가 없고 끈적거리며 거친 상태이다.

㉢ 믹싱속도는 저속을 유지한다.

② 클린업 단계(clean-up stage) : 스펀지법의 스펀지 반죽

㉠ 반죽기의 속도를 저속에서 중속으로 바꾼다.

㉡ 수분이 밀가루에 완전히 흡수되어 한 덩어리의 반죽이 만들어지는 단계이다.

㉢ 밀가루의 수화가 끝나고 글루텐이 조금씩 결합하기 시작한다.

㉣ 글루텐 결합이 작아 반죽을 펼쳐 보면 두꺼운 채로 잘 끊어진다.

㉤ 이 단계에서 유지를 넣으면 믹싱 시간이 단축된다.

㉥ 대체적으로 냉장 발효 빵 반죽은 이 단계에서 반죽을 마친다.

③ 발전 단계(development stage) : 하스 브레드

㉠ 반죽의 탄력성이 최대가 되며 믹서의 최대 에너지가 요구된다.

㉡ 반죽이 훅에 엉겨 붙고 볼에 부딪힐 때 건조하고 둔탁한 소리가 난다.

㉢ 프랑스빵이나 공정이 많은 빵 반죽은 이 단계에서 반죽을 그친다.

④ 최종 단계(final stage) : 식빵, 단과자빵

㉠ 글루텐이 결합하는 마지막 단계로 신장성이 최대가 된다.

㉡ 반죽이 반투명하고 믹서볼의 안벽을 치는 소리가 규칙적이며 경쾌하게 들린다.

㉢ 반죽을 조금 떼어내 두 손으로 잡아당기면 찢어지지 않고 얇게 늘어난다.

㉣ 대부분 빵류의 반죽은 이 단계에서 반죽을 마친다.

⑤ 렛다운 단계(let down stage) : 햄버거빵, 잉글리시 머핀

㉠ 글루텐이 결합함과 동시에 다른 한쪽에서 끊기는 단계이다.

㉡ 반죽이 탄력성을 잃고 신장성이 커져 고무줄처럼 늘어지며 점성이 많아지는 과반죽 단계이다.

㉢ 잉글리시 머핀 반죽은 모든 빵 반죽에서 가장 오래 믹싱한다.

⑥ 브레이크다운 단계(break down stage)

㉠ 글루텐이 더 이상 결합하지 못하고 끊기기만 하는 단계이다.

㉡ 구우면 오븐 팽창(oven spring)이 일어나지 않아 표피와 속결이 거친 제품이 나오는데 이는 빵 반죽으로서 가치를 상실한 것이다.

+ 괄호문제

다음 괄호 안에 알맞은 내용을 쓰시오.

① 반죽이 늘어나는 성질과 관련된 것은 반죽의 ( )이다.

② 빵 반죽의 특성 중 일정한 모양을 유지할 수 있는 고체의 성질은 ( )이다.

| 정답 |

① 신장성

② 가소성

확인! OX

반죽 작업 공정에 대한 설명이다. 옳으면 "O", 틀리면 "X"로 표시하시오.

1. 반죽기의 속도를 저속에서 중속으로 바꾸는 단계는 픽업 단계이다. ( )
2. 우유식빵 반죽은 최종 단계에서 마무리한다. ( )

정답 1. X 2. O

| 해설 |

1. 클린업 단계에서 반죽기의 속도를 저속에서 중속으로 바꾼다.

(4) 반죽의 흡수율에 영향을 미치는 요소

① 밀가루 : 1% 증가 시 물 흡수율이 1.5~2% 증가한다.
② 손상전분 : 1% 증가 시 물 흡수율이 2% 증가한다.
③ 설탕 : 5% 증가 시 물 흡수율이 1% 감소한다.
④ 분유 : 1% 증가 시 물 흡수율이 0.75~1% 증가한다.
⑤ 연수 : 연수를 사용하면 물 흡수율이 감소하고, 경수를 사용하면 물 흡수율이 증가한다.
⑥ 반죽 온도 : 5℃ 증가 시 물 흡수율이 3% 감소한다.
⑦ 소금 : 소금을 반죽의 픽업 단계에서 넣으면 물 흡수율이 8% 감소하고, 반죽의 클린업 단계 직후에 넣으면 물 흡수율이 증가한다(후염법).

(5) 반죽 시간에 영향을 미치는 요소

① 반죽기의 회전속도와 반죽 양 : 반죽기 회전속도가 빠르고 반죽량이 적으면 반죽 시간이 짧고, 반죽기 회전속도가 느리고 반죽량이 많으면 시간이 길어진다.
② 소금 : 글루텐 형성을 촉진하여 반죽의 탄력성을 키우므로 반죽 시간이 늘어난다.
③ 탈지분유 : 글루텐 형성을 늦추므로 반죽 시간이 늘어난다.
④ 설탕 : 글루텐 결합을 방해하여 반죽의 신장성을 키우므로 반죽 시간이 늘어난다.
⑤ 밀가루 : 단백질의 질이 좋고 양이 많으면 반죽 시간이 길어진다.
⑥ 흡수율 : 흡수율이 높을수록 반죽 시간이 짧아진다.
⑦ 스펀지 양 : 스펀지 배합 비율이 높고 발효 시간이 길수록 본반죽의 반죽 시간이 짧아진다.
⑧ 반죽 온도 : 반죽 온도가 높을수록 반죽 시간이 짧아진다.
⑨ 반죽 되기 : 반죽 되기가 될수록 반죽 시간이 짧아진다.
⑩ 산도 : 산도가 낮을수록 반죽 시간이 짧아지고 최종 단계의 폭이 좁아진다.
⑪ pH : pH 5.0에서 반죽 시간이 길어지고 pH 5.5 이상에서 반죽 시간이 짧아진다.
⑫ 유지 : 클린업 단계에서 유지 투입 시 반죽 시간이 감소한다.

+ 괄호문제

다음 괄호 안에 알맞은 내용을 쓰시오.

① 빵 반죽의 단계 중 탄력성이 가장 높은 단계는 (   ) 단계이다.
② 후염법으로 반죽 시 소금을 첨가하는 단계는 (   ) 단계이다.

| 정답 |
① 발전
② 클린업

확인! OX

반죽 작업 공정에 대한 설명이다. 옳으면 "O", 틀리면 "X"로 표시하시오.

1. 픽업 단계에서 믹싱을 완료해도 되는 제품은 식빵이다. (   )
2. 빵 반죽의 단계 중 신장성이 가장 높은 단계는 최종 단계이다. (   )

정답 1. X 2. O

| 해설 |
1. 식빵은 최종 단계에서 믹싱을 완료한다.

2. 스트레이트법

중요도 ★★★

(1) 특징

① 전 재료를 한 번에 넣고 혼합하는 공정이다.

② 적정 혼합 시간은 15~25분, 반죽 온도는 24~28℃, 발효 시간은 1.5~3시간이다.

③ 스트레이트법의 장단점

장점	단점
• 발효 손실이 적음 • 노동력과 시간 절감 • 제조 공정과 설비 절감 • 맛과 향이 신선함 • 믹싱 내구력이 좋음	• 노화가 빠름 • 발효 내구성이 나쁨 • 공정의 수정이 어려움 • 기계 내성이 약함

(2) 제조 공정

반죽 → 1차 발효 → 분할 → 둥글리기 → 중간발효 → 성형 → 팬닝 → 2차 발효 → 굽기 → 냉각 → 포장

(3) 스트레이트법 반죽 시 식빵별 반죽 단계

건포도식빵 반죽	최종 단계에서 마무리하고 건포도는 최종 단계에서 혼합함
우유식빵 반죽	설탕 함량이 10% 이하인 저율 배합이며, 물 대신 우유를 사용함
옥수수식빵 반죽	최종 단계 초기로 일반 식빵의 80% 정도까지 반죽함
쌀식빵 반죽	쌀가루가 포함되어 일반 식빵에 비해 글루텐을 형성하는 단백질이 부족하여 쌀식빵 반죽이 과할 시 반죽이 끈끈해지고 글루텐 막이 쉽게 찢어짐. 따라서 반죽은 발전 단계 후기로 일반 식빵의 80% 정도까지 반죽하며, 반죽 온도는 27℃ 정도로 함

3. 스펀지법

중요도 ★★★

(1) 특징

① 재료를 나누어 2번 믹싱하고 2번 발효하는 방법이다.

② 스펀지법 또는 중종법(발효종)이라고 한다.

③ 스펀지 반죽(첫 번째 반죽) 온도는 22~26℃(보통 24℃), 발효 시간은 3~5시간, 본반죽(두 번째 반죽) 온도는 27℃가 되게 한다.

④ 스펀지 반죽 재료 : 밀가루, 물, 이스트, 이스트 푸드

⑤ 반죽에 밀가루 비율을 늘리면 생기는 현상

㉠ 부피가 커지고 풍미가 증가한다.

㉡ 본반죽 시간이 단축되고 플로어 타임이 감소된다.

㉢ 신장성이 증가한다.

+ 괄호문제

다음 괄호 안에 알맞은 내용을 쓰시오.

① 스펀지법에서 스펀지 반죽에 사용하는 일반적인 밀가루의 사용 범위는 ( )%이다.

② 빵 반죽 시 손상전분이 적량 이상이면 ( )이 증가한다.

| 정답 |

① 60~100

② 흡수율

확인! OX

반죽의 흡수율에 대한 설명이다. 옳으면 "O", 틀리면 "X"로 표시하시오.

1. 물의 경도는 반죽의 흡수율에 영향을 미친다. ( )
2. 반죽의 온도, 소금의 첨가 시기는 반죽의 흡수율에 영향을 미친다. ( )

정답 1. O 2. O

+괄호문제

다음 괄호 안에 알맞은 내용을 쓰시오.

① 스트레이트법으로 빵을 만들 때 일반적인 반죽 온도는 (　)℃이다.
② 제빵의 플로어 타임을 길게 주어야 할 경우는 반죽 온도가 (높을/낮을) 때이다.

| 정답 |
① 24~28
② 낮을

⑥ 스펀지법의 장단점

장점	단점
• 부피가 크고 속결이 부드러움 • 노화가 지연되어 저장성이 좋음 • 공정의 융통성이 있음 • 발효 내구성과 기계 내구성이 좋음	• 발효 손실 증가 • 노동력과 시간 증가 • 시설비 증가

(2) 제조 공정

스펀지 반죽 → 스펀지 발효 → 본반죽 → 플로어 타임 → 분할 → 둥글리기 → 벤치 타임 → 성형 → 팬닝 → 2차 발효 → 굽기 → 냉각 → 포장

① 스펀지 발효
㉠ 밀가루의 전분을 발효성 당으로 전환시키는 효소인 아밀레이스가 충분히 함유되어야 한다.
㉡ 스펀지 발효에서는 밀가루 내의 아밀레이스 활성도와 양에 따라 이스트 먹이의 공급량이 결정되며, 이는 결과적으로 발효 속도에 큰 영향을 미친다.

② 본반죽
㉠ 본반죽의 혼합 시간은 8~12분, 최종 반죽의 온도는 26~28℃가 되도록 한다.
㉡ 스펀지법의 1차 발효 과정을 플로어 타임(floor time)이라 부르며, 10~30분 정도 발효시킨다.
㉢ 플로어 타임을 주는 동안에도 글루텐을 조절하여 더 안정한 구조를 형성시킨다.

③ 플로어 타임(floor time)
㉠ 발효가 완료된 스펀지는 반죽의 나머지 재료와 반죽하고 플로어 타임을 가진다.
㉡ 10~40분 내외로, 반죽의 점착성을 줄이고 숙성도를 조절하기 위한 공정이다.
㉢ 플로어 타임이 길면 탄력성이 커지고, 너무 짧으면 반죽이 끈적거린다.
㉣ 반죽 온도가 낮은 경우 플로어 타임이나 발효 시간을 길게 주어야 한다.

진짜 통째로 외워온 문제

스펀지 반죽법에서 스펀지 반죽에 들어가는 재료가 아닌 것은?

① 이스트　② 물
③ 설탕　④ 밀가루

해설
스펀지 반죽의 기본 재료는 밀가루, 생이스트, 이스트 푸드, 물 등이다. 설탕, 버터 등은 본반죽 시 사용한다.

정답 ③

확인! OX

스펀지/도법의 특징에 대한 설명이다. 옳으면 "O", 틀리면 "X"로 표시하시오.

1. 작업공정에 대한 융통성이 있다. (　)
2. 다른 반죽법에 비해 노동력이 절약된다. (　)

정답 1. O 2. X

| 해설 |
2. 스펀지/도법은 발효 손실이 크고 시설비・노동력이 많이 든다.

(3) 스펀지법(중종법)의 종류

① 오버나이트 스펀지법

㉠ 장시간의 스펀지법 일종으로 스펀지를 12~24시간 발효시키는 것이다.

㉡ 이스트는 0.5~1.0% 사용하고 소량의 소금 0.3%를 첨가한다.

㉢ 극소량의 이스트를 사용하여 반죽 속에 내재되어 있던 미생물, 특히 젖산균이 발효에 관여하게 함으로써 반죽의 신장성을 높이고 저장성을 증가시킨다.

㉣ 노화 지연으로 저장성이 높은 장점이 있으나, 발효 손실이 매우 크다.

㉤ 생산력이 부족하거나 협소한 공간에서 여러 가지 작업을 진행할 경우 효과적이다.

② 오토리즈(autolyse)법

㉠ 물과 밀가루만을 저속으로 2~3분 혼합한 후 짧게는 30분에서 최대 12시간 반죽을 수화시킨 다음 나머지 재료를 넣어 반죽하는 것을 말한다.

㉡ 밀가루 속에 있는 효소가 전분과 단백질을 분해시켜, 전분은 당으로 바뀌고 단백질은 글루텐으로 재결성된다.

㉢ 휴지되는 동안 밀가루와 물이 충분한 수화를 이루어 신장성이 향상되고 글루텐이 활성화된다.

㉣ 프랑스빵이나 저율 배합 빵에 많이 사용하는 방법이다.

③ 풀리시(poolish)법

㉠ 물과 밀가루 1대 1의 양에 소량의 이스트를 넣어 발효시킨 반죽이다. 전체적으로 들어가는 물의 양 50%에 물과 동일한 양의 밀가루, 이스트의 일부 또는 전량을 혼합하여 짧게는 2시간, 최대 24시간 휴지・발효시킨 후 본반죽에 넣어 사용한다.

㉡ 풀리시에 들어가는 이스트의 양은 발효 시간에 따라 달라진다.

④ 비가(biga)법

㉠ 이탈리아에서 유래한 반죽이며, 밀가루 100%, 물 60%, 이스트 0.4%를 고르게 혼합하여 24시간 발효시킨 후 사용하는 것이다.

㉡ 풀리시법보다 된 반죽으로 발효시켜 사용하는 방법이다.

⑤ 마스터 스펀지법

㉠ 스펀지 반죽을 1차 발효한 후, 하나의 스펀지 반죽으로 2~4개의 도(dough, 도우)를 제조하는 방법이다.

㉡ 노동력과 시간이 절약된다.

+괄호문제

다음 괄호 안에 알맞은 내용을 쓰시오.

① 오토리즈법, 액체발효법, 풀리시법, 비가법 중 스펀지법(중종법)의 종류가 아닌 것은 (   )이다.

② 프랑스빵이나 저율 배합 빵에 많이 사용하는 방법으로, 물과 밀가루만을 저속으로 2~3분 혼합한 후 휴지시킨 반죽법은 (   )이다.

| 정답 |

① 액체발효법

② 오토리즈법

확인! OX

스펀지법에 대한 설명이다. 옳으면 "O", 틀리면 "X"로 표시하시오.

1. 마스터 스펀지법은 하나의 스펀지 반죽으로 2~4개의 도(dough)를 제조하는 것이다. (   )

2. 스트레이트법과 비교하였을 때 발효 내구성이 좋다. (   )

정답 1. O 2. O

4. 액체발효 혼합법 등 기타 반죽법

중요도 ★★★

(1) 액체발효법

① 아드미(ADMI)법, 액종법이라고도 한다.

② 스펀지와 같은 역할을 하는 액체 발효종을 만들고 여기에 나머지 가루와 재료를 더해 본반죽을 완성시키는 반죽법이다.

③ 스펀지 발효에서 생기는 결함을 없애기 위해 만들어진 방법이다.

④ 액종의 온도는 30℃이며, 액종 재료는 물, 이스트, 설탕, 이스트 푸드, 분유(완충제)가 있다.

⑤ 공간・설비가 감소되고 균일한 제품 생산이 가능하다.

⑥ 발효 손실이 감소되고 내구력이 약한 밀가루 사용도 가능하다.

⑦ 환원제, 산화제, 연화제를 사용해야 하는 단점이 있다.

(2) 비상스트레이트법(비상반죽법)

① 스트레이트법에서 변형된 방법으로, 이스트의 사용량을 늘려 발효 시간을 단축시키는 방법이다.

② 기계 고장, 갑작스러운 주문, 작업 계획에 차질이 생겼을 때 사용하는 방법이다.

③ 스트레이트법 → 비상스트레이트법 전환 시 조치사항

구분	조치사항	내용
필수적 조치	생이스트 사용량 2배 증가	발효 속도 촉진
	반죽 온도 30℃	발효 속도 촉진
	물의 양 1% 감소	작업성 향상
	설탕 사용량 1% 감소	발효 시간의 단축으로 인하여 잔류당 증가, 껍질 색 조절
	반죽 시간 20~25% 증가	반죽의 기계적 발달 촉진, 글루텐 숙성 보완
	1차 발효 시간 15~30분	공정 시간 단축
선택적 조치	소금 사용량 1.75%까지 감소	삼투압 현상에 의한 이스트 활동 저해 감소
	탈지분유 1% 감소	발효 속도를 조절하는 완충제 역할로 인한 발효 시간 지연 조절
	제빵 개량제 증가	이스트의 활동을 촉진하는 역할
	식초, 젖산 첨가	짧은 발효 시간으로 인한 pH 조절

④ 비상스트레이트법의 장단점

장점	단점
• 공정의 단축 • 노동력 절감 • 갑작스러운 주문에 대처가 용이	• 제품 부피가 불규칙 • 이스트 냄새 증가 • 노화가 빨라 저장성 감소

+ 괄호문제

다음 괄호 안에 알맞은 내용을 쓰시오.

① 스펀지 발효에서 생기는 결함을 없애기 위하여 만들어진 제조법으로 ADMI법이라고도 불리는 제빵법은 (   ) 이다.

② 비상스트레이트법으로 빵을 만들 때 가장 알맞은 반죽 온도는 (   )℃이다.

| 정답 |
① 액체발효법
② 30

확인! OX

스트레이트법을 비상스트레이트법으로 변경할 때 필수 조치사항에 대한 설명이다. 옳으면 "O", 틀리면 "X"로 표시하시오.

1. 이스트를 2배 증가하여 사용한다. (   )
2. 반죽 시간을 20~25% 감소한다. (   )

정답 1. O 2. X

| 해설 |
2. 반죽 시간을 20~25% 증가시킨다.

(3) 연속식 제빵법

① 액체발효법에서 파생된 방법이며 액종 온도는 30℃이다.

② 연속적인 작업이 하나의 제조라인을 통하여 이루어지도록 한 방법이다(대규모 공장에서 대량 생산 시 적합).

③ 3~4기압의 디벨로퍼로 반죽을 제조하므로 많은 양의 산화제가 필요하다.

④ 연속식 제빵법의 장단점

장점	단점
• 설비공간 · 설비면적 감소 • 노동력 감소 • 발효 손실 감소	• 초기시설 투자비용이 많이 듦 • 산화제 첨가로 발효향 감소

(4) 노타임 반죽법(no-time dough method)

① 무발효법 또는 발효 시간을 줄여주는 방법이다.

② 산화제(브롬산칼륨)와 환원제(L-시스테인)를 함께 사용한다.

③ 이스트 사용량은 늘리고 물의 양은 1% 정도 줄이며 설탕 사용량은 감소시킨다.

④ 반죽 온도는 30℃이다.

⑤ 노타임 반죽법의 장단점

장점	단점
• 믹싱 · 발효 시간 감소 • 기계의 내구성이 좋음 • 반죽이 부드럽고 흡수율이 좋음 • 내상이 균일하고 조밀함	• 제품의 광택이 없음 • 식감 및 풍미가 좋지 않음 • 제품의 질이 고르지 않음

(5) 냉동 반죽법(frozen dough method)

① 1차 발효 또는 성형을 끝낸 반죽을 냉동 저장하는 방법이다.

② -40℃에서 급속 냉동 후 -20℃에서 저장하는 반죽법이다(급속 동결법).

③ 해동은 저온(냉장)에서 한다.

④ 전용 이스트 사용이 증가한다.

⑤ 반죽 온도는 21~24℃이다.

⑥ 냉동 반죽법의 장단점

장점	단점
• 분할 · 성형하여 필요할 때마다 쓸 수 있음 • 생산성 향상 • 야간작업, 휴일 대체 가능 • 다품종 소량 생산 가능 • 운송 · 배달 용이 • 신선한 빵을 자주 제공하는 것이 가능함 • 설비 및 공간 감소, 노동력 및 인력 감소	• 이스트 사멸로 가스 발생력, 보유력 저하 • 환원성 물질로 인한 반죽 끈적거림 • 반죽이 퍼지기 쉬움 • 다량의 산화제 사용

+ 괄호문제

다음 괄호 안에 알맞은 내용을 쓰시오.

① 액체발효법을 한 단계 발전시켜 연속적인 작업이 하나의 제조라인을 통하여 이루어지도록 한 방법은 ( )이다.

② 오랜 시간 발효 과정을 거치지 않고 혼합 후 정형하여 2차 발효를 하는 제빵법은 ( )이다.

| 정답 |
① 연속식 제빵법
② 노타임 반죽법

확인! OX

연속식 제빵법의 특징에 대한 설명이다. 옳으면 "O", 틀리면 "X"로 표시하시오.

1. 설비공간과 설비면적이 감소된다. ( )
2. 일시적 기계구입 비용이 경감된다. ( )

정답 1. O 2. X

| 해설 |
2. 일시적으로 설비 투자가 많이 든다.

(6) 천연발효법

① 천연액종발효법

㉠ 빵의 발효에 사용되는 이스트를 곡물이나 과일 등에서 천연효모를 채취하여 만드는 방법이다.

㉡ 천연발효종으로 안정도가 높은 재료로는 건포도, 사과, 유산균이 함유된 요거트가 있다.

㉢ 다양한 균의 활동으로 특유의 풍미를 가진 빵이 만들어진다.

② 호밀 사워반죽(sour dough)

㉠ 산미를 띤 발효 반죽으로 '신 반죽'이라고도 한다.

㉡ 호밀빵을 만들 때 필요한 발효종으로 호밀과 물을 반죽한 후 며칠 동안 숙성시키면 종이 산화한다. 이 산과 발효 부산물이 독특한 풍미를 만든다.

㉢ 사워종을 배합하면 반죽 기포가 형성되어 촉촉해지면서 식감이 좋게 된다.

㉣ 제빵에 사워를 사용하는 목적은 풍미를 주고 팽창효과를 얻기 위해서이다.

㉤ 사워를 발효시켜 빵의 풍미에 영향을 주는 미생물로는 젖산균이 있다.

제2절 반죽의 결과 온도

1. 반죽 온도

① 반죽 온도는 반죽의 흡수율, 발효 속도, 품질에 크게 영향을 미치므로 일정하게 조절해야 한다.

② 보통 빵은 24~30℃의 범위로 반죽한다.

③ 오븐에 구울 때 이스트의 최적 온도는 32~35℃이다.

④ 2차 발효 단계에서 저배합 반죽의 경우에는 32~33℃인 경우 3~4℃, 소프트계의 경우에는 35℃의 정도에서 5~6℃ 상승한다.

+ 괄호문제

다음 괄호 안에 알맞은 내용을 쓰시오.

① 냉동 반죽법은 반죽을 (급속/완만)하게 냉동하고 (급속/완만)하게 해동한다.

② 냉동 반죽법은 이스트 활력이 감소하여 (   )이 떨어지고 반죽이 퍼지기 쉽다는 단점이 있다.

| 정답 |

① 급속, 완만

② 가스 발생력

확인! OX

냉동 반죽법에 대한 설명이다. 옳으면 "O", 틀리면 "X"로 표시하시오.

1. 냉동 반죽법은 급속 동결 방식이다. (   )
2. 분할, 성형하여 필요할 때마다 쓸 수 있어 편리하다. (   )

정답 1. O 2. O

2. 반죽 온도의 계산

중요도 ★★★

(1) 스트레이트법(직접법) 반죽 온도의 계산

- 마찰계수 = (반죽 결과 온도* × 3**) − (실내 온도 + 밀가루 온도 + 수돗물 온도)
  *반죽 결과 온도 : 마찰계수를 고려하지 않은 상태에서의 반죽 혼합 후 측정한 온도
  **3 : 온도에 영향을 주는 인자의 개수
- 사용할 물의 온도 = (반죽 희망 온도* × 3) − (실내 온도 + 밀가루 온도 + 마찰계수)
  *반죽 희망 온도 : 반죽 후 원하는 결과 온도
- 얼음 사용량 = 물 사용량 × $\frac{\text{수돗물 온도} - \text{사용할 물의 온도}}{80^{*} + \text{수돗물 온도}}$
  *80 : 섭씨일 때 물 1g이 얼음 1g으로 되는 데 필요한 열량 계수

(2) 스펀지법 반죽(본반죽) 온도의 계산

- 마찰계수 = (반죽 결과 온도 × 4) − (실내 온도 + 밀가루 온도 + 수돗물 온도 + 스펀지 반죽 온도)
- 사용할 물의 온도 = (반죽 희망 온도 × 4) − (실내 온도 + 밀가루 온도 + 마찰계수 + 스펀지 반죽 온도)
- 얼음 사용량 = 물 사용량 × $\frac{\text{수돗물 온도} - \text{사용할 물의 온도}}{80 + \text{수돗물 온도}}$

진짜 통째로 외워온 문제

스트레이트법으로 식빵을 만드는데 실내 온도 15℃, 수돗물 온도 10℃, 밀가루 온도 13℃일 때 믹싱 후의 반죽 온도가 21℃가 되었다면 이때 마찰계수는?

① 5 ② 10
③ 20 ④ 25

해설

마찰계수 = (반죽 결과 온도 × 3) − (실내 온도 + 밀가루 온도 + 수돗물 온도)
= (21 × 3) − (15 + 13 + 10) = 25

정답 ④

+괄호문제

다음 괄호 안에 알맞은 내용을 쓰시오.

① 수돗물 온도 20℃, 사용할 물 온도 18℃, 사용한 물의 양 5kg일 때 얼음 사용량은 ( )g이다.

② 직접 반죽법으로 식빵을 제조하려고 한다. 실내 온도 23℃, 밀가루 온도 23℃, 수돗물 온도 20℃, 마찰계수 20일 때 희망하는 반죽 온도를 28℃로 만들려면 사용해야 될 물의 온도는 ( )℃이다.

| 정답 |
① 100
② 18

확인! OX

반죽 온도 조절을 위해 고려해야 할 사항에 대한 설명이다. 옳으면 "O", 틀리면 "X"로 표시하시오.

1. 마찰계수를 구하기 위한 필수적인 요소는 반죽 결과 온도, 원재료 온도, 사용되는 물 온도, 작업장 상대습도이다. ( )
2. 기준되는 반죽 온도보다 결과 온도가 높다면 사용하는 물(배합수) 일부를 얼음으로 사용하여 희망하는 반죽 온도를 맞춘다. ( )

정답 1. X 2. O

| 해설 |
1. 마찰계수 계산에 필수적인 요소에 작업장 상대습도는 포함되지 않는다.

CHAPTER 02

반죽 발효관리

8% 출제율

출제포인트
- 발효의 정의
- 발효 시간의 계산
- 발효에 영향을 주는 요소

기출 키워드

발효, 1차 발효, 스펀지 발효, 발효 완료점, 발효 손실, 발효 온도, 발효 시간, 액종, 펀치, 어린 반죽

제1절 발효 조건 및 상태 관리

1. 발효의 개요

(1) 발효

① 완성된 반죽을 적절히 팽창시키는 과정을 말한다.

② 발효과정에서 반죽에 있는 이스트(yeast)가 발효성 당인 탄수화물을 분해하여 알코올과 이산화탄소를 생성하며 열을 발생시킨다.

③ 발효가 잘된 반죽은 부드러운 빵을 만들 수 있고 빵의 노화를 지연시킨다.

④ 발효에 필수적인 재료는 밀가루, 이스트, 물이다.

(2) 발효의 목적

① 반죽의 팽창작용

㉠ 이스트가 혐기성 상태에서 다당류 및 이당류를 포도당으로 분해하여 이산화탄소를 생성하고 이산화탄소를 글루텐이 포집하여 반죽이 팽창된다.

㉡ 발효는 최적의 제품 생산을 위해 최적의 이산화탄소 발생력과 가스 포집력을 일치시키는 과정이다.

② 반죽의 숙성작용

㉠ 발효 중 생성된 유기산, 알코올은 전체 반죽의 산도를 높여 글루텐을 연하게 하므로 가스 포집력과 가스 보유능력이 개선된다.

㉡ 신장성이 좋은 구조로 만들어 기포 사이의 막을 얇게 한다.

③ **빵의 풍미 생성** : 발효과정에서 이스트, 유산균은 당을 분해하여 알코올, 유기산, 에스터, 알데하이드 같은 방향성 물질을 생성함으로써 빵의 맛과 향을 부여한다.

(3) 발효 시 물리적 · 화학적 변화

① 반죽은 팽창하고 반죽 온도는 상승한다.

② 발효 시 유기산이 생성되어 pH는 낮아지고 총산도는 증가한다. 스트레이트법 반죽은 pH 5.5~5.8 정도이지만 발효가 완료되면 pH 5.0~5.2로 낮아진다.

③ 반죽의 pH가 낮아지므로 반죽의 신전성과 탄력성이 변화된다. 반죽을 잡아 늘이면 찢어지고 글루텐은 연해져서 생물학적 숙성이 이루어진다.

④ 발효가 잘된 반죽은 취급성이 좋아서 이후의 공정인 분할, 둥글리기, 정형 등이 쉽게 된다.

⑤ 발효 중 생성되는 알코올과 휘발성 산은 빵의 향과 맛을 좋게 한다.

(4) 발효기(발효실)

혼합된 반죽을 넣어서 발효시키는 기계 또는 방을 말하며 온도와 습도를 맞출 수 있는 조절기, 일정한 온도와 습도를 유지하기 위한 공기 순환 장치가 달려 있다.

2. 발효에 영향을 주는 요소

중요도 ★★☆

(1) 재료

① 이스트

㉠ 이스트 양을 줄이면 발효 시간이 길어지고, 이스트 양을 늘리면 발효 시간이 짧아진다.

㉡ 발효 시간 변경 시 이스트 사용량 공식

> 정상 이스트 양(Y) × 정상 발효 시간(T) = 변경할 이스트 양(X) × 변경할 발효 시간(T_1)

㉢ 발효 시간 변경에 따른 이스트 사용량 계산의 예

> Q. 스펀지 발효에서 이스트 사용량이 2 Baker's%(베이커스 퍼센트)이고, 발효 시간이 4시간인 계획에서 생산 시간을 단축하고자 발효 시간을 3시간으로 줄인다면, 변경할 이스트 양을 구하시오.
>
> A. 발효 시간 변경 시 이스트 사용량 공식에 따라
> $Y \times T = X \times T_1$에서 $2 \times 4 = X \times 3$
> $\therefore X = 2.66\% \fallingdotseq 2.7\%$
> 즉, 발효 시간을 4시간에서 3시간으로 줄이고자 한다면, 이스트 사용량은 2 베이커스 퍼센트에서 2.7 베이커스 퍼센트로 증가시켜야 한다.

② **발효성 당** : 발효성 당 농도 5%까지는 이스트에 의한 이산화탄소 발생량이 증가하나 그 이상에서는 삼투압 작용에 의해 활성이 저해되므로, 5% 이상 사용 시 이스트 양을 증가시켜야 한다.

+괄호문제

다음 괄호 안에 알맞은 내용을 쓰시오.

① 빵 반죽의 이스트 발효 시 주로 생성되는 물질은 (　)과 (　)이다.

② 반죽의 (　) 목적으로 향 생성, 반죽의 숙성작용, 팽창작용을 들 수 있다.

| 정답 |
① 알코올, 이산화탄소
② 발효

확인! OX

발효에 대한 설명이다. 옳으면 "O", 틀리면 "X"로 표시하시오.

1. 발효에 직접적으로 영향을 주는 요소는 반죽 온도, 달걀의 신선도, 이스트의 양이다. (　)
2. 소금을 많이 사용할 때, 가스 발생량이 많아져 발효가 빨라진다. (　)

정답 1. X 2. X

| 해설 |
1. 발효에 영향을 주는 요소 : 이스트의 양, 반죽 온도, 반죽의 산도, 삼투압, 당, 소금, 이스트 푸드 등
2. 소금이 1% 이상으로 많으면 삼투압으로 인해 이스트의 활성이 저해된다.

③ 소금

㉠ 소금은 설탕과 마찬가지로 이스트에 삼투압이 작용하여 발효에 저해된다.

㉡ 1% 이상은 이스트 발효를 지연시키며 이보다 양이 증가하면 발효는 더욱 지연된다.

④ **분유** : 함유 단백질이 발효 시 완충작용을 하므로 발효를 지연시킨다.

⑤ **밀가루** : 밀가루의 단백질은 완충작용을 하므로 발효를 지연시킨다.

⑥ **이스트 푸드** : 이스트 푸드는 물 조절제, 이스트 조절제, 증량제 등으로 구성되어 발효를 조절할 수 있다.

(2) 반죽 온도

① 이스트는 냉장 온도(0~4℃)에서는 휴면상태로 활성이 거의 없으나 온도가 상승하면 활성이 증가하고 35~40℃에서 최대가 된다.

② 60℃가 되면 이스트가 사멸한다.

(3) 반죽 산도

① 이스트 발효의 최적 pH는 4.5~5.8이지만, pH 2.0 이하나 8.5 이상에서는 활성이 현저히 떨어진다.

② 스펀지 반죽의 pH는 5.5이지만, 4시간 발효가 되면 pH가 4.7~4.8로 이스트에 최적인 상태가 된다.

(4) 삼투압

설탕은 약 5% 이상, 소금은 1% 이상일 때 삼투압으로 인해 이스트의 활성이 저해된다.

3. 1차 발효

중요도 ★★☆

(1) 1차 발효의 목적

① 반죽의 가스 생산과 가스 보유력이 최대한 평행하게 일어나게 하여 빵의 부피, 속결, 조직상태, 껍질 색 등 빵의 특성이 잘 나타나게 한다.

② 제조 공정상 1차 발효 공정에서 가장 많은 시간을 단축할 수 있다.

(2) 1차 발효의 조건

① 일반적으로 1차 발효실 온도는 27℃, 상대습도는 75~80%로 조절한다.

② 발효실 온도가 27℃보다 낮으면 발효가 지연되고, 27℃보다 높으면 이스트 외 다른 미생물이 발효에 관여한다.

③ 상대습도가 70%보다 낮으면 발효가 지연되고 반죽 표면이 건조해져 표피가 형성되며 빵을 만들었을 때 내부에 줄무늬가 생기거나 빵이 균일하지 못하다.

+ 괄호문제

다음 괄호 안에 알맞은 내용을 쓰시오.

① 3% 이스트를 사용하여 4시간 발효시켜 좋은 결과를 얻는다고 가정할 때, 발효 시간을 3시간으로 줄이려면 이때 필요한 이스트 양은 ( )%이다(단, 다른 조건은 같다고 본다).

② 2% 이스트를 사용했을 때 최적 발효 시간이 120분이라면 2.2%의 이스트를 사용했을 때 예상 발효 시간은 약 ( )분이다.

| 정답 |

① 4

② 109

| 해설 |

① $3 \times 4 = X \times 3$

$\therefore X = 4\%$

확인! OX

빵 발효에 영향을 주는 요소에 대한 설명이다. 옳으면 "O", 틀리면 "X"로 표시하시오.

1. 적정한 범위 내에서 이스트의 양을 증가시키면 발효 시간이 짧아진다. ( )
2. pH 4.7 근처일 때 발효가 활발하다. ( )
3. 삼투압이 높아지면 발효 시간은 짧아진다. ( )

정답 1. O 2. O 3. X

| 해설 |

3. 삼투압에 의해 이스트 발효가 저해된다.

④ 다양한 반죽법에 따른 1차 발효 조건

반죽법	1차 발효		
	발효실 온도(℃)	상대습도(%)	시간
스트레이트법	27	75~80	1.5~3시간
스펀지법	27	75	4~5시간
오버나이트 스펀지법	27	75	12~24시간
비상스트레이트법	30	75	30분 이내
노타임법	20	75	10~15분

㉠ 보통 대기업에서는 스펀지법을, 소규모 베이커리에서는 스트레이트법을 사용한다.

㉡ 맛과 풍미를 더하기 위하여 저온에서 장시간 발효하는 오버나이트 스펀지법을 이용하기도 한다.

㉢ 비상스트레이트법(비상반죽법)은 정상적인 방법보다 제조 시간을 단축할 때 이용한다.

㉣ 노타임법은 주로 냉동생지로 빵을 만들 때 사용한다.

(3) 가스 빼기(punch ; 펀치)

① 목적

㉠ 반죽에 산소를 공급하여 이스트의 활성을 증가시킨다.

㉡ 반죽 상태를 고르게 한다.

㉢ 반죽 온도를 일정하게 유지하여 발효가 균일하게 되도록 한다.

㉣ 반죽 내에 과량의 이산화탄소가 축적되는 것을 제거하여 발효를 촉진시킨다.

㉤ 글루텐 형성으로 발효력이 상승하여 가스 보유력이 증가된다.

② 시기

㉠ 손가락으로 찔렀을 때 찔린 모양이 그대로 있으면 1차 가스 빼기 시점으로 볼 수 있다.

㉡ 1차 가스 빼기는 전체 발효 시간 중 발효 60%가 경과한 시간이고, 2차 가스 빼기는 나머지 40% 중 30% 경과하였을 때 실시한다.

(4) 발효 완료점 결정

① 스트레이트법 1차 발효는 2~3시간(평균 2시간) 정도 발효된 시점이다.

② 반죽의 부피는 처음 부피의 3~3.5배 부푼다.

③ 반죽 내부는 잘 발달된 망상구조를 이룬다.

④ 반죽의 온도, pH, 총산도 등을 측정하여 판단할 수도 있다.

⑤ 최적의 상태로 발효되면 반죽을 손가락으로 찔렀을 때 모양이 그대로 남아 있다.

+괄호문제

다음 괄호 안에 알맞은 내용을 쓰시오.

① 식빵 제조 시 1차 발효실의 적합한 온도는 (　)℃이다.

② 반죽에 산소를 혼입시켜 이스트 활성을 증가시키고, 반죽 내에 과량의 이산화탄소가 축적되는 것을 방지하는 것은 (　)이다.

| 정답 |

① 27

② 펀치

확인! OX

발효에 대한 설명이다. 옳으면 "O", 틀리면 "X"로 표시하시오.

1. 발효실 온도가 24℃이면 발효 시간을 연장시켜야 한다. (　)
2. 1차 발효 중에 펀치를 하는 이유는 반죽의 온도를 높이기 위해서이다. (　)

정답 1. O 2. X

| 해설 |

2. 반죽에 산소를 공급하여 이스트를 활성화시키기 위해서이다.

+ 괄호문제

다음 괄호 안에 알맞은 내용을 쓰시오.

① 빵의 부피가 너무 작은 경우 발효 시간을 (　　)시킨다.

② 빵 발효에서 다른 조건이 같을 때 반죽 온도가 (높을수록/낮을수록), 발효 시간이 (길수록/짧을수록), 발효실 온도가 (높을수록/낮을수록) 발효 손실이 크다.

| 정답 |

① 증가

② 높을수록, 길수록, 높을수록

확인! OX

발효 중 펀치의 효과에 대한 설명이다. 옳으면 "O", 틀리면 "X"로 표시하시오.

1. 반죽의 온도를 일정하게 한다. (　)
2. 성형을 용이하게 한다. (　)

정답 1. O　2. X

| 해설 |

2. 반죽 유연성을 회복시켜 성형 시 작업성을 좋게 하는 것은 중간발효이다.

(5) 발효 손실

① 발효를 거친 후 수분 증발과 이산화탄소 방출로 인해 반죽 무게가 줄어드는 현상을 말한다.

② 총 반죽 무게의 1~2% 정도가 손실된다.

③ 반죽 온도가 높을수록, 발효 시간이 길수록, 소금과 설탕이 적을수록, 발효실 온도가 높을수록, 발효실 습도가 낮을수록 발효 손실이 크다.

(6) 반죽 상태의 측정

① 발효 상태에 따른 반죽의 현상

발효 부족	반죽 표면이 습하고 끈적이며 색이 약간 진하고 이스트 냄새가 남
발효 과다	표면이 건조하고 색이 약간 희고 알코올 냄새가 남
최적 발효	취급성이 좋고 특정 냄새가 강하지 않음

② 어린 반죽의 제품 특성

㉠ 1차 발효가 부족한 반죽을 말한다.

㉡ 어린 반죽으로 빵을 제조하면 속 색이 무겁고 어두우며, 부피가 작고 모서리가 예리하다.

㉢ 어린 반죽의 도넛은 튀겼을 때 색상이 고르지 않은 원인이 된다.

㉣ 어린 반죽은 중간발효 시간을 늘려 부족한 발효를 보완하여야 한다.

③ 발효가 지나친 반죽의 제품 특성

㉠ 빵을 구웠을 때 껍질 색이 밝다.

㉡ 빵을 구웠을 때 신 냄새가 있고 체적이 적다.

진짜 통째로 외워온 문제

빵 제조 시 어린 반죽으로 할 경우 나타나는 특징으로 옳은 것은?

① 모서리가 날카롭다.
② 반죽이 되다.
③ 껍질 색이 여리다.
④ 부피가 크다.

해설

어린 반죽이 제품에 미치는 영향

- 속 색이 무겁고 어둡다.
- 부피가 작고 모서리가 예리하다.

정답 ①

4. 스펀지 발효

중요도 ★★★

(1) 스펀지 발효

① 스펀지법 반죽에서 스펀지 반죽(첫 번째 반죽)을 발효시키는 과정이다.

② 스펀지 반죽 온도는 평균 24℃인데, 발효 온도 24~29℃(평균 27℃), 상대습도 75~80%(평균 75%)의 1차 발효실에서 3~5시간(평균 4시간) 발효시킨다.

③ 스펀지 반죽의 발효 시 스펀지 내부 온도는 4~6℃ 상승한다.

④ 발효가 완료되면 원래 용적의 4~5배 부푼다.

⑤ 발효 시간이 경과함에 따라 스펀지 부피가 최대로 증가했다가 줄어드는데, 이 지점을 브레이크(break)라 하며 전체 발효 시간 중 70% 정도 경과 시 발생한다.

⑥ 이스트가 발효성 당을 이용하기 위하여 전분 분해효소인 아밀레이스가 밀가루의 손상 전분(damaged starch)을 분해하여 단당류, 맥아당 등의 발효성 당으로 전환하여 발효가 진행된다.

(2) 반죽의 pH와 총산도 측정

① **반죽의 pH 측정** : 발효가 완료되면 반죽의 pH는 5.3에서 4.9로 내려간다.

② **반죽의 총산도 측정** : 총산도는 이스트 발효 중 생성된 측정 가능한 산의 총량으로 pH 개념과는 차이가 있다.

(3) 스펀지 발효 절차

① 혼합이 끝난 반죽은 24℃로 맞추는데 반죽 온도에 따라 스펀지 발효 시간이 달라진다.

② 반죽 온도 0.5℃ 차이는 발효 시간 15분 차이가 난다.

③ 발효 손실 확인

㉠ 일반적으로 발효 손실은 1% 정도이다.

㉡ 스펀지 발효 시간 단축, 발효실 온도의 낮은 설정, 아밀레이스 활성이 작은 밀가루의 사용, 스펀지 밀가루 양을 줄이는 방법도 발효 손실을 줄이는 방법이다.

(4) 스펀지 발효 완료점 결정

① 빵의 종류, 반죽의 특성, 발효 목적 등에 따라 발효 완료 시점을 결정한다.

② 생지가 최대한 팽창했다가 수축할 때로 본다(break 현상).

③ 수축 현상이 일어나 반죽 중앙이 오목하게 들어가는 현상이 나타난다(drop 현상).

④ 반죽 표면에 핀홀(pinhole)이 생긴다.

⑤ 반죽의 온도(28~30℃), pH(4.8), 총산도 등을 측정하여 판단할 수도 있다.

+ 괄호문제

다음 괄호 안에 알맞은 내용을 쓰시오.

① 표준 스펀지법에서 스펀지 발효 시간은 ( ) 정도이다.

② 스펀지에서 드롭 또는 브레이크 현상이 일어나는 가장 적당한 시기는 반죽의 약 ( )배 정도 부푼 후이다.

| 정답 |

① 4시간

② 4~5

확인! OX

발효에 대한 설명이다. 옳으면 "O", 틀리면 "X"로 표시하시오.

1. 발효가 지나친 반죽으로 빵을 구웠을 때 껍질 색이 밝다. ( )

2. 스펀지법에서 스펀지 발효점으로 적합한 것은 핀홀이 생길 때이다. ( )

정답 1. O 2. O

반죽 정형과 2차 발효

7% 출제율

출제포인트
- 반죽 정형의 공정별 목적과 특징
- 중간 발효의 이해와 목적
- 2차 발효에 영향을 미치는 요소와 현상

기출 키워드
정형, 분할, 둥글리기, 중간발효, 성형, 팬닝, 비용적, 2차 발효

제1절 반죽 분할 및 둥글리기

1. 분할(dividing)

중요도 ★☆☆

(1) 분할

① 1차 발효를 끝낸 반죽을 제품에 맞게 무게를 측정하여 수동·기계 분할하는 것을 말한다.

② 분할 시간이 길어지면 온도가 낮아지거나 발효가 과다해지므로 가능한 빠르게 분할한다.

③ 식빵류는 15~20분, 당의 함량이 많은 단과자빵류는 최대 30분 내에 분할한다.

(2) 분할 방법

① 수동 분할(손 분할)

㉠ 저울을 사용하여 분할량의 무게를 측정하는 방법이다.

㉡ 약한 밀가루 반죽에 유리하고 기계 분할에 비해 부드럽게 할 수 있다.

㉢ 기계 분할보다 양호한 부피를 얻을 수 있다.

㉣ 덧가루를 가능한 적게 사용해야 빵 속에 줄무늬가 생기지 않는다.

㉤ 소규모 베이커리에서 적합하다.

② 기계(자동) 분할

㉠ 반죽을 일정한 부피로 나누는 것이다.

㉡ 최적 분할 속도는 분당 12~16회전, 분할 시간은 한 반죽당 20분 이내로 한다.

㉢ 기계 압축에 의해 반죽 글루텐이 파괴될 수 있다.

㉣ 단시간에 분할이 가능해 시간이 절약된다.

㉤ 대량 생산에 적합하다.

㉥ 반죽이 분할기에 달라붙지 않도록 파라핀 용액을 이형제로 사용할 수 있다.

(3) 반죽의 손상을 줄이기 위한 분할 방법

① 스트레이트법보다 스펀지법으로 만든 반죽이 내성이 강하고 손상이 적다.
② 반죽 온도를 높인다.
③ 단백질 양이 많은 질 좋은 밀가루로 만든다.

2. 둥글리기(rounding)

중요도 ★★★

(1) 둥글리기

① 작업 시 작업장 온도는 25℃ 내외가 좋으며 이보다 낮으면 발효가 억제되어 중간 발효가 길어진다.
② 작업장 습도는 60%가 좋으며 이보다 낮으면 반죽 표면이 마르므로 비닐이나 젖은 면포로 덮어 적절한 온도와 습도를 유지한다.

(2) 둥글리기의 목적

① 성형할 때 반죽이 끈적거리지 않도록 반죽의 표면을 매끄럽게 한다.
② 분할하는 동안 흐트러진 글루텐을 정돈한다.
③ 분할된 반죽을 성형하기 알맞도록 표피를 형성한다.
④ 가스를 반죽 전체에 균일하게 분산시키며 반죽의 기공을 고르게 한다.
⑤ 중간발효 중에 발생하는 가스를 보유할 수 있는 얇은 막을 표면에 형성한다.

제2절 중간발효

1. 중간발효

중요도 ★★★

(1) 중간발효

① 둥글리기가 끝난 반죽을 휴식시키고 약간의 발효과정을 거쳐 다음 단계에서 반죽이 손상되는 일이 없도록 하는 작업이다.
② 어린 반죽으로 제조를 할 경우 중간발효 시간을 길게 하여 보완한다.

(2) 중간발효의 목적

① 반죽의 탄력성과 신장성을 증가시켜 밀어 펴기가 용이하게 한다.
② 가스 발생으로 반죽의 유연성을 회복시켜 성형 시 작업성을 좋게 한다.
③ 반죽 표면에 막이 형성되어 끈적거림을 방지한다.
④ 손상된 글루텐 구조를 재정돈하고 회복시킨다.

+ 괄호문제

다음 괄호 안에 알맞은 내용을 쓰시오.

① 분할기에 의한 식빵 분할은 가능한 (   )분 이내로 완료하는 것이 좋다.
② 분할기에 의한 기계식 분할 시 분할의 기준이 되는 것은 (   )이다.

| 정답 |
① 20
② 부피

확인! OX

분할에 대한 설명이다. 옳으면 "O", 틀리면 "X"로 표시하시오.

1. 기계 분할은 손 분할에 비해 약한 밀가루로 만든 반죽 분할에 유리하다. (   )
2. 손 분할은 오븐 스프링이 좋아 부피가 양호한 제품을 만들 수 있다. (   )

정답 1. X 2. O

| 해설 |
1. 손 분할은 약한 밀가루 반죽에 유리하고 기계 분할에 비해 부드럽게 할 수 있다.

+ 괄호문제

다음 괄호 안에 알맞은 내용을 쓰시오.

① 중간발효를 벤치 타임 또는 (　　)라고 한다.

② 중간발효 시, 손상된 (　　) 구조를 재정돈한다.

| 정답 |

① 오버헤드 프루프

② 글루텐

(3) 중간발효의 방법

① 작업대 위에 반죽을 올리고 표피가 마르지 않도록 비닐이나 젖은 헝겊으로 덮어 둔다.

② 작업장의 온도가 낮을 경우, 중간발효의 온도를 맞추기 위해 발효기를 이용한다.

③ 벤치 타임(bench time) 또는 오버헤드 프루프(over head proof)라고도 하며, 주로 대규모 공장에서 사용되는 중간발효기를 오버헤드 프루퍼라고 한다.

④ 조건 관리

㉠ 온도 : 27~29℃의 온도 유지(32℃ 이내)

㉡ 습도 : 70~75%

㉢ 시간 : 10~20분

제3절 성형 및 팬닝

1. 성형(moulding)

중요도 ★★☆

(1) 성형 공정단계

① 밀어 펴기

㉠ 중간발효를 마친 반죽을 밀대나 기계로 밀어 펴서 원하는 크기와 두께로 만드는 공정이다.

㉡ 중간발효까지의 과정에서 생긴 가스로 불규칙적이고 큰 공기들을 빼내 기공이 균일해진다.

㉢ 과도한 덧가루의 사용은 기공이 일정하지 않거나 제품에 줄무늬가 생기거나 2차 발효 시 이음매가 벌어져 품질이 좋지 않은 원인이 될 수 있다.

② 말기 : 밀어 편 반죽을 말아 원통이나 타원형 원통으로 만드는 과정이다.

③ 봉하기 : 밀대, 손으로 반죽의 가스를 빼고 앙금 · 채소 등 다양한 충전물을 넣어 이음매가 벌어지지 않도록 하고 바닥에 오게 한다.

(2) 정형기(moulder) : 반죽의 밀어 펴기, 말기, 봉하기의 공정을 거쳐 원하는 모양으로 만드는 기계이며, 정형기 압착판의 압력이 강하면 빵 반죽을 통과시켰을 때 아령 모양이 된다.

정형 vs 성형

제과제빵에서 정형과 성형은 별다른 구분 없이 거의 같은 의미로 쓰인다.

- 정형 : 분할 → 둥글리기 → 중간발효 → 성형 → 팬닝
- 성형 : 밀어 펴기 → 말기 → 봉하기

확인! OX

둥글리기 공정에 대한 설명이다. 옳으면 "O", 틀리면 "X"로 표시하시오.

1. 덧가루, 분할기 기름을 최대로 사용한다. (　)
2. 둥글리기 과정에서 반죽 표면에 얇은 막을 형성한다. (　)

정답 1. X 2. O

| 해설 |

1. 덧가루를 많이 사용하면 빵의 맛과 향이 떨어지고 빵 속에 줄무늬가 생기는 원인이 된다.

2. 팬닝(panning)

중요도 ★★★

(1) 팬닝

팬닝은 성형이 끝난 반죽을 철판에 나열하거나 틀에 채워 넣는 과정을 말한다.

(2) 팬닝 방법

① 팬의 온도를 미리 32℃ 정도로 유지하는 것이 좋다.
② 팬이나 철판에 팬닝할 때 서로 달라붙지 않도록 간격을 최대한으로 배열한다.
③ 팬의 이형유(팬 기름)는 발연점이 높아야 한다.
④ **팬 오일의 종류** : 유동파라핀(백색광유), 정제 라드(쇼트닝), 식물유(면실유, 대두유, 땅콩기름), 혼합유 등
⑤ **팬 오일 사용량** : 반죽 무게의 0.1~0.2%
⑥ 팬 오일이 과하면 구울 때 빵 옆면이 튀겨지므로 옆면이 약해지고 찌그러진다.

(3) 팬닝 시 반죽량의 계산

① 반죽 성형 후 팬닝 시 사용되는 틀의 크기와 반죽의 무게는 밀접한 관계가 있다.
② 1g의 반죽을 굽는 데 필요한 틀의 부피를 비용적이라고 한다.

반죽의 적정 분할량 = 틀의 부피 ÷ 비용적

③ 팬 용적의 계산 방법은 PART 04의 '반죽 정형'을 참고한다(p. 113).

3. 반죽의 비용적

중요도 ★★★

① 반죽의 비용적이란 반죽 1g이 차지하는 부피이며 단위는 cm^3/g이다.
② 식빵의 비용적은 3.2~3.4cm^3/g이며, 풀먼식빵의 비용적은 3.8~4.0cm^3/g이나, 최근에는 오븐의 화력과 배합의 안정감으로 팬을 크게 하는 경향이 있다.
③ 각 제품의 비용적

제품 종류	비용적(cm^3/g)	제품 종류	비용적(cm^3/g)
풀먼식빵	3.8~4.0	파운드 케이크	2.40
식빵	3.4	레이어 케이크	2.96
스펀지 케이크	5.08	엔젤푸드 케이크	4.71

+ 괄호문제

다음 괄호 안에 알맞은 내용을 쓰시오.

① 1g의 반죽을 굽는 데 필요한 틀의 부피를 (　　)이라고 한다.
② 둥글리기, 밀어 펴기, 말기, 봉하기 중 정형기(moulder)의 작동 공정이 아닌 것은 (　　)이다.

| 정답 |
① 비용적
② 둥글리기

확인! OX

밀어 펴기의 효과에 대한 설명이다. 옳으면 "O", 틀리면 "X"로 표시하시오.

1. 글루텐 구조의 재정돈 효과가 있다. (　)
2. 가스를 고르게 분산한다. (　)

정답 1. X 2. O

| 해설 |
1. 밀어 펴기의 효과 : 원하는 크기와 두께로 만듦, 가스를 빼고 고르게 분산함

제4절 2차 발효

1. 2차 발효

(1) 2차 발효(final proofing, second fermentation)

① 성형 · 팬닝한 반죽을 최적의 크기가 되게 잘 부풀도록 하는 과정이다.

② 2차 발효 완료점은 발효 시간보다는 반죽이 부푼 높이, 부피 팽창 비율 등에 따라 판단한다.

(2) 2차 발효의 목적

① 이산화탄소를 생성시켜 최대한의 부피를 얻고 글루텐을 신장시킨다.

② 성형 후의 반죽은 글루텐이 불안정하고 탄력성을 잃은 상태이므로 회복을 위한 2차 발효가 필요하다.

2. 2차 발효의 조건

(1) 발효 온도

① 2차 발효에 가장 중요한 요소이다.

② 2차 발효 온도는 35~54℃의 넓은 범위에서 진행할 수 있으나, 최소한 반죽 온도와 같거나 높게 유지해야 한다. 전통적인 제빵법의 반죽 온도는 27~29℃이고, 2차 발효실 온도는 35~40℃로 조절한다.

㉠ 연속식 제빵법 : 반죽 온도 39~43℃, 2차 발효실 온도 41~46℃에서 발효

㉡ 전통적 제빵법 : 반죽 온도 27~29℃, 2차 발효실 온도 35~40℃의 다소 낮은 온도에서 발효

㉢ 식빵류, 과자빵류 : 2차 발효실 온도 38~40℃로 조절

㉣ 하스 브레드 : 30~33℃의 낮은 온도에서 길게 발효

㉤ 데니시 페이스트리 : 2차 발효실 온도는 충전용 유지의 융점보다 약 5℃ 정도 낮게 조절

③ 2차 발효 온도가 제품에 미치는 영향

온도가 낮을 때	• 2차 발효 시간이 길어짐 • 빵 속 조직, 빵 겉면이 거칠어짐 • 기공 벽이 두껍고 조직이 조밀해짐 • 풍미가 충분히 생성되지 않음
온도가 높을 때	• 발효 속도가 빨라짐 • 산성이 되어 세균 번식이 쉬워짐 • 속과 껍질이 분리됨 • 속결이 고르지 못함

+ 괄호문제

다음 괄호 안에 알맞은 내용을 쓰시오.

① 성형 후 공정으로 가스 팽창을 최대로 만드는 단계를 ( )라고 한다.

② 일반적인 빵 제조 시 2차 발효실의 가장 적합한 온도는 ( )℃이다.

| 정답 |

① 2차 발효

② 35~40

확인! OX

2차 발효에 대한 설명이다. 옳으면 "O", 틀리면 "X"로 표시하시오.

1. 2차 발효실의 습도가 높으면 식빵 반죽 표피에 수포가 생성되고 질긴 껍질이 되기 쉽다. ( )
2. 2차 발효가 덜 된 경우에 부피가 작아지는 현상이 나타날 수 있다. ( )

정답 1. O 2. O

(2) 상대습도

① 발효실 내의 상대습도는 75~90%로 조절한다(최적의 발효를 위한 상대습도의 범위는 80~90%임).

② 정상적인 발효 온도에서 상대습도를 35%에서 90%까지 변화시켰을 때 빵 부피나 내상으로 조직, 기공 등에는 영향을 주지 않으나 빵의 모양, 껍질 색, 대칭성, 균일하게 구워진 정도 등에 영향을 준다.

③ 빵의 종류에 따라 상대습도를 조절한다. 식빵류·단과자빵류는 85~90%, 하스 브레드는 75%의 낮은 상대습도로 발효시켜야 한다.

④ 도넛은 상대습도가 높으면 반죽 표면에 응축된 수분 때문에 기름에 튀길 때 껍질이 고르지 못하고 흡수율이 높아지므로 상대습도를 60~70% 정도로 낮춘다.

⑤ 2차 발효 상대습도가 제품에 미치는 영향

습도가 높을 때	• 반죽 표면에 응축수가 생겨 구운 후 껍질이 질겨지고 껍질에 수포가 생김 • 빵의 껍질 색이 진하고 어두움 • 빵의 윗면이 납작해짐 • 반점이나 줄무늬가 생김
습도가 낮을 때	• 빵의 껍질 색이 고르게 나지 않음 • 빵의 윗면이 솟아오름 • 부피가 작고 빵 표면이 터지기도 함

(3) 발효 시간

① 2차 발효 시간은 55~65분을 원칙으로 한다. 대량 생산 공장에서는 60분을 기준으로 한다.

② 45~60분 발효시킨 반죽으로 구운 빵이 외부 특성인 부피, 껍질 색, 대칭성, 균일하게 구워진 정도, 껍질 특성, 브레이크와 슈레드 등과 내부 특성인 기공, 내부 색, 향, 식감, 조직 등이 가장 좋다.

③ 75~90분 발효시킨 반죽으로 구운 빵의 기공은 크고 열려 있어 상품가치가 다소 떨어진다.

(4) 2차 발효 상태가 제품에 미치는 영향

발효 과다	• 당의 부족으로 껍질 색이 옅음 • 부피는 크지만 기공이 일정치 않음 • 기공이 크고 열린 상태로 구조가 약하여 냉각 시 주저앉음 • 반죽에서 산 생성이 증가하여 pH가 5.0 이하가 되어 신맛이 강해짐 • 굽기 손실 증가 • 저장성이 좋지 않음
발효 부족	• 빵의 부피가 작음 • 껍질 색이 진함 • 측면이 부서짐

+괄호문제

다음 괄호 안에 알맞은 내용을 쓰시오.

① 2차 발효 시 최적의 발효를 위한 상대습도 범위는 ( )%이다.

② 제빵 시 적절한 2차 발효점은 완제품 용적의 ( )%가 가장 적당하다.

| 정답 |

① 80~90

② 70~80

확인! OX

빵의 부피가 너무 작은 경우의 조치 사항이다. 옳으면 "O", 틀리면 "X"로 표시하시오.

1. 발효 시간을 증가시킨다. ( )
2. 1차 발효를 감소시킨다. ( )

정답 1. O 2. X

| 해설 |

2. 중간발효와 2차 발효가 부족하면 부피가 작다.

+ 괄호문제

다음 괄호 안에 알맞은 내용을 고르시오.

① 식빵의 껍질 색이 너무 (진한/옅은) 결점의 원인 중 하나는 연수의 사용이다.

② 식빵의 밑이 움푹 패이는 원인 중 하나는 2차 발효실의 습도가 너무 (높을/낮을) 경우이다.

| 정답 |

① 옅은

② 높을

진짜 통째로 외워온 문제

식빵 제조 시의 결점 중 껍질에 반점이 생기는 이유로 적절한 것은?

① 중간발효와 2차 발효가 부족했다.

② 2차 발효가 지나쳤다.

③ 2차 발효실 상대습도가 높아 표면에 수분이 응축되었다.

④ 2차 발효실 온도와 상대습도가 낮았다.

해설

① 작은 부피에 대한 원인이다.

② 너무 진한 껍질 색의 원인이다.

④ 껍질이 너무 두꺼운 원인이다.

정답 ③

(5) 2차 발효에 따른 식빵의 결점

결점 내용	원인
부피가 작음	• 중간발효와 2차 발효 부족 • 2차 발효실 온도가 너무 낮거나 높음 • 2차 발효실 상대습도 부족
너무 진한 껍질 색	지나친 2차 발효
껍질이 너무 두꺼움	2차 발효실 온도와 상대습도가 낮음
껍질에 수포 형성	2차 발효실 상대습도가 높음
브레이크와 슈레드 부족	• 2차 발효가 짧거나 김 • 2차 발효실 상대습도가 부족하거나 높음 • 2차 발효실 온도가 너무 높음
껍질이 갈라짐	2차 발효실 상대습도가 너무 낮거나 높음
옆면이 들어감	2차 발효가 지나침
밑면이 움푹 들어감	2차 발효실 상대습도가 너무 높음
껍질 색이 균일하지 못함	• 발효가 지나친 반죽 • 2차 발효실 온도가 너무 높음
껍질에 반점	2차 발효실 상대습도가 높아 표면에 수분 응축
빵 속의 색이 어두움	너무 긴 2차 발효
빵 내부에 줄무늬	2차 발효실 상대습도가 부족하거나 많음
표면이 터짐	2차 발효가 짧음
표면이 납작하고 모서리가 예리함	2차 발효실의 높은 상대습도
기공이 균일하지 않고 내상이 나쁨	• 너무 긴 2차 발효 • 2차 발효실 상대습도가 너무 높거나 낮음
빵 내부에 공간 형성	• 발효실 상대습도 부족 • 발효 용기에 기름칠 과다 • 발효가 부족하거나 지나침 • 2차 발효실 온도와 상대습도가 너무 높음

확인! OX

2차 발효 온도가 낮았을 때 일어나는 현상에 대한 설명이다. 옳으면 "O", 틀리면 "X"로 표시하시오.

1. 색상이 전반적으로 밝다. ( )
2. 내상이 조밀하다. ( )

정답 1. X 2. O

| 해설 |

1. 2차 발효 온도가 낮았을 때 껍질 색은 어둡게 된다.

CHAPTER 04

반죽 익히기

10% 출제율

출제포인트
- 굽기 단계별 반응
- 굽기의 실패 원인과 결과
- 튀기기의 흡유 현상과 원인

제1절 반죽 익히기 방법의 종류 및 특징

기출 키워드

굽기, 굽기 단계, 굽기 반응, 메일라드 반응, 최고 온도, 굽기 손실, 튀기기, 튀김기름, 흡유 현상, 데치기

1. 굽기

중요도 ★★☆

(1) 굽기의 목적

① 반죽 중의 전분이 호화되어 소화가 쉬운 상태로 변화된다.
② 전분과 단백질의 변성으로 빵의 구조를 형성시킨다.
③ 발효에 의해 생긴 탄산가스를 팽창시켜 빵의 부피가 커진다.
④ 빵 껍질의 색을 내어 맛과 향을 향상시킨다.

(2) 굽기의 방법

① 일반적인 오븐 사용 온도는 180~220℃이다.
② 식빵의 굽기 시 빵의 내부 온도는 100℃를 넘지 않는다.
③ 설탕, 유지, 분유량이 적으면 높은 온도에서 굽는다.
④ 고온 단시간(언더 베이킹)
　㉠ 반죽 양이 적거나 저율 배합, 발효가 과한 제품에 적합하다.
　㉡ 수분이 빠지지 않아 껍질이 쭈글쭈글해진다.
　㉢ 속이 익지 않아 주저앉기 쉽다.
⑤ 저온 장시간(오버 베이킹)
　㉠ 반죽 양이 많거나 고율 배합, 발효 부족 제품에 적합하다.
　㉡ 수분 손실이 커 노화가 빨리 진행된다.
　㉢ 윗면이 평평하고 제품이 부드럽다.

(3) 굽기 단계

① 1단계 : 반죽의 부피가 급속히 커지는 단계를 말한다(오븐 팽창).

② 2단계 : 껍질 색이 나기 시작하는 단계로 수분의 증발과 캐러멜화, 갈변반응(메일라드 반응)이 일어난다.

③ 3단계 : 반죽의 중심까지 열이 전달되는 단계로 전분의 호화(60℃)와 단백질의 변성(글루텐 응고, 75℃)이 끝나고 수분이 일부 증발하면서 제품의 옆면이 단단해지고 껍질 색도 진해진다.

(4) 굽기 중 반죽 변화

① 오븐 팽창(oven spring)

㉠ 반죽 온도가 49℃에 달하면 반죽이 짧은 시간 동안 급격하게 부풀어 처음 크기의 1/3 정도 부피가 팽창되는데 이를 오븐 팽창이라고 한다.

㉡ 이스트의 활성은 60℃까지 가속화되며 이산화탄소의 발생과 반죽의 가스 팽창을 촉진시키고 사멸하기 시작한다.

㉢ 빠른 전분의 결정화, 당 형성 및 글루텐의 변형을 가져온다.

② 전분의 호화

㉠ 반죽 온도 55℃부터 밀가루 전분이 호화되기 시작한다.

㉡ 전분입자는 40℃에서 팽윤하기 시작하고 50~65℃에서 유동성이 크게 떨어진다.

㉢ 전분입자는 70℃ 전후에서 반죽 속의 유리수와 단백질과 결합하고 있는 물을 흡수하여 호화를 완성한다.

㉣ 전분의 호화는 수분, 온도, 산도의 조건에 따라 결정된다.

진짜 통째로 외워온 문제

01 오븐에서 빵이 갑자기 팽창하는 오븐 스프링이 발생하는 이유와 거리가 먼 것은?

① 가스압의 증가 ② 알코올의 증발
③ 단백질의 변성 ④ 탄산가스의 증발

02 굽기를 할 때 일어나는 반죽의 변화가 아닌 것은?

① 오븐 팽창 ② 전분의 노화
③ 전분의 호화 ④ 단백질 열변성

해설

굽기에서의 변화 : 오븐 팽창, 전분의 호화, 글루텐의 응고, 효소작용, 향의 생성, 캐러멜화 반응, 메일라드 반응 등

정답 01 ③ 02 ②

+ 괄호문제

다음 괄호 안에 알맞은 내용을 쓰시오.

① 굽기 3단계에서는 전분의 ( )와 단백질의 ( )가 끝나며, 수분이 일부 증발하면서 제품의 옆면이 단단해진다.

② 고율 배합의 빵은 비교적 (높은/낮은) 온도에서 굽는다.

| 정답 |
① 호화, 응고
② 낮은

확인! OX

굽기 단계에서 일어나는 반응에 대한 설명이다. 옳으면 "O", 틀리면 "X"로 표시하시오.

1. 반죽 온도가 60℃로 오르기까지 효소의 작용이 활발해지고 휘발성 물질이 증가한다. ( )
2. 글루텐은 90℃부터 굳기 시작하여 빵이 다 구워질 때까지 천천히 계속된다. ( )

정답 1. O 2. X

| 해설 |
2. 글루텐은 75℃ 전후에서 응고하기 시작하여 반죽이 완전히 익을 때까지 지속된다.

③ 단백질 변성

㉠ 굽기 과정 중 빵 속의 온도가 60~70℃에 도달하면 단백질이 변성을 시작한다.

㉡ 75℃를 넘으면 단백질이 열변성을 일으켜 수분과의 결합능력이 상실된다.

㉢ 글루텐 단백질은 반죽 중 수분의 약 30% 정도를 흡수하여 전분입자를 함유한 글루텐 조직을 형성하여 반죽의 구조 형성에 관여한다.

④ 효소작용

㉠ 아밀레이스가 전분을 분해해 반죽을 부드럽게 하고 반죽의 팽창이 쉬워진다.

㉡ 효소의 활동은 전분이 호화하기 시작하면서 가속화된다.

㉢ α-아밀레이스의 활성은 68~95℃이고, 불활성화되는 온도 범위와 시간은 68~83℃에서 4분 정도이다.

㉣ β-아밀레이스의 변성은 52~72℃에서 2~5분 사이에 일어난다.

⑤ 향의 생성

㉠ 향은 주로 빵의 껍질 부분에서 생성되어 빵 속으로 침투·흡수되어 형성된다.

㉡ 알코올, 유기산, 에스터, 알데하이드, 케톤류 등이 향에 관계된다.

㉢ 빵의 향을 결정하는 기본적인 요소는 빵을 굽는 동안에 형성되는 방향성 물질이다.

⑥ 껍질의 갈색 변화

㉠ 식품을 가열하면 겉이 갈색으로 구워지는 현상은 아미노-카보닐(메일라드) 반응에 의한 것이다.

㉡ 단백질이나 아미노산과 환원당을 약 160℃ 이상으로 가열하면 갈색으로 색을 입히는 물질과 고소한 향이 되는 물질을 생성한다.

㉢ 자당은 열과 산에 의해 포도당과 과당으로 분해되기 때문에 가열되면 메일라드 반응이 촉진된다.

㉣ 캐러멜화 반응은 당류를 단독으로 가열할 때 발생한다.

㉤ 메일라드 반응은 환원당과 아미노산이 동시에 존재할 때 발생한다.

⑦ **메일라드 반응에 영향을 주는 요인** : 온도(온도가 높으면 반응 속도가 빨라짐), 수분, pH, 당의 종류

(5) 굽기 손실

① 굽기 손실 = 굽기 전 반죽의 무게 − 빵의 무게

② 굽기 손실률(%) = $\dfrac{\text{굽기 전 반죽의 무게} - \text{빵의 무게}}{\text{반죽의 무게}} \times 100$

③ 제품별 굽기 손실률

㉠ 풀먼식빵 : 7~9%

㉡ 식빵 : 11~12%

㉢ 단과자빵 : 10~11%

㉣ 하스 브레드 : 20~25%

+괄호문제

다음 괄호 안에 알맞은 내용을 쓰시오.

① 식빵, 바게트, 단팥빵, 버터롤 중 굽기 손실이 가장 큰 제품은 (   )이다.

② 굽기에서 생기는 변화에서 이스트 사멸, 전분의 호화, 단백질 변성, 설탕 캐러멜화 중 가장 높은 온도에서 발생하는 것은 (   )이다.

| 정답 |

① 바게트

② 설탕 캐러멜화

확인! OX

굽기 과정 중 일어나는 현상에 대한 설명이다. 옳으면 "O", 틀리면 "X"로 표시하시오.

1. 오븐 팽창과 전분 호화가 발생한다. ( )
2. 캐러멜화 갈변반응이 억제된다. ( )

정답 1. O 2. X

| 해설 |

2. 캐러멜화와 메일라드 반응에 의하여 껍질이 진한 갈색으로 나타난다.

+ 괄호문제

다음 괄호 안에 알맞은 내용을 쓰시오.

① 프랑스빵에 (　　)을 사용하면 얇고 바삭거리는 껍질이 형성된다.

② 식빵 굽기 시 빵 내부의 최고 온도는 (　　)℃를 넘지 않는다.

| 정답 |

① 스팀

② 100

(6) 스팀의 사용

① 스팀 사용의 목적

㉠ 반죽을 구울 때 오븐 내에 수증기를 공급하여 반죽의 오븐 스프링을 돕는 역할을 한다.

㉡ 빵의 볼륨을 크게 하고 크러스트(겉 부분)가 얇아지면서 윤기가 나는 가벼운 느낌의 빵이 만들어진다.

② 스팀 작용

㉠ 스팀은 호밀빵, 프랑스빵 등의 하스 브레드, 베이글 등에서 많이 사용된다.

㉡ 반죽을 오븐에 넣고 난 직후에 수분을 공급하여 표면이 마르는 시간을 늦춰 오븐 스프링을 유도하는 기능을 수행한다.

(7) 굽기의 실패 원인과 결과

원인	제품의 결과
오븐 열 불충분	• 열전달이 미흡하고 온도 조절이 어렵다. • 제품 부피가 크고 껍질이 두껍다. • 두꺼운 기공과 거친 조직이 형성된다. • 퍼석한 식감이 나고 풍미가 나쁘다. • 굽기 손실이 증가한다.
높은 오븐 온도	• 껍질 형성이 빠르고, 팽창을 방해하며, 부피가 작아진다. • 껍질에 많은 열을 흡수하여 눅눅한 식감이 된다. • 불규칙하고 진한 색을 띠며, 부스러지기 쉽다. • 빵 옆면의 구조 형성이 불안정해질 수 있다. • 굽기 손실이 크다.
과도한 스팀	• 오븐 팽창이 양호하여 부피가 증가한다. • 질긴 껍질과 표피에 수포 형성을 초래한다. • 고온에서 많은 증기는 바삭바삭한 껍질을 형성한다.
부족한 스팀	• 표피가 조개 껍질같이 터진다. • 껍질 색이 약하고 광택이 부족하다. • 빵의 부피가 감소한다.
높은 압력의 스팀	• 반죽 표면에 수분이 응축되는 현상을 방지한다. • 빵의 부피가 감소한다.
부적절한 열의 분배	• 제품별로 오븐 상하의 온도 균형이 중요하다. • 고르게 익지 않는다. • 밑면과 옆면이 약해져 찌그러지기 쉽다.
팬의 간격	• 팬끼리 간격이 가까우면 열 흡수량이 적어진다. • 반죽 무게당 팬 간격의 예 – 반죽 무게 450g당 팬 간격 2cm – 반죽 무게 680g당 팬 간격 2.5cm

확인! OX

오븐 온도가 높을 때 식빵 제품에 미치는 영향에 대한 설명이다. 옳으면 "O", 틀리면 "X"로 표시하시오.

1. 부피가 작다. (　)
2. 껍질 색이 진하다. (　)
3. 질긴 껍질이 된다. (　)

정답 1. O 2. O 3. X

| 해설 |

3. 껍질에 많은 열을 흡수하여 눅눅한 식감이 된다.

2. 튀기기

중요도 ★★★

(1) 튀김기름의 조건

① 튀김기름의 표준 온도는 180~195℃이다.

② 도넛 튀김용 유지는 발연점이 높은 면실유가 적당하다.

③ 튀김기에 넣는 기름의 적정 깊이는 12~15cm 정도이다.

④ 유지를 고온으로 가열하면 유리지방산이 많아져 발연점이 낮아진다.

(2) 튀김기름의 4대 적

온도(열), 수분(물), 공기(산소), 이물질

(3) 흡유율에 영향을 미치는 요소

요인	현상
반죽 온도	온도가 높을수록 흡유율이 증가한다.
반죽 상태	덜된 반죽일수록 흡유율이 증가한다.
튀김 시간	튀김 시간이 오래될수록 흡유율이 증가한다.
자른 상태	거칠게 자른 면이 많을수록 흡유율이 증가한다.
기름 온도	적정 온도보다 낮으면 흡유율이 증가한다.
기름 상태	오래된 기름일수록 쉽게 흡수된다.
유지 함량	반죽에 유지의 양이 많을수록 빨리 흡수된다.
배합 상태	고배합의 제품일 경우 흡유율이 증가한다.
유화 상태	유화제가 많이 첨가될수록 흡유율은 증가한다.

(4) 튀김용 유지의 조건

① 튀김 중이나 튀김 후에 불쾌한 냄새가 나지 않아야 한다.

② 설탕이 탈색되거나 지방이 침투하지 못하도록 제품이 냉각되는 동안 충분히 응결되어야 한다.

③ 엷은 색을 띠며 발연점이 높은 것이 좋다.

④ 특유의 향이나 착색이 없어야 한다.

⑤ 유리지방산 함량은 보통 0.35~0.5%가 적당하다.

⑥ 수분 함량은 0.15% 이하로 유지해야 한다.

(5) 튀김용 유지의 보관

① 직사광선을 피하고 서늘하고 어두운 곳에서 보관한다.

② 사용한 유지는 거름망에 여과하여 보관하고 사용한 용기는 중성세제로 세척한다.

③ 사용 후에는 입구가 좁은 곳에 담아 밀폐·보관하고 파리나 해충 등으로부터 보호한다.

④ 공기, 물, 음식 찌꺼기는 유지의 변질을 초래한다.

+ 괄호문제

다음 괄호 안에 알맞은 내용을 쓰시오.

① 튀김기름의 4대 적은 (   ) 이다.

② 도넛을 튀길 때 튀김기름 온도는 (   )℃가 적당하다.

| 정답 |

① 온도(열), 수분(물), 공기(산소), 이물질

② 180~195

확인! OX

튀김 시 과도한 흡유 현상이 일어나는 원인에 대한 설명이다. 옳으면 "O", 틀리면 "X"로 표시하시오.

1. 짧은 믹싱 시간은 과도한 흡유 현상의 원인이다. (   )
2. 높은 튀김 온도는 과도한 흡유 현상의 원인이다. (   )

정답 1. O 2. X

| 해설 |

2. 낮은 튀김 온도가 원인이다.

3. 다양한 익힘

(1) 삶기 · 데치기

① 재료를 삶으면 재료의 텍스처는 부드럽게 되고, 육류는 단백질이 응고되며, 건조식품은 수분 흡수가 촉진된다.

② 재료의 좋지 않은 맛이 제거되고 색깔이 좋아진다.

③ 데치기의 목적

㉠ 조직 연화로 맛있는 성분 증가

㉡ 단백질 응고(육류, 어패류, 난류)

㉢ 색을 고정시키거나 아름답게 함

㉣ 불미 성분, 지방 제거

㉤ 전분의 호화

(2) 호화

① 전분에 물을 가하고 20~30℃ 정도로 가열하면 전분입자는 물을 흡수하여 팽창하기 시작한다.

② 계속 가열하여 55~65℃가 되면 약간 팽창하여 부피가 증가한다. 이러한 상태를 팽윤(swelling)이라고 한다.

③ 계속 가열하여 55~65℃ 이상 온도가 상승하면 전분이 완전히 팽창되어 전분입자의 형태가 없어지면서 전체가 점성이 높은 반투명의 콜로이드 상태가 된다. 이러한 상태를 호화(α-starch)라 한다.

(3) 베이글 데치기

① 베이글 반죽의 2차 발효가 70~80% 정도 진행되면 발효실에서 꺼내 비닐이 반죽에 닿지 않게 덮어 말리듯이 발효한다.

② 90℃ 정도로 가열한 물에 베이글을 넣고 데친다.

③ 온도와 습도를 일반 제품보다 낮게 하여 온도 35℃, 습도 80%로 2차 발효시킨다.

(4) 찐빵 찌기

① 찜통의 80% 정도로 물을 붓고 가열한다.

② 물이 끓어 수증기가 올라오면 뚜껑을 열어 김을 빼내 찐빵 표면에 수증기가 액화되는 것을 방지한다.

③ 뚜껑을 덮고 반죽이 완전히 호화될 때까지 익힌다.

+ 괄호문제

다음 괄호 안에 알맞은 내용을 쓰시오.

① 수증기가 물로 변할 때에 방출되는 잠열을 이용하여 식품을 가열하는 조리법은 (　　) 이다.

② 찐빵, 엔젤푸드 케이크, 스펀지 케이크, 파운드 케이크 중 익히는 방법이 다른 하나는 (　　)이다.

| 정답 |

① 찌기

② 찐빵

확인! OX

데치기의 목적에 대한 설명이다. 옳으면 "O", 틀리면 "X"로 표시하시오.

1. 조직의 연화로 인한 맛있는 성분이 증가한다. (　)
2. 단백질의 응고와 전분의 호화를 방지한다. (　)

정답 1. O 2. X

| 해설 |

2. 데치기는 식품을 물에서 익히는 습식 조리법으로, 단백질의 응고와 전분의 호화를 가져온다.

제2절 익히기 중 성분 변화의 특징

1. 굽기의 물리적 반응

중요도 ★★☆

① 열에 의하여 표면에 얇은 막을 형성한다.

② 반죽 속에 수분에 녹아 있던 이산화탄소가 증발하기 시작한다.

③ 휘발성 물질(알코올)이 증발하고 가스의 팽창 및 수분이 증발한다.

2. 굽기의 생화학적 반응

① 반죽 온도가 60℃로 오르기까지 효소의 작용이 활발해지고 휘발성 물질이 증가하여 글루텐은 프로테이스에 의하여 연화되고, 전분은 아밀레이스가 분해하여 액화·당화되어 반죽이 부드럽게 되고 오븐 팽창을 돕는다.

② 이스트의 활동은 55℃에서 저하되기 시작하여 60℃에서 사멸하고 전분의 호화가 시작된다.

③ 글루텐의 응고는 75℃ 전후로 시작되며, 반죽이 완전히 익을 때까지 지속된다.

④ 이스트가 사멸되기 전까지 반죽 온도가 오름에 따라 발효 속도가 빨라져 반죽이 부푼다.

⑤ 이스트가 사멸된 후에도 80℃까지 탄산가스가 열에 의해 팽창하면서 반죽의 팽창은 지속된다.

⑥ 열에 의하여 당과 아미노산이 메일라드 반응을 일으켜 멜라노이드를 생성하고 당의 캐러멜화 반응이 일어나 전분이 덱스트린으로 분해되어 향과 껍질 색이 완성된다.

+ 괄호문제

다음 괄호 안에 알맞은 내용을 쓰시오.

① 제품의 굽기 시 표피 부분이 160℃를 넘어서면 당과 아미노산이 (　　) 반응을 일으켜 멜라노이드를 만들고, 당의 캐러멜화 반응이 일어나고 전분이 덱스트린으로 분해된다.

② 빵을 구울 때 반죽 온도가 60℃에 가까워지면 이스트가 사멸하고 전분이 (　　)하기 시작한다.

| 정답 |

① 메일라드

② 호화

확인! OX

굽기 과정에서 일어나는 변화에 대한 설명이다. 옳으면 "O", 틀리면 "X"로 표시하시오.

1. 글루텐이 응고된다. (　)
2. 반죽의 온도가 90℃일 때 효소의 활성이 증가한다. (　)
3. 향이 생성된다. (　)

정답 1. O 2. X 3. O

| 해설 |

2. 반죽 온도가 60℃로 오르기까지 효소의 작용이 활발해진다.

CHAPTER 05

충전물 · 토핑물 제조

1% 출제율

출제포인트
- 충전물 · 토핑물 요소와 현상
- 건포도 전처리의 목적
- 초콜렛의 사용

기출 키워드

충전물, 토핑물, 초콜릿 템퍼링, 건포도

제1절 충전물 제조

1. 충전물

(1) 충전물은 굽기가 끝나고 포장 전에 제품에 첨가되는 식품을 말한다.

(2) 종류

① 버터크림

㉠ 버터액당(물엿 등)을 기본 재료로 하여 난백, 난황, 물엿, 양주, 향료 등의 재료가 사용된다.

㉡ 버터크림의 제조 방법은 수직형 혼합기에 버터와 쇼트닝을 50 : 50으로 넣고 교반하면서 유지 중의 공기를 분산시키고 당액과 설탕을 가하는 것이다.

② 요거트 생크림

㉠ 요거트 생크림은 생크림, 플레인 요구르트와 요구르트 페이스트를 각각 1 : 1 : 1로 넣어서 휘핑하여 만든다.

㉡ 요거트 생크림은 빵의 충전물과 토핑에 사용되는데 요구르트의 상큼한 맛과 생크림의 부드러운 맛을 함께 느낄 수 있다.

③ 베리잼류

㉠ 포도와 함께 오랫동안 사용되고 있는 잼이 딸기잼이다. 산딸기는 냄새만 맡아도 지방이 분해되고 식욕이 억제되는 효과가 있다.

㉡ 블루베리잼은 짙은 군청 빛깔의 새콤달콤한 맛과 함께 건강에도 매우 유익하다고 알려진 블루베리를 원료로 한다.

㉢ 잼의 제조 원리

- 잼류의 가공에는 과일 중에 있는 펙틴, 산, 당분의 세 가지 성분이 일정한 농도로 들어 있어야 적당하게 응고가 된다.
- 젤리 형성에 필요한 펙틴의 함량은 0.1~1.5%가 적당하다.
- 산이 부족할 때는 유기산을 넣어 0.27~0.5%(pH 3.2~3.5)가 되도록 맞춘다.
- 젤리 형성에 필요한 당의 함유량은 60~65%가 적당하다.

④ 버터류

㉠ 일반적으로 빵에 바를 때는 가염버터, 제과・제빵 또는 요리에 사용할 때는 무염 버터를 사용하는 경우가 많다.

㉡ 발효버터는 원료인 크림을 젖산발효시켜서 만든다.

㉢ 콤파운드 버터는 우유의 지방을 분리하여 만든 버터에 다른 유지를 혼합하여 버터와 맛과 향을 비슷하게 만든 것이다.

⑤ 치즈류

㉠ 치즈는 젖소, 염소, 물소, 양 등의 동물의 젖에 들어 있는 단백질을 응고시켜서 만든 제품으로 샌드위치를 만들 때 빼놓을 수 없는 재료 중의 하나이다.

㉡ 자연치즈는 소, 산양, 양, 물소 등의 젖을 원료로 하며, 단백질을 효소나 응고제로 응고시키고, 유청의 일부를 제거한 것 또는 그것을 숙성시킨 것이다.

㉢ 가공치즈는 자연치즈를 분쇄하고 가열 용해하여 유화한 제품으로 숙성에 따른 깊은 맛은 없지만, 품질과 영양 면에서 모두 안정적이다.

+괄호문제

다음 괄호 안에 알맞은 내용을 쓰시오.

① (　)이란 굽기가 끝나고 포장 전에 제품에 첨가되는 식품을 말한다.

② 젤리 형성의 3요소는 당분, 펙틴, (　)이다.

| 정답 |

① 충전물

② 유기산

제2절 토핑물 제조

1. 토핑물

(1) 토핑은 빵류의 굽기 공정 후 마무리에 재료를 올리거나 장식하는 것이고 토핑물은 여기에 사용되는 식품을 말한다.

(2) 종류

① 견과류 : 본 형태 또는 슬라이스, 분태, 가루 등 다양한 형태로 사용된다.

종류	특징
호두	• 지중해식 식단의 필수 재료로서 아르기닌, 멜라토닌과 황산화 성분이 풍부함 • 껍질 채 밀폐 용기에 담아 냉동 보관하는 것이 좋음
아몬드	• 너무 마르지 않고 붉은 갈색을 띠고 있는 것이 좋음 • 비타민 E가 풍부하고 유해 산소 제거, 생식 능력 증강, 노화 억제 효과가 있음
캐슈너트	• 냄새, 이물질이 없고 맛이 부드러운 것이 좋음 • 아연, 칼륨, 마그네슘, 철분 등 무기질이 풍부하고 소량의 수산을 포함해 수산 과다 섭취 시 신장 결석의 원인이 됨
헤이즐넛	• 개암나무의 열매로 향과 맛이 고소하고 달콤해서 초콜릿에도 사용됨 • 비타민 E가 풍부하여 노화 억제, 심장병 예방에 좋음
피칸	• 미국에서 전 세계 생산량의 80% 이상을 생산함 • 호두보다 길쭉한 갈색 견과류로 빵, 과자, 파이, 푸딩, 샐러드, 생선・고기 요리와 잘 어울림 • 올레산을 함유하며 콜레스테롤을 낮춰 줌
은행	볶기, 삶기, 굽기, 찌기의 형태로 먹으며 피로 해소에 좋은 비타민 B_1, 비타민 E가 풍부함

확인! OX

토핑물에 대한 설명이다. 옳으면 "O", 틀리면 "X"로 표시하시오.

1. 빵류의 굽기 공정 후에 추가적으로 제품 위에 올리거나 장식하는 것을 말한다. (　)
2. 견과류는 슬라이스, 분태, 가루 등 다양한 형태로 이용된다. (　)

정답 1. O 2. O

+ 괄호문제

다음 괄호 안에 알맞은 내용을 쓰시오.

① 냉동 페이스트리의 ( )이 많은 경우에는 구운 후 옆면이 주저앉는 원인이 될 수 있다.
② 분당은 ( )을 첨가하여 저장 중의 응고를 방지한다.

| 정답 |
① 토핑물
② 전분

확인! OX

건포도 식빵을 만들 때 건포도를 전처리하는 목적에 대한 설명이다. 옳으면 "O", 틀리면 "X"로 표시하시오.

1. 수분을 제거하여 건포도의 보존성을 높이고자 한다. ( )
2. 제품 내에서의 수분 이동을 억제하고자 한다. ( )

정답 1. X 2. O

| 해설 |
1. 반죽 내에서 반죽과 건조과일 간의 수분 이동을 방지하기 위해서이다.

종류	특징
잣	잣나무의 열매로 지방 함량이 높지만, 대부분 불포화지방산이며 산패되기 쉬우므로 냉동 보관이 좋음
땅콩	• 대표적인 콩과 식품으로, 올레산, 리놀레산을 함유해 혈관 건강에 좋음 • 삶기, 볶기, 땅콩버터와 같이 가공하여 토핑물 등으로 사용됨 • 심각한 알레르기를 일으킬 수 있음

② 설탕 : 그대로 사용하거나 분당, 계피, 유지 등을 추가해 사용한다.

종류	특징
분당 (슈거 파우더)	• 입상형의 설탕을 분쇄하여 미세하게 만든 후 고운체를 통과시켜 만듦 • 미세한 입자 때문에 표면적이 넓어져서 수분을 잘 흡수하고 덩어리가 져서 단단하게 됨 • 3% 정도의 전분을 추가하여 이를 방지함
계피 설탕	주로 도넛에 사용하며 설탕에 계핏가루를 3~5% 정도 넣고 섞어서 만듦
도넛 설탕	• 포도당(분말), 쇼트닝(분말), 소금, 녹말가루, 향(분말)을 섞어 만든 것으로 도넛의 토핑물임 • 설탕 대신 포도당을 사용하여 잠열이 높은 포도당이 청량감을 높임
폰던트	• 폰당, 혼당, 퐁당이라고도 함 • 식힌 시럽을 섞어 설탕의 일부를 결정화한 제품으로 주로 제과의 아이싱에 사용되고 빵 표면에 피복하기도 함
글레이즈	• 단맛·감칠맛이 나고 광택이 있는 물질을 음식에 코팅하는 것으로 분당, 버터, 우유, 향료 등을 사용해 제조함 • 글레이즈에 제품을 담그거나 제품에 떨어뜨리거나 제품 위에 붓으로 도포함

③ 초콜릿
㉠ 특유의 단맛, 쓴맛, 향기가 있다.
㉡ 고온에서 액상으로 사용할 수 있고 저온에서 다시 고체화되는 특성이 있기 때문에 모양 잡기에 편하므로 제과·제빵의 토핑에 다양하게 사용된다.

④ 냉동 건과일
㉠ 작은 조각의 과일을 냉동 건조한 형태, 냉동 건조 전 설탕에 절인 형태, 동결 건조 후 분말 형태로 만든 형태 등으로 다양하다.
㉡ 급속 동결 시 영양 성분 파괴가 거의 없고 색과 맛이 그대로 유지된다.

합 격 의
공 식
시대에듀
S D E D U

교육이란 사람이 학교에서 배운 것을 잊어버린 후에 남은 것을 말한다.

– 알버트 아인슈타인 –

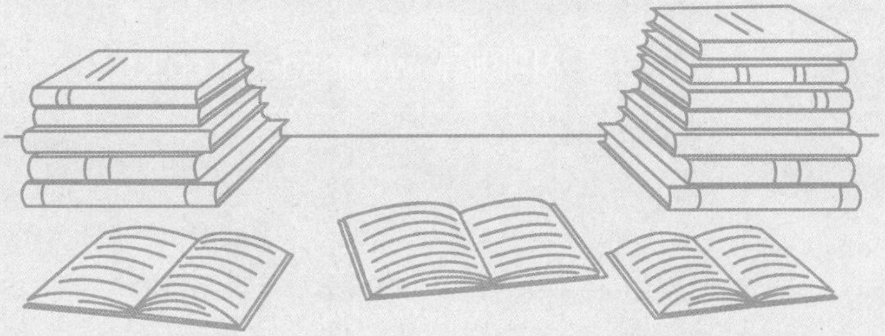

알림

- 기능사 시험은 CBT(컴퓨터 기반 시험)로 진행되어 수험자의 기억에 의해 문제를 복원하였습니다. 실제 시행문제와 일부 상이할 수 있음을 알려드립니다.
- 2020년부터 제과기능사와 제빵기능사 시험이 분리되었습니다. 그러나 출제비중에서 **공통 이론이 차지하는 비율이 높기 때문**에, 특정 시험을 준비하는 수험생일지라도 **상시복원문제 10회를 모두 풀어보시는 것**이 좋습니다.

Add+

특별부록
상시복원문제

01회 제과기능사 상시복원문제

01

☑ 확인 Check!
○ □
△ □
X □

한국표준산업분류상 '커피 전문점'의 세분류는? ✔신유형

① 기타 간이 음식점업
② 외국식 음식점업
③ 주점업
④ 비알코올 음료점업

해설

음식점 및 주점업(한국표준산업분류)

- 음식점업 : 한식 음식점업, 외국식 음식점업, 기관 구내식당업, 출장 및 이동 음식점업, 제과점업, 피자·햄버거 및 치킨전문점, 김밥 및 기타 간이 음식점업
- 주점 및 비알코올 음료점업 : 주점업, 비알코올 음료점업(커피 전문점, 기타 비알코올 음료점업)

정답 ④

02

☑ 확인 Check!
○ □
△ □
X □

곰팡이가 생육할 수 있는 최저 수분활성도는?

① 0.80 ② 0.88
③ 0.93 ④ 0.95

해설

미생물이 생육할 수 있는 최저 수분활성도

- 곰팡이 : 0.80
- 효모 : 0.88
- 세균 : 0.93

정답 ①

03

☑ 확인 Check!
○ □
△ □
X □

영업을 하려는 자가 받아야 하는 식품위생에 관한 교육시간으로 옳은 것은?

① 식품제조·가공업 – 12시간
② 식품운반업 – 8시간
③ 용기류제조업 – 8시간
④ 식품접객업 – 6시간

해설

교육시간(식품위생법 시행규칙 제52조 제2항)

- 식품제조·가공업, 식품첨가물제조업 및 공유주방 운영업을 하려는 자 : 8시간
- 식품운반업, 식품소분·판매업, 식품보존업, 용기·포장류제조업을 하려는 자 : 4시간
- 즉석판매제조·가공업 및 식품접객업을 하려는 자 : 6시간
- 집단급식소를 설치·운영하려는 자 : 6시간

정답 ④

04

☑ 확인 Check!
○ □
△ □
X □

감염병 예방대책 중에서 감염경로에 대한 대책에 속하는 것은?

① 환자와의 접촉을 피한다.
② 보균자를 색출하여 격리한다.
③ 면역혈청을 주사한다.
④ 손을 소독한다.

해설

감염병 예방대책

- 감염경로 대책 : 환경위생, 개인위생, 소독 철저
- 감염원 대책 : 환자와의 접촉을 피함, 보균자 색출 및 격리수용
- 감수성 대책 : 예방접종 실시

정답 ④

05

☑ 확인 Check!

○	□
△	□
X	□

HACCP 7원칙 중에서 식품위생상 파악된 위해요소의 발생을 예방 · 제거하고, 허용 수준 이하로 감소시킬 수 있는 공정을 결정하는 과정은? ✔신유형

① 중요관리점 설정
② 모니터링 체계 확립
③ 개선조치 수립
④ 검증절차 수립

해설
식품위생상 위해요소를 파악하여 발생을 예방 · 제거하고 허용 수준 이하로 감소시킬 수 있는 공정 단계를 결정하는 것은 중요관리점 설정이다.

정답 ①

06

☑ 확인 Check!

○	□
△	□
X	□

다음 중 제빵 생산관리에서 제1차 관리 3대 요소가 아닌 것은?

① 사람(Man)
② 재료(Material)
③ 방법(Method)
④ 자금(Money)

해설
③ 방법(Method)은 제2차 관리요소에 해당된다.
- 제1차 관리요소 : Man(사람, 질과 양), Material(재료, 품질), Money(자금, 원가)
- 제2차 관리요소 : Method(방법), Minute(시간, 공정), Machine(기계, 시설), Market(시장)

정답 ③

07

☑ 확인 Check!

○	□
△	□
X	□

알레르기성 식중독에 관계되는 원인 물질과 균은?

① 아세토인(acetoin), 살모넬라균
② 지방(fat), 장염 비브리오균
③ 엔테로톡신(enterotoxin), 포도상구균
④ 히스타민(histamine), 모르가니균

해설
사람이나 동물의 장내에 상주하는 모르가니균은 알레르기를 일으키는 히스타민을 생성한다.

정답 ④

08

☑ 확인 Check!

○	□
△	□
X	□

다음 중 이타이이타이병과 관계있는 중금속 물질은?

① 수은(Hg)
② 카드뮴(Cd)
③ 크로뮴(Cr)
④ 납(Pb)

해설
이타이이타이병
일본 도야마현의 진즈강 하류에서 발생한 카드뮴에 의한 공해병으로 '아프다, 아프다(일본어로 이타이, 이타이).'라고 하는 데에서 유래되었다. 카드뮴에 중독되면 신장에 이상이 발생하고 칼슘이 부족하게 되어 뼈가 물러지며 작은 움직임에도 골절이 일어나고 결국 죽음에 이르게 된다.

정답 ②

09

☑ 확인 Check!

○	□
△	□
X	□

식품첨가물의 구비조건이 아닌 것은?

① 영양가를 유지시킬 것
② 인체에 유해하지 않을 것
③ 나쁜 이화학적 변화를 주지 않을 것
④ 소량으로는 충분한 효과가 나타나지 않을 것

해설

식품첨가물의 구비조건

- 인체에 무해하고 체내에 축적되지 않을 것
- 미량으로 효과가 클 것
- 독성이 없을 것
- 이화학적 변화가 안정할 것

정답 ④

10

☑ 확인 Check!

○	□
△	□
X	□

작업자의 장신구 착용에 대한 설명으로 옳지 않은 것은?

① 매니큐어를 제거한다.
② 손톱은 위생에 지장이 없도록 짧게 자른다.
③ 몸에 부착된 모든 종류의 장신구를 제거해야 한다.
④ 장신구 중 반지는 제거하고 시계와 팔찌는 착용해도 된다.

해설

시계나 팔찌를 착용할 경우 밀가루나 유지 등의 재료가 묻어 곰팡이나 세균이 증식하여 식품이 오염될 가능성이 있고, 안전사고를 유발할 수도 있으므로 제거해야 한다.

정답 ④

11

☑ 확인 Check!

○	□
△	□
X	□

세균성 식중독 중 일반적으로 치사율이 가장 높은 식중독은?

① 포도상구균
② 장염 비브리오균
③ 살모넬라균
④ 보툴리누스균

해설

보툴리누스 A, B형에 의한 식중독은 치사율이 70% 정도이다.

정답 ④

12

☑ 확인 Check!

○	□
△	□
X	□

감염병의 예방 및 관리에 관한 법률상 제2급 감염병에 해당하는 것은?

① 페스트
② A형간염
③ 디프테리아
④ 신종인플루엔자

해설

①, ③, ④는 제1급 감염병에 속한다.

제2급 감염병(감염병의 예방 및 관리에 관한 법률 제2조 제3호)

결핵, 수두, 홍역, 콜레라, 장티푸스, 파라티푸스, 세균성이질, 장출혈성대장균감염증, A형간염, 백일해, 유행성이하선염, 풍진, 폴리오, 수막구균 감염증, b형헤모필루스인플루엔자, 폐렴구균 감염증, 한센병, 성홍열, 반코마이신내성황색포도알균(VRSA) 감염증, 카바페넴내성장내세균목(CRE) 감염증, E형간염

정답 ②

13 작업장 바닥에 대한 설명으로 옳지 않은 것은?

☑ 확인 Check!
○ □
△ □
X □

① 바닥에 미끄러지거나 넘어지지 않도록 액체가 스며들도록 한다.
② 바닥의 배수로나 배수구는 쉽게 배출되도록 한다.
③ 쉽게 균열이 가지 않고 미끄럽지 않은 재질로 선택한다.
④ 물 세척이나 소독이 가능한 방수성과 방습성, 내약품성 및 내열성이 좋은 것으로 한다.

해설
바닥에 액체가 스며들면 쉽게 손상되고, 미생물을 제거하기가 어려워진다. 특히 기름기가 많은 구역에서는 미끄러지거나 넘어지는 사고 발생의 원인이 되기도 한다.

정답 ①

14 예방접종이 감염병 관리상 갖는 의미는?

☑ 확인 Check!
○ □
△ □
X □

① 병원소의 제거
② 감염원의 제거
③ 환경의 관리
④ 감수성 숙주의 관리

해설
감수성 숙주란 감염된 환자가 아닌 감염 위험성을 가진 환자이다. 예방접종은 감염성 질병을 예방하기 위한 활동이므로 감수성 숙주를 관리하는 것이다.

정답 ④

15 다수인이 밀집한 실내 공기가 물리·화학적 조성의 변화로 불쾌감, 두통, 권태, 현기증 등을 일으키는 것은?

☑ 확인 Check!
○ □
△ □
X □

① 빈혈
② 진균독
③ 군집독
④ 산소중독

해설
군집독은 많은 사람이 밀폐된 공간에 있을 때 오염된 공기로 인하여 겪는 이상 증상을 의미한다. 이러한 군집독의 예방법으로는 환기가 가장 좋다.

정답 ③

16 개인 위생을 설명한 것으로 가장 적절한 것은?

☑ 확인 Check!
○ □
△ □
X □

① 식품종사자들이 사용하는 비누나 탈취제의 종류
② 식품종사자들이 일주일에 목욕하는 횟수
③ 식품종사자들이 건강, 위생복장 착용 및 청결을 유지하는 것
④ 식품종사자들이 작업 중 항상 장갑을 끼는 것

해설
위생관리란 음료수 처리, 쓰레기, 분뇨, 하수와 폐기물 처리, 공중위생, 접객업소와 공중이용시설 및 위생용품의 위생관리, 조리, 식품 및 식품첨가물과 이에 관련된 기구·용기 및 포장의 제조와 가공에 관한 위생 관련 업무를 말한다.

정답 ③

17

☑ 확인 Check!

○	□
△	□
X	□

제과 · 제빵 공장의 입지 조건으로 고려해야 할 사항으로 적당하지 않은 것은?

① 인원 수급 용이

② 폐수처리 시설

③ 주변 밀 경작지 유무

④ 상수도 시설

(해설)

제과 · 제빵 공장의 입지 조건
- 환경 및 주위가 깨끗한 곳이어야 한다.
- 양질의 물을 충분히 얻을 수 있어야 한다.
- 폐수 및 폐기물 처리에 편리한 곳이어야 한다.

정답 ③

18

☑ 확인 Check!

○	□
△	□
X	□

건조창고의 저장 온도로 적합한 것은?

① 0~10℃

② 10~20℃

③ 20~30℃

④ 30~40℃

(해설)

건조창고의 온도는 10~20℃, 습도는 50~60%이다.

정답 ②

19

☑ 확인 Check!

○	□
△	□
X	□

고율 배합에 대한 설명으로 틀린 것은?

① 반죽 시 공기의 혼입이 많다.

② 비중이 높다.

③ 화학 팽창제를 적게 쓴다.

④ 굽는 온도를 낮춘다.

(해설)

고율 배합의 특징
- 공기 혼입이 많다.
- 반죽의 비중이 낮다.
- 화학 팽창제를 적게 사용한다.
- 낮은 온도에서 장시간 동안 굽는다(오버 베이킹).

정답 ②

20

☑ 확인 Check!

○	□
△	□
X	□

밀알의 구조를 설명한 것 중 가장 맞는 것은?

① 배아(2~3%), 내배유(70%), 껍질(27~28%)

② 배아(10%), 내배유(60%), 껍질(30%)

③ 배아(6%), 내배유(80%), 껍질(14%)

④ 배아(3%), 내배유(83%), 껍질(14%)

(해설)

밀알은 배아 3%, 내배유 83%, 껍질 14% 정도로 이루어져 있으며, 일반적으로 배아와 껍질은 제분 과정에서 제거된다.

정답 ④

21

☑ 확인 Check!

○	□
△	□
X	□

호밀빵 제조 시 호밀을 사용하는 이유 및 기능과 거리가 먼 것은?

① 독특한 맛 부여

② 조직의 특성 부여

③ 색상 향상

④ 구조력 향상

> **해설**
>
> 호밀 가루는 밀가루에 비해 구조력이 약하여 반죽 시 끈적이게 된다. 빵 제조 시 밀가루와 섞어 사용하며, 이를 통해 독특한 맛과 조직의 특성을 부여하며 색상을 향상할 수 있다.
>
> 정답 ④

22

☑ 확인 Check!

○	□
△	□
X	□

유지의 특징을 바르게 설명한 것은?

① 가소성 – 고체에 힘을 가했을 때 모양의 변화와 유지가 가능한 성질

② 쇼트닝성 – 반죽에 분산해 있는 유지가 거품 형태로 공기를 포집하고 있는 성질

③ 구용성 – 달걀, 설탕, 밀가루 등을 잘 섞이게 하는 성질

④ 유화성 – 입안에서 부드럽게 녹는 성질

> **해설**
>
> **유지의 특징**
>
> - 가소성 : 고체에 힘을 가했을 때 모양의 변화와 유지가 가능한 성질
> - 크림성 : 반죽에 분산해 있는 유지가 거품의 형태로 공기를 포집하고 있는 성질
> - 쇼트닝성 : 반죽의 조직에 층상으로 분포하여 윤활 작용을 하는 성질
> - 유화성 : 달걀, 설탕, 밀가루 등을 잘 섞이게 하는 성질
> - 구용성 : 입안에서 부드럽게 녹는 성질
>
> 정답 ①

23

☑ 확인 Check!

○	□
△	□
X	□

우유 중 제품의 껍질 색을 개선시켜 주는 성분은?

① 유당　　② 칼슘

③ 유지방　　④ 광물질

> **해설**
>
> 우유 속 유당은 캐러멜화나 메일라드 반응과 같은 갈변반응을 일으켜 껍질 색을 개선해 준다.
>
> 정답 ①

24

☑ 확인 Check!

○	□
△	□
X	□

다음 중 달걀의 기능으로 잘못된 것은?

① 영양 증대

② 유화제 역할

③ 결합제 역할

④ 보존성 약화

> **해설**
>
> **달걀의 기능**
>
> - 수분 공급, 팽창(공기 포집)
> - 유화작용(레시틴)
> - 결합작용
> - 보존성 강화, 영양 증대
> - 향, 속질, 풍미, 색 개선
> - 구조 형성(흰자)
>
> 정답 ④

25 이스트에 대한 설명 중 옳지 않은 것은?

☑ 확인 Check!
○ □
△ □
X □

① 제빵용 이스트는 온도 20~25℃에서 발효력이 최대가 된다.
② 빵의 팽창제로 사용된다.
③ 생이스트의 수분 함유율은 70~75%이다.
④ 유백색에서 엷은 황갈색을 띠는 것이 좋다.

해설
이스트 발효의 최적 온도는 28~32℃이다.

정답 ①

26 재료 계량에 대한 설명으로 틀린 것은?

☑ 확인 Check!
○ □
△ □
X □

① 가루 재료는 서로 섞어 체질한다.
② 이스트, 소금, 설탕은 함께 계량한다.
③ 사용할 물은 반죽 온도에 맞도록 조절한다.
④ 저울을 사용하여 정확히 계량한다.

해설
소금은 이스트와 닿으면 활성화를 억제하거나 파괴하므로 함께 계량하지 않고 가능하면 물에 녹여서 사용한다.

정답 ②

27 제빵 반죽 시 가장 적합한 물은?

☑ 확인 Check!
○ □
△ □
X □

① 경수
② 연수
③ 아경수
④ 아연수

해설
일반적으로 제빵에 적합한 물의 경도는 아경수(120~180ppm)이다.

정답 ③

28 슈거 블룸(sugar bloom)의 원인이 아닌 것은?

☑ 확인 Check!
○ □
△ □
X □

① 상대습도가 높은 곳에 보관하였다.
② 템퍼링 시 물이 들어갔다.
③ 낮은 온도에 보관하다 온도가 높은 곳에 보관하였다.
④ 습도가 낮고 건조한 곳에 보관하였다.

해설
④ 슈거 블룸을 예방하기 위해 습도가 낮고 건조한 곳에 보관해야 한다.

슈거 블룸(sugar bloom)
초콜릿을 상대습도가 높은 곳이나 15℃ 이하의 낮은 온도에 보관하다 온도가 높은 곳에 보관하면 표면에 작은 물방울이 응축되어 초콜릿의 설탕이 용해하고, 다시 수분이 증발하여 설탕이 표면에 재결정하여 반점으로 나타난다.

정답 ④

29 일반적으로 양질의 빵 속을 만들기 위한 아밀로그래프의 범위는?

☑ 확인 Check!
○ □
△ □
X □

① 0~150BU
② 200~300BU
③ 400~600BU
④ 800~1,000BU

해설
아밀로그래프
녹말의 물에 의한 팽윤, 가열에 의한 호화, 파괴되는 상태, 점도의 차이 및 노화 등 현탁액의 특성 변화를 측정하기 위한 장치로, 일반적으로 양질의 빵 속을 만들기 위한 아밀로그래프 수치의 범위는 400~600BU가 적당하다.

정답 ③

30

☑ 확인 Check!

○	□
△	□
X	□

제과 · 제빵에서 안정제의 기능을 설명한 것으로 적절하지 않은 것은?

① 파이 충전물의 농후화제 역할을 한다.

② 흡수제로 노화 지연 효과가 있다.

③ 아이싱의 끈적거림을 방지한다.

④ 토핑물을 부드럽게 만든다.

해설

안정제의 기능

- 아이싱의 끈적거림 방지
- 아이싱의 부서짐 방지
- 머랭의 수분 배출 억제
- 무스 케이크 제조
- 파이 충전물의 농후화제
- 흡수제(노화 지연 효과)

정답 ④

31

☑ 확인 Check!

○	□
△	□
X	□

반죽과 소금의 관계로 적절한 것은?(단, 후염법은 제외한다) ✔신유형

① 반죽에 소금을 첨가하면 흡수율이 높아지고 반죽 시간이 단축된다.

② 반죽에 소금을 첨가하면 흡수율이 낮아지고 반죽 시간이 단축된다.

③ 반죽에 소금을 첨가하면 흡수율이 높아지고 반죽 시간이 증가한다.

④ 반죽에 소금을 첨가하면 흡수율이 낮아지고 반죽 시간이 증가한다.

해설

반죽과 소금의 관계

- 소금을 반죽에 첨가하면 삼투압에 의해 흡수율이 감소되고 반죽의 저항성이 증가되는 특성이 있다.
- 제빵 반죽 시 소금은 보통 초기에 넣는데, 글루텐을 강화시켜 반죽 시간을 증가시키는 요인이 된다. 따라서 반죽 시간을 단축시킬 목적으로 클린업 단계에서 소금을 넣기도 하는데, 이 방법을 후염법이라고 한다.

정답 ④

32

☑ 확인 Check!

○	□
△	□
X	□

탄수화물의 구성 원소가 아닌 것은?

① 탄소　　② 질소

③ 산소　　④ 수소

해설

탄수화물과 지방은 탄소, 산소, 수소로 구성되며, 단백질은 탄소, 수소, 산소 이외에 질소를 구성 원소로 가지고 있다.

정답 ②

33

☑ 확인 Check!

○	□
△	□
X	□

필수 아미노산이 아닌 것은?

① 트레오닌

② 아이소류신

③ 발린

④ 알라닌

해설

필수 아미노산

발린, 류신, 아이소류신, 메티오닌, 트레오닌, 라이신, 페닐알라닌, 트립토판, 히스티딘

※ 8가지로 보는 경우 히스티딘은 제외

정답 ④

34

☑ 확인 Check!

○	□
△	□
X	□

다음 중 지방의 기능이 아닌 것은?

① 산과 염기의 균형

② 세포막 형성

③ 지용성 비타민의 흡수율 향상

④ 생체 기관의 보호

해설

산과 염기의 균형은 무기질이 조정한다.

정답 ①

35 ☑ 확인 Check! ○ □ △ □ X □

다음 중 어떤 무기질이 결핍되면 근육경련, 얼굴경련이 발생될 수 있는가?

① 인(P)

② 칼슘(Ca)

③ 아이오딘(I)

④ 마그네슘(Mg)

해설

④ 마그네슘 : 결핍 시 근육경련, 얼굴경련, 수면질 저하 등이 나타난다.

① 인 : 결핍 시 골격과 치아의 발육 불량 등이 나타난다.

② 칼슘 : 결핍 시 골다공증, 골격과 치아의 발육 불량 등이 나타난다.

③ 아이오딘 : 결핍 시 갑상선종, 크레틴병이 발생한다.

정답 ④

36 ☑ 확인 Check! ○ □ △ □ X □

과일의 조리에서 열의 영향을 가장 많이 받는 수용성 비타민으로, 부족하면 괴혈병을 유발하는 영양소는?

① 비타민 C

② 비타민 A

③ 비타민 B_1

④ 비타민 E

해설

비타민 C는 열이나 빛, 물과 산소 등에 쉽게 파괴된다.

정답 ①

37 ☑ 확인 Check! ○ □ △ □ X □

중간발효에 대한 설명으로 틀린 것은?

① 중간발효는 온도 32℃ 이내, 상대습도 75% 전후에서 실시한다.

② 반죽의 온도, 크기에 따라 시간이 달라진다.

③ 반죽의 상처 회복과 성형을 용이하게 하기 위함이다.

④ 상대습도가 낮으면 덧가루 사용량이 증가한다.

해설

상대습도가 낮으면 덧가루 사용량이 감소한다.

정답 ④

38 ☑ 확인 Check! ○ □ △ □ X □

작은 규모의 제과점에서 일반적으로 사용하는 믹서는?

① 수직형 믹서

② 수평형 믹서

③ 초고속 믹서

④ 커터 믹서

해설

소규모 제과점에서는 대부분 수직형 믹서(버티컬 믹서)를 사용한다.

정답 ①

39 다음에서 설명하는 반죽 방법은? ✔신유형

확인 Check! ○ □ △ □ X □

> 처음에 유지와 설탕, 소금을 넣고 믹싱을 하여 크림을 만들고 달걀을 서서히 투입하여 부드럽게 유지하도록 한 후, 여기에 체로 친 밀가루와 베이킹파우더, 건조 재료를 가볍고 균일하게 혼합하여 반죽한다.

① 크림법　② 블렌딩법
③ 설탕물법　④ 1단계법

해설

② 블렌딩법 : 처음에 유지와 밀가루를 믹싱하여 유지가 밀가루 입자를 얇은 막으로 피복한 후 건조 재료와 액체 재료 일부를 넣어 덩어리가 생기지 않게 혼합하고, 나머지 액체 재료를 투입하여 믹싱하는 방법
③ 설탕물법 : 액당을 사용하는 믹싱법으로, 고운 속결의 제품을 만들기 용이하고 계량의 정확성, 운반의 편리성 등으로 대량 생산 현장에서 많이 사용
④ 1단계법 : 재료 전부를 한 번에 넣어 믹싱하는 방법으로 노동력과 시간이 절약되는 장점이 있으나, 크림화와 거품 올리기 중 공기 혼입이 적어질 수 있어 화학 팽창제를 사용하는 제품에 적당

정답 ①

40 비중 컵의 무게가 40g, 물을 담은 비중 컵의 무게가 240g, 반죽을 담은 비중 컵의 무게가 180g일 때 반죽의 비중은?

확인 Check! ○ □ △ □ X □

① 0.6　② 0.7
③ 0.2　④ 0.4

해설

$$비중 = \frac{반죽의\ 무게}{물의\ 무게} = \frac{반죽의\ 무게 - 컵\ 무게}{물의\ 무게 - 컵\ 무게}$$

$$= \frac{(180-40)}{(240-40)} = 0.7$$

정답 ②

41 밀가루 온도 24℃, 실내 온도 25℃, 수돗물 온도 18℃, 반죽 결과 온도 30℃, 희망 온도 27℃일 때 마찰계수는?

확인 Check! ○ □ △ □ X □

① 3　② 23
③ 13　④ 33

해설

마찰계수
= (반죽 결과 온도 × 3) − (실내 온도 + 밀가루 온도 + 수돗물 온도)
= 30 × 3 − (25 + 24 + 18) = 23

정답 ②

42 케이크 제조 시 비중의 효과를 잘못 설명한 것은?

확인 Check! ○ □ △ □ X □

① 비중이 낮은 반죽은 기공이 크고 거칠다.
② 비중이 낮은 반죽은 냉각 시 주저앉는다.
③ 비중이 높은 반죽은 부피가 커진다.
④ 제품별로 비중을 다르게 하여야 한다.

해설

- 비중이 높은 반죽은 기공이 조밀하고 단단하며, 부피가 작고 무거운 제품이 된다.
- 비중이 낮은 반죽은 기공이 크고 거칠며, 부피가 크고 가벼운 제품이 된다.

정답 ③

43

비용적이 가장 작은 제품은?

☑ 확인 Check!

○	□
△	□
X	□

① 파운드 케이크
② 레이어 케이크
③ 스펀지 케이크
④ 엔젤푸드 케이크

해설
비용적은 반죽 1g을 굽는 데 필요한 틀의 부피로, 단위는 cm^3/g이다.
- 파운드 케이크 : 2.40cm^3/g
- 레이어 케이크 : 2.96cm^3/g
- 엔젤푸드 케이크 : 4.71cm^3/g
- 스펀지 케이크 : 5.08cm^3/g

정답 ①

44

지름 22cm, 높이 8cm인 원형 팬의 용적은?

☑ 확인 Check!

○	□
△	□
X	□

① $176\pi cm^3$
② $352\pi cm^3$
③ $968\pi cm^3$
④ $3,872\pi cm^3$

해설
원형 팬의 용적 = 반지름 × 반지름 × 높이 × π
= 11cm × 11cm × 8cm × π
= $968\pi cm^3$

정답 ③

45

제빵용 팬 오일에 대한 설명으로 틀린 것은?

☑ 확인 Check!

○	□
△	□
X	□

① 종류에 상관없이 발연점이 낮아야 한다.
② 무색, 무미, 무취이어야 한다.
③ 정제 라드, 식물유, 혼합유도 사용된다.
④ 과다하게 칠하면 밑 껍질이 두껍고 어둡게 된다.

해설
팬 오일은 발연점이 210℃ 이상 높은 것을 사용해야 한다.

정답 ①

46

제과류의 반죽 온도가 높을 때 나타나는 현상으로 옳은 것은?

☑ 확인 Check!

○	□
△	□
X	□

① 기공이 열리고 큰 구멍이 생긴다.
② 기공이 조밀해서 부피가 작아진다.
③ 표면이 터지고 거칠어질 수 있다.
④ 식감이 나빠진다.

해설
반죽 온도가 높으면 기공이 열리고 큰 구멍이 생겨 조직이 거칠게 되어 노화가 빨라진다. 반대로 반죽 온도가 낮으면 기공이 조밀해져 부피가 작아지고 식감이 나빠지며, 굽기 중 오븐 온도에 의한 증기압을 형성하는 데 많은 시간이 필요하여 껍질이 형성된 후 증기압에 의한 팽창작용으로 표면이 터지고 거칠어질 수 있다.

정답 ①

47 다음 중 건조 방지를 목적으로 나무틀을 사용하여 굽기를 하는 제품은?

☑ 확인 Check!
○ □
△ □
X □

① 슈
② 파운드 케이크
③ 카스텔라
④ 롤 케이크

해설
카스텔라는 나무틀을 사용하여 오븐에 구우면 촉촉하고 부드럽다.

정답 ③

48 열풍을 강제 순환시키면서 굽는 타입으로 굽기의 편차가 극히 적은 오븐은?

☑ 확인 Check!
○ □
△ □
X □

① 컨벡션 오븐
② 데크 오븐
③ 터널 오븐
④ 트레이 오븐

해설
① 컨벡션 오븐 : 오븐 뒷면에 열풍을 불어 넣을 수 있어 열을 대류시켜 굽는 오븐이다.
② 데크 오븐 : 소규모 제과점에서 많이 사용하며 윗불·아랫불 온도 조절이 가능하다.
③ 터널 오븐 : 대규모 생산 공장에서 대량 생산이 가능하다. 반죽이 들어오는 입구와 출구가 다른 특징이 있다.

정답 ①

49 튀김기름을 산화시키는 요인이 아닌 것은?

☑ 확인 Check!
○ □
△ □
X □

① 온도 ② 수분
③ 공기 ④ 유당

해설
튀김기름을 산화시키는 요인으로 온도(열), 수분(물), 공기(산소), 금속(구리, 철), 이중결합수, 이물질 등이 있다.

정답 ④

50 도넛의 튀김 온도로 가장 적당한 온도 범위는?

☑ 확인 Check!
○ □
△ □
X □

① 105℃ 내외
② 145℃ 내외
③ 185℃ 내외
④ 250℃ 내외

해설
도넛의 튀김 온도는 180~195℃ 정도가 적정하다. 온도가 너무 높으면 속이 익지 않을 수 있고, 온도가 낮으면 제품이 퍼지고 기름 흡수가 많아진다.

정답 ③

51 커스터드 크림의 농후화제로 적절치 않은 것은?

☑ 확인 Check!
○ □
△ □
X □

① 버터 ② 박력분
③ 전분 ④ 달걀

해설
커스터드 크림의 농후화제 역할을 하는 재료는 밀가루, 전분, 달걀이다.

정답 ①

52 도넛 글레이즈의 적당한 온도는?

☑ 확인 Check! ○ □ △ □ X □

① 23℃ ② 34℃
③ 49℃ ④ 59℃

해설
글레이즈는 저장기간 중에 건조되는 것을 방지하기 위해 도넛, 과자, 케이크, 디저트 등에 코팅하는 것을 말한다. 도넛 글레이즈의 사용 온도는 45~50℃가 적합하다.

정답 ③

53 이탈리안 머랭 제조에 대해 잘못 설명한 것은? ✔신유형

☑ 확인 Check! ○ □ △ □ X □

① 설탕 4, 물 1의 비율로 118~125℃에서 끓인다.
② 머랭 시럽을 끓일 때 결정화되는 것을 방지하기 위해 저어 주어야 한다.
③ 머랭을 손가락으로 찍어 보았을 때 새의 부리 모양이 되도록 휘핑한다.
④ 머랭 휘핑 시 처음부터 설탕을 너무 많이 넣으면 기공이 조밀해지고 시간이 오래 걸린다.

해설
머랭 시럽을 끓일 때 저어 주면 결정화가 되므로 젓지 말고 끓여야 한다.

정답 ②

54 파운드 케이크의 배합률 조정에 관한 사항 중 밀가루, 설탕을 일정하게 하고 유화쇼트닝을 증가시킬 때 조치 중 틀린 것은?

☑ 확인 Check! ○ □ △ □ X □

① 달걀 사용량을 증가시킨다.
② 우유 사용량을 감소시킨다.
③ 베이킹파우더를 증가시킨다.
④ 유화제 사용량을 증가시킨다.

해설
유화쇼트닝, 즉, 유지는 반죽 내 공기 포집 능력을 증가시키기 때문에 베이킹파우더 양을 줄여야 한다.

정답 ③

55 젤리 롤 케이크를 말 때 겉면이 터지는 경우 조치 사항이 아닌 것은?

☑ 확인 Check! ○ □ △ □ X □

① 팽창이 과도한 경우 팽창제 사용량을 줄인다.
② 설탕의 일부를 물엿으로 대치한다.
③ 저온 처리하여 말기를 한다.
④ 덱스트린의 점착성을 이용한다.

해설
과다하게 냉각(저온 처리)시켜 말면 윗면이 터지기 쉽다.

정답 ③

56 시폰 케이크 제조 시 냉각 전에 팬에서 분리되는 결점이 나타났을 때의 원인과 거리가 먼 것은?

☑ 확인 Check! ○ □ △ □ X □

① 굽는 시간이 짧다.
② 밀가루 양이 많다.
③ 반죽에 수분이 많다.
④ 오븐 온도가 낮다.

해설
밀가루 양이 적을 때 팬에서 분리되기 쉽다.

정답 ②

57 거품형 쿠키로 전란을 사용하는 쿠키의 종류는?

☑ 확인 Check!
○ □
△ □
X □

① 스냅 쿠키
② 냉동 쿠키
③ 쇼트브레드 쿠키
④ 스펀지 쿠키

해설
스펀지 쿠키는 짜는 형태로 만드는 거품형 반죽 쿠키로, 전란을 사용하며 쿠키 중 수분이 가장 많은 제품이다.

정답 ④

58 퍼프 페이스트리 제조 시 다른 조건이 같을 때 충전용 유지에 대한 설명으로 틀린 것은?

☑ 확인 Check!
○ □
△ □
X □

① 충전용 유지가 많을수록 결이 분명해진다.
② 충전용 유지가 많을수록 밀어 펴기가 쉬워진다.
③ 충전용 유지가 많을수록 부피가 커진다.
④ 충전용 유지는 가소성 범위가 넓은 파이용이 적당하다.

해설
충전용 유지가 많을수록 결이 분명해지고 부피가 커지나 반죽을 밀어 펴기가 어려워진다.

정답 ②

59 슈(choux)의 제조 공정상 구울 때 주의할 사항 중 잘못된 것은?

☑ 확인 Check!
○ □
△ □
X □

① 220℃ 정도의 오븐에서 바삭한 상태로 굽는다.
② 너무 빠른 껍질 형성을 막기 위해 처음에 윗불을 약하게 한다.
③ 굽는 중간에 오븐 문을 자주 여닫아 수증기를 제거한다.
④ 너무 빨리 오븐에서 꺼내면 찌그러지거나 주저앉기 쉽다.

해설
슈를 구울 때 오븐 문을 자주 여닫으면 팽창 과정 중 찬 공기가 들어가 슈의 팽창을 방해하여 슈가 주저앉는 원인이 된다.

정답 ③

60 다음 ㉠, ㉡, ㉢에 들어갈 말로 맞는 것은?

☑ 확인 Check!
○ □
△ □
X □

> 언더 베이킹은 (㉠)에서 (㉡) 굽는 것이다.
> (㉢)일 때 사용한다.

① ㉠ 낮은 온도, ㉡ 단시간, ㉢ 고배합
② ㉠ 낮은 온도, ㉡ 장시간, ㉢ 고배합
③ ㉠ 높은 온도, ㉡ 단시간, ㉢ 저배합
④ ㉠ 높은 온도, ㉡ 장시간, ㉢ 저배합

해설
- 언더 베이킹 : 높은 온도에서 단시간 굽는 것으로 반죽이 적거나 저배합일 때 사용한다.
- 오버 베이킹 : 낮은 온도에서 장시간 굽는 것으로 반죽이 많거나 고배합일 때 사용한다.

정답 ③

02회 제과기능사 상시복원문제

01 다음 중 발병 시 전염성이 가장 낮은 것은?

☑ 확인 Check! ○ □ △ □ X □

① 콜레라 ② 장티푸스
③ 납 중독 ④ 폴리오

(해설)
납 중독은 중금속에서 나온 유해물질에 의해서 발생하는 식중독이므로 전염성이 거의 없다.

정답 ③

02 식품위생법상 용어의 정의로 틀린 것은?

☑ 확인 Check! ○ □ △ □ X □

① '식품'이라 함은 의약으로 섭취하는 것을 제외한 모든 음식물을 말한다.
② '위해'라 함은 식품, 식품첨가물, 기구 또는 용기・포장에 존재하는 위험요소로서 인체의 건강을 해치거나 해칠 우려가 있는 것을 말한다.
③ 농업 및 수산업에 속하는 식품의 채취업은 식품위생법상 '영업'에서 제외된다.
④ '집단급식소'라 함은 영리를 목적으로 하면서 특정 다수인에게 계속하여 음식물을 공급하는 시설을 말한다.

(해설)
영리를 목적으로 하는 곳은 집단급식소에 속하지 않는다.
※ 식품위생법 제2조 참고

정답 ④

03 세균의 장독소(enterotoxin)에 의해 유발되는 식중독은?

☑ 확인 Check! ○ □ △ □ X □

① 황색포도상구균 식중독
② 살모넬라 식중독
③ 복어 식중독
④ 장염 비브리오 식중독

(해설)
②, ④는 세균성 감염형 식중독, ③은 테트로도톡신으로 인한 자연독 식중독이다.

정답 ①

04 과자류 제품의 관능적 평가 기준이 아닌 것은?

☑ 확인 Check! ○ □ △ □ X □

① 굽기의 균일함
② 전분의 점도 측정
③ 껍질의 터짐과 찢어짐
④ 굽기 후 향미와 맛

(해설)
관능검사 : 식품의 품질 특성 가운데 관능적 특성인 외관, 향미 및 조직감 등을 과학적으로 평가하는 것

정답 ②

05 먹는물 수질기준 및 검사 등에 관한 규칙에 따른 전 항목 수질검사 주기로 알맞은 것은?

☑ 확인 Check!

○ □
△ □
X □

① 6개월
② 1년
③ 1년 6개월
④ 2년

(해설)
수질검사의 횟수(먹는물 수질기준 및 검사 등에 관한 규칙 제4조 제2항)
먹는물관리법에 따라 먹는물공동시설을 관리하는 시장 · 군수 · 구청장은 다음의 기준에 따라 수질검사를 실시하여야 한다.
• [별표 1]의 전 항목 검사 : 매년 1회 이상

정답 ②

06 식품첨가물에 관한 기준 및 규격을 고시하는 자로 옳은 것은?

☑ 확인 Check!

○ □
△ □
X □

① 시 · 도지사
② 식품의약품안전처장
③ 시장 · 군수 · 구청장
④ 시 · 군 · 구 보건소장

(해설)
식품 또는 식품첨가물에 관한 기준 및 규격(식품위생법 제7조 제1항)
식품의약품안전처장은 국민 건강을 보호 · 증진하기 위하여 필요하면 판매를 목적으로 하는 식품 또는 식품첨가물에 관한 다음의 사항을 정하여 고시한다.
• 제조 · 가공 · 사용 · 조리 · 보존 방법에 관한 기준
• 성분에 관한 규격

정답 ②

07 감염병과 감염경로의 연결이 틀린 것은?

☑ 확인 Check!

○ □
△ □
X □

① 성병 – 직접 접촉
② 폴리오 – 공기 감염
③ 결핵 – 개달물 감염
④ 파상풍 – 토양 감염

(해설)
폴리오 바이러스는 급성기 환자의 인후분비물과 분변을 통해 배설되며 많은 사람이 분변오염을 통해서 감염된다.

정답 ②

08 식품첨가물과 그 용도의 연결이 틀린 것은?

☑ 확인 Check!

○ □
△ □
X □

① 발색제 – 인공적 착색으로 관능성 향상
② 산화방지제 – 유지 식품의 변질 방지
③ 표백제 – 색소물질 및 발색성 물질 분해
④ 소포제 – 거품 소멸 및 억제

(해설)
발색제는 식품의 색소를 유지 · 강화시키는 데 사용되는 식품첨가물이다.

정답 ①

09 소독제로 가장 많이 사용되는 알코올의 농도는?

☑ 확인 Check!

○ □
△ □
X □

① 30% ② 50%
③ 70% ④ 100%

(해설)
알코올은 손 소독, 초자 기구, 금속 기구 소독 등에 이용된다. 농도가 70% 정도일 때 침투력이 강하여 살균력이 가장 좋다.

정답 ③

10 식품의 변질을 설명한 것으로 옳지 않은 것은?

☑ 확인 Check!

○	□
△	□
X	□

① 산패 – 유지 식품의 지방질 산화
② 발효 – 화학물질에 의한 유기화합물의 분해
③ 변질 – 식품의 품질 저하
④ 부패 – 단백질 식품이 부패 미생물에 의해 분해

해설
발효는 탄수화물이 미생물의 작용을 받아 유기산, 알코올 등을 생성하게 되는 현상을 말한다.

정답 ②

11 식품 취급자가 손을 씻는 방법으로 적합하지 않은 것은?

☑ 확인 Check!

○	□
△	□
X	□

① 손톱 밑을 문지르면서 손가락 사이를 씻는다.
② 살균효과를 증대시키기 위해 역성비누액에 일반비누액을 섞어 사용한다.
③ 왼 손바닥으로 오른쪽 손등을 닦고 오른 손바닥으로 왼쪽 손등을 꼼꼼히 씻어 준다.
④ 역성비누 원액을 몇 방울 손에 받아 30초 이상 문지르고 흐르는 물로 씻는다.

해설
역성비누는 일반비누와 동시에 사용하면 살균효과가 떨어진다. 두 가지 모두 사용할 때는 일반비누를 먼저 사용하고 역성비누를 다음에 사용하여 살균효과를 높인다.
역성비누(양성비누)
- 사용농도 : 원액(10%)을 200~400배 희석하여 0.01~0.1%로 만들어 사용한다.
- 소독 : 식품 및 식기, 조리자의 손(무색, 무취, 무자극성, 무독성)

정답 ②

12 감염병의 예방 및 관리에 관한 법률상 제2급 감염병에 해당하는 것은?

☑ 확인 Check!

○	□
△	□
X	□

① 파상풍
② 콜레라
③ B형간염
④ 브루셀라증

해설
①, ③, ④는 제3급 감염병에 속한다.

정답 ②

13 갓 구워낸 식빵의 냉각 시 적절한 수분 함량은?

☑ 확인 Check!

○	□
△	□
X	□

① 약 5%
② 약 15%
③ 약 25%
④ 약 38%

해설
갓 구워낸 빵의 수분 함량은 껍질이 12~15%, 내부가 42~45%이며, 냉각 후 수분 함량은 내부의 수분이 껍질 방향으로 이동하면서 전체 38%로 평행을 이룬다.

정답 ④

14 위생동물의 일반적인 특성이 아닌 것은?

☑ 확인 Check!

○	□
△	□
X	□

① 식성 범위가 넓다.
② 음식물과 농작물에 피해를 준다.
③ 병원미생물을 식품에 감염시키는 것도 있다.
④ 발육 기간이 길다.

해설
쥐, 진드기, 파리, 바퀴벌레 등의 위생동물은 대체로 발육 기간이 짧고 번식이 왕성하다.

정답 ④

15 식품첨가물의 독성 평가를 위해 가장 많이 사용하고 있으며, 시험물질을 장기간 투여했을 때 어떠한 장해나 중독이 일어나는가를 알아보는 시험으로 옳은 것은?

☑ 확인 Check!
○ □
△ □
X □

① 급성 독성 시험
② 아급성 독성 시험
③ 만성 독성 시험
④ 호흡시험법

해설

만성 독성 시험

식품첨가물의 독성 평가를 위해 가장 많이 사용하고 있으며, 시험물질을 장기간 투여했을 때 어떠한 장해나 중독이 일어나는가를 알아보는 시험이다. 만성 독성 시험은 식품첨가물이 실험 대상동물에게 어떤 영향도 주지 않는 최대의 투여량인 최대무작용량(最大無作用量)을 구하는 데 목적이 있다.

정답 ③

16 작업장 평면도 작성 시 표시사항이 아닌 것은? ✔신유형

☑ 확인 Check!
○ □
△ □
X □

① 기계·기구 등의 배치
② 작업자의 이동 경로
③ 오염 밀집 구역
④ 용수 및 배수처리계통도

해설

작업장 평면도에는 작업 특성별 구역, 기계·기구 등의 배치, 제품의 흐름 과정, 작업자의 이동 경로, 세척·소독조 위치, 출입문 및 창문, 공조시설계통도, 용수 및 배수처리계통도 등을 작성한다.

정답 ③

17 전분의 호화에 관여하는 요소가 아닌 것은?

☑ 확인 Check!
○ □
△ □
X □

① 온도
② pH
③ 금속이온
④ 전분의 크기와 구조

해설

전분의 호화에 영향을 주는 요인으로 전분의 크기와 구조, 온도, pH 등이 있다.

정답 ③

18 조리기구에 사용하는 세척제의 종류는? ✔신유형

☑ 확인 Check!
○ □
△ □
X □

① 1종 세척제
② 2종 세척제
③ 3종 세척제
④ 4종 세척제

해설

세척제의 표시사항

- 1종 세척제 : '야채, 과일 등 세척용' 표시
- 2종 세척제 : '음식기, 조리기구 등 식품용 기구 세척용' 표시
- 3종 세척제 : '식품의 제조·가공용 기구 등 세척용' 표시

정답 ②

19 케이크의 배합에서 고율 배합이 저율 배합에 비해 더 높거나 많은 항목은?

☑ 확인 Check! ○ □ △ □ X □

① 믹싱 중 공기의 혼입 정도
② 비중
③ 화학 팽창제의 사용량
④ 굽는 온도

해설
고율 배합과 저율 배합의 비교

구분	고율 배합	저율 배합
공기의 혼입	많음	적음
반죽의 비중	낮음	높음
화학 팽창제 사용량	적음	많음
굽기	저온 장시간	고온 단시간

정답 ①

20 케이크에 적합한 박력 밀가루의 단백질 함량으로 가장 적합한 것은?

☑ 확인 Check! ○ □ △ □ X □

① 7~9% ② 9~10%
③ 11~13% ④ 14~15%

해설
밀가루의 단백질 함량
- 강력분 : 11~14%
- 중력분 : 9~11%
- 박력분 : 7~9%

정답 ①

21 제과 · 제빵용 건조 재료와 팽창제 및 유지 재료를 알맞은 배합률로 균일하게 혼합한 원료는?

☑ 확인 Check! ○ □ △ □ X □

① 프리믹스
② 팽창제
③ 향신료
④ 밀가루 개량제

해설
프리믹스는 제품의 특성에 알맞은 배합률로 밀가루, 팽창제, 유지 등을 균일하게 혼합한 원료이다.

정답 ①

22 유지의 기능이 아닌 것은?

☑ 확인 Check! ○ □ △ □ X □

① 감미제 ② 안정화
③ 가소성 ④ 유화성

해설
유지의 특징 : 가소성, 크림성, 유화성, 안정성

정답 ①

23 다음에서 설명하는 우유의 살균 처리방법은?

☑ 확인 Check! ○ □ △ □ X □

130~150℃에서 2~5초간 가열 처리하는 방법

① 저온살균법
② 초저온 살균법
③ 고온 단시간 살균법
④ 초고온 순간 살균법

해설
우유의 살균법(가열법)
- 저온 장시간 살균법 : 60~65℃, 30분간 가열
- 고온 단시간 살균법 : 70~75℃, 15초간 가열
- 초고온 순간 살균법 : 130~150℃, 3초간 가열

정답 ④

24 제과 · 제빵에서 달걀의 역할로만 묶인 것은?

☑ 확인 Check! ○ □ △ □ X □

① 영양가치 증가, 유화 역할, pH 강화
② 영양가치 증가, 유화 역할, 조직 강화
③ 영양가치 증가, 조직 강화, 방부효과
④ 유화 역할, 조직 강화, 발효 시간 단축

(해설)
제과 · 제빵에서 달걀흰자는 단백질의 피막을 형성하여 부풀리는 팽창제의 역할을 하며, 노른자의 레시틴은 유화제 역할을 한다.

정답 ②

25 이스트 푸드에 관한 사항 중 틀린 것은?

☑ 확인 Check! ○ □ △ □ X □

① 물 조절제 – 칼슘염
② 이스트 영양분 – 암모늄염
③ 반죽 조절제 – 산화제
④ 이스트 조절제 – 글루텐

(해설)
이스트 푸드는 이스트 조절제(영양원), 물 조절제, 반죽 조절제로 구성되어 있다. 이스트 조절제는 암모늄염 등으로 이스트 발효에 필요한 영양소를 공급한다.

정답 ④

26 베이킹파우더 성분 중 이산화탄소를 발생시키는 것은?

☑ 확인 Check! ○ □ △ □ X □

① 전분
② 탄산수소나트륨
③ 주석산
④ 인산칼슘

(해설)
탄산수소나트륨(중조)은 가열하여 약 20℃ 이상이 되면 분해되어 이산화탄소를 발생한다. 2개의 분자로 이루어진 탄산수소나트륨은 열에 의해 분해되어 1개의 분자는 이산화탄소를 발생시켜 날아가고, 나머지 1개의 분자는 탄산나트륨으로 반죽에 남아 알칼리성 물질로 색소에 영향을 미친다.

정답 ②

27 경수의 작용으로 적절한 것은?

☑ 확인 Check! ○ □ △ □ X □

① 글루텐을 질기게 하고, 발효를 저해한다.
② 글루텐을 연하게 하고, 발효를 촉진한다.
③ 글루텐을 질기게 하고, 발효를 촉진한다.
④ 글루텐을 연하게 하고, 발효를 저해한다.

(해설)
- 아경수 : 제빵에 가장 적합하다.
- 경수 : 반죽이 되고, 글루텐을 강화시켜 발효가 지연되며, 탄력성을 증가시킨다.
  → 조치사항 : 이스트 사용 증가와 발효 시간 연장, 맥아 첨가, 소금과 이스트 푸드 감소, 반죽에 물의 양 증가
- 연수 : 반죽이 질고, 글루텐을 연화시켜 끈적거리는 반죽으로 오븐 스프링이 나쁘다.
  → 조치사항 : 흡수율 2% 감소, 이스트 푸드와 소금 증가, 발효 시간 단축

정답 ①

28 초콜릿 템퍼링의 효과를 잘못 설명한 것은?

확인 Check! ○ □ △ □ X □

① 광택이 탁해진다.
② 결정형이 일정해진다.
③ 내부 조직이 조밀해진다.
④ 입안에서의 용해성이 좋아진다.

해설
초콜릿을 템퍼링하면 광택이 좋아진다.

정답 ①

29 소금을 과다하게 사용했을 때 나타나는 현상이 아닌 것은?

확인 Check! ○ □ △ □ X □

① 모서리가 예리해진다.
② 촉촉하고 질기다.
③ 껍질 색이 진하다.
④ 부피가 작다.

해설
소금 과다 사용 시 나타나는 현상
- 발효 손실이 적음
- 효소작용 억제
- 부피가 작고 진한 껍질 색(윗·옆면이 진함)
- 촉촉하고 질김

정답 ①

30 안정제를 사용하는 목적과 거리가 먼 것은?

확인 Check! ○ □ △ □ X □

① 아이싱 제조 시 끈적거림을 방지한다.
② 젤리나 잼 제조에 사용한다.
③ 케이크나 빵에서 흡수율을 감소시킨다.
④ 크림 토핑물 제조 시 부드러움을 제공한다.

해설
안정제의 기능
- 아이싱의 끈적거림 방지
- 아이싱의 부서짐 방지
- 머랭의 수분 배출 억제
- 크림 토핑의 거품 안정
- 흡수제로 노화를 지연

정답 ③

31 밀가루 반죽을 끊어질 때까지 늘려서 반죽의 신장성을 알아보는 것은?

확인 Check! ○ □ △ □ X □

① 아밀로그래프
② 패리노그래프
③ 익스텐소그래프
④ 믹소그래프

해설
익스텐소그래프 : 밀가루 반죽을 끊어질 때까지 늘이면서 필요한 힘과 신장성 사이의 관계를 선으로 기록하는 장치를 말한다.

정답 ③

32 다음 중 잘못된 내용은?

확인 Check! ○ □ △ □ X □

① 설탕 = 포도당 + 과당
② 유당 = 포도당 + 갈락토스
③ 맥아당 = 포도당 + 포도당
④ 젖당 = 포도당 + 자일로스

해설
④ 젖당 = 포도당 + 갈락토스

정답 ④

33 아미노산과 아미노산 간의 결합은?

☑ 확인 Check!
○ □
△ □
X □

① 글리코사이드 결합
② 펩타이드 결합
③ α-1,4 결합
④ 에스터(에스테르) 결합

해설
단백질은 아미노산들이 펩타이드(peptide) 결합으로 연결된 고분자 유기화합물이다.

정답 ②

34 생체 내에서 지방의 기능으로 틀린 것은?

☑ 확인 Check!
○ □
△ □
X □

① 생체기관을 보호한다.
② 체온을 유지한다.
③ 효소의 주요 구성 성분이다.
④ 주요한 에너지원이다.

해설
③ 단백질의 기능 중 하나로 효소, 호르몬, 항체 등을 구성한다.

정답 ③

35 탄수화물 산화효소로 발효 시 과당과 포도당을 이산화탄소와 에틸알코올로 만드는 효소는?

☑ 확인 Check!
○ □
△ □
X □

① 라이페이스
② 프로테이스
③ 아밀레이스
④ 치메이스

해설
① 라이페이스(lipase) : 유지(지방)를 가수분해하는 효소이다.
② 프로테이스(protease) : 단백질을 가수분해하는 효소이다.
③ 아밀레이스(amylase) : 전분을 가수분해하는 효소이다.

정답 ④

36 나이아신(niacin)의 결핍증은?

☑ 확인 Check!
○ □
△ □
X □

① 괴혈병
② 펠라그라증
③ 야맹증
④ 각기병

해설
비타민 B_3(나이아신) 결핍증으로 피부병, 식욕 부진, 설사, 우울증 등의 증상을 나타내는 것은 펠라그라증이다.

정답 ②

37 반죽형 케이크의 특징으로 틀린 것은?

☑ 확인 Check!
○ □
△ □
X □

① 주로 화학팽창제를 사용한다.
② 유지의 사용량이 많다.
③ 반죽의 비중이 낮다.
④ 질감이 부드럽다.

해설
반죽형 케이크의 특징
- 반죽의 비중이 높다.
- 유지 함량이 많다.
- 제품이 무겁다.
- 파운드 케이크가 대표적이다.

정답 ③

38 거품형 케이크 반죽을 믹싱할 때 가장 적당한 믹싱법은?

☑ 확인 Check! ○ □ △ □ X □

① 중속 → 고속 → 중속
② 고속 → 중속 → 저속 → 고속
③ 저속 → 중속 → 고속 → 저속
④ 저속 → 고속 → 중속

해설
거품형 케이크의 믹싱법은 저속 → 중속 → 고속 → 저속으로 마무리한다.

정답 ③

39 더운 공립법으로 만드는 스펀지 케이크 제조 과정에 대한 설명으로 옳지 않은 것은?

☑ 확인 Check! ○ □ △ □ X □

① 버터를 중탕하여 사용한다.
② 설탕은 중탕하여 녹인다.
③ 중탕한 반죽은 반죽이 하얗고 되직해질 때까지 반죽기로 돌린다.
④ 달걀을 흰자와 노른자로 분리해 반죽의 처음과 마지막에 섞는다.

해설
공립법은 흰자와 노른자를 분리하지 않고 전란에 설탕을 넣어 함께 거품을 내는 방법이다.

정답 ④

40 수돗물 온도 18℃, 사용할 물 온도 9℃, 사용한 물의 양 10kg일 때 얼음 사용량은 약 얼마인가?

☑ 확인 Check! ○ □ △ □ X □

① 0.81kg ② 0.92kg
③ 1.11kg ④ 1.21kg

해설
얼음 사용량

$$= \text{사용한 물의 양} \times \frac{\text{수돗물 온도} - \text{사용할 물 온도}}{80 + \text{수돗물 온도}}$$

$$= 10 \times \frac{18-9}{80+18} = 10 \times \frac{9}{98} = 0.91836$$

정답 ②

41 다음 중 비중이 가장 높은 제품은?

☑ 확인 Check! ○ □ △ □ X □

① 스펀지 케이크 ② 시폰 케이크
③ 레이어 케이크 ④ 롤 케이크

해설
제품별 비중
- 파운드 케이크 : 0.8~0.9(0.85 전후)
- 레이어 케이크 : 0.75~0.85(0.8 전후)
- 스펀지 케이크 : 0.45~0.55(공립법), 0.5~0.6(별립법)
- 시폰 / 롤 케이크 : 0.4~0.5

정답 ③

42 비중 컵의 무게가 40g, 물을 담은 비중 컵의 무게가 260g, 반죽을 담은 비중 컵의 무게가 200g일 때 반죽의 비중은?

☑ 확인 Check! ○ □ △ □ X □

① 0.66 ② 0.72
③ 0.55 ④ 0.48

해설

$$\text{비중} = \frac{\text{반죽의 무게}}{\text{물의 무게}} = \frac{\text{반죽의 무게} - \text{컵 무게}}{\text{물의 무게} - \text{컵 무게}}$$

$$= \frac{(200-40)}{(260-40)} = 0.72$$

정답 ②

43 이형제의 용도는?

☑ 확인 Check! ○ □ △ □ X □

① 가수분해에 사용된 산제의 중화제로 사용된다.
② 제과·제빵을 구울 때 형틀에서 제품의 분리를 용이하게 한다.
③ 거품을 소멸·억제하기 위해 사용하는 첨가물이다.
④ 원료가 덩어리지는 것을 방지한다.

(해설)
이형제는 반죽을 구울 때 달라붙지 않고 형틀에서 제품의 분리를 용이하게 하기 위해 사용한다.

정답 ②

44 종류별 비용적을 연결한 것 중 옳지 않은 것은?

☑ 확인 Check! ○ □ △ □ X □

① 파운드 케이크 – 2.40cm^3/g
② 레이어 케이크 – 2.96cm^3/g
③ 엔젤푸드 케이크 – 4.71cm^3/g
④ 스펀지 케이크 – 3.08cm^3/g

(해설)
스펀지 케이크의 비용적은 5.08cm^3/g이다.

정답 ④

45 팬닝 시 주의할 사항으로 적합하지 않은 것은?

☑ 확인 Check! ○ □ △ □ X □

① 팬에 적정량의 팬 오일을 바른다.
② 틀이나 철판의 온도를 25℃로 맞춘다.
③ 반죽의 이음매가 틀의 바닥에 놓이도록 한다.
④ 반죽의 무게와 상태를 정하여 비용적에 맞추어 적당한 반죽량을 넣는다.

(해설)
팬닝 시 팬의 온도는 30~35℃(평균 32℃) 정도로 맞춘다.

정답 ②

46 제과류의 정형과 분할에 대한 설명으로 옳지 않은 것은? ✔신유형

☑ 확인 Check! ○ □ △ □ X □

① 호두 분태를 팬닝한 반죽 윗면에 고르게 뿌리면 윗면이 타는 것을 어느 정도 방지해 준다.
② 호두 분태는 약하게 구워서 사용한다.
③ 과일 케이크는 일반 케이크에 비해 조금 많은 양을 팬닝한다.
④ 과일 케이크 팬닝 작업은 최대한 천천히 해야 모양이 좋아진다.

(해설)
과일 케이크 반죽에는 머랭이 섞여 있기 때문에, 분할 팬닝 작업을 최대한 빠르게 마무리하고 오븐에 넣어야 부피가 좋은 제품을 얻을 수 있다.

정답 ④

47 오버 베이킹에 대한 설명으로 옳은 것은?

☑ 확인 Check! ○ □ △ □ X □

① 높은 온도의 오븐에서 굽는다.
② 짧은 시간 굽는다.
③ 제품의 수분 함량이 많다.
④ 노화가 빠르다.

(해설)
오버 베이킹은 낮은 온도에서 장시간 굽는 것으로 오래 굽기 때문에 제품의 수분 함량이 낮아져 노화가 빠르다.

정답 ④

48

이스트가 오븐 내에서 사멸되기 시작하는 온도는?

☑ 확인 Check!
○ □
△ □
X □

① 40℃ ② 60℃
③ 80℃ ④ 100℃

(해설)
이스트는 60℃에서부터 불활성화한다.

정답 ②

49

도넛의 튀김기름으로 적합하지 않은 것은?

☑ 확인 Check!
○ □
△ □
X □

① 옥수수유 ② 면실유
③ 대두유 ④ 압착유

(해설)
도넛 튀김용 유지는 발연점이 높은 옥수수유, 대두유, 면실유 등이 있다.

정답 ④

50

찹쌀 도넛 튀김 색이 고르지 않은 이유를 잘못 설명한 것은?

☑ 확인 Check!
○ □
△ □
X □

① 재료가 고루 섞이지 않았다.
② 열선으로부터 나오는 열이 기름 전체에 고루 퍼졌다.
③ 덧가루가 많이 묻었다.
④ 튀기는 동안 탄 찌꺼기가 기름 속을 떠다녔다.

(해설)
튀김기름의 온도가 다르며, 열선으로부터 나오는 열이 기름 전체에 퍼지지 않는 경우 찹쌀 도넛 튀김 색이 고르지 않게 된다.

정답 ②

51

커스터드 크림의 재료에 속하지 않는 것은?

☑ 확인 Check!
○ □
△ □
X □

① 우유 ② 달걀
③ 설탕 ④ 생크림

(해설)
커스터드 크림은 설탕, 달걀노른자, 버터, 우유, 향료를 넣어 끓인 크림이다.

정답 ④

52

폰던트(Fondant, 퐁당)를 만들기 위하여 시럽을 끓일 때 시럽의 온도로 가장 적당한 범위는?

☑ 확인 Check!
○ □
△ □
X □

① 72~78℃
② 82~85℃
③ 114~118℃
④ 131~136℃

(해설)
폰던트(퐁당)는 설탕에 물을 넣고 114~118℃로 끓여 만든 시럽을 분무기로 물을 뿌리면서 38~44℃까지 식혀 나무 주걱으로 빠르게 젓는다.

정답 ③

53 ☑ 확인 Check! ○ □ △ □ X □

거품을 올린 흰자에 뜨거운 시럽을 첨가하면서 고속으로 믹싱하여 만드는 아이싱은?

① 마시멜로 아이싱
② 콤비네이션 아이싱
③ 초콜릿 아이싱
④ 로열 아이싱

해설
② 콤비네이션 아이싱 : 단순 아이싱과 크림 형태의 아이싱을 섞어 만든다.
③ 초콜릿 아이싱 : 초콜릿을 녹여 물과 분당을 섞어 만든다.
④ 로열 아이싱 : 흰자나 머랭 가루를 분당과 섞어 만든다.

정답 ①

54 ☑ 확인 Check! ○ □ △ □ X □

과일 케이크를 만들 때 과일이 가라앉는 이유가 아닌 것은?

① 강도가 약한 밀가루를 사용한 경우
② 믹싱이 지나치고 큰 공기 방울이 반죽에 남는 경우
③ 진한 속 색을 위한 탄산수소나트륨을 과다로 사용한 경우
④ 시럽에 담근 과일의 시럽을 배수시켜 사용한 경우

해설
과일 케이크를 만들 때 강도가 약한 밀가루를 사용하거나 믹싱이 지나쳐 큰 공기 방울이 반죽에 남거나, 팽창제를 과다하게 사용하거나, 시럽에 담긴 과일을 배수시키지 않거나, 과일·견과 조각이 너무 크고 무거우면 과일이 가라앉기 쉽다.

정답 ④

55 ☑ 확인 Check! ○ □ △ □ X □

다음 중 거품형 반죽으로 적합한 것은?

① 파운드 케이크
② 머핀
③ 과일 케이크
④ 시폰 케이크

해설
파운드 케이크, 머핀, 과일 케이크는 반죽형 반죽 제품이다.

정답 ④

56 ☑ 확인 Check! ○ □ △ □ X □

반죽형 쿠키 중 소프트 쿠키라고도 하며 수분 함량이 가장 높은 쿠키는?

① 스냅 쿠키
② 냉동 쿠키
③ 쇼트브레드 쿠키
④ 드롭 쿠키

해설
드롭 쿠키는 짜는 형태로 만들며, 반죽형 쿠키 중 수분이 가장 많고 부드럽다.

정답 ④

57 ☑ 확인 Check! ○ □ △ □ X □

젤리 롤 케이크 말기 방법에 대해 잘못 설명한 것은? ✓신유형

① 막대를 이용하여 면 보자기를 살짝 들고 제품과 함께 만다.

② 제품을 너무 단단하게 말면 제품의 부피가 작아진다.

③ 제품을 너무 느슨하게 말면 가운데 구멍이 생긴다.

④ 케이크 시트가 너무 식었을 때 말면 제품의 부피가 작아진다.

해설
젤리 롤 케이크 시트가 너무 식었을 때 말면 윗면이 터지고, 너무 뜨거울 때 말면 제품의 부피가 작아지고 표피가 벗겨지기 쉽다.

정답 ④

58 ☑ 확인 Check! ○ □ △ □ X □

다음 중 성형하여 팬닝할 때 반죽의 간격을 가장 충분히 유지하여야 하는 제품은?

① 슈

② 오믈렛

③ 쇼트브레드 쿠키

④ 핑거 쿠키

해설
슈는 팬닝 시 반죽의 간격을 충분히 유지해야 한다.

정답 ①

59 ☑ 확인 Check! ○ □ △ □ X □

퍼프 페이스트리 정형 시 휴지의 목적이 아닌 것은?

① 보관 용이

② 글루텐 안정

③ 밀어 펴기 용이

④ 반죽의 되기 조절

해설
퍼프 페이스트리 휴지의 목적
- 밀가루가 수화하여 글루텐이 안정된다.
- 반죽을 연화해 밀어 펴기가 용이하다.
- 반죽과 유지의 되기를 같게 하여 층을 분명히 한다.
- 반죽 절단 시 수축을 방지한다.
- 손상된 글루텐을 재정돈한다.

정답 ①

60 ☑ 확인 Check! ○ □ △ □ X □

흰자를 거품 내면서 뜨겁게 끓인 시럽을 부어 만든 머랭은?

① 냉제 머랭

② 이탈리안 머랭

③ 스위스 머랭

④ 프렌치 머랭

해설
이탈리안 머랭은 거품을 낸 달걀흰자에 뜨겁게 끓인 설탕 시럽을 조금씩 넣으며 거품을 낸 것으로, 달걀흰자 중 일부가 열 응고를 일으켜서 기포가 매우 단단해진다.

정답 ②

03회 제과기능사 상시복원문제

01 슈 반죽에 해당하지 않는 것은? ✔신유형

☑ 확인 Check! ○ □ △ □ X □

① 에클레어
② 릴리지외즈
③ 파리 브레스트
④ 파트 브리제

(해설)
슈 반죽을 이용하여 만든 제품으로는 슈 크림이 가장 대표적이며, 모양과 충전물에 따라 에클레어, 살랑보, 를리지외즈, 시뉴, 파리 브레스트 등이 있다.

정답 ④

02 제품을 포장하려 할 때 가장 적합한 빵의 중심 온도와 수분 함량은?

☑ 확인 Check! ○ □ △ □ X □

① 29℃, 30%
② 35℃, 38%
③ 42℃, 45%
④ 45℃, 48%

(해설)
빵의 포장 온도는 35~40℃, 수분 함량은 껍질 27%, 빵 속 38% 정도가 적당하다.

정답 ②

03 위생복 관리 및 착용으로 옳지 않은 것은?

☑ 확인 Check! ○ □ △ □ X □

① 위생복은 더러움을 쉽게 확인할 수 있도록 흰색이나 옅은 색상이 좋다.
② 도난을 방지하기 위하여 시계, 반지, 팔찌 등의 장신구는 착용하도록 한다.
③ 작업장 입구에 설치된 에어 샤워 룸에서 위생복에 묻어 있는 이물질이나 미생물을 최종적으로 제거한다.
④ 작업이 끝나면 위생복과 외출복은 구분된 옷장에 보관하여 교차오염을 방지하도록 한다.

(해설)
식품 취급자는 위생복을 착용하기 전에 시계, 반지, 팔찌, 목걸이, 귀고리 등과 같은 모든 장신구를 제거한다. 장신구를 착용할 경우 재료나 이물질이 끼어 세균 증식의 요인이 될 뿐만 아니라, 작업에 지장을 초래하고 기구나 기계류 취급 시 안전사고의 위험 요인이 될 수 있다.

정답 ②

04 다음 중 식당 종업원의 손 소독에 가장 적당한 것은?

☑ 확인 Check! ○ □ △ □ X □

① 과산화수소
② 승홍수
③ 중성세제
④ 역성비누

(해설)
역성비누는 강한 살균력을 가지며, 무색, 무취, 무자극성, 무독성으로 손 소독에 적합하다.

정답 ④

05 인수공통감염병에 대한 설명으로 틀린 것은?

☑ 확인 Check! ○ □ △ □ X □

① 인간과 척추동물 사이에 전파되는 질병이다.
② 인간과 척추동물이 같은 병원체에 의하여 발생되는 전염병이다.
③ 바이러스성 질병으로 발진열, Q열 등이 있다.
④ 세균성 질병으로 탄저, 브루셀라증, 살모넬라증 등이 있다.

해설
인수공통감염병 중 바이러스성 질병에는 공수병(광견병), 일본뇌염, 뉴캐슬병, 황열, 중증급성호흡기증후군(SARS) 등이 있다.

정답 ③

06 제빵 작업장의 환경에 대한 설명 중 옳지 않은 것은?

☑ 확인 Check! ○ □ △ □ X □

① 창문은 나무 재질을 사용하는 것이 좋다.
② 보호장구가 설치된 조명기구를 사용해야 한다.
③ 바닥은 방수성과 방습성, 내약품성 및 내열성이 있는 재질이 좋다.
④ 창문과 창틀 사이에 실리콘 패드, 눈썹고무몰딩 등을 부착하여 밀폐 상태를 유지한다.

해설
창문은 내수 처리하여 물청소가 용이하고 물 등으로부터 변형되지 않는 재질을 사용하고, 나무 재질은 지양한다. 또한 물 등에 의해 부식되지 않는 내부식성 재료를 사용하며, 유리 파손에 의한 혼입을 방지하기 위해 반드시 필름 코팅이나 강화유리 등을 사용한다.

정답 ①

07 HACCP 적용 순서 중에서 HACCP 계획이 효과적이고 효율적인가를 확인하기 위하여 평가하는 절차는? ✓신유형

☑ 확인 Check! ○ □ △ □ X □

① 한계 기준 설정
② 중요관리점 설정
③ 검증절차 및 방법 설정
④ 개선 조치방법 설정

해설
③ HACCP 관리계획이 효과적이고 효율적인가를 확인하기 위해 정기적으로 평가하는 일련의 활동이다.
① 설정된 중요관리점(CCP)에서의 위해요소 관리가 허용 범위 내에서 잘 이루어지고 있는지 여부를 판단할 수 있는 기준을 설정하는 것이다.
② 식품안전관리인증기준을 적용하여 식품의 위해요소를 예방·제거하거나 허용 수준 이하로 감소시켜 해당 식품의 안전성을 확보할 수 있는 중요한 과정 또는 공정이다.
④ 모니터링 결과 중요관리점의 한계 기준을 벗어난 경우 취하는 일련의 조치이다.

정답 ③

08 색소를 함유하고 있지는 않지만 식품 중의 성분과 결합하여 색을 안정화시키면서 선명하게 하는 식품첨가물은?

☑ 확인 Check! ○ □ △ □ X □

① 착색료
② 보존료
③ 발색제
④ 산화방지제

해설
① 착색료 : 식품의 가공 공정에서 퇴색되는 색을 복원하거나 외관을 보기 좋게 하기 위해 사용하는 첨가물
② 보존료 : 식품 저장 중 미생물의 증식으로 일어나는 식품의 부패나 변질을 방지하기 위해 사용되는 첨가물
④ 산화방지제 : 유지의 산패 및 식품의 변색이나 퇴색을 방지하기 위해 사용하는 첨가물

정답 ③

09 식품 취급자의 위생에 대한 설명 중 옳은 것은?

☑ 확인 Check!
○ □
△ □
X □

① 위생복에 손을 닦는다.
② 피부는 세균 증식의 장소이므로 자주 씻는다.
③ 손목시계를 착용하여 수시로 조리시간을 확인할 수 있도록 한다.
④ 반지를 끼는 것은 위생상 문제가 되지 않는다.

해설
① 오염된 손을 위생복에 닦으면 교차오염이 발생할 수 있다.
③, ④ 손목시계, 반지 등은 이물질 혼입의 원인이 되므로 작업장에 반입을 금한다.

정답 ②

10 병원성대장균 식중독의 가장 적합한 예방책은?

☑ 확인 Check!
○ □
△ □
X □

① 곡류의 수분을 10% 이하로 조정한다.
② 건강보균자나 환자의 분변오염을 방지한다.
③ 어패류는 민물로 깨끗이 씻는다.
④ 어류의 내장을 제거하고 충분히 세척한다.

해설
가축 또는 감염자의 분변 등으로 오염된 식품이나 물(지하수) 등 음식 오염을 방지한다.

정답 ②

11 대장균에 대한 설명으로 틀린 것은?

☑ 확인 Check!
○ □
△ □
X □

① 유당을 분해한다.
② 그람(Gram) 양성이다.
③ 호기성 또는 통성혐기성이다.
④ 무아포 간균이다.

해설
대장균은 그람(Gram)염색에서 음성을 나타내는 간균으로, 포자를 형성하지 않는다. 호기성 또는 통성혐기성이며, 유당 및 포도당을 분해하여 산과 가스를 생성시킨다.

정답 ②

12 기생충에 오염된 흙에서 감염될 수 있는 가능성이 가장 높은 것은?

☑ 확인 Check!
○ □
△ □
X □

① 간흡충
② 폐흡충
③ 구충
④ 광절열두조충

해설
③ 구충은 채소를 통해 감염되는 기생충으로 오염된 흙에서 감염될 수 있다.
①・②・④ 간흡충, 폐흡충, 광절열두조충은 어패류를 통해 감염되는 기생충이다.

정답 ③

13 원가 절감방안이 아닌 것은?

☑ 확인 Check!
○ □
△ □
X □

① 재고 보관 창고의 규모를 늘린다.
② 불량률을 줄인다.
③ 출고된 재료의 양을 조절·관리한다.
④ 폐기에 의한 재료 손실을 최소화한다.

해설
재고관리 및 저장관리의 목적은 원·부재료의 적정 재고량을 유지하여 최상의 품질을 유지하고 미래에 사용하기 위하여 위생적이고 안전하게 관리하며, 도난 및 부패로 인한 손실을 예방하여 유지비용과 발주에 따른 제비용을 최소화하고 자산을 보존하는 데 목적이 있다.

정답 ①

14 손, 피부 등에 주로 사용되며, 금속 부식성이 강하여 관리가 요망되는 소독약은?

☑ 확인 Check!
○ □
△ □
X □

① 승홍
② 석탄산
③ 크레졸
④ 포르말린

해설
승홍은 금속 부식성이 강하여 비금속 기구 소독에 이용하며, 온도 상승에 따라 살균력도 비례하여 증가한다. 승홍수는 0.1%의 수용액을 사용한다.

정답 ①

15 우리나라 식품위생법의 목적과 가장 거리가 먼 것은?

☑ 확인 Check!
○ □
△ □
X □

① 식품으로 인한 위생상의 위해 방지
② 식품영양의 질적 향상 도모
③ 국민 건강의 보호·증진에 이바지
④ 부정식품 제조에 대한 가중처벌

해설
식품위생법의 목적(법 제1조)
식품으로 인하여 생기는 위생상의 위해를 방지하고 식품영양의 질적 향상을 도모하며 식품에 관한 올바른 정보를 제공함으로써 국민 건강의 보호·증진에 이바지함을 목적으로 한다.

정답 ④

16 식품 보존료로서 갖추어야 할 요건은?

☑ 확인 Check!
○ □
△ □
X □

① 변패를 일으키는 각종 미생물 증식을 저지할 것
② 사용법이 까다로울 것
③ 일시적 효력이 나타날 것
④ 열에 의해 쉽게 파괴될 것

해설
보존료는 미생물에 의한 변질을 방지하여 식품의 보존기간을 연장시키는 식품첨가물이다.

정답 ①

17

☑ 확인 Check!

○	□
△	□
X	□

식품위생법에 의한 식품위생의 대상으로 적절한 것은?

① 식품포장기구, 그릇, 조리방법
② 식품, 식품첨가물, 기구, 용기, 포장
③ 식품, 식품첨가물, 영양제, 비타민제
④ 영양제, 조리방법, 식품포장재

해설
식품위생이라 함은 식품, 식품첨가물, 기구 또는 용기, 포장을 대상으로 하는 음식에 관한 위생을 말한다(식품위생법 제2조 제11호).

정답 ②

18

☑ 확인 Check!

○	□
△	□
X	□

폐디스토마의 제1중간숙주는?

① 돼지고기 ② 쇠고기
③ 참붕어 ④ 다슬기

해설
어패류를 통해 감염되는 기생충은 중간숙주가 2개이다. 폐디스토마(폐흡충)의 제1중간숙주는 다슬기이고, 제2중간숙주는 민물게, 가재 등이다.

정답 ④

19

☑ 확인 Check!

○	□
△	□
X	□

제빵 시 베이커스 퍼센트(Baker's %)에서 기준이 되는 재료는?

① 설탕 ② 물
③ 밀가루 ④ 유지

해설
밀가루는 제빵의 가장 기본이 되는 재료로 베이커스 퍼센트는 밀가루의 양을 기준으로 한다.

정답 ③

20

☑ 확인 Check!

○	□
△	□
X	□

박력분에 대한 설명으로 옳은 것은?

① 연질 소맥으로 제분한다.
② 경질 소맥으로 제분한다.
③ 글루텐 함량이 가장 높다.
④ 빵을 만들 때 가장 적합하다.

해설
박력분의 원맥은 연질 소맥이고 강력분은 경질 소맥이다. 박력분은 단백질 함량이 7~9%로, 케이크에 적합하다.

정답 ①

21

☑ 확인 Check!

○	□
△	□
X	□

제과에서 설탕류가 갖는 주요 기능이 아닌 것은?

① 물의 경도 조절
② 수분 보유제
③ 감미제
④ 껍질 색 제공

해설
설탕류(감미제)의 기능
- 제과에서의 기능 : 수분 보유제, 노화 지연, 연화 효과, 캐러멜화, 메일라드 반응
- 제빵에서의 기능 : 수분 보유제, 노화 지연, 이스트의 먹이, 메일라드 반응(껍질 색 개선)

정답 ①

22 다음 중 유지의 경화로 옳은 것은?

☑ 확인 Check!
○ □
△ □
X □

① 경유를 정제하는 것
② 지방산가를 계산하는 것
③ 우유를 분해하는 것
④ 불포화지방산에 수소를 첨가하여 고체화시키는 것

해설
유지의 경화란 액체 상태의 유지에 들어 있는 불포화지방산에 수소를 첨가하여 포화지방산으로 만들어 고체화하는 것이다.

정답 ④

23 우유에 대한 설명으로 틀린 것은?

☑ 확인 Check!
○ □
△ □
X □

① 주단백질은 카제인이다.
② 연유나 생크림은 농축우유의 일종이다.
③ 전지분유는 우유 중의 수분을 증발시키고 고형질 함량을 높인 것이다.
④ 우유 교반 시 비중의 차이로 지방입자가 뭉쳐 크림이 된다.

해설
전지분유는 순수하게 우유에서 수분을 제거한 분말 상태를 말하며, 우유의 수분을 증발시켜 농축한 것으로 고형분 함량을 높인 것은 농축 우유이다.

정답 ③

24 전란의 고형질은 일반적으로 약 몇 %인가?

☑ 확인 Check!
○ □
△ □
X □

① 12% ② 25%
③ 75% ④ 88%

해설
전란은 수분 75%, 고형질 25%로 구성되어 있다.

정답 ②

25 이스트 푸드의 성분이 아닌 것은?

☑ 확인 Check!
○ □
△ □
X □

① 벤젠
② 인산염
③ 칼슘염
④ 암모늄염

해설
① 벤젠은 무색의 액체이며, 가솔린의 한 성분으로 유독성 물질이다.

정답 ①

26 베이킹파우더를 많이 사용한 제품의 결과와 거리가 먼 것은?

☑ 확인 Check!
○ □
△ □
X □

① 밀도가 크고 부피가 작다.
② 세포벽이 열려서 속결이 거칠다.
③ 오븐 스프링이 커서 찌그러들기 쉽다.
④ 속 색이 어둡고 건조가 빠르다.

해설
베이킹파우더 과다 사용 시 제품의 결과
• 속결이 거칠며, 속 색은 어둡다.
• 오븐 스프링이 커서 찌그러지거나 주저앉기 쉽다.
• 같은 조건일 때 건조가 빠르다.
• 밀도가 낮고 부피가 커진다.

정답 ①

27 영구적 경수(센물)를 사용할 때의 조치로 잘못된 것은?

☑ 확인 Check! ○ □ △ □ X □

① 소금 증가 ② 효소 강화
③ 이스트 증가 ④ 광물질 감소

해설
소금 증가는 연수일 때의 조치사항이다.

정답 ①

28 초콜릿을 템퍼링(tempering)하는 목적으로 가장 적합한 것은?

☑ 확인 Check! ○ □ △ □ X □

① 조직의 비결정
② 결정 형성
③ 쉽게 굳게 함
④ 조직 안정화

해설
템퍼링(tempering)
초콜릿을 사용하기 적합한 상태로 녹이는 과정을 템퍼링이라고 한다. 템퍼링을 거친 초콜릿은 결정이 안정되어 블룸 현상이 일어나지 않고, 광택이 있으며 몰드에서 잘 분리되고 보관기간도 늘어난다.

정답 ④

29 식물의 열매에서 채취하지 않고 껍질에서 채취하는 향신료는?

☑ 확인 Check! ○ □ △ □ X □

① 계피 ② 넛메그
③ 정향 ④ 카다몬

해설
계피는 녹나무과의 상록수 껍질을 벗겨 만든 향신료로, 실론(Ceylon) 계피는 정유(시나몬유) 상태로 만들어 쓰기도 한다.

정답 ①

30 동물의 껍질이나 연골조직의 콜라겐에서 성분을 추출하여 가공해서 만든 것은?

☑ 확인 Check! ○ □ △ □ X □

① 젤라틴 ② 펙틴
③ 한천 ④ 검

해설
① 젤라틴은 동물의 껍질이나 연골조직의 콜라겐을 이용하여 가공한다.
② 펙틴은 식물이나 과일에서 추출한다.
③ 한천은 우뭇가사리 등의 홍조류를 삶아서 얻은 액을 엉기게 한 것이다.
④ 검은 식물의 수액이나 종자 등에서 추출하는 다당류 물질이다.

정답 ①

31 열량 영양소로만 짝지어진 것은?

☑ 확인 Check! ○ □ △ □ X □

① 단백질, 탄수화물
② 비타민, 단백질
③ 비타민, 무기질
④ 무기질, 탄수화물

해설
열량 영양소란 체내에서 산화되어 열량을 내는 것으로, 탄수화물, 지방, 단백질을 말한다.

정답 ①

32 전분의 호화에 필요한 요소만으로 나열된 것은?

☑ 확인 Check!

○	□
△	□
X	□

① 물, 열
② 물, 기름
③ 기름, 설탕
④ 열, 설탕

해설
전분의 가열온도가 높을수록, 전분입자의 크기가 작을수록, 가열 시 첨가하는 물의 양이 많을수록, 가열하기 전 수침(물에 담그는)시간이 길수록 호화되기 쉽다.

정답 ①

33 다음 중 단순 단백질이 아닌 것은?

☑ 확인 Check!

○	□
△	□
X	□

① 알부민
② 글루코프로테인
③ 글로불린
④ 히스톤

해설
단순 단백질은 아미노산만으로 구성된 단백질로 알부민(albumin), 글로불린(globulin), 글루테닌(glutenin), 프롤라민(prolamin), 알부미노이드(albuminoid), 히스톤(histone), 프로타민(protamine) 등이 있다.

정답 ②

34 정상적인 건강 유지를 위해 반드시 필요한 지방산으로 체내에서 합성되지 않아 식사로 공급해야 하는 것은?

☑ 확인 Check!

○	□
△	□
X	□

① 포화지방산
② 불포화지방산
③ 필수지방산
④ 고급지방산

해설
필수지방산은 불포화지방산 중 체내에서 합성되지 못하여 식품으로 섭취해야 하는 지방산이다.

정답 ③

35 다음 중 맥아당을 분해하는 효소는?

☑ 확인 Check!

○	□
△	□
X	□

① 락테이스
② 말테이스
③ 라이페이스
④ 프로테이스

해설
말테이스는 맥아당을 2개의 포도당으로 분해하는 효소이다.

정답 ②

36 다음 중 부족하면 야맹증, 결막염 등을 유발시키는 비타민은?

☑ 확인 Check!

○	□
△	□
X	□

① 비타민 B_1
② 비타민 B_2
③ 비타민 B_{12}
④ 비타민 A

해설
① 비타민 B_1 결핍증 : 각기병, 식욕 감퇴, 위장 작용 저하
② 비타민 B_2 결핍증 : 구각염, 설염
③ 비타민 B_{12} 결핍증 : 악성 빈혈

정답 ④

37 반죽형 제법 중 먼저 밀가루와 유지를 혼합하여 부드러움 또는 유연감을 목적으로 하는 제법으로 알맞은 것은?

☑ 확인 Check!
○ □
△ □
X □

① 크림법 ② 1단계법
③ 블렌딩법 ④ 설탕물법

해설
블렌딩법
- 유지와 밀가루를 가볍게 믹싱한 후 마른 재료와 달걀, 물과 같은 액체 재료를 투입하여 믹싱하는 방법
- 유연감을 우선으로 하는 제품에 적합

정답 ③

38 스펀지 케이크 제조 시 더운 믹싱 방법을 사용할 때 달걀과 설탕의 중탕 온도로 가장 적합한 것은?

☑ 확인 Check!
○ □
△ □
X □

① 23℃ ② 43℃
③ 63℃ ④ 83℃

해설
더운 믹싱 방법은 달걀과 설탕을 넣고 중탕하여 37~43℃로 데운 후 거품을 내는 방법이다.

정답 ②

39 다음 중 반죽 시 주의 사항으로 옳지 않은 것은? ✔신유형

☑ 확인 Check!
○ □
△ □
X □

① 설탕과 밀가루는 체로 쳐서 덩어리가 없도록 사용한다.
② 설탕은 분리되지 않도록 양이 많더라도 한 번에 투입한다.
③ 유지를 크림화하거나 반죽 시 믹싱 볼 측면과 바닥을 긁어 주어 반죽이 균일하게 혼합되도록 한다.
④ 달걀의 온도가 너무 높거나 낮으면 유지가 굳거나 녹아 분리되기 쉽다.

해설
② 설탕량이 많을 때는 두세 번에 나누어 투입하는 것이 좋다.

정답 ②

40 시폰 케이크의 적당한 비중은?

☑ 확인 Check!
○ □
△ □
X □

① 0.4~0.5
② 0.7~0.8
③ 0.8~0.9
④ 1.0 이상

해설
제품별 비중
- 파운드 케이크 : 0.8~0.9(0.85 전후)
- 레이어 케이크 : 0.75~0.85(0.8 전후)
- 스펀지 케이크 : 0.45~0.55(공립법), 0.5~0.6(별립법)
- 시폰 / 롤 케이크 : 0.4~0.5

정답 ①

41 밀가루 온도 24℃, 실내 온도 25℃, 수돗물 온도 18℃, 결과 온도 30℃, 희망 온도 27℃일 때 마찰계수는?

☑ 확인 Check!
○ □
△ □
X □

① 3
② 23
③ 13
④ 33

(해설)
마찰계수
= (반죽 결과 온도 × 3) − (실내 온도 + 밀가루 온도 + 수돗물 온도)
= 30 × 3 − (25 + 24 + 18) = 23

정답 ②

42 비중이 높은 제품의 특징이 아닌 것은?

☑ 확인 Check!
○ □
△ □
X □

① 기공이 조밀하다.
② 부피가 작다.
③ 껍질 색이 진하다.
④ 제품이 단단하다.

(해설)
비중이 높은 제품은 기공이 조밀하고, 부피가 작고, 무겁고 단단하다. 대표적으로 반죽형 반죽인 파운드 케이크가 있다.

정답 ③

43 팬 오일에 대한 설명으로 틀린 것은?

☑ 확인 Check!
○ □
△ □
X □

① 팬 오일은 발연점이 높은 기름을 사용한다.
② 무색, 무미, 무취여야 한다.
③ 팬 오일 사용량은 반죽 무게의 0.1~0.2% 정도 사용한다.
④ 팬 오일 사용량이 많으면 밑 껍질이 얇아지고 색상이 밝아진다.

(해설)
팬 오일 사용량이 많으면 밑 껍질이 두꺼워지고 색상이 어두워진다.
팬 오일이 갖추어야 할 조건
- 무색, 무미, 무취
- 높은 안정성
- 발연점이 210℃ 이상 높은 것
- 반죽 무게의 0.1~0.2% 정도 사용

정답 ④

44 다음 중 비용적이 가장 큰 제품은?

☑ 확인 Check!
○ □
△ □
X □

① 스펀지 케이크
② 레이어 케이크
③ 파운드 케이크
④ 식빵

(해설)
비용적
- 반죽 1g이 오븐에 들어가 팽창할 수 있는 부피
- 스펀지 케이크(5.08cm^3/g) > 산형식빵(3.40cm^3/g) > 레이어 케이크(2.96cm^3/g) > 파운드 케이크(2.40cm^3/g)

정답 ①

45 ☑ 확인 Check! ○ □ △ □ X □

용적 2,050cm³인 팬에 스펀지 케이크 반죽을 400g으로 분할할 때 좋은 제품이 되었다면 용적 2,870cm³인 팬에 적당한 분할 무게는?

① 440g ② 480g
③ 560g ④ 600g

해설
$2{,}050cm^3 : 400g = 2{,}870cm^3 : x$
$2{,}050 \times x = 400 \times 2{,}870$
$x = 400 \times 2{,}870 \div 2{,}050 = 560$

정답 ③

46 ☑ 확인 Check! ○ □ △ □ X □

제빵 공정 중 팬닝 시 틀(팬)의 온도로 가장 적합한 것은?

① 20℃ ② 32℃
③ 55℃ ④ 70℃

해설
팬닝 시 틀의 온도는 30~35℃(평균 32℃) 정도로 맞춘다.

정답 ②

47 ☑ 확인 Check! ○ □ △ □ X □

굽기 과정에서 일어나는 변화로 틀린 것은?

① 글루텐이 응고된다.
② 반죽의 온도가 90℃일 때 효소의 활성이 증가한다.
③ 오븐 팽창이 일어난다.
④ 향이 생성된다.

해설
60℃ 전후에서 전분의 호화가 일어나고 70℃에서 단백질의 변성이 일어나며, 90℃가 되면 효소가 불활성화된다.

정답 ②

48 ☑ 확인 Check! ○ □ △ □ X □

다음에서 설명하는 오븐의 종류는?

- 선반에서 독립적으로 상하부 온도를 조절하여 제품을 구울 수 있다.
- 각각의 선반 출입구를 통해 제품을 손으로 넣고 꺼내기가 편리하다.
- 온도가 균일하게 형성되지 않는다는 단점이 있다.

① 데크 오븐(deck oven)
② 터널 오븐(tunnel oven)
③ 컨벡션 오븐(convection oven)
④ 로터리 랙 오븐(rotary rack oven)

해설
데크 오븐은 일반적으로 가장 많이 사용하는 오븐으로, 선반에서 독립적으로 상하부 온도를 조절하여 제품을 구울 수 있다. 제품이 구워지는 상태를 눈으로 확인할 수 있어 각각의 팬의 굽는 정도를 조절할 수 있다.

정답 ①

49 튀김기름의 4대 적이 아닌 것은? ✔신유형

☑ 확인 Check! ○ □ △ □ X □

① 산소 ② 온도
③ 이물질 ④ 비타민 C

(해설)
튀김기름의 4대 적은 온도(열), 수분(물), 공기(산소), 이물질이다.

정답 ④

50 찜을 이용한 제품에 사용되는 팽창제의 특성은?

☑ 확인 Check! ○ □ △ □ X □

① 지속성 ② 속효성
③ 지효성 ④ 이중팽창

(해설)
찜류 제품에는 팽창 효과가 빠르게 일어나는 속효성이 필요하다. 찜류의 팽창제로는 이스파타가 주로 사용된다.

정답 ②

51 프렌치 버터크림의 제조방법을 잘못 설명한 것은? ✔신유형

☑ 확인 Check! ○ □ △ □ X □

① 스테인리스 그릇에 달걀흰자를 넣고 하얗게 될 때까지 거품을 낸다.
② 설탕, 물엿, 물을 넣고 끓여 시럽을 만든다.
③ 버터 혼합 시 버터는 3~4번에 나누어 넣는다.
④ 거품을 낸 달걀에 시럽을 부을 때에는 그릇 안쪽으로 조금씩 흐르도록 붓는다.

(해설)
프렌치 버터크림을 제조할 때에는 달걀노른자를 사용한다.

정답 ①

52 아이싱의 끈적거림 방지 방법으로 잘못된 것은?

☑ 확인 Check! ○ □ △ □ X □

① 액체를 최소량으로 사용한다.
② 40℃ 정도로 가온한 아이싱 크림을 사용한다.
③ 안정제를 사용한다.
④ 케이크 제품이 냉각되기 전에 아이싱한다.

(해설)
제품이 완전히 냉각되었을 때 아이싱을 하면 아이싱 크림이 녹지 않고 끈적거리지 않는다.

정답 ④

53 초콜릿을 템퍼링(tempering)할 때 맨 처음 녹이는 공정의 온도 범위로 가장 적합한 것은?

☑ 확인 Check! ○ □ △ □ X □

① 10~20℃　② 20~30℃
③ 30~40℃　④ 40~50℃

해설
초콜릿 템퍼링은 초콜릿의 모든 성분이 골고루 녹도록 50℃로 용해한 다음 27~28℃ 전후로 냉각하고 다시 적절한 온도(29~32℃)로 올리는 일련의 작업을 말한다.

정답 ④

54 완성된 반죽형 케이크가 단단하고 질길 때 그 원인이 아닌 것은?

☑ 확인 Check! ○ □ △ □ X □

① 팽창제의 과다 사용
② 높은 굽기 온도
③ 달걀의 과다 사용
④ 부적절한 밀가루의 사용

해설
완성된 반죽형 케이크가 단단하고 질긴 원인
- 부적절한 밀가루 사용
- 달걀 과다 사용
- 높은 굽기 온도

정답 ①

55 스펀지 케이크의 필수 재료가 아닌 것은?

☑ 확인 Check! ○ □ △ □ X □

① 밀가루　② 달걀
③ 우유　④ 설탕

해설
스펀지 케이크의 필수 재료는 밀가루, 설탕, 소금, 달걀이다.

정답 ③

56 쿠키가 잘 퍼지는(spread) 이유는?

☑ 확인 Check! ○ □ △ □ X □

① 고운 입자의 설탕 사용
② 알칼리 반죽 사용
③ 너무 높은 굽기 온도
④ 과도한 믹싱

해설
쿠키가 잘 퍼지는 이유
- 쇼트닝, 설탕 과다 사용
- 설탕 일부를 믹싱 후반기에 투입
- 낮은 굽기 온도
- 반죽의 되기가 묽음
- 믹싱 부족
- 알칼리성 반죽
- 입자가 큰 설탕 사용

정답 ②

57 파운드 케이크를 오븐에 넣고 굽는 중간에 케이크 윗면에 뚜껑을 덮는 이유는?

☑ 확인 Check!

○	□
△	□
X	□

① 표피를 얇게 하기 위해서
② 껍질의 색을 진하게 하기 위해서
③ 기공이 생기는 것을 방지하기 위해서
④ 케이크 바닥이 검게 되는 것을 방지하기 위해서

해설
파운드 케이크를 오븐에 넣고 굽는 중간에 케이크 윗면에 뚜껑을 덮는 이유는 껍질 색이 너무 진하지 않고, 표피를 얇게 하기 위해서이다.

정답 ①

58 파이 반죽을 냉장고에 넣어 휴지를 시키는 이유가 아닌 것은?

☑ 확인 Check!

○	□
△	□
X	□

① 퍼짐성을 좋게 한다.
② 유지를 적정하게 굳힌다.
③ 밀가루의 수분을 흡수한다.
④ 끈적거림을 방지한다.

해설
파이 반죽의 휴지 이유
- 밀가루의 수분 흡수를 돕는다.
- 재료를 수화한다.
- 유지를 적당하게 굳혀 유지와 반죽 굳은 정도를 같게 한다.
- 유지의 결 형성을 돕는다.
- 반점 형성을 막는다.
- 반죽을 부드럽게 한다.
- 끈적거림을 방지한다.

정답 ①

59 커스터드 푸딩은 틀에 몇 % 정도 채우는가?

☑ 확인 Check!

○	□
△	□
X	□

① 55%　② 75%
③ 95%　④ 115%

해설
커스터드 푸딩은 거의 팽창하지 않으므로 틀의 95%까지 채운 후 오븐에서 중탕으로 굽는다.

정답 ③

60 다음 중 반죽형 쿠키가 아닌 것은?

☑ 확인 Check!

○	□
△	□
X	□

① 드롭 쿠키
② 스냅 쿠키
③ 스펀지 쿠키
④ 쇼트브레드 쿠키

해설
쿠키의 분류
- 반죽형 쿠키 : 드롭 쿠키, 스냅 쿠키, 쇼트브레드 쿠키
- 거품형 쿠키 : 머랭 쿠키, 스펀지 쿠키

정답 ③

04회 제과기능사 상시복원문제

01 다음 중 영업에 종사해도 무방한 질병은?

☑ 확인 Check!
○ □
△ □
X □

① 세균성 이질 ② 골절상
③ 감염성 결핵 ④ 콜레라

(해설)
골절상은 감염성이 없기 때문에 영업에 종사하여도 무방하다.
영업에 종사하지 못하는 질병의 종류(식품위생법 시행규칙 제50조)
- 결핵(비감염성인 경우는 제외)
- 콜레라, 장티푸스, 파라티푸스, 세균성 이질, 장출혈성대장균감염증, A형간염
- 피부병 또는 그 밖의 고름형성(화농성) 질환
- 후천성면역결핍증

정답 ②

02 식품첨가물의 규격과 사용기준은 누가 지정하는가?

☑ 확인 Check!
○ □
△ □
X □

① 보건복지부장관
② 시장・군수・구청장
③ 시・도지사
④ 식품의약품안전처장

(해설)
식품 또는 식품첨가물에 관한 기준 및 규격(식품위생법 제7조 제1항)
식품의약품안전처장은 국민 건강을 보호・증진하기 위하여 필요하면 판매를 목적으로 하는 식품 또는 식품첨가물에 관한 다음의 사항을 정하여 고시한다.
- 제조・가공・사용・조리・보존 방법에 관한 기준
- 성분에 관한 규격

정답 ④

03 위생장갑 착용에 대한 설명으로 옳지 않은 것은?

☑ 확인 Check!
○ □
△ □
X □

① 손을 세척할 때마다 새로운 장갑을 착용한다.
② 위생장갑을 착용한 후 냉장고 문이나 전화 등을 만질 때에는 키친타월을 이용한다.
③ 위생장갑은 흰색을 사용한다.
④ 손에 상처가 있을 경우 알코올이나 과산화수소로 소독한다.

(해설)
위생장갑은 흰색보다 유색을 사용하여 제품에 혼입되었을 경우에 식별이 용이하도록 한다.

정답 ③

04 다음 중 아플라톡신을 생산하는 미생물은?

☑ 확인 Check!
○ □
△ □
X □

① 효모
② 세균
③ 바이러스
④ 곰팡이

(해설)
땅콩, 곡류 등 탄수화물이 풍부한 식품에 아스페르길루스 플라버스(*Aspergillus flavus*) 곰팡이가 증식하여 아플라톡신 독소를 생성하여 인체에 간장독을 일으킨다.

정답 ④

05 ☑ 확인 Check! ○ □ △ □ X □

식품에서 대장균이 검출되었을 때 식품위생상 중요한 의미는?

① 대장균 자체가 병원성이므로 위험하다.
② 음식물이 변패 또는 부패되었다.
③ 대장균은 비병원성이므로 위생적이다.
④ 병원미생물의 오염 가능성이 있다.

해설
대장균은 인체에 직접 유해작용을 하는 것은 아니지만, 검출방법이 간편하고 정확하여 다른 미생물이나 분변오염을 추측할 수 있다.

정답 ④

06 ☑ 확인 Check! ○ □ △ □ X □

집단급식소에 종사하는 조리사는 식품위생 수준 및 자질의 향상을 위하여 몇 년마다 교육을 받아야 하는가?

① 1년 ② 2년
③ 3년 ④ 4년

해설
식품의약품안전처장은 식품위생 수준 및 자질의 향상을 위하여 필요한 경우 조리사와 영양사에게 교육을 받을 것을 명할 수 있다. 다만, 집단급식소에 종사하는 조리사와 영양사는 1년마다 교육을 받아야 한다(식품위생법 제56조 제1항).

정답 ①

07 ☑ 확인 Check! ○ □ △ □ X □

식품 취급 시 교차오염을 예방하기 위한 행위로 옳지 않은 것은?

① 개인위생 관리를 철저히 한다.
② 손 씻기를 철저히 한다.
③ 화장실의 출입 후 손을 청결히 하도록 한다.
④ 면장갑을 손에 끼고 작업을 한다.

해설
교차오염 방지법
- 개인위생 관리를 철저히 한다.
- 손 씻기를 철저히 한다.
- 조리된 음식 취급 시 맨손으로 작업하는 것을 피한다.
- 화장실의 출입 후 손을 청결히 하도록 한다.

정답 ④

08 ☑ 확인 Check! ○ □ △ □ X □

식품첨가물에 대한 설명으로 잘못된 것은?

① 식품 본래의 성분 이외의 것을 말한다.
② 식품의 조리·가공 시 첨가하는 물질을 말한다.
③ 천연물질과 화학적 합성품을 포함한다.
④ 우발적으로 혼입되는 비의도적 식품첨가물도 포함한다.

해설
식품첨가물 정의(법 제2조 제2호)
식품을 제조·가공·조리 또는 보존하는 과정에서 감미, 착색, 표백 또는 산화방지 등을 목적으로 식품에 사용되는 물질을 말한다. 이 경우 기구·용기·포장을 살균·소독하는 데에 사용되어 간접적으로 식품으로 옮아갈 수 있는 물질을 포함한다.

정답 ④

09

식중독 사고 위기대응 단계에 포함되지 않는 것은? ✔신유형

☑ 확인 Check! ○ □ △ □ X □

① 관심단계
② 주의단계
③ 경계단계
④ 통합단계

(해설)
식중독 사고 시 위기대응 단계는 관심(blue), 주의(yellow), 경계(orange), 심각(red)단계이다.

정답 ④

10

위해요소에 대한 설명으로 옳지 않은 것은? ✔신유형

☑ 확인 Check! ○ □ △ □ X □

① 위해요소란 인체의 건강을 해칠 우려가 있는 생물학적, 화학적 또는 물리적 인자나 조건을 말한다.
② 식중독균은 가열(굽기, 유탕) 공정을 통해 제어할 수 있다.
③ 중금속, 잔류농약 등을 관리하기 위해서는 원료 입고 시 시험성적서 확인 등을 통해 적합성 여부를 판단하고 관리한다.
④ 물리적 위해요소에는 황색포도상구균, 살모넬라, 병원성대장균 등이 있다.

(해설)
황색포도상구균, 살모넬라, 병원성대장균 등의 식중독균은 생물학적 위해요소이다. 제빵에서 발생할 수 있는 물리적 위해요소로는 금속 조각, 비닐, 노끈 등의 이물이 있다.

정답 ④

11

조도 한계가 70~150lx 정도의 범위에서 작업해야 하는 공정은?

☑ 확인 Check! ○ □ △ □ X □

① 포장 ② 계량
③ 성형 ④ 1차 발효

(해설)
작업 조도
- 계량, 반죽, 조리, 정형 공정 : 150~300lx
- 발효 공정 : 30~70lx
- 굽기, 포장 공정 : 70~150lx
- 장식 및 마무리 작업 : 300~700lx

정답 ①

12

작업환경 위생안전관리 지침서에 포함되지 않는 내용은? ✔신유형

☑ 확인 Check! ○ □ △ □ X □

① 화장실 및 탈의실 관리
② 재료의 품질 보증관리
③ 작업장 온도 및 습도관리
④ 폐기물 및 폐수처리시설 관리

(해설)
작업환경 위생안전관리 지침서의 내용으로는 작업장 주변 관리, 방충·방서관리, 화장실 및 탈의실 관리, 작업장 및 매장의 온·습도관리, 전기·가스·조명관리, 폐기물 및 폐수처리시설 관리, 시설·설비 위생관리에 관한 내용을 포함한다.

정답 ②

13

☑ 확인
Check!

○ □
△ □
✕ □

소독이란 다음 중 어느 것을 뜻하는가?

① 병원성 미생물을 죽여서 감염의 위험성을 제거하는 것
② 물리 또는 화학적 방법으로 병원체를 파괴시키는 것
③ 모든 미생물을 전부 사멸시키는 것
④ 오염된 물질을 깨끗이 닦아내는 것

해설

소독이란 병원성 미생물을 죽이거나 그것의 병원성을 약화시켜 감염력을 없애는 조작으로, 비병원성 미생물은 남아 있어도 무방하다는 개념이다.

정답 ①

14

☑ 확인
Check!

○ □
△ □
✕ □

해수균의 일종으로 2~4% 소금물에서 잘 생육하는 식중독균의 종류는?

① 병원성대장균
② 황색포도상구균
③ 장염 비브리오균
④ 노로바이러스

해설

장염 비브리오균은 염분이 높은 환경에서도 잘 자라 해수에서 살며, 어패류를 오염시켜 식중독을 일으키는 균이다.

정답 ③

15

☑ 확인
Check!

○ □
△ □
✕ □

감염병 발생을 일으키는 3가지 조건이 아닌 것은?

① 충분한 병원체
② 숙주의 감수성
③ 예방접종
④ 감염될 수 있는 환경조건

해설

감염병 발생을 일으키는 3가지 조건은 병원체, 숙주, 환경(감염경로)이다.

정답 ③

16

☑ 확인
Check!

○ □
△ □
✕ □

냉동시설에 부착하는 온도 감응 장치 센서의 부착 위치로 옳은 것은?　✔신유형

① 냉동고 바깥쪽
② 냉동고 안쪽 중간
③ 냉동고 가장 안쪽
④ 냉동고 가장 아래쪽

해설

냉장, 냉동시설의 온도 감응 장치의 센서는 온도가 가장 높게 측정되는 곳에 위치시킨다.

정답 ①

17

☑ 확인
Check!

○ □
△ □
✕ □

차아염소산나트륨 100ppm은 몇 %인가?

① 0.001%
② 0.01%
③ 0.1%
④ 10%

해설

차아염소산나트륨 100ppm은 0.01%를 나타낸다.
ppm과 %의 변환
%는 백분율, ppm은 백만분율로, %에 10,000을 곱하면 ppm을 구할 수 있다.
예 1% = 1 × 10,000 = 10,000ppm

정답 ②

18

☑ 확인 Check!

○	□
△	□
X	□

원가 구성의 3요소가 아닌 것은?

① 재료비
② 노무비
③ 공정
④ 경비

해설

원가 구성의 3요소 : 재료비, 노무비, 경비

정답 ③

19

☑ 확인 Check!

○	□
△	□
X	□

식빵 배합률 합계가 180%, 밀가루 총 사용량이 3kg일 때 총 반죽의 무게는?(단, 기타 손실은 없음)

① 1,620g
② 3,780g
③ 5,400g
④ 5,800g

해설

$$\text{총 반죽 무게(g)} = \frac{\text{총 배합률(\%)} \times \text{밀가루 무게(g)}}{\text{밀가루 비율(\%)}} = \frac{180 \times 3{,}000}{100} = 5{,}400\text{(g)}$$

정답 ③

20

☑ 확인 Check!

○	□
△	□
X	□

빵 반죽의 특성인 글루텐을 형성하는 밀가루의 단백질 중 점성과 가장 관계가 깊은 것은?

① 알부민(albumins)
② 글리아딘(gliadins)
③ 글루테닌(glutenins)
④ 글로불린(globulins)

해설

밀가루 단백질 중 글루텐 형성 단백질로 탄력성을 지배하는 것은 글루테닌이며, 글리아딘은 점성, 유동성을 나타내는 단백질이다.

정답 ②

21

☑ 확인 Check!

○	□
△	□
X	□

제과에 자주 사용하는 '럼'의 원료는?

① 쌀　② 당밀
③ 포도당　④ 옥수수

해설

'해적의 술'이라고도 불리는 럼은 당밀이나 사탕수수의 즙을 발효시켜 만든 술이다.

정답 ②

22

☑ 확인 Check!

○	□
△	□
X	□

유지의 기능 중 크림성의 기능은?

① 제품을 부드럽게 한다.
② 산패를 방지한다.
③ 밀어 펴지는 성질을 부여한다.
④ 공기를 포집하여 부피를 좋게 한다.

해설

① 유지의 쇼트닝성
② 유지의 안정성
③ 유지의 신장성

정답 ④

23 우유 성분 중 산에 의해 응고되는 물질은?

☑ 확인 Check!

○ □
△ □
X □

① 단백질 ② 유당
③ 유지방 ④ 회분

해설
카제인은 우유의 주된 단백질로 열에는 응고되지 않으나, 산(우유의 산가 0.5~0.7%)과 효소에 의해 응고되어 치즈나 요구르트를 만들 수 있다.

정답 ①

24 신선한 달걀의 감별법을 잘못 설명한 것은?

☑ 확인 Check!

○ □
△ □
X □

① 햇빛에 비출 때 공기집의 크기가 작다.
② 흔들 때 내용물이 잘 흔들린다.
③ 6% 소금물에 넣으면 가라앉는다.
④ 깨뜨려 접시에 놓으면 노른자가 볼록하고 흰자의 점도가 높다.

해설
달걀이 신선할 때는 난백과 난황의 탄력성과 점도가 높고, 농후난백의 중앙에 난황이 위치하는 형태이기 때문에 무게중심이 중앙에 있어서 잘 쏠리지 않는다. 달걀을 흔들었을 때 신선한 달걀은 내부의 흔들림이 거의 없다.

정답 ②

25 화학적 팽창에 대한 설명으로 잘못된 것은?

☑ 확인 Check!

○ □
△ □
X □

① 효모보다 가스 생산이 느리다.
② 가스를 생산하는 것은 탄산수소나트륨이다.
③ 중량제로 전분이나 밀가루를 사용한다.
④ 산의 종류에 따라 작용 속도가 달라진다.

해설
화학적 팽창제는 효모(이스트)보다 가스 생산이 빠르다.

정답 ①

26 다음 중 중화가를 구하는 식은?

☑ 확인 Check!

○ □
△ □
X □

① $\frac{\text{중조의 양}}{\text{산성제의 양}} \times 100$

② $\frac{\text{중조의 양}}{\text{산성제의 양}}$

③ $\frac{\text{중조의 양} \times \text{산성제의 양}}{100}$

④ 중조의 양 × 산성제의 양

해설
중화가는 산에 대한 중조(탄산수소나트륨)의 백분율로, 유효 가스를 발생시키고 중성이 되는 값이다.

$$\text{중화가(\%)} = \frac{\text{중조(탄산수소나트륨)의 양}}{\text{산성제의 양}} \times 100$$

정답 ①

27 호밀의 구성 물질이 아닌 것은?

☑ 확인 Check!
○ □ △ □ X □

① 단백질 ② 펜토산
③ 지방 ④ 전분

해설
호밀은 단백질 14%, 펜토산 8%, 나머지는 전분으로 구성되어 있다.

정답 ③

28 초콜릿 보관 시 올바르지 않은 것은?

☑ 확인 Check!
○ □ △ □ X □

① 부패 방지를 위해 냉장고에 보관한다.
② 햇볕이 들지 않는 17℃ 전후의 실온에서 보관한다.
③ 통풍이 잘되는 곳에 투명하지 않은 밀폐용기에 보관한다.
④ 소비기한을 준수하고 서늘한 곳에 보관한다.

해설
초콜릿을 냉장고에 보관하였을 때 생기는 얼룩은 초콜릿 속의 당이 습기에 의해 녹았다 굳으면서 생긴 것이다.

정답 ①

29 잎을 건조시켜 만든 향신료는?

☑ 확인 Check!
○ □ △ □ X □

① 오레가노 ② 넛메그
③ 메이스 ④ 시나몬

해설
오레가노는 꽃이 피는 시기에 수확하여 건조시켜 보존하고 말린 잎을 향신료로 쓴다. 이탈리안 소스에 자주 들어가는 허브로 피자 제조 시 많이 사용한다.

정답 ①

30 젤라틴의 응고에 관한 설명으로 틀린 것은?

☑ 확인 Check!
○ □ △ □ X □

① 젤라틴의 농도가 높을수록 빨리 응고된다.
② 설탕의 농도가 높을수록 응고가 방해된다.
③ 염류는 젤라틴의 응고를 방해한다.
④ 단백질의 분해효소를 사용하면 응고력이 약해진다.

해설
염류는 산과 반대로 수분의 흡수를 막아 단단하게 만든다.

정답 ③

31 다음 영양소 중 우리 몸을 구성하는 기능을 하는 영양소는?

☑ 확인 Check!
○ □ △ □ X □

① 비타민, 수분
② 탄수화물, 지방
③ 단백질, 무기질
④ 단백질, 비타민

해설
인체조직을 구성하는 영양소(구성 영양소)로 단백질, 지질, 무기질, 수분 등이 있다.

정답 ③

32 다당류에 속하는 탄수화물은?

☑ 확인 Check!

○	□
△	□
X	□

① 전분
② 포도당
③ 과당
④ 갈락토스

해설
탄수화물의 분류
- 단당류 : 포도당, 과당, 갈락토스 등
- 다당류 : 전분, 글리코겐, 펙틴 등

정답 ①

33 유황을 함유한 아미노산으로 -S-S- 결합을 가진 것은?

☑ 확인 Check!

○	□
△	□
X	□

① 라이신(lysine)
② 류신(leucine)
③ 시스틴(cystine)
④ 글루타민산(glutamic acid)

해설
시스틴은 유황을 함유한 아미노산으로 -S-S- 결합을 가진다.

정답 ③

34 지방의 불포화도를 측정하는 아이오딘값이 다음과 같을 때 불포화도가 가장 큰 건성유는?

☑ 확인 Check!

○	□
△	□
X	□

① 50 미만
② 50~100 미만
③ 100~130 미만
④ 130 이상

해설
불포화지방산을 많이 함유할수록 아이오딘값이 높으며, 건성유는 아이오딘가 130 이상으로 아마인유, 오동나무기름, 들깨기름 등이 이에 해당한다.

정답 ④

35 지방의 분해에 관여하는 효소는?

☑ 확인 Check!

○	□
△	□
X	□

① 레닌(rennin)
② 아밀레이스(amylase)
③ 라이페이스(lipase)
④ 펩티데이스(peptidase)

해설
① 레닌 : 단백질 응고효소
② 아밀레이스 : 탄수화물 분해효소
④ 펩티데이스 : 단백질 분해효소

정답 ③

36 비타민 A 부족 시 생기는 증상이 아닌 것은?

☑ 확인 Check!

○	□
△	□
X	□

① 각화증
② 안구건조증
③ 야맹증
④ 각기병

해설
각기병은 비타민 B_1 부족 시 생기는 증상이다.

정답 ④

37

시폰형 케이크를 알맞게 설명한 것은?

☑ 확인 Check! ○ □ △ □ X □

① 머랭을 이용하는 반죽이다.
② 전란으로 거품을 낸다.
③ 오븐에서 구우면 바로 팬에서 분리한다.
④ 반죽형 반죽이다.

해설
시폰 케이크는 달걀의 흰자와 노른자를 분리하여 흰자로 머랭을 만들어 반죽한다.

정답 ①

38

찍어 내기 쿠키의 반죽을 정형할 때 사용하는 덧가루에 대해 잘못 설명한 것은?

☑ 확인 Check! ○ □ △ □ X □

① 반죽이 바닥과 밀대에 붙지 않도록 한다.
② 덧가루를 너무 적게 사용하면 제품에서 밀가루 냄새가 날 수 있다.
③ 덧가루를 과다하게 사용하면 제품에 줄무늬가 생길 수 있다.
④ 찍어 낸 반죽에 묻은 덧가루는 붓으로 털어 내고 패닝한다.

해설
반죽이 바닥과 밀대에 붙지 않도록 덧가루는 적당량만 사용하여 밀어 펴기 작업을 한다. 덧가루가 과다하면 제품에서 밀가루 냄새가 나거나 줄무늬가 생길 수 있으므로 붓으로 털어 내고 패닝한다.

정답 ②

39

다음 중 비교적 스크래핑을 가장 많이 해야 하는 제법은?

☑ 확인 Check! ○ □ △ □ X □

① 공립법 ② 별립법
③ 설탕물법 ④ 크림법

해설
스크래핑은 믹서 볼의 바닥이나 옆면을 긁어야 하는 작업이다. 반죽형 반죽의 크림법은 스크래핑을 자주 해줘야 한다.

정답 ④

40

다음의 조건에서 사용할 물 온도를 계산하면?

☑ 확인 Check! ○ □ △ □ X □

- 반죽 희망 온도 23℃
- 밀가루 온도 25℃
- 실내 온도 25℃
- 설탕 온도 25℃
- 쇼트닝 온도 20℃
- 달걀 온도 20℃
- 수돗물 온도 23℃
- 마찰계수 20℃

① 0℃ ② 3℃
③ 8℃ ④ 12℃

해설
사용할 물의 온도
= (반죽 희망 온도 × 6) − (실내 온도 + 밀가루 온도 + 설탕 온도 + 쇼트닝 온도 + 달걀 온도 + 마찰계수)
$= (23 \times 6) - (25 + 25 + 25 + 20 + 20 + 20)$
$= 138 - 135 = 3$

정답 ②

41 일반 파운드 케이크의 배합률이 올바르게 설명된 것은?

☑ 확인 Check!
○ □
△ □
X □

① 밀가루 100, 설탕 100, 달걀 200, 버터 200
② 밀가루 100, 설탕 100, 달걀 100, 버터 100
③ 밀가루 200, 설탕 200, 달걀 100, 버터 100
④ 밀가루 200, 설탕 100, 달걀 100, 버터 100

해설
파운드 케이크라는 이름은 기본 재료인 밀가루, 설탕, 달걀, 버터 네 가지를 1파운드씩 동일하게 넣어 만든 제품에서 유래되었다고 한다. 파운드 케이크 제조 시 반죽 온도를 일정하게 맞추어야 하며, 유지의 품온은 18~25℃가 적당하다.

정답 ②

42 액상 재료의 양을 잴 때 사용하는 도구는?

✔신유형

☑ 확인 Check!
○ □
△ □
X □

① 스패출러
② 전자저울
③ 스크레이퍼
④ 계량컵

해설
① 스패출러 : 크림, 잼을 바르거나 토핑류를 자를 때 사용
② 전자저울 : 무게를 잴 때 사용
③ 스크레이퍼 : 반죽의 분할이나 반죽 후 반죽 제거의 용도로 사용

정답 ④

43 제품 정형 시 균일한 정형이 중요한 이유는?

☑ 확인 Check!
○ □
△ □
X □

① 광택을 좋게 하기 위해
② 팻 블룸이 일어나지 않게 하기 위해
③ 입안에서의 용해성을 좋게 하기 위해
④ 굽기 과정에서 열전달을 일정하게 하기 위해

해설
균일한 정형은 이어지는 굽기 과정에서 균일한 열전달에 매우 중요한 요소이다. 제품의 크기나 중량이 다르거나 간격이 일정하지 않으면, 굽기 시 열전달이 일정하지 않아 너무 빨리 구워져 크기가 작아지거나 너무 느리게 구워져 갈라지는 문제가 생기기 쉽다.

정답 ④

44 지름 24cm, 높이 5cm 원형 팬의 용적은?

☑ 확인 Check!
○ □
△ □
X □

① 2,260cm^3
② 2,500cm^3
③ 2,600cm^3
④ 2,800cm^3

해설
원형 팬의 용적
= 반지름 × 반지름 × 3.14 × 높이
= 12cm × 12cm × 3.14 × 5cm ≒ 2,260cm^3

정답 ①

45

☑ 확인 Check! ○ □ △ □ X □

제과용 팬 오일(이형유)의 발연점으로 가장 알맞은 것은?

① 155℃ 이상
② 180℃ 이상
③ 203℃ 이상
④ 210℃ 이상

해설
제과용 팬 오일(이형유)은 발연점이 210℃ 이상 높은 기름을 사용한다.

정답 ④

46

☑ 확인 Check! ○ □ △ □ X □

파운드 팬에 깔아 주는 위생지에 대한 설명으로 옳은 것은? ✔신유형

① 위생지를 팬 높이보다 낮게 재단한다.
② 위생지를 팬 높이보다 높게 재단한다.
③ 위생지가 팬 높이보다 낮으면 반죽이 팬에 붙어 잘 떨어지지 않는다.
④ 위생지가 팬 높이보다 낮으면 굽기 시 색이 일정하게 나지 않는다.

해설
파운드 팬에 깔아 주는 위생지는 팬 높이와 같게 재단한다. 팬 높이보다 낮으면 반죽이 팬에 붙어 잘 떨어지지 않고, 팬 높이보다 높으면 굽기 시 색이 일정하게 나지 않아 상품 가치가 떨어진다.

정답 ③

47

☑ 확인 Check! ○ □ △ □ X □

오버 베이킹(over baking)에 대한 설명 중 틀린 것은?

① 높은 온도의 오븐에서 굽는다.
② 윗부분이 평평해진다.
③ 굽기 시간이 길어진다.
④ 제품에 남는 수분이 적다.

해설
- 오버 베이킹(over baking) : 굽는 온도가 너무 낮으면 조직이 부드러우나 윗면이 평평하고 수분 손실이 크게 된다.
- 언더 베이킹(under baking) : 오븐의 온도가 너무 높으면 중심 부분이 갈라지고 조직이 거칠며 설익어 M자형 결함이 생긴다.

정답 ①

48

☑ 확인 Check! ○ □ △ □ X □

다음에서 설명하는 오븐의 종류는?

> 오븐 속의 선반이 회전하여 구워지는 오븐으로, 내부 공간이 커서 많은 양의 제품을 구울 수 있다. 주로 소규모 공장이나 대형 매장, 호텔 등에서 사용한다.

① 데크 오븐(deck oven)
② 터널 오븐(tunnel oven)
③ 컨벡션 오븐(convection oven)
④ 로터리 랙 오븐(rotary rack oven)

해설
① 데크 오븐(deck oven) : 일반적으로 가장 많이 사용하며 선반에서 독립적으로 상하부 온도를 조절하여 제품을 구울 수 있다.
② 터널 오븐(tunnel oven) : 반죽이 들어가는 입구와 제품이 나오는 출구가 서로 다른 오븐으로, 다양한 제품을 대량 생산할 수 있다.
③ 컨벡션 오븐(convection oven) : 강력한 팬을 이용하여 고온의 열을 강제 대류시키며 제품을 굽는 오븐이다. 데크 오븐에 비해 전체적인 열 편차가 없고 조리시간도 짧다.

정답 ④

49 튀김기름의 조건으로 옳지 않은 것은?

☑ 확인 Check! ○ □ △ □ X □

① 열 안정성이 높은 것
② 색이 진하고 불투명한 것
③ 가열했을 때 연기가 나지 않을 것
④ 가열했을 때 거품이 생기지 않을 것

해설
튀김기름은 색이 연하고 투명하고 광택이 있는 것, 냄새가 없고, 기름 특유의 원만한 맛을 가지는 것, 가열했을 때 냄새가 없고 거품의 생성이나 연기가 나지 않는 것, 열 안정성이 높은 것이 좋다. 튀김 특유의 향은 기름에 함유되어 있는 리놀레산으로부터 발생한다.

정답 ②

50 다음 제품 중 찜(수증기)을 이용하여 만든 제품이 아닌 것은? ✔신유형

☑ 확인 Check! ○ □ △ □ X □

① 만두
② 소프트 롤 케이크
③ 푸딩
④ 치즈 케이크

해설
소프트 롤 케이크는 오븐에 구워서 만든다.

정답 ②

51 커스터드 크림에서 달걀은 주로 어떤 역할을 하는가?

☑ 확인 Check! ○ □ △ □ X □

① 쇼트닝 작용
② 결합제
③ 팽창제
④ 저장성

해설
커스터드 크림에서 달걀은 결합제(농후화제) 역할을 한다.

정답 ②

52 다음 중 버터크림 당액 제조 시 설탕에 대한 물 사용량으로 알맞은 것은?

☑ 확인 Check! ○ □ △ □ X □

① 25% ② 80%
③ 100% ④ 125%

해설
버터크림의 당액을 제조할 때 설탕에 대한 물은 20~30% 정도 사용한다.

정답 ①

53 다음 머랭(meringue) 중 설탕을 끓여서 시럽으로 만들어 제조하는 것은?

☑ 확인 Check!
○ □
△ □
X □

① 냉제 머랭
② 온제 머랭
③ 스위스 머랭
④ 이탈리안 머랭

해설
이탈리안 머랭은 거품을 낸 달걀흰자에 뜨겁게 끓인 시럽을 조금씩 부으면서 제조한다.

정답 ④

54 다음 중 반죽형 반죽이 아닌 제품은?

☑ 확인 Check!
○ □
△ □
X □

① 파운드 케이크
② 머핀
③ 과일 케이크
④ 시폰 케이크

해설
시폰 케이크는 거품형 반죽 제품이다.

정답 ④

55 스펀지 케이크를 만들 때 설탕이 적게 들어감으로 해서 생길 수 있는 현상은?

☑ 확인 Check!
○ □
△ □
X □

① 오븐에서 제품이 주저앉는다.
② 제품의 껍질이 두껍다.
③ 제품의 껍질이 갈라진다.
④ 제품의 부피가 증가한다.

해설
스펀지 케이크 제조 시 밀가루를 기준으로 잡았을 때 설탕이 100% 이하로 적게 들어가면 제품 껍질이 갈라진다.

정답 ③

56 액체 재료의 함량이 높아 반죽을 짤주머니에 넣어 짜며, 소프트 쿠키라고 하는 반죽형 쿠키의 종류는?

☑ 확인 Check!
○ □
△ □
X □

① 스냅 쿠키
② 쇼트브레드 쿠키
③ 드롭 쿠키
④ 머랭 쿠키

해설
드롭 쿠키(drop cookie)
- 달걀과 같은 액체 재료의 함량이 높아 반죽을 페이스트리 백에 넣어 짜서 성형한다.
- 소프트 쿠키라고도 하며, 반죽형 쿠키 중 수분 함량이 가장 많고 저장 중에 건조가 빠르고 잘 부스러진다.

정답 ③

57 시폰 팬에 물 뿌리기 공정을 진행할 때 물을 너무 과하게 뿌렸을 경우 나타나는 현상은? ✓신유형

☑ 확인 Check!

○	□
△	□
X	□

① 제품을 굽는 시간이 길어진다.
② 팬과 반죽이 쉽게 분리되지 않는다.
③ 제품이 단단해져서 상품성이 떨어진다.
④ 구울 때 케이크 내부에 큰 구멍이 생긴다.

해설
시폰 팬에 물 뿌리기 공정을 진행할 때 물이 너무 과하게 뿌려지면 구울 때 케이크 내부에 큰 구멍과 터널이 생기는 현상이 발생한다.

정답 ④

58 도넛의 흡유량이 높았다면 그 이유는?

☑ 확인 Check!

○	□
△	□
X	□

① 고율 배합 제품이다.
② 튀김 시간이 짧다.
③ 튀김 온도가 높다.
④ 휴지 시간이 짧다.

해설
도넛은 고율 배합 제품이기 때문에 과다하게 팽창제를 사용하거나, 튀김 온도가 낮거나, 반죽에 수분이 과다한 경우에는 흡유 현상이 높게 나타난다.

정답 ①

59 슈 제조 시 반죽 표면을 분무 또는 침지시키는 이유가 아닌 것은?

☑ 확인 Check!

○	□
△	□
X	□

① 껍질을 얇게 한다.
② 팽창을 크게 한다.
③ 기형을 방지한다.
④ 제품의 구조를 강하게 한다.

해설
슈 반죽 표면을 분무 또는 침지시키는 이유
- 슈 껍질을 얇게 한다.
- 슈의 팽창의 크게 한다.
- 기형을 방지하여 모양이 균일해진다.

정답 ④

60 캐러멜 커스터드 푸딩의 굽기 온도는? ✓신유형

☑ 확인 Check!

○	□
△	□
X	□

① 130~140℃
② 160~170℃
③ 190~200℃
④ 210~220℃

해설
캐러멜 커스터드 푸딩은 틀에 95% 채운 반죽을 컵이 거의 잠길 만큼 팬에 더운물을 붓고, 160~170℃로 예열한 오븐에서 30~35분간 또는 중심부에 젓가락을 꽂아서 아무것도 묻지 않을 때까지 중탕으로 굽는다.

정답 ②

TEST

Add+ 특별부록

05회 제과기능사 상시복원문제

01

미생물 종류 중 크기가 가장 큰 것은?

☑ 확인 Check!

○	□
△	□
X	□

① 효모(yeast)

② 세균(bacteria)

③ 바이러스(virus)

④ 곰팡이(mold)

해설

미생물의 크기 : 곰팡이 > 효모 > 스피로헤타 > 세균 > 리케차 > 바이러스

정답 ④

02

식품위생법령상 식품위생과 관련된 내용으로 알맞지 않은 것은?

☑ 확인 Check!

○	□
△	□
X	□

① 김치류 중 배추김치는 식품안전관리인증기준 대상 식품이다.

② 리스테리아병, 살모넬라병, 파스튜렐라병 및 선모충증에 걸린 동물 고기는 판매가 금지된다.

③ 집단급식소는 1회 50인 이상에게 식사를 제공하는 급식소를 말한다.

④ 소비기한이 지난 음식은 진열해 놓아도 된다.

해설

소비기한이 지난 음식은 판매를 금지해야 하며, 바로 폐기 처리해야 한다.

정답 ④

03

식품의 부패 또는 변질과 관련이 적은 것은?

☑ 확인 Check!

○	□
△	□
X	□

① 수분 ② 온도

③ 압력 ④ 효소

해설

식품은 미생물, 물리적 작용, 화학적 작용 등에 의해 부패 또는 변질된다. 수분, 온도는 미생물의 생육에 필요한 조건이며 효소는 식품의 갈변현상의 원인으로 식품의 변질과 관련이 있다.

정답 ③

04

감염병 관리상 환자의 격리를 필요로 하지 않는 것은?

☑ 확인 Check!

○	□
△	□
X	□

① 공수병

② 에볼라바이러스병

③ 장티푸스

④ 콜레라

해설

감염병의 예방 및 관리에 관한 법률 제2조에 따르면, 감염병 관리상 환자의 격리가 필요한 감염병은 제1급 감염병(음압격리와 같은 높은 수준의 격리)과 제2급 감염병이다. 공수병은 제3급 감염병에 해당하여 격리를 필요로 하지 않는다.

② 에볼라바이러스병은 제1급 감염병에 해당한다.

③ · ④ 장티푸스, 콜레라는 제2급 감염병에 해당한다.

정답 ①

05 다음 중 위생등급을 지정할 수 없는 자는?

☑ 확인 Check!
○ □
△ □
X □

① 보건복지부장관
② 식품의약품안전처장
③ 시・도지사
④ 시장・군수・구청장

(해설)
식품접객업소의 위생등급 지정 등(식품위생법 제47조의2 제1항)
식품의약품안전처장, 시・도지사 또는 시장・군수・구청장은 식품접객업소의 위생 수준을 높이기 위하여 식품접객영업자의 신청을 받아 식품접객업소의 위생 상태를 평가하여 위생등급을 지정할 수 있다.

정답 ①

06 HACCP에서 위해요소의 정의는?

☑ 확인 Check!
○ □
△ □
X □

① 각 단계별 중요관리점을 결정・관리한다.
② 제품 생산 전 공정에 대한 관리이다.
③ 식품위생의 안전성을 확보하기 위한 과학적인 위생관리체계이다.
④ 인체의 건강을 해할 우려가 있는 생물학적・화학적・물리적 인자를 말한다.

(해설)
위해요소는 식품위생법 제4조(위해식품 등의 판매 등 금지) 규정에서 정하고 있는 인체의 건강을 해할 우려가 있는 생물학적, 화학적 또는 물리적 인자나 조건을 말한다.

정답 ④

07 식품위생법상 총리령으로 정하는 식품위생검사기관이 아닌 것은? ✔신유형

☑ 확인 Check!
○ □
△ □
X □

① 식품의약품안전평가원
② 지방식품의약품안전청
③ 보건환경연구원
④ 지역 보건소

(해설)
위생검사 등 요청기관(식품위생법 시행규칙 제9조의2)
총리령으로 정하는 식품위생검사기관이란 식품의약품안전평가원, 지방식품의약품안전청, 보건환경연구원을 말한다.

정답 ④

08 식품 취급 시 교차오염을 예방하기 위한 행위로 옳지 않은 것은? ✔신유형

☑ 확인 Check!
○ □
△ □
X □

① 칼, 도마를 식품별로 구분하여 사용한다.
② 고무장갑을 일관성 있게 하루에 하나씩 사용한다.
③ 조리 전의 육류와 채소류는 접촉되지 않도록 구분한다.
④ 위생복을 식품용과 청소용으로 구분하여 사용한다.

(해설)
위생장갑은 작업 변경 시 바꾸어 가면서 착용한다.

정답 ②

09 포르말린 사료 사건으로 사용이 금지된 유해 보존료는?

☑ 확인 Check!

○	□
△	□
X	□

① 둘신
② 아우라민
③ 폼알데하이드
④ 아질산칼륨

해설

폼알데하이드(포름알데히드, 포르말린)
사용이 금지된 유해 식품첨가물로, 메탄올을 산화시킬 때 나오는 기체로 메틸알데하이드라고도 한다. 이를 37% 정도의 농도로 물에 녹인 수용액이 포르말린으로, 포르말린은 세균·바이러스·곰팡이 등의 생장을 막아 방부제나 소독제로 많이 쓰인다.
포르말린 사료 사건
2011년 4월 28일 '정부의 권고에도 한 우유업체가 6개월간 포르말린 함유 사료를 썼다'고 보도되었고, 이로 인해 해당 업체 사장단이 퇴진하고 포르말린이 함유된 수입 사료를 먹인 젖소에서 짠 원유로 만든 우유제품을 판매중지 조치하였다.

정답 ③

10 다음 중 식품접객업에 해당되지 않는 것은?

☑ 확인 Check!

○	□
△	□
X	□

① 식품냉동냉장업
② 제과점영업
③ 위탁급식영업
④ 일반음식점영업

해설

식품위생법상 식품접객업에 해당하는 것으로는 휴게음식점, 일반음식점, 단란주점, 유흥주점, 위탁급식, 제과점영업 등이 있다(식품위생법 시행령 제21조).

정답 ①

11 작업자 준수사항에 대해 잘못 설명한 것은?

☑ 확인 Check!

○	□
△	□
X	□

① 규정된 세면대에서 손을 세척한다.
② 행주로 땀을 닦지 않는다.
③ 앞치마로 손을 닦지 않는다.
④ 화장실 출입 시 위생복을 착용한다.

해설

화장실 출입 시 위생복을 탈의하고, 화장실 전용 신발을 착용한다. 다시 작업장에 들어갈 때는 소독 발판을 이용하여 살균한다.

정답 ④

12 빵 및 케이크류에 사용이 허가된 보존료는?

☑ 확인 Check!

○	□
△	□
X	□

① 탄산수소나트륨
② 폼알데하이드
③ 프로피온산
④ 탄산암모늄

해설

보존료는 미생물이 증식하여 일어나는 식품의 부패, 변패를 막기 위해 사용하는 식품첨가물로, 다이하이드로아세트산류, 소브산류, 벤조산(안식향산)류, 파라옥시벤조산 에스터류, 프로피온산염류 등이 있다.

정답 ③

13 ☑ 확인 Check! ○ □ △ □ X □

다음 중 제1급 감염병으로 옳은 것은?

① 회충증
② B형간염
③ 공수병
④ 페스트

(해설)

제1급 감염병

에볼라바이러스병, 마버그열, 라싸열, 크리미안콩고출혈열, 남아메리카출혈열, 리프트밸리열, 두창, 페스트, 탄저, 보툴리눔독소증, 야토병, 신종감염병증후군, 중증급성호흡기증후군, 중동호흡기증후군(MERS), 동물인플루엔자 인체감염증, 신종인플루엔자, 디프테리아

정답 ④

14 ☑ 확인 Check! ○ □ △ □ X □

소독의 방법에 대해 잘못 설명한 것은? ✔신유형

① 열탕 소독은 100℃에서 5분 이상 가열하는 것이다.
② 건열 소독은 160~180℃에서 30~45분 정도 실시한다.
③ 소독액은 1주일 사용량을 한 번에 제조하여 안전한 곳에 보관한다.
④ 화학 소독제를 사용할 경우 세제가 잔류하지 않도록 음용수로 깨끗이 씻는다.

(해설)

소독은 기구, 용기 및 음식 등에 존재하는 미생물을 안전한 수준으로 감소시키는 과정이다. 소독액은 사용 방법을 숙지하여 사용하고, 미리 만들어 놓으면 효과가 떨어지므로 하루에 한 차례 이상 제조한다.

정답 ③

15 ☑ 확인 Check! ○ □ △ □ X □

소규모 주방 설비 중 작업의 효율성을 높이기 위한 작업 테이블의 위치로 가장 적당한 것은?

① 오븐 옆에 설치한다.
② 냉장고 옆에 설치한다.
③ 발효실 옆에 설치한다.
④ 주방의 중앙부에 설치한다.

(해설)

작업 테이블은 주방의 중앙부에 설치하여 작업의 효율성을 높여야 한다.

정답 ④

16 ☑ 확인 Check! ○ □ △ □ X □

식중독 대처방법 중 후속 조치에 포함되지 않는 것은? ✔신유형

① 시설 개선 즉시 조치
② 추가 환자 정보 제공
③ 오염시설 사용 중지
④ 전처리, 조리, 보관, 해동관리 철저

(해설)

식중독 대처방법

현장 조치	• 건강진단 미실시자, 질병에 걸린 환자 조리 업무 중지 • 영업 중단 • 오염시설 사용 중지 및 현장 보존
후속 조치	• 질병에 걸린 환자 치료 및 휴무 조치 • 추가 환자 정보 제공 • 시설 개선 즉시 조치 • 전처리, 조리, 보관, 해동관리 철저
예방 사후 조치	• 작업 전 종사자 건강 상태 확인 • 주기적 종사자 건강진단 실시 • 위생교육 및 훈련 강화 • 조리 위생수칙 준수 • 시설, 기구 등 위생상태 주기적 확인

정답 ③

17 식품의 부패를 판정하는 화학적 방법은?

☑ 확인 Check! ○ □ △ □ X □

① 관능시험
② 생균수 측정
③ 온도 측정
④ TMA 측정

해설
식품의 부패를 판정하는 화학적 검사에는 수소이온 농도(pH) 측정, 휘발성 염기질소(VBN) 측정, 트라이메틸아민(TMA) 측정, 암모니아 측정 등이 있다.

정답 ④

18 백색의 결정으로 감미도는 설탕의 250배이며 청량음료수, 과자류, 절임류 등에 사용되었으나 만성중독인 혈액독을 일으켜 우리나라에서는 사용이 금지된 인공 감미료는?

☑ 확인 Check! ○ □ △ □ X □

① 둘신
② 사이클라메이트
③ 에틸렌글리콜
④ 파라 – 나이트로 – 올소 – 톨루이딘

해설
② 사이클라메이트 : 감미도는 설탕의 40~50배이며 섭취 시 암을 유발하여 사용이 금지된다.
③ 에틸렌글리콜 : 자동차 부동액으로 널리 사용되는 화합물로 식품에 사용이 금지된다.
④ 파라 – 나이트로 – 올소 – 톨루이딘 : 감미도는 설탕의 200배이며 섭취 시간이나 신장에 장해를 일으켜 사용이 금지된다. 살인당, 원폭당이라고도 불린다.

정답 ①

19 다음 중 가루 재료(밀가루)를 체로 쳐서 사용하는 이유와 가장 거리가 먼 것은?

☑ 확인 Check! ○ □ △ □ X □

① 이물질 제거
② 공기의 혼입
③ 마찰열 발생
④ 재료 분산

해설
가루 재료의 체질 목적
- 재료를 고르게 분산시킬 수 있다.
- 재료 속에 있을 수 있는 이물질과 덩어리를 제거할 수 있다.
- 공기를 혼입하여 발효를 촉진하고, 흡수율도 증가시킬 수 있다.

정답 ③

20 다음 중 숙성한 밀가루에 대한 설명으로 틀린 것은?

☑ 확인 Check! ○ □ △ □ X □

① 밀가루의 질이 개선되고 흡수성을 향상시킨다.
② 밀가루의 pH가 낮아져 발효가 촉진된다.
③ 밀가루의 황색 색소가 산소에 의해 진해진다.
④ 환원성 물질이 산화되어 반죽 글루텐의 파괴를 막아준다.

해설
숙성한 밀가루의 성질
- pH가 낮아져 발효 촉진
- 환원성 물질이 산화되어 반죽 글루텐의 파괴를 막아줌
- 황색 색소는 산화되어 무색이 되므로 흰색을 띰
- 글루텐의 질 개선과 흡수성 향상

정답 ③

21

☑ 확인 Check!

○ □
△ □
X □

물 100g에 설탕 25g을 녹이면 당도는?

① 20%　② 30%
③ 40%　④ 50%

(해설)

$$\text{액상의 당도(\%)} = \frac{\text{용질}}{\text{용매} + \text{용질}} \times 100$$
$$= \frac{25}{100 + 25} \times 100 = 20\%$$

정답 ①

22

☑ 확인 Check!

○ □
△ □
X □

제과에서 유지의 기능이 아닌 것은?

① 쇼트닝성
② 공기 혼입
③ 신장성
④ 크림화

(해설)

유지의 기능

- 제빵에서는 윤활작용, 부피 증가, 식빵의 슬라이스를 돕고 풍미를 가져다 주며, 가소성과 신장성을 향상시키며, 빵의 노화를 지연시킨다.
- 제과에서는 쇼트닝성, 공기 혼입, 크림화, 안정화, 식감과 저장성에 영향을 준다.

정답 ③

23

☑ 확인 Check!

○ □
△ □
X □

다음 중 유지의 산화 방지를 목적으로 사용되는 산화방지제는?

① Vitamin B
② Vitamin D
③ Vitamin E
④ Vitamin K

(해설)

산화방지제

- 천연 항산화제 : 비타민 E, 고시폴, 세사몰 등
- 합성 항산화제 : BHA, BHT 등

정답 ③

24

☑ 확인 Check!

○ □
△ □
X □

마요네즈를 만드는데 노른자가 500g 필요하다. 껍질 포함 60g의 달걀을 몇 개 준비해야 하는가?

① 10개　② 14개
③ 28개　④ 56개

(해설)

달걀의 구성 비율은 껍데기 10%, 흰자 60%, 노른자 30%이다. 따라서 60g 중 노른자는 18g이므로, 500 ÷ 18 = 28개를 준비해야 한다.

정답 ③

25

☑ 확인 Check!

○ □
△ □
X □

효모에 대한 설명으로 틀린 것은?

① 당을 분해하여 산과 가스를 생성한다.
② 출아법으로 증식한다.
③ 제빵용 효모의 학명은 *saccharomyces cerevisiae*이다.
④ 산소의 유무에 따라 증식과 발효가 달라진다.

(해설)

이스트의 발효에 의해 탄산가스(이산화탄소), 에틸 알코올 등을 생산하여 팽창과 풍미와 식감을 갖게 해 준다.

정답 ①

26 팽창제에 대한 설명 중 틀린 것은?

☑ 확인 Check! ○ □ △ □ X □

① 가스를 발생시키는 물질이다.
② 반죽을 부풀게 한다.
③ 제품에 부드러운 조직을 부여해 준다.
④ 제품에 질긴 성질을 준다.

해설
팽창제의 기능
- 반죽을 부풀게 함
- 산의 종류에 따라 작용 속도가 달라짐
- 제품의 크기 퍼짐을 조절
- 제품의 부드러운 조직을 부여

정답 ④

27 반죽에 사용하는 물에 대한 설명으로 옳지 않은 것은? ✓신유형

☑ 확인 Check! ○ □ △ □ X □

① 경수 사용 시 빵의 탄력성은 떨어지나 발효 시간이 줄어든다.
② 아경수는 빵류 제품에 가장 적합한 물로, 반죽의 글루텐을 경화시키며, 이스트에 영양물질을 제공한다.
③ 아연수는 경도 61~120ppm으로 부드러운 물에 가깝다.
④ 연수 사용 시 반죽이 연하고 끈적거리나 발효 속도는 빠르다.

해설
경수는 경도 180ppm 이상의 센물로, 반죽에 사용 시 글루텐이 단단해지고, 반죽의 신장성이 떨어지고 발효 시간이 오래 걸린다.

정답 ①

28 찹쌀 도넛 반죽에 사용하는 적절한 물은? ✓신유형

☑ 확인 Check! ○ □ △ □ X □

① 얼음물 ② 차가운 물
③ 미지근한 물 ④ 뜨거운 물

해설
찹쌀 도넛 반죽에 점성이 생겨 식감이 쫄깃해지도록 하기 위해서 뜨거운 물을 사용하는 것이 좋다.

정답 ④

29 향신료(spices)를 사용하는 목적 중 틀린 것은?

☑ 확인 Check! ○ □ △ □ X □

① 향기를 부여하여 식욕을 증진시킨다.
② 육류나 생선의 냄새를 완화시킨다.
③ 매운 맛과 향기로 혀, 코, 위장을 자극하여 식욕을 억제시킨다.
④ 제품에 식욕을 불러일으키는 색을 부여한다.

해설
향신료의 사용 목적
- 냄새를 완화한다.
- 제품에 식욕을 돋는 색을 부여한다.
- 맛과 향을 부여하여 식욕을 증진한다.

정답 ③

30 유화(emulsion)와 관련이 적은 식품은?

☑ 확인 Check! ○ □ △ □ X □

① 버터 ② 생크림
③ 묵 ④ 우유

해설
유화에는 유중수적형(버터, 마가린)과 수중유적형(우유, 아이스크림, 생크림, 마요네즈)이 있다.

정답 ③

31 건조된 아몬드 100g에 탄수화물 16g, 단백질 18g, 지방 54g, 무기질 3g, 수분 6g 등을 함유하고 있다면 이 아몬드 100g의 열량은?

☑ 확인 Check! ○ □ △ □ X □

① 약 200kcal
② 약 364kcal
③ 약 622kcal
④ 약 751kcal

해설
열량은 당질(탄수화물), 단백질은 1g당 4kcal, 지방은 1g당 9kcal를 낸다.
(16g × 4kcal/g) + (18g × 4kcal/g)
+ (54g × 9kcal/g) = 622kcal

정답 ③

32 다음 중 이당류에 속하는 것은?

☑ 확인 Check! ○ □ △ □ X □

① 설탕(sucrose)
② 전분(starch)
③ 과당(fructose)
④ 갈락토스(galactose)

해설
탄수화물의 분류
• 단당류 : 포도당, 과당, 갈락토스
• 이당류 : 맥아당(엿당), 설탕(자당), 유당(젖당)
• 다당류 : 전분(녹말), 글리코겐, 섬유소, 펙틴

정답 ①

33 다음 중 아미노산을 구성하는 주된 원소가 아닌 것은?

☑ 확인 Check! ○ □ △ □ X □

① 탄소(C) ② 수소(H)
③ 질소(N) ④ 규소(Si)

해설
아미노산은 단백질의 기본 단위로 탄소(C), 수소(H), 질소(N), 황(S) 등으로 구성되어 있다.

정답 ④

34 지질의 대사에 관여하고 뇌신경 등에 존재하며 유화제로 작용하는 것은?

☑ 확인 Check! ○ □ △ □ X □

① 에고스테롤(ergosterol)
② 글리시닌(glycinin)
③ 레시틴(lecithin)
④ 스쿠알렌(squalene)

해설
레시틴은 달걀노른자, 옥수수유, 콩 등에서 얻어지는 인지질로 지질의 대사에 관여하고 뇌신경 등에 존재하며 황산화제, 유화제의 역할을 한다.

정답 ③

35 다음 중 단백질 분해효소가 아닌 것은?

☑ 확인 Check! ○ □ △ □ X □

① 라이페이스(lipase)
② 브로멜린(bromelin)
③ 파파인(papain)
④ 피신(ficin)

해설
① 라이페이스는 지방 분해효소이다.
천연 단백질 분해효소
• 브로멜린 : 파인애플
• 파파인 : 파파야
• 피신 : 무화과

정답 ①

36 다음 중 물에 녹는 비타민은?

☑ 확인 Check!
○ □
△ □
X □

① 레티놀(retinol)
② 토코페롤(tocopherol)
③ 티아민(thiamine)
④ 칼시페롤(calciferol)

해설

수용성 비타민
물에 녹고 축적이 적어 매일 일정량을 섭취해야 결핍 증세가 나타나지 않는다. 대표적으로 비타민 B_1(티아민), 비타민 B_2(리보플라빈), 비타민 B_6(피리독신), 비타민 C(아스코브산) 등이 있다.

정답 ③

37 제빵에서의 수분 분포에 관한 설명 중 틀린 것은?

☑ 확인 Check!
○ □
△ □
X □

① 물이 반죽에 균일하게 분산되는 시간은 10분 정도이다.
② 1차 발효와 2차 발효를 거치는 동안 반죽은 다소 건조해진다.
③ 반죽 내 수분은 굽는 동안 증발되어 최종 제품에는 35% 정도 남는다.
④ 소금은 글루텐을 단단하게 하여 글루텐 흡수량의 약 8%를 감소시킨다.

해설

반죽은 발효 과정을 거치면서 수분을 충분히 흡수한다.

정답 ②

38 반죽형 반죽하기의 블렌딩법에서 재료를 넣는 순서로 옳은 것은? ✔신유형

☑ 확인 Check!
○ □
△ □
X □

① 건조 재료, 액체 재료 일부 → 나머지 액체 재료 → 유지, 밀가루
② 유지, 밀가루 → 건조 재료, 액체 재료 일부 → 나머지 액체 재료
③ 건조 재료 → 유지, 밀가루 → 액체 재료
④ 액체 재료 → 건조 재료 → 유지, 밀가루

해설

블렌딩법은 처음에 유지와 밀가루를 믹싱하여 유지가 밀가루 입자를 얇은 막으로 피복한 후 건조 재료와 액체 재료 일부를 넣어 덩어리가 생기지 않게 혼합하고, 나머지 액체 재료를 투입하여 균일하게 믹싱하는 방법이다. 부드럽고 유연한 제품이나 파이 껍질을 제조할 때도 사용되며, 데블스 푸드 케이크, 마블 파운드 등에 블렌딩법을 사용한다.

정답 ②

39 반죽 형태가 나머지 셋과 다른 것은?

☑ 확인 Check!
○ □
△ □
X □

① 스펀지 케이크
② 파운드 케이크
③ 머핀
④ 과일 케이크

해설

- 거품형 반죽 제품 : 스펀지 케이크, 시폰 케이크, 마카롱, 다쿠아즈, 머랭 등
- 반죽형 반죽 제품 : 파운드 케이크, 쿠키, 머핀, 과일 케이크, 레이어 케이크 등

정답 ①

40 반죽의 비중에 대한 설명으로 맞는 것은?

☑ 확인 Check! ○ □ △ □ X □

① 같은 무게의 반죽을 구울 때 비중이 높을수록 부피가 증가한다.

② 비중이 너무 낮으면 조직이 거칠고 큰 기포를 형성한다.

③ 비중의 측정은 비중컵의 중량을 반죽의 중량으로 나눈 값으로 한다.

④ 비중이 높으면 기공이 열리고 가벼운 반죽이 얻어진다.

(해설)
① 비중이 높을수록 공기 함유량이 적어 제품 부피가 작다.
③ 비중은 같은 부피의 물 무게에 대한 반죽 무게를 나눈 값이다.
④ 비중이 높으면 기공이 조밀하고 반죽이 무겁고, 낮으면 기공이 크고 반죽이 가볍다.

정답 ②

41 반죽의 비중이 제품에 미치는 영향 중 관계가 가장 적은 것은?

☑ 확인 Check! ○ □ △ □ X □

① 제품의 부피
② 제품의 조직
③ 제품의 점도
④ 제품의 기공

(해설)
반죽의 비중은 같은 부피의 물 무게에 대한 반죽 무게를 나타낸 값으로, 제품의 부피, 기공, 조직 등에 영향을 준다. 제품의 점도와는 크게 관련이 없다.

정답 ③

42 실내 온도 25℃, 밀가루 온도 25℃, 설탕 온도 20℃, 유지 온도 22℃, 달걀 온도 20℃, 마찰계수가 12일 때 희망 반죽 온도를 22℃로 맞추려 한다. 사용할 물의 온도는?

☑ 확인 Check! ○ □ △ □ X □

① 7℃ ② 8℃
③ 9℃ ④ 15℃

(해설)
사용할 물의 온도
= (반죽 희망 온도 × 6) − (실내 온도 + 밀가루 온도 + 설탕 온도 + 유지 온도 + 달걀 온도 + 마찰계수)
= (22 × 6) − (25 + 25 + 20 + 22 + 20 + 12)
= 132 − 124 = 8

정답 ②

43 팬 오일의 조건이 아닌 것은?

☑ 확인 Check! ○ □ △ □ X □

① 발연점이 130℃ 정도 되는 기름을 사용한다.
② 팬 오일은 산패되기 쉬운 지방산이 적어야 한다.
③ 반죽 무게의 0.1~0.2%를 사용한다.
④ 면실유, 대두유 등의 기름이 이용된다.

(해설)
팬 오일은 발연점이 높을수록 좋고, 210~230℃가 되는 기름을 사용한다.

정답 ①

44

☑ 확인 Check!

○	□
△	□
X	□

파운드 케이크 반죽을 가로 5cm, 세로 12cm, 높이 5cm의 소형 파운드 팬에 100개 패닝하려고 한다. 총 반죽의 무게로 알맞은 것은?(단, 파운드 케이크의 비용적은 2.40cm^3/g이다)

① 11kg ② 11.5kg
③ 12kg ④ 12.5kg

해설
- 사각 팬의 틀 부피
  = 가로 × 세로 × 높이 = 5 × 12 × 5 = 300cm^3
  반죽 무게 = $\frac{\text{틀 부피}}{\text{비용적}} = \frac{300}{2.4} = 125g$
- 총 반죽무게 = 125 × 100 = 12,500g = 12.5kg

정답 ④

45

☑ 확인 Check!

○	□
△	□
X	□

팬의 부피가 2,300cm^3이고 비용적(cm^3/g)이 3.8이라면 적당한 분할량은?

① 약 480g
② 약 605g
③ 약 560g
④ 약 644g

해설
반죽 분할량 = $\frac{\text{팬 용적}}{\text{비용적}} = \frac{2,300}{3.8} ≒ 605g$

정답 ②

46

☑ 확인 Check!

○	□
△	□
X	□

화이트 레이어 케이크의 반죽 비중으로 가장 적합한 것은?

① 0.90~1.0
② 0.45~0.55
③ 0.60~0.70
④ 0.75~0.85

해설
화이트 레이어 케이크 반죽의 비중은 0.75~0.85 정도이다.

정답 ④

47

☑ 확인 Check!

○	□
△	□
X	□

굽기 중 오븐에서 일어나는 변화로 가장 높은 온도에서 발생하는 것은?

① 전분의 호화
② 이스트 사멸
③ 단백질 변성
④ 설탕 캐러멜화

해설
④ 설탕 캐러멜화 : 160℃
① 전분의 호화 : 60℃ 전후
② 이스트 사멸 : 60℃
③ 단백질 변성 : 75℃

정답 ④

48

☑ 확인 Check!

○ □
△ □
X □

언더 베이킹(under baking)에 대한 설명으로 틀린 것은?

① 높은 온도에서 짧은 시간 굽는 것이다.
② 중앙 부분이 익지 않는 경우가 많다.
③ 제품이 건조되어 바삭바삭하다.
④ 수분이 빠지지 않아 껍질이 쭈글쭈글하다.

해설

언더 베이킹을 하면 윗면이 볼록 튀어나오고 갈라지기 쉬우며, 중심이 익지 않아 주저앉는 일이 많다. 또한 수분이 남아 껍질이 쭈글쭈글하게 된다.

- 언더 베이킹 : 높은 온도에서 단시간 굽는 것으로 반죽이 적거나 저배합일 때 사용한다.
- 오버 베이킹 : 낮은 온도에서 장시간 굽는 것으로 반죽이 많거나 고배합일 때 사용한다.

정답 ③

49

☑ 확인 Check!

○ □
△ □
X □

좋은 튀김유의 조건이 아닌 것은?

① 색이 연하고 투명하고 광택이 있는 것
② 냄새가 없고 기름 특유의 원만한 맛을 가질 것
③ 가열했을 때 거품이 생성되지 않고 연기가 나지 않을 것
④ 리놀렌산을 다량 함유할 것

해설

튀김유 중의 리놀렌산은 산패취를 일으키기 쉬우므로 적은 것이 좋으며, 항산화 효과가 있는 토코페롤을 다량 함유하는 기름이 좋다.

정답 ④

50

☑ 확인 Check!

○ □
△ □
X □

'찌기'에 대한 설명으로 옳지 않은 것은?

① 찜기 재질은 도기보다 금속이 좋다.
② 알찜, 푸딩 등 달걀의 희석 용액을 찌면 응고되어 겔화한다.
③ 85~90℃에 가열하며 켜 놓거나 불을 약하게 해서 온도 조절을 한다.
④ 찔 때의 물의 양은 물을 넣는 부분의 70~80% 정도가 적당하다.

해설

그릇의 재질은 금속보다 열의 전도가 적은 도기가 좋다.

정답 ①

51

☑ 확인 Check!

○ □
△ □
X □

폰던트(퐁당)에 대한 설명 중 맞는 것은?

① 시럽을 214℃까지 끓인다.
② 20℃ 전후로 식혀서 휘젓는다.
③ 물엿, 전화당 시럽을 첨가하면 수분 보유력이 낮아진다.
④ 에클레어 위 또는 케이크 위에 아이싱으로 많이 쓰인다.

해설

①·② 설탕에 물을 넣고 설탕 시럽을 114~118℃까지 끓여서 38~44℃로 식히면서 교반하면 결정이 일어나면서 희고 뿌연 상태의 폰던트(퐁당)가 만들어진다.
③ 물엿, 전화당 시럽을 첨가하면 수분 보유력이 높아져 부드러운 식감을 준다.

정답 ④

52 도넛 글레이즈의 가장 적당한 사용 온도는?

☑ 확인 Check! ○ □ △ □ X □

① 15℃ ② 30℃
③ 35℃ ④ 50℃

(해설)
도넛 글레이즈의 온도는 45~50℃ 정도가 알맞다.

정답 ④

53 이탈리안 머랭을 제조할 때 휘핑 시 처음부터 설탕을 너무 많이 넣으면 나타나는 현상은?

☑ 확인 Check! ○ □ △ □ X □

① 거품이 꺼져 단단한 제품이 된다.
② 기공이 조밀해지고 시간이 오래 걸린다.
③ 큰 기포가 형성되어 조직이 거칠어진다.
④ 조직이 부드러워져 모양이 쉽게 흐트러진다.

(해설)
이탈리안 머랭을 제조할 때 달걀흰자를 믹싱하여 30% 정도 올려 준 뒤 설탕 시럽을 조금씩 넣으며 휘핑해야 한다. 머랭 휘핑 시 처음부터 설탕을 너무 많이 넣으면 기공이 조밀해지고 시간이 오래 걸린다.

정답 ②

54 엔젤푸드 케이크 제조 시 팬에 사용하는 이형제로 가장 적절한 것은?

☑ 확인 Check! ○ □ △ □ X □

① 쇼트닝 ② 밀가루
③ 라드 ④ 물

(해설)
엔젤푸드 케이크 제조 시 이형제로는 물을 사용한다.

정답 ④

55 화이트 레이어 케이크 제조 시 주석산 크림을 사용하는 목적과 거리가 먼 것은?

☑ 확인 Check! ○ □ △ □ X □

① 달걀흰자를 강하게 하기 위해
② 껍질 색을 밝게 하기 위해
③ 속 색을 하얗게 하기 위해
④ 제품의 색깔을 진하게 하기 위해

(해설)
화이트 레이어 케이크 제조 시 주석산 크림은 달걀흰자의 구조를 강하게 하고 달걀흰자의 알칼리성을 중화하여 제품의 껍질 색은 밝게, 속 색은 하얗게 만든다.

정답 ④

56 파운드 케이크를 구울 때 윗면이 자연적으로 터지는 경우가 아닌 것은?

☑ 확인 Check! ○ □ △ □ X □

① 굽기 시작 전에 증기를 분무할 때
② 설탕 입자가 용해되지 않고 남아 있을 때
③ 반죽 내 수분이 불충분할 때
④ 오븐 온도가 높아 껍질 형성이 너무 빠를 때

(해설)
파운드 케이크를 구울 때 윗면이 자연적으로 터지는 경우
- 반죽 내의 수분이 불충분한 경우
- 반죽 내에 녹지 않은 설탕 입자가 많은 경우
- 팬에 분할한 후 오븐에 넣을 때까지 장시간 방치하여 껍질이 마른 경우
- 오븐 온도가 높아 껍질 형성이 너무 빠른 경우

정답 ①

57

☑ 확인 Check! ○ □ △ □ X □

다음 중 쿠키의 과도한 퍼짐 원인이 아닌 것은?

① 반죽의 되기가 너무 묽을 때
② 설탕 사용량이 많을 때
③ 굽는 온도가 너무 낮을 때
④ 유지의 함량이 적을 때

해설

쿠키가 잘 퍼지는 이유
- 쇼트닝, 설탕 과다 사용
- 설탕 일부를 믹싱 후반기에 투입
- 낮은 굽기 온도
- 반죽의 되기가 묽음
- 믹싱 부족
- 알칼리성 반죽
- 입자가 큰 설탕 사용

정답 ④

58

☑ 확인 Check! ○ □ △ □ X □

밤 과자 정형하기에서 캐러멜 색소를 바르는 방법으로 가장 적절한 것은? ✔신유형

① 한 번만 발라 준다.
② 연달아 2회 발라 준다.
③ 한 번 바른 후 약간 마른 뒤에 다시 한 번 발라 준다.
④ 한 번 바른 후 완전히 마른 뒤에 다시 발라 주기를 3회 반복한다.

해설

달걀노른자에 캐러멜 색소를 혼합하여 밤 색깔을 맞춘 후 표면의 물기가 마른 반죽 위에 깨가 묻은 부분을 제외한 윗면에 붓으로 2회 발라 준다. 캐러멜 색소는 한 번 바른 후 약간 마른 뒤에 다시 한 번 발라 주어야 얼룩이 생기지 않고 제품 색이 고르게 난다.

정답 ③

59

☑ 확인 Check! ○ □ △ □ X □

도넛의 설탕이 수분을 흡수하여 녹는 현상을 방지하기 위한 방법으로 잘못된 것은?

① 도넛에 묻는 설탕의 양을 증가시킨다.
② 튀김 시간을 증가시킨다.
③ 포장용 도넛의 수분은 38% 전후로 한다.
④ 냉각 중 환기를 더 많이 시키면서 충분히 냉각한다.

해설

도넛의 설탕이 수분을 흡수하여 녹으면 땀을 흘리는 것처럼 발한 현상이 일어난다. 이를 막으려면 도넛에 묻히는 설탕 양을 늘리고, 튀김 시간을 늘리고, 냉각 중 환기를 많이 시키면서 충분히 냉각하고, 점착력이 좋은 튀김기름을 사용하고, 도넛의 수분 함량을 21~25% 정도로 한다.

정답 ③

60

☑ 확인 Check! ○ □ △ □ X □

퍼프 페이스트리 굽기 후 결점과 원인으로 틀린 것은?

① 수축 – 밀어 펴기 과다, 너무 높은 오븐 온도
② 수포 생성 – 단백질 함량이 높은 밀가루로 반죽
③ 충전물 흘러나옴 – 충전물량 과다, 봉합 부적절
④ 작은 부피 – 수분이 없는 경화 쇼트닝을 충전용 유지로 사용

해설

② 퍼프 페이스트리 제조 시 굽기 전 껍질에 구멍을 내지 않거나 달걀물 칠이 너무 많으면 수포가 생기고 결이 거칠어진다.
① 밀어 펴기가 과다하거나 오븐 온도가 너무 높으면 제품이 수축한다.
③ 충전물이 너무 많거나 봉합이 부적절하면 굽는 동안 충전용 유지가 흘러나온다.
④ 수분이 없는 경화 쇼트닝을 충전용 유지로 사용하면 팽창이 부족하다.

정답 ②

01회 제빵기능사 상시복원문제

01 베이커리 업계에서 사용하고 있는 퍼센트로 밀가루 사용량을 100을 기준으로 한 비율은?

☑ 확인 Check! ○ □ △ □ X □

① 백분율
② 베이커스 퍼센트
③ 트루 퍼센트
④ 배합표 퍼센트

해설
백분율(트루 퍼센트)이란 전체 수량을 100을 기준으로 그것에 대해 갖는 비율이고, 베이커스 퍼센트란 밀가루 사용량을 100을 기준으로 한 비율이다. 베이커스 퍼센트를 사용하면, 백분율을 사용할 때보다 배합표 변경이 쉽고 변경에 따른 반죽의 특성을 짐작할 수 있다.

정답 ②

02 다음 중 점탄성을 가진 것은?

☑ 확인 Check! ○ □ △ □ X □

① 밀가루 ② 빵가루
③ 옥수숫가루 ④ 찹쌀가루

해설
밀가루에 물을 가하면 점탄성을 가진 반죽이 된다. 이것은 밀의 단백질인 글리아딘과 글루테닌이 결합하여 글루텐을 형성하기 때문이다.

정답 ①

03 다음 중 반죽을 발전단계 초기에 마무리하여야 하는 제품은? ✔신유형

☑ 확인 Check! ○ □ △ □ X □

① 빵 도넛
② 베이글
③ 그리시니
④ 소보로빵

해설
그리시니를 최종단계까지 반죽하면 탄력성이 생기므로 밀어 펴기 어려워져 막대 모양으로 성형하기 어렵다.

정답 ③

04 다음 중 HACCP 적용의 7가지 원칙에 해당하지 않는 것은?

☑ 확인 Check! ○ □ △ □ X □

① HACCP팀 구성 ② 위해요소 분석
③ 한계 기준 설정 ④ 기록 유지 및 문서관리

해설
HACCP 적용의 7가지 원칙
- 1원칙 : 위해요소 분석
- 2원칙 : 중요관리점의 결정
- 3원칙 : 관리기준의 설정
- 4원칙 : 모니터링 방법의 설정
- 5원칙 : 개선 조치의 설정
- 6원칙 : 검증 방법의 설정
- 7원칙 : 기록 유지 및 문서작성 규정의 설정

정답 ①

05 식품첨가물 중 보존료의 이상적인 조건으로 적절하지 않은 것은?

☑ 확인 Check! ○ □ △ □ X □

① 다량 사용으로 효과가 있어야 한다.
② 독성이 없거나 적어야 한다.
③ 사용하기가 쉬워야 한다.
④ 변패를 일으키는 각종 미생물 증식을 억제할 수 있어야 한다.

해설
보존료는 미생물에 의한 변질을 방지하여 식품의 보존기간을 연장시키는 식품첨가물이다. 사용 방법이 간편하고 미량으로도 충분한 효과가 있어야 한다.

정답 ①

06 식품첨가물의 규격과 사용기준은 누가 정하여 고시하는가?

☑ 확인 Check! ○ □ △ □ X □

① 보건복지부장관
② 시장·군수·구청장
③ 시·도지사
④ 식품의약품안전처장

해설
식품 또는 식품첨가물에 관한 기준 및 규격(식품위생법 제7조 제1항)
식품의약품안전처장은 국민 건강을 보호·증진하기 위하여 필요하면 판매를 목적으로 하는 식품 또는 식품첨가물에 관한 다음의 사항을 정하여 고시한다.
• 제조·가공·사용·조리·보존 방법에 관한 기준
• 성분에 관한 규격

정답 ④

07 위생장갑 착용에 대한 설명으로 옳지 않은 것은?

☑ 확인 Check! ○ □ △ □ X □

① 손을 세척할 때마다 새로운 장갑을 착용한다.
② 위생장갑을 착용한 후 냉장고 문이나 전화 등을 만질 때에는 키친타월을 이용한다.
③ 위생장갑은 흰색을 사용한다.
④ 손에 상처가 있을 경우 알코올이나 과산화수소로 소독한다.

해설
위생장갑은 흰색보다 유색을 사용하여 제품에 혼입되었을 경우에 식별이 용이하도록 한다.

정답 ③

08 독소형 식중독에 속하는 것은?

☑ 확인 Check! ○ □ △ □ X □

① 장염 비브리오균
② 살모넬라균
③ 병원성대장균
④ 보툴리누스균

해설
세균성 식중독의 종류
• 감염형 : 장염 비브리오, 살모넬라, 병원성대장균, 캄필로박터
• 독소형 : 포도상구균, 보툴리누스

정답 ④

09 식중독 사고 위기대응 단계에 포함되지 않는 것은?

✔신유형

☑ 확인 Check! ○ □ △ □ X □

① 관심단계
② 주의단계
③ 경계단계
④ 통합단계

해설
식중독 사고 시 위기대응 단계는 관심(blue), 주의(yellow), 경계(orange), 심각(red)단계이다.

정답 ④

10

☑ 확인 Check!

○	□
△	□
X	□

식중독 대처방법 중 현장 조치에 포함되지 않는 것은? ✔신유형

① 건강진단 미실시자의 조리 중지

② 영업 중단

③ 위생교육 강화

④ 현장 보존

(해설)

식중독 대처방법

현장 조치	• 건강진단 미실시자, 질병에 걸린 환자 조리 업무 중지 • 영업 중단 • 오염시설 사용 중지 및 현장 보존
후속 조치	• 질병에 걸린 환자 치료 및 휴무 조치 • 추가 환자 정보 제공 • 시설 개선 즉시 조치 • 전처리, 조리, 보관, 해동관리 철저
예방 사후 조치	• 작업 전 종사자 건강 상태 확인 • 주기적 종사자 건강진단 실시 • 위생교육 및 훈련 강화 • 조리 위생수칙 준수 • 시설, 기구 등 위생상태 주기적 확인

정답 ③

11

☑ 확인 Check!

○	□
△	□
X	□

감염병 발생을 일으키는 3가지 조건이 아닌 것은?

① 충분한 병원체

② 숙주의 감수성

③ 유전

④ 감염될 수 있는 환경조건

(해설)

감염병 발생을 일으키는 3가지 조건은 병원체, 숙주, 환경(감염경로)이다.

정답 ③

12

☑ 확인 Check!

○	□
△	□
X	□

경구감염병에 속하지 않는 것은?

① 장티푸스

② 콜레라

③ 세균성 이질

④ 말라리아

(해설)

경구감염병 종류

장티푸스, 세균성 이질, 콜레라, 파라티푸스, 성홍열, 디프테리아, 유행성 간염, 감염성 설사증, 천열 등

정답 ④

13

☑ 확인 Check!

○	□
△	□
X	□

조도 한계가 30~70lx 정도의 범위에서 작업해야 하는 공정은?

① 포장 ② 계량

③ 성형 ④ 발효

(해설)

작업 조도

- 계량, 반죽, 조리, 정형 공정 : 150~300lx
- 발효 공정 : 30~70lx
- 굽기, 포장 공정 : 70~150lx
- 장식 및 마무리 작업 : 300~700lx

정답 ④

14 소독이란 다음 중 어느 것을 뜻하는가?

☑ 확인 Check! ○ □ △ □ X □

① 병원성 미생물을 죽여서 감염의 위험성을 제거하는 것
② 물리 또는 화학적 방법으로 병원체를 파괴시키는 것
③ 모든 미생물을 전부 사멸시키는 것
④ 오염된 물질을 깨끗이 닦아내는 것

해설
소독이란 병원성 미생물을 죽이거나 그것의 병원성을 약화시켜 감염력을 없애는 조작으로, 비병원성 미생물은 남아 있어도 무방하다는 개념이다.

정답 ①

15 차아염소산나트륨 100ppm은 몇 %인가?

☑ 확인 Check! ○ □ △ □ X □

① 0.001%　② 0.01%
③ 0.1%　④ 10%

해설
차아염소산나트륨 100ppm은 0.01%를 나타낸다.
ppm과 %의 변환
%는 백분율, ppm은 백만분율로, %에 10,000을 곱하면 ppm을 구할 수 있다.
예 1% = 1 × 10,000 = 10,000ppm

정답 ②

16 부패 미생물이 번식할 수 있는 최저 수분활성도(Aw)의 순서가 바르게 나열된 것은?

☑ 확인 Check! ○ □ △ □ X □

① 세균 > 곰팡이 > 효모
② 세균 > 효모 > 곰팡이
③ 효모 > 곰팡이 > 세균
④ 효모 > 세균 > 곰팡이

해설
미생물이 생육할 수 있는 최저 수분활성도
- 곰팡이 : 0.80
- 효모 : 0.88
- 세균 : 0.93

정답 ②

17 총원가는 제조원가에 무엇을 더한 것인가?

☑ 확인 Check! ○ □ △ □ X □

① 이익　② 판매관리비
③ 제조간접비　④ 판매가격

해설
총원가 = 제조원가 + 판매관리비

정답 ②

18 제빵용 밀가루 선택 시 고려사항이 아닌 것은?

☑ 확인 Check! ○ □ △ □ X □

① 지방 함량
② 단백질 함량
③ 흡수율
④ 회분 함량

해설
제빵용 밀가루 선택 시 단백질 함량, 회분 함량, 흡수율 등을 고려해야 한다.

정답 ①

19 고율 배합에 대한 설명으로 틀린 것은?

☑ 확인 Check!

○	□
△	□
X	□

① 반죽 시 공기의 혼입이 적다.
② 반죽의 비중이 낮다.
③ 낮은 온도에서 굽는다.
④ 저장성이 좋다.

해설
고율 배합의 특징
- 공기 혼입이 많다.
- 반죽의 비중이 낮다.
- 화학 팽창제를 적게 사용한다.
- 낮은 온도에서 장시간 동안 굽는다(오버 베이킹).

정답 ①

20 다음 감염병 중 쥐를 매개체로 감염되는 질병이 아닌 것은?

☑ 확인 Check!

○	□
△	□
X	□

① 돈단독증
② 쯔쯔가무시증
③ 신증후군출혈열(유행성출혈열)
④ 렙토스피라증

해설
돈단독증은 돼지 등 가축의 장기나 고기를 다룰 때 피부의 창상으로 균이 침입하거나 경구감염되는 인수공통감염병이다.

정답 ①

21 호밀에 관한 설명으로 틀린 것은?

☑ 확인 Check!

○	□
△	□
X	□

① 호밀 단백질은 밀가루 단백질에 비하여 글루텐을 형성하는 능력이 떨어진다.
② 밀가루에 비하여 펜토산 함량이 낮아 반죽이 끈적거린다.
③ 제분율에 따라 백색, 중간색, 흑색 호밀 가루로 분류한다.
④ 호밀 가루에 지방 함량이 높으면 저장성이 나쁘다.

해설
호밀은 펜토산의 함량이 높아 글루텐의 형성을 방해하여 반죽을 끈적거리게 한다.

정답 ②

22 다음 중 유지의 경화 공정과 관계가 없는 물질은?

☑ 확인 Check!

○	□
△	□
X	□

① 불포화지방산
② 수소
③ 콜레스테롤
④ 촉매제

해설
유지의 경화란 불포화지방산에 니켈을 촉매로 수소를 첨가하여 지방의 불포화도를 감소시킨 것을 말한다.

정답 ③

23 우유 중 제품의 껍질 색을 개선시켜 주는 성분은?

☑ 확인 Check!

○	□
△	□
X	□

① 유당 ② 칼슘
③ 유지방 ④ 광물질

해설
우유 속 유당은 캐러멜화나 메일라드 반응과 같은 갈변반응을 일으켜 껍질 색을 개선해 준다.

정답 ①

24

다음 중 달걀의 기능으로 잘못된 것은?

☑ 확인 Check!

○ □
△ □
X □

① 영양 증대
② 풍미, 색 개선
③ 결합제 역할
④ 유화작용 저해

(해설)
달걀의 기능
- 수분 공급, 팽창(공기 포집)
- 유화작용(레시틴)
- 결합작용
- 보존성 강화, 영양 증대
- 향, 속질, 풍미, 색 개선
- 구조 형성(흰자)

정답 ④

25

이스트에 대한 설명 중 옳지 않은 것은?

☑ 확인 Check!

○ □
△ □
X □

① 제빵용 이스트는 온도 20~25℃에서 발효력이 최대가 된다.
② 주로 출아법에 의해 증식한다.
③ 생이스트의 수분 함유율은 70~75%이다.
④ 엽록소가 없는 단세포 생물이다.

(해설)
이스트 발효의 최적 온도는 28~32℃이다.

정답 ①

26

베이킹파우더의 산-반응물질(acid-reacting material)이 아닌 것은?

☑ 확인 Check!

○ □
△ □
X □

① 주석산과 주석산염
② 인산과 인산염
③ 알루미늄 물질
④ 중탄산과 중탄산염

(해설)
베이킹파우더의 산-반응물질
- 탄산수소나트륨을 중화시키는 물질로, 가스 발생 속도를 조절할 수 있다.
- 가스 발생 속도 : 주석산과 주석산염 > 인산과 인산염 > 알루미늄 물질

정답 ④

27

제빵 반죽 시 가장 적합한 물의 ppm은?

☑ 확인 Check!

○ □
△ □
X □

① 60~80ppm
② 90~110ppm
③ 120~180ppm
④ 181~200ppm

(해설)
일반적으로 제빵에 적합한 물의 경도는 아경수(120~180ppm)이다.

정답 ③

28

☑ 확인 Check!

○	□
△	□
X	□

카카오버터는 초콜릿에 함유된 유지이다. 카카오버터는 그 안정성이 떨어져 초콜릿의 블룸 현상의 원인이 되고 있다. 이를 방지하기 위한 공정을 무엇이라 하는가?

① 콘칭 ② 템퍼링

③ 발효 ④ 선별

(해설)

템퍼링(tempering)

초콜릿을 사용하기에 적합한 상태로 녹이는 과정을 템퍼링이라고 한다. 템퍼링을 거친 초콜릿은 결정이 안정되어 블룸 현상이 일어나지 않고 광택이 있으며 몰드에서 잘 분리되고 보관기간 또한 늘어난다.

정답 ②

29

☑ 확인 Check!

○	□
△	□
X	□

제빵에서 소금의 역할이 아닌 것은?

① 빵의 내상을 희게 한다.

② 유해균의 번식을 억제시킨다.

③ 글루텐을 강화시킨다.

④ 맛을 조절한다.

(해설)

소금 과다 사용 시 현상

- 발효 손실이 적음
- 효소작용 억제
- 작은 부피
- 진한 껍질 색(윗·옆면이 진함)
- 촉촉하고 질김

정답 ①

30

☑ 확인 Check!

○	□
△	□
X	□

제빵에서 원가 상승의 원인이 아닌 것은?

① 창고에 장기 누적 및 사장 자재 발생

② 수요 창출에 역행하는 신제품 개발

③ 자재 선입선출 방식 실시

④ 다품종 소량 생산의 세분화 전략

(해설)

재료의 사용 시 선입선출 기준에 따라 관리하면, 재료의 효율적 사용 및 재고 물량 발생을 줄일 수 있다.

정답 ③

31

☑ 확인 Check!

○	□
△	□
X	□

아밀로그래프(Amylograph)의 설명으로 틀린 것은?

① 전분의 점도 측정

② 아밀레이스의 효소능력 측정

③ 점도를 BU 단위로 측정

④ 전분의 다소(多少) 측정

(해설)

아밀로그래프(Amylograph)

점도, 아밀레이스 활성도, 전분의 호화(곡선 높이 : 400~600BU)를 측정할 때 사용한다.

정답 ④

32 다음 중 단당류가 아닌 것은?

☑ 확인 Check!

○	□
△	□
X	□

① 자당 ② 포도당

③ 과당 ④ 갈락토스

해설
- 단당류 : 포도당, 과당, 갈락토스, 만노스
- 이당류 : 전화당, 자당(설탕), 맥아당, 유당
- 다당류 : 아밀로펙틴, 전분, 셀룰로스

정답 ①

33 단백질을 구성하는 기본 단위는?

☑ 확인 Check!

○	□
△	□
X	□

① 지방산
② 아미노산
③ 글리세린
④ 포도당

해설
단백질은 아미노산들이 펩타이드(peptide) 결합으로 연결되어 있는 고분자 유기화합물이다.

정답 ②

34 다음 중 필수지방산을 가장 많이 함유하고 있는 식품은?

☑ 확인 Check!

○	□
△	□
X	□

① 달걀
② 버터
③ 마가린
④ 식물성 유지

해설
필수지방산(불포화지방산)은 우리 몸에서 만들어 낼 수 없는 지방산이다. 필수지방산은 생선이나 식물의 기름에 많이 함유되어 있다.

정답 ④

35 설탕을 포도당과 과당으로 분해하는 효소는?

☑ 확인 Check!

○	□
△	□
X	□

① 인버테이스(invertase)
② 치메이스(zymase)
③ 말테이스(maltase)
④ 알파 아밀레이스(α-amylase)

해설
② 치메이스 : 포도당과 과당을 이산화탄소와 에틸알코올로 분해
③ 말테이스 : 맥아당을 포도당과 포도당으로 분해
④ 알파 아밀레이스 : 전분을 덱스트린으로 분해

정답 ①

36 유지의 도움으로 흡수, 운반되는 비타민으로만 구성된 것은?

☑ 확인 Check!

○	□
△	□
X	□

① 비타민 A, B, C, D
② 비타민 A, D, E, K
③ 비타민 B, C, E, K
④ 비타민 A, B, C, K

해설
유지의 도움으로 흡수, 운반되는 비타민은 지용성 비타민이다.
- 지용성 비타민 : 비타민 A, 비타민 D, 비타민 E, 비타민 K 등
- 수용성 비타민 : 비타민 B, 비타민 C 등

정답 ②

37 ☑ 확인 Check! ○ □ △ □ X □

빵 반죽의 단계 중 탄력성이 가장 높은 단계는?

① 픽업 단계(pick-up stage)
② 클린업 단계(clean-up stage)
③ 최종 단계(final stage)
④ 발전 단계(development stage)

해설
- 발전 단계(development stage) : 탄력성 최대, 매끄럽고 부드러움(프랑스빵)
- 최종 단계(final stage) : 신장성 최대, 광택, 점착성이 큼(식빵, 단과자빵)

정답 ④

38 ☑ 확인 Check! ○ □ △ □ X □

다음 중 액종법 반죽에 주로 사용되는 발효종이 아닌 것은? ✔신유형

① 호두종
② 사과종
③ 건포도종
④ 요거트종

해설
액종법은 과일이나 기타 과당이 많이 함유된 과일을 주로 사용하며, 건포도종, 사과종, 유산균이 함유된 요거트종 등이 있다.

정답 ①

39 ☑ 확인 Check! ○ □ △ □ X □

스펀지 도법에서 스펀지 반죽에 들어가는 재료가 아닌 것은?

① 이스트　② 물
③ 설탕　④ 밀가루

해설
스펀지 반죽의 기본 재료는 밀가루, 생이스트, 이스트 푸드, 물 등이다. 설탕, 버터 등은 본반죽 시 사용한다.

정답 ③

40 ☑ 확인 Check! ○ □ △ □ X □

스트레이트법(직접 반죽법)의 제빵 공정 중 1차 발효와 2차 발효 사이에 들어가는 과정은?

① 정형　② 반죽
③ 냉각　④ 포장

해설
스트레이트법(직접 반죽법)의 제빵 공정
재료 계량 → 반죽 → 1차 발효 → 분할 → 둥글리기 → 중간발효 → 성형 → 팬닝 → 2차 발효 → 굽기 → 냉각 → 포장
※ 제과·제빵에서 정형과 성형은 별다른 구분 없이 거의 같은 의미로 쓰인다.

정답 ①

41 ☑ 확인 Check! ○ □ △ □ X □

스펀지 도법으로 반죽을 만들 때 스펀지 반죽 온도로 적절한 것은?

① 18℃ ② 24℃
③ 27℃ ④ 30℃

해설
스펀지 도법의 스펀지 반죽 온도는 22~26℃이다(평균 24℃).

정답 ②

42 ☑ 확인 Check! ○ □ △ □ X □

다음 중 연속식 제빵법의 특징이 아닌 것은?

① 발효 손실 감소
② 설비공간, 설비면적 감소
③ 노동력 감소
④ 일시적 기계구입 비용의 경감

해설
연속식 제빵법
- 액체발효법을 이용하여 연속적으로 제품을 생산하는 방법
- 3~4기압의 디벨로퍼로 반죽을 제조하기 때문에 다량의 산화제 필요
- 장점 : 발효 손실 감소, 설비공간·설비면적 감소, 인력 감소 등
- 단점 : 일시적인 설비 투자가 많이 들고 제품 품질이 다소 떨어짐

정답 ④

43 ☑ 확인 Check! ○ □ △ □ X □

냉동 반죽법의 냉동과 해동방법으로 옳은 것은?

① 완만 냉동, 완만 해동
② 완만 냉동, 급속 해동
③ 급속 냉동, 완만 해동
④ 급속 냉동, 급속 해동

해설
냉동 반죽법
1차 반죽을 −35~−40℃의 저온에서 급속 냉동시켜 −18~−23℃에서 냉동 저장하면서 필요할 때마다 완만하게 해동, 발효시킨 후 구워서 사용할 수 있도록 반죽하는 방법

정답 ③

44 ☑ 확인 Check! ○ □ △ □ X □

직접법으로 식빵을 만드는데 실내 온도 15℃, 수돗물 온도 10℃, 밀가루 온도 13℃일 때 믹싱 후의 반죽 온도가 21℃가 되었다면 이때 마찰계수는?

① 5 ② 10
③ 20 ④ 25

해설
마찰계수
= (반죽 결과 온도 × 3) − (실내 온도 + 밀가루 온도 + 수돗물 온도)
= 21 × 3 − (15 + 13 + 10) = 25

정답 ④

45 빵 제조 시 어린 반죽으로 할 경우 나타나는 특징으로 옳은 것은?

☑ 확인 Check! ○ □ △ □ X □

① 모서리가 날카롭다.
② 반죽이 되다.
③ 껍질 색이 여리다.
④ 부피가 크다.

해설
어린 반죽이 제품에 미치는 영향
- 속 색이 무겁고 어둡다.
- 부피가 작고 모서리가 예리하다.

정답 ①

46 빵 발효에 영향을 주는 요소에 대한 설명으로 틀린 것은? ✓신유형

☑ 확인 Check! ○ □ △ □ X □

① 적정한 범위 내에서 이스트의 양을 증가시키면 발효 시간이 짧아진다.
② pH 4.7 근처일 때 발효가 활발하다.
③ 적정한 범위 내에서 온도가 상승하면 발효 시간은 짧아진다.
④ 삼투압이 높아지면 발효 시간은 짧아진다.

해설
발효에 영향을 주는 요소
- 이스트 양을 줄이면 발효 시간이 길어지고, 이스트 양을 늘리면 발효 시간이 짧아진다.
- 이스트 발효의 최적 pH는 4.5~5.8이지만, pH 2.0 이하나 8.5 이상에서는 활성이 현저히 떨어진다.
- 이스트는 냉장 온도에서는 휴면상태로 활성이 거의 없으나 온도가 상승하면 활성이 증가하고 35~40℃에서 최대가 된다.
- 설탕은 약 5% 이상, 소금은 1% 이상일 때 삼투압으로 인해 이스트의 활성이 저해된다.

정답 ④

47 이스트 2%를 사용했을 때 150분 발효시켜 좋은 결과를 얻었다면, 100분 발효시켜 같은 결과를 얻기 위해 얼마의 이스트를 사용하면 좋은가?

☑ 확인 Check! ○ □ △ □ X □

① 1%　② 2%
③ 3%　④ 4%

해설
2(%) × 150(분) = x(%) × 100(분)
∴ x = 3%

정답 ③

48 스트레이트법으로 반죽 시 일반적으로 1차 발효실의 습도는 몇 %가 적당한가?

☑ 확인 Check! ○ □ △ □ X □

① 60~70%
② 70~80%
③ 80~90%
④ 90~100%

해설
스트레이트법의 1차 발효
스트레이트법으로 반죽의 탄력성과 신전성을 최적의 상태로 만들고 반죽의 온도는 27℃가 되도록 믹싱하여, 기름 또는 덧가루를 살짝 뿌린 발효 용기에 반죽을 넣어 온도 27℃, 상대습도 75~80%의 발효실에서 1차 발효를 한다.

정답 ②

49

☑ 확인 Check!

○ □
△ □
X □

스트레이트법의 1차 발효의 발효점을 확인하는 방법으로 옳지 않은 것은?

① 반죽은 처음 부피의 3~3.5배 부푼다.
② 반죽 내부는 잘 발달된 망상구조를 이룬다.
③ 발효가 완료되면 반죽을 손가락으로 찔렀을 때 모양이 그대로 남아 있다.
④ 1차 발효는 눈으로 확인한다.

해설

1차 발효 확인방법

- 반죽의 부피는 처음 부피의 3~3.5배이다.
- 반죽 내부는 잘 발달된 망상구조이다.
- 반죽을 손가락으로 찔렀을 때 모양을 확인한다.

정답 ④

50

☑ 확인 Check!

○ □
△ □
X □

다음 중 정상적인 스펀지 반죽을 발효시키는 동안 스펀지 내부의 온도 상승은 어느 정도가 가장 바람직한가?

① 1~2℃
② 4~6℃
③ 8~10℃
④ 12~14℃

해설

스펀지 반죽이 발효되는 동안 이스트가 생성한 이산화탄소에 의해 스펀지는 4~5배의 부피 증가가 이루어지며 온도는 3~5℃ 올라간다.

정답 ②

51

☑ 확인 Check!

○ □
△ □
X □

빵 반죽을 정형기(moulder)에 통과시켰을 때 아령 모양으로 되었다면 정형기의 압력상태는?

① 압력이 약하다.
② 압력이 강하다.
③ 압력과는 상관이 없다.
④ 압력이 적당하다.

해설

정형기 압착판의 압력이 강하면 반죽의 모양이 아령 모양이 된다.

정답 ②

52

☑ 확인 Check!

○ □
△ □
X □

식빵 제조 시의 결점 중 껍질에 반점이 생기는 이유로 적절한 것은?

① 중간발효와 2차 발효가 부족했다.
② 2차 발효가 지나쳤다.
③ 2차 발효실 상대습도가 높아 표면에 수분이 응축되었다.
④ 2차 발효실 온도와 상대습도가 낮다.

해설

① 작은 부피에 대한 원인이다.
② 너무 진한 껍질 색의 원인이다.
④ 껍질이 너무 두꺼운 원인이다.

정답 ③

53 빵의 제조 시 중간발효에 대한 설명으로 적합하지 않은 것은?

☑ 확인 Check!
○ □
△ □
X □

① 성형을 용이하게 한다.
② 완제품의 껍질 색을 좋게 한다.
③ 가스 생성이 목적이다.
④ 부피와 관계가 없다.

해설
중간발효의 목적
- 부피 향상
- 반죽에 유연성 부여
- 성형 용이
- 점착성 줄여 줌
- 완제품의 껍질 색을 좋게 함
- 탄력성
- 가스 생성

정답 ④

54 스트레이트법으로 반죽 시 2차 발효실의 습도는 일반적으로 몇 %가 적당한가?

☑ 확인 Check!
○ □
△ □
X □

① 60~70%
② 70~80%
③ 80~90%
④ 90~100%

해설
2차 발효와 상대습도
적정 상대습도 이하에서는 반죽 표면이 건조하여 팽창이 잘 이루어지지 않아 껍질이 형성되어 구울 때 표피가 갈라지고 팽창이 적어지며, 껍질 색이 고르지 않다. 반대의 경우에는 반죽 표면에 응축수가 생겨 껍질이 질겨지고 완제품에서 빵 껍질에 물집이 형성된다. 또한 상대습도가 낮으면 발효 시간이 길어지는데, 최적의 발효를 위한 상대습도는 80~90%의 범위이다. 빵의 종류에 따라서도 상대습도를 달리 조절한다.

정답 ③

55 성형에서 반죽의 중간발효 후 밀어 펴기 하는 과정의 주된 효과는?

☑ 확인 Check!
○ □
△ □
X □

① 글루텐 구조의 재정돈
② 가스를 고르게 분산
③ 단백질 변성
④ 부피 증가

해설
밀어 펴기는 중간발효가 끝난 생지를 밀대로 밀어 가스를 고르게 분산시킨다.

정답 ②

56 반죽을 구울 때 팬에 달라붙지 않게 바르는 것은?

☑ 확인 Check!
○ □
△ □
X □

① 쇼트닝 ② 밀가루
③ 왁스 ④ 글리세린

해설
팬 오일의 종류
유동파라핀(백색광유), 정제 라드(쇼트닝), 식물유(면실유, 대두유, 땅콩기름), 혼합유 등

정답 ①

57 ☑ 확인 Check! ○ □ △ □ X □

오븐에서의 부피 팽창 시 나타나는 현상이 아닌 것은?

① 발효에서 생긴 가스가 팽창한다.
② 약 90℃까지 이스트의 활동이 활발하다.
③ 약 80℃에서 알코올이 증발한다.
④ 탄산가스가 발생한다.

해설
이스트의 활성은 60℃까지 가속화되며 가스 팽창을 촉진하고 사멸하기 시작한다.

정답 ②

58 ☑ 확인 Check! ○ □ △ □ X □

어떤 물질에 공기를 포함시켰을 때 나타나는 양적 팽창은? ✔신유형

① 오버 런
② 오버 베이킹
③ 언더 베이킹
④ 메일라드 반응

해설
오버 런(over run)은 어떤 물질에 공기를 포함시켰을 때 나타나는 양적 팽창으로, 예를 들어 생크림 등을 거품냈을 때 나타나는 현상이다. 오버 런 100%란 처음 생크림 부피의 2배 정도의 부피를 말한다.

정답 ①

59 ☑ 확인 Check! ○ □ △ □ X □

오븐에서 빵을 구웠을 때 빵 속의 온도로 가장 적합한 것은?

① 90~95℃
② 95~100℃
③ 100~110℃
④ 110~120℃

해설
빵을 구웠을 때 빵 속 온도는 약 97℃ 정도이다.

정답 ②

60 ☑ 확인 Check! ○ □ △ □ X □

식빵의 밑이 움푹 패이는 원인이 아닌 것은?

① 2차 발효실의 습도가 높을 때
② 팬의 바닥에 수분이 있을 때
③ 오븐 바닥열이 약할 때
④ 팬에 기름칠을 하지 않을 때

해설
오븐의 바닥 온도가 높을 때 식빵 밑이 움푹 패이는 원인이 된다.

정답 ③

02회 제빵기능사 상시복원문제

01 조리사 면허를 받으려면 면허증 발급신청서를 누구에게 제출해야 하는가?

☑ 확인 Check! ○ □ △ □ X □

① 보건복지부장관
② 고용노동부장관
③ 식품의약품안전처장
④ 특별자치도지사 · 시장 · 군수

해설
조리사의 면허를 받으려는 자는 조리사 면허증 발급 · 재발급신청서에 해당하는 서류를 첨부하여 특별자치시장 · 특별자치도지사 · 시장 · 군수 · 구청장에게 제출해야 한다(식품위생법 시행규칙 제80조 제1항).

정답 ④

02 우리나라 식품위생행정을 담당하는 기관은?

☑ 확인 Check! ○ □ △ □ X □

① 환경부
② 고용노동부
③ 식품의약품안전처
④ 행정안전부

해설
식품의약품안전처는 우리나라 식품위생행정의 중앙 기구로서 식품안전정책, 사고 대응 등을 총괄적으로 수행한다.

정답 ③

03 식품 조리 및 취급과정 중 교차오염이 발생하는 경우와 가장 거리가 먼 것은?

☑ 확인 Check! ○ □ △ □ X □

① 반죽 후 손을 씻지 않고 샌드위치 만들기
② 반죽 위에 생고구마를 얹고 쿠키 굽기
③ 생새우를 손질한 도마에 샐러드 채소를 손질하기
④ 반죽을 자른 칼로 구운 식빵 자르기

해설
교차오염 방지
- 개인위생 관리를 철저히 한다.
- 손 씻기를 철저히 한다.
- 조리된 음식 취급 시 맨손으로 작업하는 것을 피한다.
- 화장실의 출입 후 손을 청결히 하도록 한다.

정답 ②

04 미생물에 의한 부패나 변질을 방지하고 화학적인 변화를 억제하며 보존성을 높이고 영양가 및 신선도를 유지하는 목적으로 첨가하는 것은?

☑ 확인 Check! ○ □ △ □ X □

① 산미료 ② 감미료
③ 조미료 ④ 보존료

해설
보존료
미생물에 의한 부패나 변질을 방지하고 화학적인 변화를 억제하며 보존성을 높이고 영양가 및 신선도를 유지하는 목적으로 첨가하는 것

정답 ④

05 다음 HACCP 절차 설명 중 잘못된 것은? ✔신유형

☑ 확인 Check!
○ □
△ □
X □

① 파악된 위해요소를 예방, 제거 또는 허용 가능한 수준까지 감소시킬 수 있는 단계에서 중요관리점을 결정한다.
② 중요관리점에 해당되는 공정이 한계 기준을 벗어나지 않고 안정적으로 운영되도록 관리하기 위하여 모니터링 방법을 설정한다.
③ 준비단계인 절차 4단계에서 원료의 입고에서부터 완제품의 출하까지 모든 공정 단계들을 파악하여 공정흐름도를 작성한다.
④ 모든 잠재적 위해요소 파악, 위해도 평가, 예방조치 확인 등의 위해요소 분석은 중요관리점 결정 후에 진행한다.

해설
위해요소 분석이 끝나면 잠재적인 위해요소를 관리하기 위한 중요관리점을 결정해야 한다.

정답 ④

06 식품 보존료로서 갖추어야 할 요건은?

☑ 확인 Check!
○ □
△ □
X □

① 변패를 일으키는 각종 미생물 증식을 저지할 것
② 사용법이 까다로울 것
③ 일시적 효력이 나타날 것
④ 열에 의해 쉽게 파괴될 것

해설
보존료는 미생물에 의한 변질을 방지하여 식품의 보존기간을 연장시키는 식품첨가물이다.

정답 ①

07 내열성을 띤 엔테로톡신(enterotoxin)을 생성하는 독소형 식중독균은?

☑ 확인 Check!
○ □
△ □
X □

① *Clostridium botulinum*
② *Staphylococcus aureus*
③ *Bacillus cereus*
④ *Clostridium perfringens*

해설
엔테로톡신은 황색포도상구균(*Staphylococcus aureus*)이 내는 독소 물질로, 내열성이 있어 섭취 전 가열하여도 쉽게 파괴되지 않는다.

정답 ②

08 쥐나 곤충류에 의해서 발생될 수 있는 식중독은?

☑ 확인 Check!
○ □
△ □
X □

① 살모넬라 식중독
② 클로스트리듐 보툴리늄 식중독
③ 포도상구균 식중독
④ 장염 비브리오 식중독

해설
대부분 농장동물은 자연적으로 살모넬라균을 보유하고 있다. 살모넬라 식중독은 가금류, 달걀, 유제품, 쇠고기와 연관성이 있으며, 쥐의 분변이나 곤충류(바퀴벌레, 파리 등)에 의해서도 발생한다.

정답 ①

09 병원성대장균 식중독의 가장 적합한 예방책은?

☑ 확인 Check!
○ □
△ □
X □

① 곡류의 수분을 10% 이하로 조정한다.
② 건강보균자나 환자의 분변오염을 방지한다.
③ 어패류는 민물로 깨끗이 씻는다.
④ 어류의 내장을 제거하고 충분히 세척한다.

해설
가축 또는 감염자의 분변 등으로 오염된 식품이나 물(지하수) 등 음식 오염을 방지한다.

정답 ②

10 클로스트리듐 보툴리눔 식중독과 관련 있는 것은?

☑ 확인 Check!
○ □
△ □
X □

① 화농성 질환의 대표균
② 저온살균 처리로 예방
③ 내열성 포자 형성
④ 감염형 식중독

해설
클로스트리듐 보툴리눔 식중독은 대표적인 독소형 식중독으로 내열성 포자를 형성한다.

정답 ③

11 다음 중 인수공통감염병은?

☑ 확인 Check!
○ □
△ □
X □

① 탄저병 ② 장티푸스
③ 콜레라 ④ 세균성 이질

해설
인수공통감염병의 종류
장출혈성대장균감염증, 일본뇌염, 브루셀라증, 탄저, 공수병, 동물인플루엔자인체감염증, 중증급성호흡기증후군(SARS), 변종크로이츠펠트-야콥병(vCJD), 큐열, 결핵, 중증열성혈소판감소증후군(SFTS) 등

정답 ①

12 바이러스에 의한 경구감염병이 아닌 것은?

☑ 확인 Check!
○ □
△ □
X □

① 폴리오 ② 유행성 간염
③ 감염성 설사증 ④ 성홍열

해설
경구감염병의 분류
- 바이러스에 의한 것 : 감염성 설사증, 유행성 간염, 폴리오, 천열, 홍역 등
- 세균에 의한 것 : 세균성 이질, 장티푸스, 파라티푸스, 콜레라, 성홍열, 디프테리아 등
- 원생동물에 의한 것 : 아메바성 이질 등

정답 ④

13 경구감염병과 세균성 식중독을 비교한 것으로 적절한 것은?

☑ 확인 Check!
○ □
△ □
X □

① 경구감염병은 세균성 식중독에 비하여 면역성이 없다.
② 경구감염병은 세균성 식중독에 비하여 2차 감염이 거의 일어나지 않는다.
③ 경구감염병은 세균성 식중독에 비하여 잠복기가 길다.
④ 경구감염병은 세균성 식중독에 비하여 대량의 미생물 균체가 있어야 감염이 가능하다.

해설
① 세균성 식중독은 면역성이 없고, 경구감염병은 있는 경우가 많다.
② 경구감염병은 2차 감염이 많고, 세균성 식중독은 거의 없다.
④ 경구감염병은 소량의 균으로, 세균성 식중독은 대량의 균으로 발병한다.

정답 ③

14 확인 Check! ○ □ △ □ X □

손, 피부 등에 주로 사용되며, 금속 부식성이 강하여 관리가 요망되는 소독약은?

① 승홍 ② 석탄산
③ 크레졸 ④ 포르말린

해설
승홍은 금속 부식성이 강하여 비금속 기구 소독에 이용하며, 온도 상승에 따라 살균력도 비례하여 증가한다. 승홍수는 0.1%의 수용액을 사용한다.

정답 ①

15 확인 Check! ○ □ △ □ X □

소독제의 살균력을 비교하기 위해서 이용되는 소독약은?

① 알코올
② 석탄산
③ 과산화수소
④ 차아염소산나트륨

해설
석탄산은 3% 수용액으로 의류, 용기, 실험대, 배설물 등의 소독에 이용되며, 안정성이 높고 유기물의 영향을 크게 받지 않으므로 각종 소독약의 살균력을 나타내는 기준이 된다.

정답 ②

16 확인 Check! ○ □ △ □ X □

집단감염이 잘되며, 항문 주위나 회음부에 소양증이 생기는 기생충은?

① 흡충 ② 편충
③ 요충 ④ 십이지장충

해설
요충은 집단감염, 항문소양증을 유발한다.

정답 ③

17 확인 Check! ○ □ △ □ X □

황변미 중독의 원인 물질은?

① DDT
② islanditoxin
③ methyl parathion
④ saxitoxin

해설
황변미 중독의 원인 물질 : 루테오스키린(luteoskyrin), 아이슬랜디톡신(islanditoxin) 등

정답 ②

18 확인 Check! ○ □ △ □ X □

제품을 포장하려 할 때 가장 적합한 빵의 중심 온도와 수분 함량은?

① 29℃, 30%
② 35℃, 38%
③ 42℃, 45%
④ 45℃, 48%

해설
빵의 포장 온도는 35~40℃, 수분 함량은 38%가 적당하다.

정답 ②

19
☑ 확인 Check!
○ □
△ □
X □

베이커스 퍼센트(Baker's percent)에 대한 설명으로 맞는 것은?

① 전체의 양을 100%로 하는 것이다.
② 물의 양을 100%로 하는 것이다.
③ 밀가루의 양을 100%로 하는 것이다.
④ 물과 밀가루의 양을 100%로 하는 것이다.

해설
베이커스 퍼센트(Baker's percent)
밀가루의 양을 100%로 하고 각 재료가 차지하는 양을 비율(%)로 표시한 방법

정답 ③

20
☑ 확인 Check!
○ □
△ □
X □

제빵용 밀가루의 단백질 함량으로 적합한 것은?

① 5~6%
② 7~9%
③ 10~11%
④ 11~14%

해설
밀가루의 단백질 함량

구분	단백질 함량(%)	용도
강력분(경질춘맥)	11~14	제빵용
중력분	9~11	제면, 다목적용
박력분(연질동맥)	7~9	제과용

정답 ④

21
☑ 확인 Check!
○ □
△ □
X □

제과·제빵용 건조 재료와 팽창제 및 유지 재료를 알맞은 배합률로 균일하게 혼합한 원료는?
✔신유형

① 프리믹스
② 팽창제
③ 향신료
④ 밀가루 개량제

해설
프리믹스는 제품의 특성에 알맞은 배합률로 밀가루, 팽창제, 유지 등을 균일하게 혼합한 원료이다.

정답 ①

22
☑ 확인 Check!
○ □
△ □
X □

기본적인 유화쇼트닝은 모노-디 글리세라이드 역가를 기준으로 유지에 대하여 얼마를 첨가하는 것이 가장 적당한가?

① 1~2%
② 3~4%
③ 6~8%
④ 10~12%

해설
기본적인 유화쇼트닝에는 모노-디 글리세라이드 역가를 기준으로 6~8% 첨가하는 것이 적당하다.

정답 ③

23
☑ 확인 Check!
○ □
△ □
X □

우유의 살균법(가열법) 중 저온 장시간 살균법을 바르게 설명한 것은?

① 60~65℃, 30분간 가열
② 70~75℃, 15초간 가열
③ 90~100℃, 5분 가열
④ 130~150℃, 3초 가열

해설
우유의 살균법(가열법)
- 저온 장시간 : 60~65℃, 30분간 가열
- 고온 단시간 : 70~75℃, 15초간 가열
- 초고온 순간 : 130~150℃, 3초간 가열

정답 ①

24

☑ 확인 Check!

○ □
△ □
X □

제과 · 제빵에서 달걀의 역할로만 묶인 것은?

① 영양가치 증가, 유화 역할, pH 강화
② 영양가치 증가, 유화 역할, 조직 강화
③ 영양가치 증가, 조직 강화, 방부효과
④ 유화 역할, 조직 강화, 발효 시간 단축

해설

제과 · 제빵에서 달걀흰자는 단백질의 피막을 형성하여 부풀리는 팽창제의 역할을 하며, 노른자의 레시틴은 유화제 역할을 한다.

정답 ②

25

☑ 확인 Check!

○ □
△ □
X □

질소 등의 영양을 공급하는 제빵용 이스트 푸드의 성분은?

① 아이오딘염(요오드염)
② 암모늄염
③ 브로민염(브롬염)
④ 칼슘염

해설

이스트 푸드의 성분

- 암모늄염은 이스트에 필요한 질소 영양원을 공급한다.
- 암모늄염으로는 염화암모늄, 황산암모늄, 인산암모늄 등이 있다.

정답 ②

26

☑ 확인 Check!

○ □
△ □
X □

찜류 또는 찜만쥬 등에 사용하는 팽창제의 특성이 아닌 것은?

① 팽창력이 강하다.
② 제품의 색을 희게 한다.
③ 암모니아 냄새가 날 수 있다.
④ 중조와 산제를 이용한 팽창제이다.

해설

주로 찜류 또는 찜만쥬에 사용하는 팽창제는 이스트파우더(이스파타)이다. 이스파타는 중조에 염화암모늄 등을 혼합한 팽창제이며, 중조에 산을 첨가한 팽창제는 베이킹파우더이다.

정답 ④

27

☑ 확인 Check!

○ □
△ □
X □

도넛에 묻힌 설탕이 수분에 녹아 시럽처럼 변하는 현상을 무엇이라고 하는가?

① 발한현상
② 메일라드 현상
③ 캐러멜화 현상
④ 단백질 응고현상

해설

도넛에 묻힌 설탕이나 글레이즈가 수분에 녹아 시럽처럼 변하는 현상을 발한현상이라고 한다. 발한현상을 없애기 위하여 도넛을 어느 정도 식힌 뒤 계피설탕에 골고루 묻혀 글레이징을 한다. 너무 식으면 설탕이 묻지 않으므로 주의한다.

정답 ①

28 둥글리기를 마친 반죽을 휴식시키고 약간의 발효 과정을 거쳐 다음 단계에서 반죽이 손상되는 일이 없도록 하는 작업은?

☑ 확인 Check! ○ □ △ □ X □

① 중간발효 ② 2차 발효
③ 성형 ④ 패닝

(해설)

중간발효

- 둥글리기가 끝난 반죽을 휴식시키고 약간의 발효 과정을 거쳐 다음 단계에서 반죽이 손상되는 일이 없도록 하는 작업이다.
- 어린 반죽으로 제조를 할 경우 중간발효 시간을 길게 하여 보완한다.

정답 ①

29 반죽과 소금의 관계로 적절한 것은?(단, 후염법은 제외한다) ✔신유형

☑ 확인 Check! ○ □ △ □ X □

① 반죽에 소금을 첨가하면 흡수율이 높아지고 반죽 시간이 단축된다.
② 반죽에 소금을 첨가하면 흡수율이 낮아지고 반죽 시간이 단축된다.
③ 반죽에 소금을 첨가하면 흡수율이 높아지고 반죽 시간이 증가한다.
④ 반죽에 소금을 첨가하면 흡수율이 낮아지고 반죽 시간이 증가한다.

(해설)

반죽과 소금의 관계

- 소금을 반죽에 첨가하면 삼투압에 의해 흡수율이 감소되고 반죽의 저항성이 증가되는 특성이 있다.
- 제빵 반죽 시 소금은 보통 초기에 넣는데, 글루텐을 강화시켜 반죽 시간을 증가시키는 요인이 된다. 따라서 반죽 시간을 단축시킬 목적으로 클린업 단계에서 소금을 넣기도 하는데, 이 방법을 후염법이라고 한다.

정답 ④

30 안정제를 사용하는 목적으로 적합하지 않은 것은?

☑ 확인 Check! ○ □ △ □ X □

① 아이싱의 끈적거림 방지
② 크림 토핑의 거품 안정
③ 머랭의 수분 배출 촉진
④ 포장성 개선

(해설)

빵, 과자에 안정제를 사용하는 목적

- 흡수제로 노화를 지연하는 효과가 있다.
- 아이싱 제조 시 끈적거림을 방지한다.
- 머랭의 수분 배출을 억제한다.
- 크림 토핑물의 거품을 안정화시킨다.
- 포장성을 개선한다.

정답 ③

31 반죽의 신장성과 신장에 대한 저항성을 측정하는 기기는?

☑ 확인 Check! ○ □ △ □ X □

① 패리노그래프
② 레오미터
③ 아밀로그래프
④ 익스텐소그래프

(해설)

④ 익스텐소그래프 : 반죽의 신장성과 신장 저항력을 측정하여 반죽의 점탄성을 파악하고, 밀가루 중의 효소나 산화·환원제의 영향을 알 수 있는 그래프이다.
① 패리노그래프 : 고속 믹서 내에서 일어나는 물리적인 성질을 기록하여 밀가루의 흡수율, 반죽 내 구성 및 시간 등을 측정하는 기계이다.
② 레오미터 : 물질의 탄성률, 점성률, 응력 완화, 점탄성 등의 측정에 사용되는 장치이다.
③ 아밀로그래프 : 점도계로 전분 또는 밀가루의 현탁액을 자동적으로 가열 또는 냉각할 때 이루어지는 풀의 점도 변화를 기록하는 장치이다.

정답 ④

32 다음 중 식물계에는 존재하지 않는 당은?

확인 Check! ○ □ △ □ X □

① 설탕 ② 유당
③ 포도당 ④ 과당

해설
유당은 우유에 들어 있는 당이다.

정답 ②

33 다음 지단백질(lipoprotein) 중 나쁜 콜레스테롤 함량이 가장 많은 것은? ✔신유형

확인 Check! ○ □ △ □ X □

① 초저밀도 지단백질(VLDL)
② 고밀도 지단백질(HDL)
③ 저밀도 지단백질(LDL)
④ 카일로마이크론(Chylomicron)

해설
저밀도 지단백질(LDL ; Low Density Lipoprotein)은 '나쁜 콜레스테롤'이라고 불리기도 하며, 지단백질 중에서 콜레스테롤 함량이 가장 높다.

정답 ③

34 지방의 산화를 가속시키는 요소가 아닌 것은?

확인 Check! ○ □ △ □ X □

① 공기와의 접촉이 많다.
② 토코페롤을 첨가한다.
③ 높은 온도로 여러 번 사용한다.
④ 자외선에 노출시킨다.

해설
비타민 E(토코페롤)는 유지의 산패 및 식품 성분의 산화를 방지하기 위하여 사용하는 산화방지제이다.

정답 ②

35 전분을 분해하는 효소는?

확인 Check! ○ □ △ □ X □

① 라이페이스
② 프로테이스
③ 아밀레이스
④ 인버테이스

해설
분해효소
• 탄수화물 : 아밀레이스(amylase)
• 지방 : 라이페이스(lipase)
• 단백질 : 프로테이스(protease)

정답 ③

36 ppm 단위에 대한 설명으로 옳은 것은?

확인 Check! ○ □ △ □ X □

① 100분의 1을 나타낸다.
② 10,000분의 1을 나타낸다.
③ 1,000,000분의 1을 나타낸다.
④ 1,000,000,000분의 1을 나타낸다.

해설
ppm(parts per million)은 100만분의 1의 단위를 나타낸다.

정답 ③

37

☑ 확인 Check!

○ □
△ □
X □

반죽의 흡수율에 영향을 미치는 요인이 아닌 것은?

① 물의 경도
② 반죽의 온도
③ 이스트 사용량
④ 소금의 첨가 시기

(해설)
반죽의 흡수율에 영향을 미치는 요인에는 물의 경도, 반죽의 온도, 소금의 첨가 시기 등이 있다.

정답 ③

38

☑ 확인 Check!

○ □
△ □
X □

빵 반죽의 단계 중 신장성이 가장 높은 단계는?

① 픽업 단계(pick-up stage)
② 클린업 단계(clean-up stage)
③ 발전 단계(development stage)
④ 최종 단계(final stage)

(해설)
최종 단계(final stage)
- 글루텐이 결합하는 마지막 단계로 신장성이 최대가 된다.
- 반죽이 반투명하고 믹서볼의 안벽을 치는 소리가 규칙적이며 경쾌하게 들린다.
- 반죽을 조금 떼어내 두 손으로 잡아당기면 찢어지지 않고 얇게 늘어난다.
- 식빵, 단과자빵 등 대부분 빵류의 반죽은 이 단계에서 반죽을 마친다.

정답 ④

39

☑ 확인 Check!

○ □
△ □
X □

배합된 재료를 한꺼번에 반죽하는 방법으로, 소규모 제과점에서 주로 사용하는 반죽법은?

✔신유형

① 스트레이트법
② 스펀지 도법
③ 액종법
④ 사워 도법

(해설)
스트레이트법
배합된 재료를 한꺼번에 반죽하는 1단계 공정으로, 모든 종류의 빵에 사용할 수 있으며 주로 소규모 제과점에서 사용한다.

정답 ①

40

☑ 확인 Check!

○ □
△ □
X □

스펀지 발효에서 생기는 결함을 없애기 위하여 만들어진 제조법으로 ADMI법이라고 불리는 제빵법은?

① 액종법(liquid ferments)
② 비상 반죽법(emergency dough method)
③ 노타임 반죽법(no time dough method)
④ 스펀지 도법(sponge dough method)

(해설)
액종법은 스펀지와 같은 역할을 하는 액체 발효종을 만들어 제빵 공정에 활용하는 것을 말한다. 액종은 발효·숙성·팽창을 위한 자가제 발효종의 일종으로, 대기 중이나 곡류, 채소, 과일 등에 분포되어 있는 자연 효모와 세균을 이용하여 빵의 반죽을 발효시킨다.

정답 ①

41

☑ 확인 Check!

○	□
△	□
X	□

비상스트레이트법으로 빵을 만들 때 반죽 온도로 가장 알맞은 것은?

① 22~24℃

② 24~26℃

③ 26~28℃

④ 30~31℃

(해설)
비상스트레이트법 반죽 온도는 30~31℃이다.

정답 ④

42

☑ 확인 Check!

○	□
△	□
X	□

냉동 반죽법의 단점이 아닌 것은?

① 이스트 활력이 감소한다.

② 가스 발생력이 떨어진다.

③ 반죽이 퍼지기 쉽다.

④ 휴일작업에 미리 대체할 수 없다.

(해설)
냉동 반죽법은 휴일작업에 미리 대체가 가능하다.

정답 ④

43

☑ 확인 Check!

○	□
△	□
X	□

연속식 제빵법을 사용하는 장점과 가장 거리가 먼 것은?

① 인력의 감소

② 발효향의 증가

③ 공장 면적과 믹서 등 설비의 감소

④ 발효 손실의 감소

(해설)
연속식 제빵법

- 액체발효법을 한 단계 발전시켜 연속적인 작업이 하나의 제조라인을 통하여 이루어지도록 한 것이다.
- 특수한 장비와 원료 계량장치로 이루어져 있으며, 정형장치가 없고 최소의 인원과 공간에서 생산이 가능하도록 되어 있다.

정답 ②

44

☑ 확인 Check!

○	□
△	□
X	□

반죽 온도의 조절을 위한 고려사항으로 적절하지 않은 것은?

① 마찰계수를 구하기 위한 필수적인 요소는 반죽 결과 온도, 원재료 온도, 작업장 온도, 사용되는 물 온도, 작업장 상대습도이다.

② 기준이 되는 반죽 온도보다 결과 온도가 높다면 사용하는 물(배합수) 일부를 얼음으로 사용하여 희망하는 반죽 온도를 맞춘다.

③ 마찰계수란 일정량의 반죽을 일정한 방법으로 믹싱할 때 반죽 온도에 영향을 미치는 마찰열을 실질적인 수치로 환산한 것이다.

④ 계산된 사용수 온도가 56℃ 이상일 때는 뜨거운 물을 사용할 수 없으며, 영하로 나오더라도 절대치의 차이라는 개념에서 얼음계산법을 적용한다.

(해설)
마찰계수를 구하기 위한 요소로는 실내 온도, 밀가루 온도, 물 온도가 있다. 작업장 상대습도는 포함되지 않는다.

정답 ①

45

☑ 확인 Check!

○ □
△ □
X □

데커레이션 케이크 제조 시 1명이 아이싱 작업 100개를 하는 데 5시간이 걸린다. 이때 아이싱 1,400개를 7시간 안에 하려면 필요한 인원은? (단, 작업자의 아이싱 시간은 모두 같다)

① 10명 ② 12명
③ 15명 ④ 14명

해설
1명이 100개 아이싱하는 데 5시간이 걸리므로, 1명당 1시간에 20개 작업할 수 있다. 1,400개를 7시간 안에 하려면 1시간당 200개가 작업되어야 한다. 따라서 필요한 인원은 10명이다.

정답 ①

46

☑ 확인 Check!

○ □
△ □
X □

발효에 직접적으로 영향을 주는 요소와 가장 거리가 먼 것은?

① 반죽 온도
② 달걀의 신선도
③ 이스트의 양
④ 반죽의 pH

해설
발효에는 반죽 온도, 습도, 반죽의 되기, 반죽의 pH 등이 영향을 미친다.

정답 ②

47

☑ 확인 Check!

○ □
△ □
X □

스트레이트법의 1차 발효의 발효점은 일반적으로 처음 반죽 부피의 몇 배까지 팽창되는 것이 가장 적당한가?

① 1~2배
② 2~3배
③ 4~5배
④ 6~7배

해설
스트레이트법 반죽의 1차 발효실 온도는 27℃, 상대습도는 75~80%, 발효점 부피는 2.5~3배이다.

정답 ②

48

☑ 확인 Check!

○ □
△ □
X □

일반적으로 식빵에 사용되는 설탕은 스트레이트법에서 몇 % 정도일 때 이스트 발효를 지연시키는가?

① 1% ② 3%
③ 4% ④ 6%

해설
스트레이트법에서 설탕 5% 이상일 때 삼투압이 작용하여 이스트 발효를 지연시킨다.

정답 ④

49

☑ 확인 Check!

○ □
△ □
X □

다음 중 가스 발생량이 많아져 발효가 빨라지는 경우가 아닌 것은?

① 이스트를 많이 사용할 때
② 소금을 많이 사용할 때
③ 반죽에 약산을 소량 첨가할 때
④ 발효실 온도를 약간 높일 때

(해설)
소금은 이스트에 삼투압이 작용하여 발효를 저해한다.

정답 ②

50

☑ 확인 Check!

○ □
△ □
X □

빵 발효에서 다른 조건이 같을 때 발효 손실에 대한 설명으로 틀린 것은?

① 반죽 온도가 낮을수록 발효 손실이 크다.
② 발효 시간이 길수록 발효 손실이 크다.
③ 소금, 설탕 사용량이 많을수록 발효 손실이 적다.
④ 발효실 온도가 높을수록 발효 손실이 크다.

(해설)
반죽 온도가 낮을수록 발효 손실이 작다.

정답 ①

51

☑ 확인 Check!

○ □
△ □
X □

2차 발효실 온도가 낮았을 때 일어나는 현상이 아닌 것은?

① 어두운 껍질 색
② 내상이 조밀함
③ 밝은 색상
④ 부피가 작음

(해설)
2차 발효 온도가 낮았을 때 일어나는 현상
- 껍질 색이 어두움
- 발효 시간이 지연
- 거친 결이 형성
- 내상이 조밀해짐
- 발효 손실이 많고 부피가 작음

정답 ③

52

☑ 확인 Check!

○ □
△ □
X □

좁은 의미의 성형 공정 순서로 옳은 것은? ✔신유형

① 밀기(가스 빼기) → 봉하기 → 말기
② 밀기(가스 빼기) → 말기 → 봉하기
③ 말기 → 밀기(가스 빼기) → 봉하기
④ 말기 → 봉하기 → 밀기(가스 빼기)

(해설)
좁은 의미의 성형 공정 순서
밀기(가스 빼기) → 말기 → 봉하기

정답 ②

53

☑ 확인 Check! ○ □ △ □ X □

다음 중 빵 반죽의 둥글리기 목적이 아닌 것은?

① 글루텐 구조를 정돈하기 위해
② 성형을 용이하게 하기 위해
③ 경직된 반죽의 긴장을 완화하기 위해
④ 중간발효에서 가스가 새지 않게 표면막을 형성하기 위해

해설
③은 중간발효의 목적이다.
둥글리기 공정의 목적
- 반죽의 표면을 매끄럽게 하고 탄력을 되찾아 준다.
- 가스를 균일하게 분산하여 반죽의 기공을 고르게 조절한다.
- 반죽 표면에 얇은 막을 형성하여 끈적거림을 방지한다.
- 흐트러진 글루텐의 구조와 방향을 정돈한다.
- 분할된 반죽을 정형하기에 적당한 상태로 만든다.

정답 ③

54

☑ 확인 Check! ○ □ △ □ X □

이스트가 오븐 내에서 사멸하기 시작하는 온도는?

① 40℃ ② 50℃
③ 60℃ ④ 70℃

해설
이스트는 60℃에서부터 불활성화한다.

정답 ③

55

☑ 확인 Check! ○ □ △ □ X □

제품 포장 시 종이류 포장재의 위험 요인이 아닌 것은? ✔신유형

① 순수 펄프 사용
② 형광 증백제 사용
③ 염화파라핀 사용
④ 환경호르몬 물질 검출

해설
식품 포장용 종이 포장재는 매우 다양하나 대부분이 종이에 특수 기능을 부여한 가공지(converted paper)를 사용하고 있다. 포장용 가공지로부터 유해·유독 물질, 환경호르몬 물질, 형광 표백제 등이 용출되어서는 안 된다.

정답 ①

56

☑ 확인 Check! ○ □ △ □ X □

제빵용 팬 오일에 대한 설명으로 틀린 것은?

① 종류에 상관없이 발연점이 낮아야 한다.
② 안정성이 높아야 한다.
③ 정제 라드, 식물유, 혼합유도 사용된다.
④ 골고루 잘 발라져야 한다.

해설
팬 오일이 갖추어야 할 조건
- 무색, 무미, 무취
- 높은 안정성
- 발연점이 210℃ 이상 높은 것
- 반죽 무게의 0.1~0.2% 정도 사용

정답 ①

57 바게트빵 제조 시 스팀 주입이 많을 경우 생기는 현상은?

☑ 확인 Check!

○	□
△	□
X	□

① 껍질이 바삭바삭하다.
② 껍질이 벌어진다.
③ 질긴 껍질이 된다.
④ 균열이 생긴다.

해설
빵에 스팀을 주는 이유
• 껍질을 얇고 바삭하게 함
• 껍질이 윤기 나게 함

정답 ③

58 정형하여 철판에 반죽을 놓을 때, 일반적 사용 시 흡수율의 변화로 가장 적당한 것은?

☑ 확인 Check!

○	□
△	□
X	□

① 10℃ ② 25℃
③ 32℃ ④ 55℃

해설
철판이나 틀의 온도는 32℃ 정도에 맞추어 사용한다. 철판이나 틀의 온도가 너무 낮으면 반죽의 온도가 낮아져 2차 발효 시간이 길어진다.

정답 ③

59 제빵 시 굽기 단계에서 일어나는 반응에 대한 설명으로 틀린 것은?

☑ 확인 Check!

○	□
△	□
X	□

① 반죽 온도가 60℃로 오르기까지 효소의 작용이 활발해지고 휘발성 물질이 증가한다.
② 글루텐은 90℃부터 굳기 시작하여 빵이 다 구워질 때까지 천천히 계속 된다.
③ 반죽 온도가 60℃에 가까워지면 이스트가 죽기 시작한다. 그와 함께 전분이 호화하기 시작한다.
④ 표피 부분이 160℃를 넘어서면 당과 아미노산이 메일라드 반응을 일으켜 멜라노이드를 만들고, 당의 캐러멜화 반응이 일어나고 전분이 덱스트린으로 분해된다.

해설
굽기 과정에서 생기는 화학적 반응
• 60℃ 정도에서 이스트가 사멸되기 시작한다.
• 전분의 1·2·3차 호화가 온도에 따라 일어난다.
• 글루텐의 수분을 빼앗아 오기 때문에 글루텐의 응고도 함께 일어난다.
• 160℃가 넘으면 당과 아미노산이 메일라드 반응을 일으킨다. 또한 당은 분해·중합하여 캐러멜을 형성한다.
• 전분은 일부 덱스트린(dextrin)으로 변화한다.

정답 ②

60 프랑스빵을 만들 때 필수 재료가 아닌 것은?

✓신유형

☑ 확인 Check!

○	□
△	□
X	□

① 밀가루 ② 설탕
③ 소금 ④ 이스트

해설
프랑스빵의 필수 재료는 밀가루, 소금, 이스트, 물이다.

정답 ②

03회 제빵기능사 상시복원문제

01 식품위생법상 용어의 정의로 틀린 것은?

☑ 확인 Check!
○ □
△ □
X □

① '식품'이라 함은 의약으로 섭취하는 것을 제외한 모든 음식물을 말한다.
② '화학적 합성품'이라 함은 화학적 수단으로 원소 또는 화합물에 분해 반응 외의 화학 반응을 일으켜서 얻은 물질을 말한다.
③ 농업 및 수산업에 속하는 식품의 채취업은 식품위생법상 '영업'에서 제외된다.
④ '집단급식소'라 함은 영리를 목적으로 하면서 특정 다수인에게 계속하여 음식물을 공급하는 시설을 말한다.

해설
영리를 목적으로 하는 곳은 집단급식소에 속하지 않는다.
※ 식품위생법 제2조 참고

정답 ④

02 식품위생법에 의한 식품위생의 대상으로 적절한 것은?

☑ 확인 Check!
○ □
△ □
X □

① 식품포장기구, 그릇, 조리방법
② 식품, 식품첨가물, 기구, 용기, 포장
③ 식품, 식품첨가물, 영양제, 비타민제
④ 영양제, 조리방법, 식품포장재

해설
식품위생이라 함은 식품, 식품첨가물, 기구 또는 용기, 포장을 대상으로 하는 음식에 관한 위생을 말한다(식품위생법 제2조 제11호).

정답 ②

03 식자재의 교차오염을 예방하기 위한 보관 방법으로 잘못된 것은?

☑ 확인 Check!
○ □
△ □
X □

① 원재료와 완성품을 구분하여 보관
② 바닥과 벽으로부터 일정 거리를 띄워 보관
③ 식자재와 비식자재를 함께 식품 창고에 보관
④ 뚜껑이 있는 청결한 용기에 덮개를 덮어서 보관

해설
식자재와 비식자재는 분리하여 보관한다.

정답 ③

04 식품안전관리인증기준(HACCP)을 식품별로 정하여 고시하는 자는?

☑ 확인 Check!
○ □
△ □
X □

① 시장·군수·구청장
② 환경부장관
③ 식품의약품안전처장
④ 보건복지부장관

해설
식품안전관리인증기준(식품위생법 제48조 제1항)
식품의약품안전처장은 식품의 원료관리 및 제조·가공·조리·소분·유통의 모든 과정에서 위해한 물질이 식품에 섞이거나 식품이 오염되는 것을 방지하기 위하여 각 과정의 위해요소를 확인·평가하여 중점적으로 관리하는 기준을 식품별로 정하여 고시할 수 있다.

정답 ③

05 식품첨가물의 독성 평가를 위해 가장 많이 사용하고 있으며, 시험물질을 장기간 투여했을 때 어떠한 장해나 중독이 일어나는가를 알아보는 시험으로 옳은 것은?

확인 Check! ○ □ △ □ X □

① 급성 독성 시험
② 아급성 독성 시험
③ 만성 독성 시험
④ 호흡시험법

해설
만성 독성 시험
식품첨가물의 독성 평가를 위해 가장 많이 사용하고 있으며, 시험물질을 장기간 투여했을 때 어떠한 장해나 중독이 일어나는가를 알아보는 시험이다. 만성 독성 시험은 식품첨가물이 실험 대상동물에게 어떤 영향도 주지 않는 최대의 투여량인 최대무작용량(最大無作用量)을 구하는 데 목적이 있다.

정답 ③

06 식품위생법상 "식품을 제조·가공·조리 또는 보존하는 과정에서 감미, 착색, 표백 또는 산화방지 등을 목적으로 식품에 사용되는 물질"로 정의된 것은?

확인 Check! ○ □ △ □ X □

① 식품첨가물
② 화학적 합성품
③ 항생제
④ 의약품

해설
정의(식품위생법 제2조 제2호)
식품첨가물은 식품을 제조·가공·조리 또는 보존하는 과정에서 감미, 착색, 표백 또는 산화방지 등을 목적으로 식품에 사용되는 물질을 말한다. 이 경우 기구·용기·포장을 살균·소독하는 데에 사용되어 간접적으로 식품으로 옮아갈 수 있는 물질을 포함한다.

정답 ①

07 식음료 업장에서 낙상을 예방하기 위한 조치로 가장 적절하지 않은 것은? ✓신유형

확인 Check! ○ □ △ □ X □

① 기름을 이용한 조리 후에는 바닥을 깨끗하게 닦는다.
② 작업 중 배수가 잘 되도록 하여 바닥을 건조하게 한다.
③ 반드시 방수 안전장화를 착용한다.
④ 식품 재료를 바닥에 떨어뜨리지 않는다.

해설
작업장에서의 낙상사고를 예방하기 위해서는 작업 전후, 작업 중에 수시로 청소하여 바닥을 깨끗하게 유지하고 정리정돈을 철저히 해서 통로와 작업장 바닥에 장애물이 없도록 조치한다.

정답 ③

08 고시폴(gossypol)은 어떤 식품에서 발생할 수 있는 식중독의 원인 성분인가?

확인 Check! ○ □ △ □ X □

① 고구마 ② 보리
③ 면실유 ④ 풋살구

해설
식물성 자연독
- 독버섯 : 무스카린, 코린, 발린
- 감자 : 솔라닌
- 면실유 : 고시폴
- 대두 : 사포닌
- 청매 : 아미그달린
- 피마자 : 리신

정답 ③

09 복어 중독의 원인 물질은?

☑ 확인 Check!

○	□
△	□
X	□

① 테트로도톡신(tetrodotoxin)
② 삭시톡신(saxitoxin)
③ 베네루핀(venerupin)
④ 안드로메도톡신(andromedotoxin)

해설
복어 중독은 테트로도톡신이라는 독소에 기인한다. 복어 식중독을 예방하기 위해서는 복어독이 많은 부분인 알, 내장, 난소, 간, 껍질 등을 섭취하지 않도록 해야 한다.

정답 ①

10 아플라톡신은 다음 중 어디에 속하는가?

☑ 확인 Check!

○	□
△	□
X	□

① 감자독 ② 효모독
③ 세균독 ④ 곰팡이독

해설
아플라톡신
아스페르길루스 플라버스(*Aspergillus flavus*) 곰팡이가 쌀, 보리 등의 탄수화물이 풍부한 곡류와 땅콩 등의 콩류에 침입하여 아플라톡신 독소를 생성하여 독을 일으킨다. 수분 16% 이상, 습도 80% 이상, 온도 25~30℃인 환경일 때 전분질성 곡류에서 이 독소가 잘 생성되며, 인체에 간장독(간암)을 일으킨다.

정답 ④

11 감염병의 예방 및 관리에 관한 법률상 제2급 감염병에 해당하는 것은?

☑ 확인 Check!

○	□
△	□
X	□

① 야토병
② A형간염
③ 디프테리아
④ 탄저

해설
①, ③, ④는 제1급 감염병에 속한다.
제2급 감염병(감염병의 예방 및 관리에 관한 법률 제2조 제3호)
결핵, 수두, 홍역, 콜레라, 장티푸스, 파라티푸스, 세균성이질, 장출혈성대장균감염증, A형간염, 백일해, 유행성이하선염, 풍진, 폴리오, 수막구균 감염증, b형헤모필루스인플루엔자, 폐렴구균 감염증, 한센병, 성홍열, 반코마이신내성황색포도알균(VRSA) 감염증, 카바페넴내성장내세균목(CRE) 감염증, E형간염

정답 ②

12 바이러스성 경구감염병에 해당하는 것은?

☑ 확인 Check!

○	□
△	□
X	□

① 디프테리아
② 장티푸스
③ 콜레라
④ 유행성 간염

해설
- 바이러스성 경구감염병 : 감염성 설사증, 유행성 간염, 급성 회백수염(소아마비, 폴리오), 홍역 등
- 세균성 경구감염병 : 장티푸스, 세균성 이질, 콜레라, 파라티푸스, 디프테리아, 성홍열 등

정답 ④

13 작업장 평면도 작성 시 표시사항이 아닌 것은? ✓신유형

☑ 확인 Check!

○	□
△	□
X	□

① 기계·기구 등의 배치
② 작업자의 이동 경로
③ 오염 밀집 구역
④ 용수 및 배수처리계통도

해설
작업장 평면도에는 작업 특성별 구역, 기계·기구 등의 배치, 제품의 흐름 과정, 작업자의 이동 경로, 세척·소독조 위치, 출입문 및 창문, 공조시설계통도, 용수 및 배수처리계통도 등을 작성한다.

정답 ③

14 한국인 영양 권장량 중 지방의 섭취량은 전체 열량의 몇 % 정도인가?

☑ 확인 Check!

○	□
△	□
X	□

① 15~30%
② 30~55%
③ 55~70%
④ 75~90%

해설
한국인의 영양소 섭취기준에 따른 성인의 3대 영양소 섭취량은 탄수화물 55~65%, 지방 15~30%, 단백질 7~20%이다.

정답 ①

15 작업장 교차오염 방지를 위해 하는 행동으로 옳지 않은 것은?

☑ 확인 Check!

○	□
△	□
X	□

① 상온창고의 바닥은 일정한 습도를 유지해야 한다.
② 주방공간에 설치된 장비나 기물은 정기적인 세척을 해 주어야 한다.
③ 식자재와 음식물이 직접 닿는 랙(rack)이나 내부 표면, 용기는 매일 세척·살균한다.
④ 만일에 대비해 주방설비의 작동 매뉴얼과 세척을 위한 설명서를 확보해 두는 것이 좋다.

해설
교차오염을 방지하려면 상온창고의 바닥은 항상 건조 상태를 유지하는 것이 좋다.

정답 ①

16 다음 미생물 중 가장 크기가 작은 것은?

☑ 확인 Check!

○	□
△	□
X	□

① 효모 ② 세균
③ 리케차 ④ 곰팡이

해설
미생물의 크기 : 곰팡이 > 효모 > 스피로헤타 > 세균 > 리케차 > 바이러스

정답 ③

17 반죽 온도를 조절하기 위한 마찰계수 계산에 필요하지 않은 것은?

☑ 확인 Check!
○ □
△ □
X □

① 이스트 온도
② 유지 온도
③ 달걀 온도
④ 설탕 온도

(해설)
마찰계수 = 반죽의 결과 온도 × 6 − (실내 온도 + 밀가루 온도 + 설탕 온도 + 유지 온도 + 달걀 온도 + 물 온도)

정답 ①

18 갓 구워낸 식빵의 냉각 시 적절한 수분 함량은?

☑ 확인 Check!
○ □
△ □
X □

① 약 5% ② 약 15%
③ 약 25% ④ 약 38%

(해설)
빵 속의 냉각온도는 35~40℃, 수분 함량은 38%이다.

정답 ④

19 다음 무게에 관한 내용 중 옳은 것은?

☑ 확인 Check!
○ □
△ □
X □

① 1kg은 10g이다.
② 1kg은 100g이다.
③ 1kg은 1,000g이다.
④ 1kg은 10,000g이다.

(해설)
1kg = 1,000g = 1,000,000mg

정답 ③

20 밀가루 중에 손상전분이 빵류 제품 제조 시에 미치는 영향으로 옳은 것은?

☑ 확인 Check!
○ □
△ □
X □

① 발효가 빠르게 진행된다.
② 반죽 시 흡수가 늦고 흡수량이 많다.
③ 반죽 시 흡수가 빠르고 흡수량이 적다.
④ 제빵과 관계가 없다.

(해설)
손상전분
- 수분을 잘 흡수하여 흡수율을 높임
- 전분의 젤 형성에 도움을 줌
- 발효성 탄수화물을 생성하여 발효를 빠르게 도와줌
- 굽기 과정 중 적정한 덱스트린을 형성

정답 ①

21 제빵 중 설탕을 사용하는 주목적과 가장 거리가 먼 것은?

☑ 확인 Check!
○ □
△ □
X □

① 노화 방지
② 빵 표피의 착색
③ 유해균의 발효 억제
④ 효모의 번식

(해설)
설탕류(감미제)의 기능
- 제과에서의 기능 : 수분 보유제, 노화 지연, 연화 효과, 캐러멜화, 메일라드 반응
- 제빵에서의 기능 : 수분 보유제, 노화 지연, 이스트의 먹이, 메일라드 반응(껍질 색 개선)

정답 ③

22 불포화지방산에 수소를 첨가하여 고체화시키는 공정은?

☑ 확인 Check!

○	□
△	□
X	□

① 경화 ② 탈산
③ 탈취 ④ 탈색

해설
유지의 경화란 불포화지방산에 수소를 첨가하는 것이다.

정답 ①

23 다음 중 우유 단백질이 아닌 것은?

☑ 확인 Check!

○	□
△	□
X	□

① 카제인(casein)
② 락토알부민(lactalbumin)
③ 락토글로불린(lactoglobulin)
④ 락토스(lactose)

해설
우유에는 단백질이 3.4~3.5% 정도 함유되어 있으며, 이 중 카제인이 80%, 그 외 락토알부민, 락토글로불린, 필수 아미노산 등이 있다.

정답 ④

24 전란의 고형질은 일반적으로 약 몇 %인가?

☑ 확인 Check!

○	□
△	□
X	□

① 12% ② 25%
③ 75% ④ 88%

해설
전란은 수분 75%, 고형질 25%이고, 달걀은 껍질 10%, 노른자 30%, 흰자 60%로 구성되어 있다.

정답 ②

25 이스트 푸드의 성분 중 칼슘염의 주요 기능은?

☑ 확인 Check!

○	□
△	□
X	□

① 이스트 성장에 필요하다.
② 반죽에 탄성을 준다.
③ 오븐 팽창이 커진다.
④ 물 조절제의 역할을 한다.

해설
칼슘염은 물 조절제로 물의 연수를 경수로 고정하여 반죽의 수축력을 향상시킨다.

정답 ④

26 베이킹파우더를 많이 사용한 제품의 결과와 거리가 먼 것은?

☑ 확인 Check!

○	□
△	□
X	□

① 밀도가 크고 부피가 작다.
② 속결이 거칠다.
③ 오븐 스프링이 커서 찌그러들기 쉽다.
④ 속 색이 어둡다.

해설
베이킹파우더 과다 사용 시 제품의 결과
- 속결이 거칠며, 속 색은 어둡다.
- 오븐 스프링이 커서 찌그러지거나 주저앉기 쉽다.
- 같은 조건일 때 건조가 빠르다.
- 밀도가 낮고 부피가 커진다.

정답 ①

27 영구적 경수(센물)를 사용할 때의 조치로 잘못된 것은?

☑ 확인 Check! ○ □ △ □ X □

① 소금 증가
② 효소 강화
③ 이스트 증가
④ 광물질 감소

해설
소금 증가는 연수일 때의 조치사항이다.

정답 ①

28 초콜릿 템퍼링의 방법으로 옳지 않은 것은?

☑ 확인 Check! ○ □ △ □ X □

① 중탕 그릇이 초콜릿 그릇보다 넓어야 한다.
② 중탕 시 물의 온도는 60℃로 맞춘다.
③ 용해된 초콜릿의 온도는 40~45℃로 맞춘다.
④ 초콜릿에 물이 들어가지 않도록 주의한다.

해설
중탕 그릇이 더 클 경우 수증기가 들어가서 초콜릿이 굳어버릴 수 있다.

정답 ①

29 소금을 과다하게 사용했을 때 나타나는 현상이 아닌 것은?

☑ 확인 Check! ○ □ △ □ X □

① 발효 손실이 적다.
② 촉촉하고 질기다.
③ 껍질 색이 연하다.
④ 부피가 작다.

해설
소금 과다 사용 시 나타나는 현상
• 발효 손실이 적음
• 효소작용 억제
• 부피가 작고 진한 껍질 색(윗·옆면이 진함)
• 촉촉하고 질김

정답 ③

30 배합의 합계는 170%, 쇼트닝은 4%, 소맥분의 중량은 5kg이다. 이때 쇼트닝의 중량은?

☑ 확인 Check! ○ □ △ □ X □

① 850g
② 680g
③ 200g
④ 800g

해설
쇼트닝 중량은 5,000g × 4% = 200g이다.

정답 ③

31 밀가루 반죽의 글루텐의 질을 측정하는 제빵적성 기계는?

☑ 확인 Check!

○	□
△	□
X	□

① 아밀로그래프
② 패리노그래프
③ 익스텐소그래프
④ 믹소그래프

해설

밀가루 반죽의 제빵적성 시험기계
- 아밀로그래프 : 밀가루 호화 온도, 호화 정도, 점도의 변화 파악
- 익스텐소그래프 : 반죽의 신장성과 저항성을 측정
- 패리노그래프 : 반죽의 글루텐 질을 측정

정답 ②

32 다음 중 물에 잘 녹지 않는 당류는?

☑ 확인 Check!

○	□
△	□
X	□

① 유당　② 과당
③ 포도당　④ 맥아당

해설

유당
포유동물의 유즙에만 들어 있는 포도당과 갈락토스가 결합된 이당류이다. 영유아의 뇌 발달에 필요한 갈락토스를 제공하며, 단맛이 나고 물에 잘 녹지 않는다.

정답 ①

33 질병에 대한 저항력을 지닌 항체를 만드는 데 꼭 필요한 영양소는?

☑ 확인 Check!

○	□
△	□
X	□

① 탄수화물　② 지방
③ 칼슘　④ 단백질

해설

항체는 체내 단백질에 의해 만들어진다.

정답 ④

34 우유 1컵(200mL)에 지방이 6g이라면 지방으로부터 얻을 수 있는 열량은?

☑ 확인 Check!

○	□
△	□
X	□

① 6kcal
② 24kcal
③ 54kcal
④ 120kcal

해설

지방 1g당 얻을 수 있는 열량은 9kcal이다.
∴6g × 9kcal/g = 54kcal

정답 ③

35 효소의 특성이 아닌 것은?

☑ 확인 Check!

○	□
△	□
X	□

① 30~40℃에서 최대 활성을 갖는다.
② pH 5.0~8.0 범위 내에서 반응하여 효소의 종류에 따라 최적 pH는 달라질 수 있다.
③ 효소는 그 구성 물질이 전분과 지방으로 되어 있다.
④ 효소 농도와 기질 농도가 효소작용에 영향을 준다.

해설

효소
생물체 내에서 일어나는 유기화학 반응에 촉매 역할을 하는 단백질로 온도, pH, 수분 등 환경 요인에 의해 기능이 크게 영향을 받는다.

정답 ③

36 다음 중 수용성 비타민은?

☑ 확인 Check!
○ □ △ □ X □

① 비타민 D ② 비타민 A
③ 비타민 E ④ 비타민 C

해설

비타민

- 수용성 비타민 : 비타민 B_1, 비타민 B_2, 비타민 B_6, 비타민 B_{12}, 비타민 C
- 지용성 비타민 : 비타민 A, 비타민 D, 비타민 E, 비타민 K

정답 ④

37 다음 중 하스 브레드에 속하지 않는 것은?

☑ 확인 Check!
○ □ △ □ X □

① 프랑스빵 ② 베이글
③ 비엔나빵 ④ 아이리시빵

해설

하스 브레드(hearth bread)

반죽을 철판·틀을 사용하지 않고 오븐의 하스에 직접 얹어 구운 빵으로 프랑스빵(바게트), 포카치아, 곡류빵(호밀빵) 등이 속한다.

정답 ②

38 후염법으로 반죽 시 소금을 첨가하는 단계는?

☑ 확인 Check!
○ □ △ □ X □

① 픽업 단계(pick-up stage)
② 클린업 단계(clean-up stage)
③ 발전 단계(development stage)
④ 최종 단계(final stage)

해설

후염법으로 반죽할 때 소금의 투입 시기는 클린업 단계이다.

정답 ②

39 빵 반죽 시 반죽 온도가 높아지는 가장 큰 이유는?

☑ 확인 Check!
○ □ △ □ X □

① 마찰열이 생기기 때문에
② 원료가 용해되는 관계로
③ 글루텐이 발전하는 관계로
④ 이스트가 번식하기 때문에

해설

반죽 온도가 높아지는 두 가지 원인은 반죽하는 동안 마찰에 의해 발생하는 마찰열과 밀가루가 물과 결합할 때 생성되는 수화열 때문이다.

정답 ①

40 스트레이트법에서 변형된 방법으로, 이스트의 사용량을 늘려 발효 시간을 단축시키는 방법은?

☑ 확인 Check!
○ □ △ □ X □

① 액종법
② 스펀지 도법(sponge dough method)
③ 사워 도법(sour dough method)
④ 비상스트레이트법

해설

① 액종법 : 사용하는 가루의 일부, 물, 이스트를 반죽하여 발효, 숙성시킨 발효종을 만들고 여기에 나머지 가루와 재료를 더해 본반죽을 완성시킨다.
② 스펀지 도법 : 재료의 일부를 사용하여 스펀지 반죽을 만들어 발효를 거친 다음, 나머지 재료를 혼합하는 본반죽을 한 뒤 본반죽을 발효시키는 플로어 타임으로 구성되어 있다.
③ 사워 도법 : 산미를 띤 발효 반죽으로 '신 반죽'이라고도 하며, 독특한 풍미가 있어 유럽빵, 특히 호밀을 이용한 빵을 만들 때 사용한다.

정답 ④

41

스펀지 도법의 장점이 아닌 것은?

확인 Check! ○ □ △ □ X □

① 작업공정에 대한 융통성
② 노동력 감소
③ 부피 증가
④ 노화 지연

해설

스펀지 도법의 장단점

- 장점 : 융통성 있는 작업공정, 부피 증가, 노화 지연, 식감 좋음, 균일한 제품
- 단점 : 발효 손실이 큼, 시설비·노동력 증가

정답 ②

42

스트레이트법으로 빵을 만들 때 일반적인 반죽 온도로 가장 알맞은 것은?

확인 Check! ○ □ △ □ X □

① 20~22℃
② 22~24℃
③ 24~28℃
④ 29~30℃

해설

스트레이트법으로 식빵을 만들 때 표준 반죽 온도는 27℃이다.

정답 ③

43

냉동 반죽법에 대한 설명으로 옳은 것은? 신유형

확인 Check! ○ □ △ □ X □

① 1차 발효를 끝낸 반죽을 −40℃에 냉동 저장하는 방법이다.
② 보통 반죽보다 이스트의 사용량을 1/2배로 감소시켜야 한다.
③ 분할·성형하여 필요할 때마다 쓸 수 있어 편리하다.
④ 1차 발효 시간을 늘려 냉동 저장성을 길게 할 수 있다.

해설

① 1차 발효를 끝낸 반죽을 −40℃로 급속 냉동시킨 후 −18~−23℃에 냉동 저장하는 방법이다.
② 보통 반죽보다 이스트의 사용량을 2배 정도로 증가시켜야 한다.
④ 1차 발효 시간이 길어지면 냉동 저장성이 짧아지는 현상이 나타날 수 있으므로 주의해야 한다.

정답 ③

44

수돗물 온도 20℃, 사용할 물 온도 18℃, 사용한 물의 양 5kg일 때 사용하는 얼음 사용량은?

확인 Check! ○ □ △ □ X □

① 100g ② 200g
③ 300g ④ 400g

해설

얼음 사용량

$$= \text{사용한 물의 양} \times \frac{\text{수돗물 온도} - \text{사용할 물 온도}}{80 + \text{수돗물 온도}}$$

$$= 5 \times \frac{20 - 18}{80 + 20} = 0.1$$

∴ 0.1kg = 100g

정답 ①

45

☑ 확인 Check!

○ □
△ □
X □

머랭을 만들 때 흰자의 기포성을 증가하기 위해 넣는 것은?

① 버터
② 주석산
③ 포도당
④ 베이킹파우더

해설

머랭은 달걀흰자에 설탕을 넣어서 거품을 낸 것으로 다양한 모양을 만들거나 크림용으로 광범위하게 사용되고 있다. 흰자의 기포성을 증가하기 위해 주석산 크림을 첨가한다.

정답 ②

46

☑ 확인 Check!

○ □
△ □
X □

발효에 대한 설명으로 잘못된 것은? ✔신유형

① 스펀지 도법(sponge dough method) 중 스펀지 발효 온도는 27℃가 좋다.
② 반죽에 설탕이 많이 들어가면 발효가 저해된다.
③ 소금은 약 1% 이상이면 발효를 지연시킨다.
④ 중간발효 시간은 보통 10~20분이며, 온도는 35~37℃가 적당하다.

해설

중간발효 온도는 27~29℃로 1차 발효실 조건과 같다.

정답 ④

47

☑ 확인 Check!

○ □
△ □
X □

빵 반죽이 발효되는 동안 이스트는 무엇을 생성하는가?

① 물, 초산
② 산소, 알데하이드
③ 수소, 젖산
④ 탄산가스, 알코올

해설

빵 반죽이 발효되는 동안 이스트가 반죽 속의 당을 분해하여 알코올과 탄산가스를 만들어 낸다.

정답 ④

48

☑ 확인 Check!

○ □
△ □
X □

2% 이스트를 사용했을 때 최적 발효 시간이 120분이라면 2.2%의 이스트를 사용했을 때 예상 발효 시간은?

① 120분 ② 109분
③ 99분 ④ 90분

해설

변경할 이스트 양

$$= \frac{\text{기존 이스트 양} \times \text{최적 발효 시간}}{\text{변경하고자 하는 발효 시간}}$$

$$2.2\% = \frac{2\% \times 120\text{분}}{x\text{분}}$$

$$x = \frac{2.4}{0.022} ≒ 109.09$$

정답 ②

49 다음 발효 과정 중 손실에 관계되는 사항과 가장 거리가 먼 것은?

☑ 확인 Check!
○ □
△ □
X □

① 반죽 온도
② 기압
③ 발효 온도
④ 소금

해설
반죽 온도가 높을수록, 발효 시간이 길수록, 소금과 설탕이 적을수록, 발효실 온도가 높을수록, 발효실 습도가 낮을수록 발효 손실이 크며, 기압은 손실과 관계가 없다.

정답 ②

50 1차 발효를 위한 발효실의 온도와 상대습도는?

☑ 확인 Check!
○ □
△ □
X □

① 24℃, 40~50%
② 27℃, 40~50%
③ 27℃, 75~80%
④ 32℃, 75~80%

해설
27℃보다 낮은 온도에서는 발효가 지연되고, 27℃보다 높으면 이스트 이외에 젖산균, 초산균, 곰팡이, 로프균 등 여러 종의 미생물이 발효에 관여하게 된다. 75%보다 낮은 상대습도에서는 발효가 지연되고 반죽 표면이 건조해져 표피가 형성되고, 이러한 반죽으로 만든 빵은 균일하지 못하게 된다.

정답 ③

51 제빵 시 2차 발효의 목적이 아닌 것은?

☑ 확인 Check!
○ □
△ □
X □

① 성형 공정을 거치면서 가스가 빠진 반죽을 다시 부풀리기 위해
② 발효산물 중 유기산과 알코올이 글루텐의 신장성과 탄력성을 높여 오븐 팽창이 잘 일어나도록 하기 위해
③ 온도와 습도를 조절하여 이스트의 활성을 촉진시키기 위해
④ 빵의 향에 관계하는 발효산물인 알코올, 유기산 및 그 밖의 방향성 물질을 날려 보내기 위해

해설
빵의 향에 관계되는 발효산물인 알코올, 유기산, 그 밖의 방향성 물질을 생성시키기 위함이다.

정답 ④

52 제빵과정에서 2차 발효가 덜 된 경우에 나타나는 현상은?

☑ 확인 Check!
○ □
△ □
X □

① 기공이 거칠다.
② 부피가 작아진다.
③ 브레이크와 슈레이드가 부족하다.
④ 빵 속 색깔이 회색같이 어둡다.

해설
2차 발효가 덜 되면 팽창력이 낮아 부피가 작아진다.

정답 ②

53

분할을 할 때 반죽의 손상을 줄일 수 있는 방법이 아닌 것은?

☑ 확인 Check! ○ □ △ □ X □

① 스트레이트법보다 스펀지법으로 반죽한다.
② 반죽 온도를 높인다.
③ 단백질 양이 많은 질 좋은 밀가루로 만든다.
④ 가수량이 최적인 상태의 반죽을 만든다.

해설

반죽의 손상을 줄이기 위한 분할 방법

- 스트레이트법보다 스펀지법으로 만든 반죽이 내성이 강하고 손상이 적다.
- 반죽 온도는 비교적 낮은 것이 좋다.
- 단백질 양이 많은 질 좋은 밀가루로 만든다.
- 가수량이 최적인 상태의 반죽을 만든다.

정답 ②

54

팬 오일의 사용에 대한 설명으로 거리가 먼 것은?

☑ 확인 Check! ○ □ △ □ X □

① 발연점이 높아야 한다.
② 산패에 강해야 한다.
③ 반죽 무게의 3~4%를 사용한다.
④ 기름이 과다하면 밑 껍질이 두껍고 색이 어둡다.

해설

팬 오일은 빵을 구울 때 제품이 팬에 달라붙지 않고 잘 떨어지도록 하기 위해 사용한다.

팬 오일이 갖추어야 할 조건

- 무색, 무취
- 높은 안정성
- 발연점이 210℃ 이상 높은 것
- 반죽 무게의 0.1~0.2% 정도 사용

정답 ③

55

튀김기름의 4대 적이 아닌 것은?

☑ 확인 Check! ○ □ △ □ X □

① 산소
② 온도
③ 이물질
④ 압력

해설

튀김기름의 4대 적은 온도(열), 수분(물), 공기(산소), 이물질이다.

정답 ④

56

풀먼식빵의 비용적은?

☑ 확인 Check! ○ □ △ □ X □

① 2.40cm³/g
② 3.2~3.4cm³/g
③ 3.8~4.0cm³/g
④ 5.08cm³/g

해설

제품에 따른 비용적

제품	비용적(cm³/g)
풀먼식빵	3.8~4.0
산형식빵	3.4
레이어 케이크	2.96
파운드 케이크	2.40
엔젤푸드 케이크	4.71
스펀지 케이크	5.08

정답 ③

57 도넛을 튀길 때 튀김기름 온도로 가장 적합한 것은?

☑ 확인 Check! ○ □ △ □ X □

① 160℃ ② 180℃
③ 200℃ ④ 210℃

해설
도넛의 튀김기름 온도는 180~195℃가 적합하다.

정답 ②

58 다음 중 뜨거운 물에 데쳐서 만드는 빵의 종류는?

☑ 확인 Check! ○ □ △ □ X □

① 호밀빵
② 바게트
③ 치아바타
④ 베이글

해설
베이글은 뜨거운 물에 데쳐서 껍질은 바삭하고 속은 쫄깃한 것이 특징이다.

정답 ④

59 일반적인 하스 브레드(바게트)의 굽기 손실은?

☑ 확인 Check! ○ □ △ □ X □

① 약 2~3%
② 약 7~9%
③ 약 11~13%
④ 약 20~25%

해설
굽기 손실이란 굽기의 공정을 거치면서 빵의 무게가 줄어드는 현상을 말한다.

제품별 굽기 손실률

제품	굽기 손실률(%)
풀먼식빵	7~9
단과자빵	10~11
식빵류	11~12
하스 브레드	20~25

정답 ④

60 빵을 구웠을 때 껍질 색이 약하게 되는 원인이 아닌 것은?

☑ 확인 Check! ○ □ △ □ X □

① 설탕 부족
② 2차 발효실 습도 부족
③ 덧가루 사용 과다
④ 어린 반죽

해설
어린 반죽이 제품에 미치는 영향
- 속 색이 무겁고 어둡다.
- 부피가 작고 모서리가 예리하다.

빵의 껍질 색이 연한 원인
- 연수 사용
- 지친 반죽
- 설탕 부족
- 2차 발효실 습도 부족
- 불충분한 굽기
- 효소제 부족
- 부적당한 믹싱
- 덧가루 사용 과다

정답 ④

04회 제빵기능사 상시복원문제

01 식품첨가물의 사용 목적이 아닌 것은?

확인 Check! ○ □ △ □ X □

① 식품의 기호성 증대
② 식품의 유해성 입증
③ 식품의 부패와 변질을 방지
④ 식품의 제조 및 품질 개량

해설
식품첨가물의 구비조건
- 인체에 무해하고 체내에 축적되지 않을 것
- 미량으로 효과가 클 것
- 독성이 없을 것
- 이화학적 변화가 안정할 것

정답 ②

02 다음 중 위생등급을 지정할 수 없는 자는?

확인 Check! ○ □ △ □ X □

① 보건복지부장관
② 식품의약품안전처장
③ 시・도지사
④ 시장・군수・구청장

해설
식품접객업소의 위생등급 지정 등(식품위생법 제47조의2 제1항)
식품의약품안전처장, 시・도지사 또는 시장・군수・구청장은 식품접객업소의 위생 수준을 높이기 위하여 식품접객영업자의 신청을 받아 식품접객업소의 위생 상태를 평가하여 위생등급을 지정할 수 있다.

정답 ①

03 HACCP에서 위해요소의 정의는?

확인 Check! ○ □ △ □ X □

① 각 단계별 중요관리점을 결정・관리한다.
② 제품 생산 전 공정에 대한 관리이다.
③ 식품위생의 안전성을 확보하기 위한 과학적인 위생관리체계이다.
④ 인체의 건강을 해할 우려가 있는 생물학적・화학적・물리적 인자를 말한다.

해설
위해요소는 식품위생법 제4조(위해식품 등의 판매 등 금지) 규정에서 정하고 있는 인체의 건강을 해할 우려가 있는 생물학적, 화학적 또는 물리적 인자나 조건을 말한다.

정답 ④

04 식품 취급에서 교차오염을 예방하기 위한 행위 중 옳지 않은 것은? ✔신유형

확인 Check! ○ □ △ □ X □

① 칼, 도마를 식품별로 구분하여 사용한다.
② 고무장갑을 일관성 있게 하루에 하나씩 사용한다.
③ 조리 전의 육류와 채소류는 접촉되지 않도록 구분한다.
④ 위생복을 식품용과 청소용으로 구분하여 사용한다.

해설
위생장갑은 작업 변경 시 바꾸어 가면서 착용한다.

정답 ②

05 다음 중 손 씻기 방법으로 가장 적당한 것은?

☑ 확인 Check!
○ □
△ □
X □

① 흐르는 우물물에 씻는다.
② 고여 있는 수돗물에 씻는다.
③ 흐르는 물에 비누로 씻는다.
④ 흐르는 수돗물에 씻는다.

(해설)
손에 물을 묻히고 비누로 거품을 충분히 낸 후 흐르는 물로 깨끗하게 헹군다.

정답 ③

06 빵 및 케이크류에 사용이 허가된 보존료는?

☑ 확인 Check!
○ □
△ □
X □

① 탄산수소나트륨
② 폼알데하이드
③ 프로피온산
④ 탄산암모늄

(해설)
보존료는 미생물이 증식하여 일어나는 식품의 부패, 변패를 막기 위해 사용하는 식품첨가물로, 다이하이드로아세트산류, 소브산류, 벤조산(안식향산)류, 파라옥시벤조산 에스터류, 프로피온산염류 등이 있다.

정답 ③

07 작업자 준수사항에 대해 잘못 설명한 것은?

☑ 확인 Check!
○ □
△ □
X □

① 규정된 세면대에서 손을 세척한다.
② 행주로 땀을 닦지 않는다.
③ 앞치마로 손을 닦지 않는다.
④ 화장실 출입 시 위생복을 착용한다.

(해설)
화장실 출입 시 위생복을 탈의하고, 화장실 전용 신발을 착용한다. 다시 작업장에 들어갈 때는 소독 발판을 이용하여 살균한다.

정답 ④

08 다음 중 자연독 식중독과 그 독성물질을 잘못 연결한 것은?

☑ 확인 Check!
○ □
△ □
X □

① 독버섯 – 무스카린
② 모시조개 – 베네루핀
③ 청매 – 솔라닌
④ 복어독 – 테트로도톡신

(해설)
자연독 식중독

식물성 자연독	독버섯(무스카린, 코린, 발린), 감자(솔라닌), 면실유(고시폴), 대두(사포닌), 청매(아미그달린), 피마자(리신)
동물성 자연독	복어(테트로도톡신), 섭조개, 대합조개(삭시톡신), 바지락, 모시조개(베네루핀)

정답 ③

09 다음 중 감자 독은 어느 부위에 있는가?

☑ 확인 Check!

○	□
△	□
X	□

① 감자 싹
② 감자 껍질
③ 감자 중앙
④ 감자 잎

해설
감자의 싹에는 솔라닌(solanine)이라는 식물성 자연독이 있어 식중독을 일으킨다.

정답 ①

10 치명률이 가장 높은 것은?

☑ 확인 Check!

○	□
△	□
X	□

① 보툴리누스균에 의한 식중독
② 살모넬라 식중독
③ 황색포도상구균 식중독
④ 장염 비브리오 식중독

해설
독소형 보툴리누스균에 의한 식중독의 발생 건수는 적지만 치사율이 높다. 식중독의 사망자가 많은 것은 자연독인 복어 및 독버섯에 의한 경우가 많다.

정답 ①

11 산양, 양, 돼지, 소에게 감염되면 유산을 일으키고, 주증상은 발열로 고열이 2~3주 주기적으로 일어나는 인수공통감염병은?

☑ 확인 Check!

○	□
△	□
X	□

① 광우병
② 공수병
③ 파상열
④ 신증후군출혈열(유행성출혈열)

해설
파상열(brucellosis, 브루셀라)은 인간에게는 고열을, 동물에게는 유산을 일으키는 인수공통감염병이다.

정답 ③

12 다음 중 제1급 감염병으로 옳은 것은?

☑ 확인 Check!

○	□
△	□
X	□

① 회충증 ② 말라리아
③ 수족구병 ④ 탄저

해설
제1급 감염병
에볼라바이러스병, 마버그열, 라싸열, 크리미안콩고출혈열, 남아메리카출혈열, 리프트밸리열, 두창, 페스트, 탄저, 보툴리눔독소증, 야토병, 신종감염병증후군, 중증급성호흡기증후군, 중동호흡기증후군(MERS), 동물인플루엔자 인체감염증, 신종인플루엔자, 디프테리아

정답 ④

13 급식산업에 있어서 HACCP에 의한 중요관리점(CCP)에 해당하지 않는 것은? ✓신유형

☑ 확인 Check! ○ □ △ □ X □

① 교차오염 방지
② 권장된 온도에서의 냉각
③ 생물학적 위해요소 분석
④ 권장된 온도에서의 조리와 재가열

해설
③ 위해요소 분석에 해당한다.
중요관리점(CCP)은 위해요소 중점관리 기준을 적용하여 식품의 위해요소를 예방·제거하거나 허용 수준 이하로 감소시켜 해당 식품의 안전성을 확보할 수 있는 중요한 단계·과정 또는 공정을 말한다.

정답 ③

14 자외선 소독에 대해 잘못 설명한 것은?

☑ 확인 Check! ○ □ △ □ X □

① 자외선등이 상하에만 부착된 것을 선택하는 것이 좋다.
② 자외선 살균기는 1주일에 1회 이상 청소 및 소독을 실시한다.
③ 2,537Å로 30~60분간 실시한다.
④ 소도구 또는 용기류를 소독할 때 사용한다.

해설
자외선 소독기는 자외선이 닿는 면만 살균되므로 칼의 아랫면, 컵의 겹쳐진 부분과 안쪽은 전혀 살균되지 않는다. 따라서 자외선 소독기를 구입할 때에는 자외선등이 상하, 좌우, 뒷면까지 부착되어 기구의 사방에서 자외선을 쪼일 수 있는 모델을 선택한다.

정답 ①

15 소독의 방법에 대해 잘못 설명한 것은? ✓신유형

☑ 확인 Check! ○ □ △ □ X □

① 모든 소독약은 미리 제조해 둔 뒤에 필요량만큼 두고두고 사용한다.
② 건열 소독은 160~180℃에서 30~45분 정도 실시한다.
③ 병원미생물의 종류, 저항성 및 멸균, 소독의 목적에 의해서 그 방법과 시간을 고려한다.
④ 화학 소독제를 사용할 경우 세제가 잔류하지 않도록 음용수로 깨끗이 씻는다.

해설
소독은 기구, 용기 및 음식 등에 존재하는 미생물을 안전한 수준으로 감소시키는 과정이다. 소독액은 사용 방법을 숙지하여 사용하고, 미리 만들어 놓으면 효과가 떨어지므로 하루에 한 차례 이상 제조한다.

정답 ①

16 미생물 종류 중 크기가 가장 큰 것은?

☑ 확인 Check! ○ □ △ □ X □

① 효모(yeast)
② 세균(bacteria)
③ 바이러스(virus)
④ 곰팡이(mold)

해설
미생물의 크기 : 곰팡이 > 효모 > 스피로헤타 > 세균 > 리케차 > 바이러스

정답 ④

17 기생충과 중간숙주의 연결이 틀린 것은?

☑ 확인 Check! ○ □ △ □ X □

① 십이지장충 – 모기
② 유구조충 – 돼지
③ 폐흡충 – 가재, 게
④ 무구조충 – 소

해설
십이지장충(구충)은 중간숙주가 없는 기생충이고, 모기는 사상충의 중간숙주이다.

정답 ①

18 위해요소에 대한 설명으로 옳지 않은 것은? ✔신유형

☑ 확인 Check! ○ □ △ □ X □

① 위해요소란 인체의 건강을 해칠 우려가 있는 생물학적, 화학적 또는 물리적 인자나 조건을 말한다.
② 식중독균은 가열(굽기, 유탕) 공정을 통해 제어할 수 있다.
③ 중금속, 잔류농약 등을 관리하기 위해서는 원료 입고 시 시험성적서 확인 등을 통해 적합성 여부를 판단하고 관리한다.
④ 물리적 위해요소에는 황색포도상구균, 살모넬라, 병원성대장균 등이 있다.

해설
황색포도상구균, 살모넬라, 병원성대장균 등의 식중독균은 생물학적 위해요소이다. 제빵에서 발생할 수 있는 물리적 위해요소로는 금속 조각, 비닐, 노끈 등의 이물이 있다.

정답 ④

19 건포도 식빵을 만들 때 건포도를 전처리하는 목적이 아닌 것은?

☑ 확인 Check! ○ □ △ □ X □

① 수분을 제거하여 건포도의 보존성을 높인다.
② 제품 내에서의 수분 이동을 억제한다.
③ 건포도의 풍미를 되살린다.
④ 식감을 개선한다.

해설
건포도 전처리의 목적
- 씹을 때의 조직감을 개선하기 위해
- 건조 과일의 본래 풍미를 되살리기 위해
- 반죽 내에서 반죽과 건조 과일 간의 수분 이동을 방지하기 위해

정답 ①

20 50g 밀가루에서 15g 젖은 글루텐을 채취했다면 이 밀가루의 건조 글루텐 함량은?

☑ 확인 Check! ○ □ △ □ X □

① 10% ② 20%
③ 30% ④ 40%

해설
젖은 글루텐과 건조 글루텐 함량 계산

$$젖은\ 글루텐(\%) = \frac{젖은\ 글루텐\ 중량}{밀가루\ 중량} \times 100 = \frac{15}{50} \times 100 = 30(\%)$$

$$건조\ 글루텐(\%) = 젖은\ 글루텐(\%) \div 3 = 30 \div 3 = 10(\%)$$

정답 ①

21 피자에 대한 설명으로 옳지 않은 것은?

☑ 확인 Check!
○ □
△ □
X □

✔신유형

① 일반적으로 성형 시 말기로 완료된다.
② 주재료에 무엇이 들어가는지에 따라 피자의 명칭이 달라진다.
③ 피자파이용 소스에 들어가는 향신료로 오레가노가 있다.
④ 피자 도(dough)가 두꺼우면 팬피자, 얇으면 씬 피자이다.

해설
밀어 펴기로 성형이 완료되는 제품으로 햄버거, 잉글리시 머핀, 피자 등이 있다.

정답 ①

22 유지의 기능 중 쇼트닝성의 기능은?

☑ 확인 Check!
○ □
△ □
X □

① 제품을 부드럽게 한다.
② 산패를 방지한다.
③ 밀어 펴지는 성질을 부여한다.
④ 공기를 포집하여 부피를 좋게 한다.

해설
② 유지의 안정성
③ 유지의 신장성
④ 유지의 크림성

정답 ①

23 제빵에서 우유의 기능으로 틀린 것은?

☑ 확인 Check!
○ □
△ □
X □

① 영양을 강화시킨다.
② 이스트에 의해 생성된 향을 착향시킨다.
③ 보수력이 없어서 쉽게 노화된다.
④ 겉 껍질 색을 강하게 한다.

해설
우유의 기능
- 제빵에서의 기능 : 빵의 속결을 부드럽게 하고 글루텐의 기능을 향상시키며 우유 속의 유당은 빵의 색을 잘 나오게 한다.
- 제과에서의 기능 : 제품의 향을 개선하고 껍질 색과 수분의 보유력을 높인다.

정답 ③

24 신선한 달걀의 감별법으로 옳은 것은?

☑ 확인 Check!
○ □
△ □
X □

① 난각 표면이 거칠고 광택이 없고 선명하다.
② 난각 표면이 매끈하다.
③ 난각에 광택이 있다.
④ 난각 표면에 기름기가 있다.

해설
신선한 달걀의 조건
- 껍질이 거칠고 난각 표면에 광택이 없고 선명하다.
- 밝은 불에 비추어 볼 때 밝고 노른자가 구형(공 모양)이다.
- 6~10%의 소금물에 담갔을 때 가라앉는다.
- 달걀을 깼을 때 노른자가 바로 깨지지 않고 높이가 높다.
- 오래된 달걀은 점도가 감소하고, pH가 떨어져 부패한다.

정답 ①

25 이스트 푸드에 대한 설명으로 틀린 것은?

☑ 확인 Check! ○ □ △ □ X □

① 발효를 조절한다.
② 밀가루 중량 대비 1~5%를 사용한다.
③ 이스트의 영양을 보급한다.
④ 반죽 조절제로 사용한다.

해설
이스트 푸드는 밀가루 중량 대비 약 0.1~0.2% 정도 사용한다.

정답 ②

26 다음 중 중화가를 구하는 식은?

☑ 확인 Check! ○ □ △ □ X □

① $\frac{\text{중조의 양}}{\text{산성제의 양}} \times 100$

② $\frac{\text{중조의 양}}{\text{산성제의 양}}$

③ $\frac{\text{중조의 양} \times \text{산성제의 양}}{100}$

④ 중조의 양 × 산성제의 양

해설
중화가는 산에 대한 중조(탄산수소나트륨)의 백분율로, 유효 가스를 발생시키고 중성이 되는 값이다.

$$\text{중화가(\%)} = \frac{\text{중조(탄산수소나트륨)의 양}}{\text{산성제의 양}} \times 100$$

정답 ①

27 빵의 관능적 평가법 중 외부적 특성을 평가하는 항목으로 적절한 것은?

☑ 확인 Check! ○ □ △ □ X □

① 기공 ② 조직
③ 속 색상 ④ 터짐성

해설
빵의 평가법
- 외부적 특성 : 부피, 껍질 색상, 껍질 특성, 외형의 균형, 굽기의 균일화, 터짐성 등
- 내부적 특성 : 조직, 기공, 속 색상, 향, 맛

정답 ④

28 초콜릿 보관 시 올바르지 않은 것은?

☑ 확인 Check! ○ □ △ □ X □

① 부패 방지를 위해 냉장고에 보관한다.
② 햇볕이 들지 않는 17℃ 전후의 실온에서 보관한다.
③ 통풍이 잘되는 곳에 투명하지 않은 밀폐용기에 보관한다.
④ 소비기한을 준수하고 서늘한 곳에 보관한다.

해설
초콜릿을 냉장고에 보관하였을 때 생기는 얼룩은 초콜릿 속의 당이 습기에 의해 녹았다 굳으면서 생긴 것이다.

정답 ①

29 잎을 건조시켜 만든 향신료는?

☑ 확인 Check! ○ □ △ □ X □

① 오레가노 ② 넛메그
③ 메이스 ④ 시나몬

해설
오레가노
꽃이 피는 시기에 수확하여 건조시켜 보존하고 말린 잎을 향신료로 쓴다. 이탈리안 소스에 자주 들어가는 허브로 피자 제조 시 많이 사용한다.

정답 ①

30 젤라틴의 응고에 관한 설명으로 틀린 것은?

☑ 확인 Check! ○ □ △ □ X □

① 젤라틴의 농도가 높을수록 빨리 응고된다.
② 설탕의 농도가 높을수록 응고가 방해된다.
③ 염류는 젤라틴의 응고를 방해한다.
④ 단백질의 분해효소를 사용하면 응고력이 약해진다.

해설
염류는 산과 반대로 수분의 흡수를 막아 단단하게 만든다.

정답 ③

31 밀가루 글루텐의 흡수율과 밀가루 반죽의 점탄성을 나타내는 그래프는?

☑ 확인 Check! ○ □ △ □ X □

① 아밀로그래프(Amylograph)
② 익스텐소그래프(Extensograph)
③ 믹소그래프(Mixograph)
④ 패리노그래프(Farinograph)

해설
패리노그래프(Farinograph)
믹서 내에서 일어나는 물리적 성질을 파동곡선 기록기로 기록하여 밀가루의 흡수율, 믹싱 시간, 믹싱 내구성, 밀가루 반죽의 점탄성 등을 측정하는 기계이다.

정답 ④

32 다음 중 캐러멜화 반응을 일으키는 것은?

☑ 확인 Check! ○ □ △ □ X □

① 지방 ② 단백질
③ 비타민 ④ 당류

해설
제과·제빵제품은 오븐에 구울 때 설탕이 캐러멜화 반응을 일으켜 색을 낸다.

정답 ④

33 아밀로스는 아이오딘 용액에 의해 무슨 색으로 변하는가?

☑ 확인 Check! ○ □ △ □ X □

① 적자색 ② 청색
③ 황색 ④ 갈색

해설
아밀로스는 아이오딘 용액에 의해 청색 반응을, 아밀로펙틴은 아이오딘 용액에 의해 적자색 반응을 나타낸다.

정답 ②

34 우유 100g 중에 당질 5g, 단백질 3.5g, 지방 3.7g이 함유되어 있다면 얻어지는 열량은?

☑ 확인 Check! ○ □ △ □ X □

① 약 57kcal
② 약 67kcal
③ 약 77kcal
④ 약 87kcal

해설
당질(탄수화물), 단백질은 1g당 4kcal, 지방은 1g당 9kcal를 낸다.
(5g × 4kcal/g) + (3.5g × 4kcal/g) + (3.7g × 9kcal/g) = 67.3kcal

정답 ②

35 다음 중 단백질을 분해하는 효소는?

☑ 확인 Check! ○ □ △ □ X □

① 아밀레이스(amylase)
② 라이페이스(lipase)
③ 치메이스(zymase)
④ 프로테이스(protease)

해설
분해효소
- 아밀레이스(amylase) : 전분 분해효소
- 라이페이스(lipase) : 지방 분해효소
- 치메이스(zymase) : 포도당, 과당 분해효소
- 프로테이스(protease) : 단백질 분해효소
- 셀룰레이스(cellulase) : 섬유질 분해효소

정답 ④

36 다음 중 비타민과 관련된 결핍증의 연결이 잘못된 것은?

☑ 확인 Check! ○ □ △ □ X □

① 비타민 A – 야맹증
② 비타민 B_1 – 각기병
③ 비타민 C – 구내염
④ 비타민 D – 구루병

해설
비타민 결핍증
- 비타민 A : 야맹증
- 비타민 B_1 : 각기병
- 비타민 B_2 : 구내염
- 비타민 C : 괴혈병
- 비타민 D : 구루병

정답 ③

37 빵 반죽을 할 때 반죽기계에 에너지가 가장 많이 필요한 단계는?

☑ 확인 Check! ○ □ △ □ X □

① 픽업 단계(pick-up stage)
② 클린업 단계(clean-up stage)
③ 발전 단계(development stage)
④ 최종 단계(final stage)

해설
발전 단계(development stage)
- 글루텐의 결합이 급속하게 진행되어 반죽의 탄력성이 최대가 되며, 믹서의 최대 에너지가 요구된다.
- 반죽은 훅에 엉겨 붙고 볼에 부딪힐 때 건조하고 둔탁한 소리가 난다.
- 프랑스빵이나 공정이 많은 빵 반죽은 이 단계에서 반죽을 그친다.

정답 ③

38 제빵 시 유지를 투입하는 반죽의 단계는?

☑ 확인 Check! ○ □ △ □ X □

① 클린업 단계(clean-up stage)
② 픽업 단계(pick-up stage)
③ 발전 단계(development stage)
④ 최종 단계(final stage)

해설
클린업 단계(clean-up stage)에서 유지를 넣으면 믹싱 시간이 단축된다.

정답 ①

39

☑ 확인 Check! ○ □ △ □ X □

스트레이트법으로 반죽 시 각 빵의 특징으로 옳지 않은 것은? ✔신유형

① 건포도식빵 반죽은 최종 단계로 마무리하며, 건포도는 최종 단계에서 혼합한다.

② 우유식빵은 설탕 함량이 10% 이하의 저율 배합이며, 물 대신 우유를 사용한다.

③ 옥수수식빵 반죽은 최종 단계 초기로 일반 식빵의 80% 정도까지 반죽한다.

④ 쌀식빵 반죽은 최종 단계로 마무리하며, 반죽 온도는 27℃ 정도로 맞춘다.

(해설)
쌀식빵 반죽은 쌀가루가 포함되어 일반 식빵에 비하여 글루텐을 형성하는 단백질이 부족하다. 쌀식빵 반죽을 지나치게 하면 반죽이 끈끈해지고 글루텐 막이 쉽게 찢어지게 된다. 쌀식빵 반죽은 발전 단계 후기로 일반 식빵의 80% 정도까지 반죽하며, 반죽 온도는 27℃ 정도로 맞춘다.

정답 ④

40

☑ 확인 Check! ○ □ △ □ X □

스트레이트법을 비상스트레이트법으로 전환할 때의 필수 조치사항은?

① 소금 사용을 증가한다.

② 반죽 온도를 30℃로 올린다.

③ 설탕량을 1% 증가한다.

④ 반죽 시간을 20~25% 감소한다.

(해설)
스트레이트법을 비상스트레이트법으로 전환할 때의 필수 조치사항
- 이스트 2배 증가
- 설탕량 1% 감소
- 반죽 온도 30℃
- 믹싱 시간 20~25% 증가
- 1차 발효 15~30분

정답 ②

41

☑ 확인 Check! ○ □ △ □ X □

다음 중 스펀지법(중종법)의 종류가 아닌 것은?

① 오토리즈법

② 액체발효법

③ 풀리시법

④ 비가법

(해설)
스펀지법의 종류
- 오버나이트 중종법
- 오토리즈(autolyse)법
- 풀리시(poolish)법
- 비가(biga)법

정답 ②

42

☑ 확인 Check! ○ □ △ □ X □

냉동 반죽법의 재료 준비에 대한 사항 중 틀린 것은?

① 저장 온도는 −5℃가 적합하다.

② 노화방지제를 소량 사용한다.

③ 반죽은 조금 되게 한다.

④ 크로와상 등의 제품에 이용된다.

(해설)
1차 발효를 끝낸 반죽을 −40℃로 급속 냉동시킨 후 −18~−23℃에 냉동 저장한다.

정답 ①

43 오랜 시간 발효 과정을 거치지 않고 배합 후 정형하여 2차 발효를 하는 제빵법은?

☑ 확인 Check! ○ □ △ □ X □

① 재반죽법
② 스트레이트법
③ 노타임법
④ 스펀지법

해설
발효 시간을 주지 않거나 현저하게 줄여 주는 반죽법은 노타임법이다. 노타임법에서 글루텐 형성은 환원제와 산화제의 도움을 받아 기계적 혼합에 의해서 이루어진다.

정답 ③

44 수돗물 온도 26℃, 사용할 물의 온도 21℃, 사용할 물의 양이 5.3kg일 때, 얼음 사용량은?

☑ 확인 Check! ○ □ △ □ X □

① 200g ② 250g
③ 300g ④ 350g

해설
얼음 사용량

$$= \text{사용한 물의 양} \times \frac{\text{수돗물 온도} - \text{사용할 물 온도}}{80 + \text{수돗물 온도}}$$

$$= 5.3 \times \frac{26-21}{80+26} = 5.3 \times \frac{5}{106} = 0.25$$

∴ 0.25kg = 250g

정답 ②

45 제빵에 있어서 발효의 주된 목적이 아닌 것은?

☑ 확인 Check! ○ □ △ □ X □

① 이산화탄소와 에틸알코올을 생성시키는 것이다.
② 이스트를 증식시키기 위한 것이다.
③ 분할 및 성형이 잘되도록 하기 위한 것이다.
④ 가스를 포집할 수 있는 상태로 글루텐을 연화시키는 것이다.

해설
발효의 목적
• 반죽 글루텐의 배열을 정돈한다.
• 가스 발생으로 반죽 성형을 용이하게 한다.
• 경화된 반죽을 완화시킨다.

정답 ②

46 다음 ( )에 들어갈 알맞은 내용은? ✓신유형

☑ 확인 Check! ○ □ △ □ X □

반죽 온도는 발효 시간에 영향을 미치는데, 반죽 온도 0.5℃ 차이에 따라 발효 시간이 ( )씩 달라진다. 즉 혼합이 끝난 반죽 온도가 정상보다 0.5℃ 높으면 보통의 조건에서 발효 시간은 ( ) 짧아진다.

① 15분 ② 30분
③ 1시간 ④ 2시간

해설
반죽 온도는 발효 시간에 영향을 미치는데, 반죽 온도 0.5℃ 차이에 따라 발효 시간이 15분씩 달라진다. 따라서 혼합이 끝난 반죽 온도가 정상보다 0.5℃ 높으면 보통의 조건에서 발효 시간은 15분 짧아진다.

정답 ①

47 어린 반죽으로 만든 제품에 대한 설명 중 틀린 것은?

☑ 확인 Check! ○ □ △ □ X □

① 향이 거의 없다.
② 외형의 경우 모서리가 둥글다.
③ 껍질 색은 어두운 갈색이다.
④ 슈레드가 생기지 않는다.

해설
어린 반죽은 발효가 정상보다 덜 된 상태를 말하며, 외형 균형은 완제품을 들어 밑면을 보면 발효 상태를 알 수 있다. 어린 반죽의 외형은 반죽의 숙성이 덜 되어 모서리가 예리하며 딱딱하다.

정답 ②

48 표준 스펀지 도법에서 스펀지 발효 시간은?

☑ 확인 Check! ○ □ △ □ X □

① 1시간~2시간 30분
② 3시간~4시간 30분
③ 5시간~6시간
④ 7시간~8시간

해설
스펀지 도법에서 스펀지의 발효 시간은 3~4시간 정도이다. 보통 75% 스펀지의 경우 약 3시간, 50% 스펀지의 경우 약 5시간 정도 소요된다.

정답 ②

49 1차 발효 중에 펀치를 하는 이유는?

☑ 확인 Check! ○ □ △ □ X □

① 반죽의 온도를 높이기 위해
② 이스트를 활성화시키기 위해
③ 효소를 불활성화시키기 위해
④ 탄산가스 축적을 증가시키기 위해

해설
펀치를 하면 반죽 전체의 반죽 온도를 균일하게 만들어 주고, 산소를 공급하여 이스트의 활성을 도우며 반죽의 산화 숙성을 촉진한다.

정답 ②

50 둥글리기(rounding) 공정에 대한 설명으로 틀린 것은?

☑ 확인 Check! ○ □ △ □ X □

① 덧가루, 분할기 기름을 최대로 사용한다.
② 손 분할, 기계 분할이 있다.
③ 분할기의 종류는 제품에 적합한 기종을 선택한다.
④ 둥글리기 과정 중 큰 기포는 제거되고 반죽 온도가 균일화된다.

해설
덧가루를 최소한으로 사용하는 것이 좋다.

정답 ①

51 빵의 팬닝에 있어 팬의 온도로 가장 적합한 것은?

☑ 확인 Check! ○ □ △ □ X □

① 0~5℃
② 20~24℃
③ 30~35℃
④ 60℃ 이상

해설
빵의 팬닝에 있어 팬의 온도는 30~35℃가 적합하다.

정답 ③

52

☑ 확인 Check!

○	□
△	□
X	□

다음 제품 중 2차 발효실의 습도를 가장 높게 설정해야 되는 것은?

① 호밀빵
② 햄버거빵
③ 프랑스빵
④ 빵 도넛

(해설)
햄버거빵, 잉글리시 머핀, 일반 식빵 등은 반죽이 흐름성을 요구하기 때문에 습도를 높게 설정해야 한다.

정답 ②

53

☑ 확인 Check!

○	□
△	□
X	□

팬닝 시 주의할 사항으로 적합하지 않은 것은?

① 팬에 적정량의 팬 오일을 바른다.
② 반죽의 이음매가 틀의 바닥에 놓이도록 한다.
③ 종이 깔개를 사용한다.
④ 틀이나 철판의 온도를 25℃로 맞춘다.

(해설)
철판이나 틀의 온도는 32℃ 정도에 맞추어 사용한다. 철판이나 틀의 온도가 너무 낮으면 반죽의 온도가 낮아져 2차 발효 시간이 길어진다.

정답 ④

54

☑ 확인 Check!

○	□
△	□
X	□

안치수 용적이 다음 그림과 같을 때 식빵 철판 팬의 용적은?

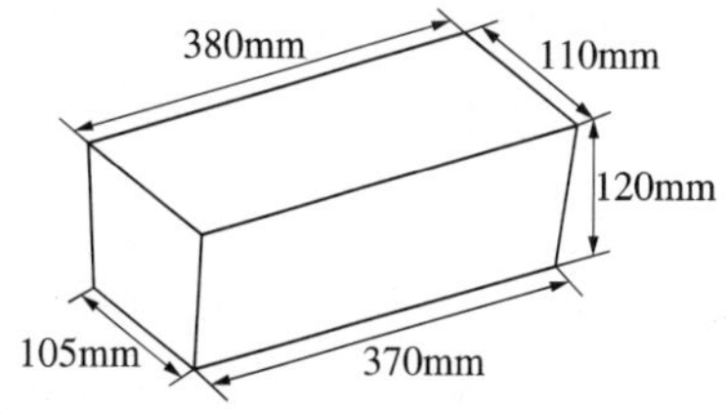

① 4,662cm^3
② 4,837.5cm^3
③ 5,018.5cm^3
④ 5,218.5cm^3

(해설)
경사진 옆면을 가진 사각 팬의 용적 구하기
- 팬의 용적 = 평균 가로 × 평균 세로 × 높이
- 평균 가로 길이 = (38 + 37) ÷ 2 = 37.5cm
- 평균 세로 길이 = (11 + 10.5) ÷ 2 = 10.75cm

∴ 직육면체의 부피 = 37.5cm × 10.75cm × 12cm
= 4,837.5cm^3

정답 ②

55

☑ 확인 Check!

○	□
△	□
X	□

식빵 반죽 표피에 수포가 생긴 이유로 가장 적합한 것은?

① 2차 발효실 상대습도가 높았다.
② 2차 발효실 상대습도가 낮았다.
③ 1차 발효실 상대습도가 높았다.
④ 1차 발효실 상대습도가 낮았다.

(해설)
2차 발효실의 습도가 높은 경우 질긴 껍질이 되기 쉽고 제품의 표면에 물집이 생기는 증상이 나타난다.

정답 ①

56 커스터드 크림은 우유, 달걀, 설탕을 한데 섞고, 안정제로 무엇을 넣어 끓인 크림인가?

☑ 확인 Check! ○ □ △ □ X □

① 한천 ② 젤라틴
③ 강력분 ④ 옥수수 전분

(해설)
커스터드 크림은 옥수수 전분과 박력분을 넣어 끓인 크림이다.

정답 ④

57 굽기 과정 중 일어나는 현상에 대한 설명 중 틀린 것은?

☑ 확인 Check! ○ □ △ □ X □

① 오븐 팽창과 전분의 호화 발생
② 단백질 변성과 효소의 불활성화
③ 빵 세포 구조 형성과 향의 발달
④ 캐러멜화 갈변반응의 억제

(해설)
당류의 캐러멜화와 메일라드 반응에 의해 고유의 색을 낸다.

정답 ④

58 제빵 시 팬 오일로 유지를 사용할 때 다음 중 무엇이 높은 것을 선택하는 것이 좋은가?

☑ 확인 Check! ○ □ △ □ X □

① 가소성 ② 크림성
③ 발연점 ④ 비등점

(해설)
팬 오일(이형유)의 조건
- 발연점이 높은 기름(210℃ 이상)
- 고온이나 장시간의 산패에 잘 견디는 안정성이 높은 기름
- 무색, 무미, 무취의 제품의 맛에 영향이 없는 기름
- 바르기 쉽고 골고루 잘 발라지는 기름
- 고화되지 않은 기름

정답 ③

59 도넛의 흡유량이 높았을 때 그 원인은?

☑ 확인 Check! ○ □ △ □ X □

① 고율 배합 제품이다.
② 튀김 시간이 짧다.
③ 튀김 온도가 높다.
④ 휴지 시간이 짧다.

(해설)
흡유율이 증가하는 경우
- 반죽 온도가 높을수록, 반죽 상태가 덜 된 반죽일수록, 튀김 시간이 길수록
- 거칠게 자른 면이 많을수록, 유화제가 많이 첨가될수록, 반죽의 유지 함량이 많을수록
- 제품의 배합 상태가 고배합일 경우, 오래된 기름의 경우, 기름 온도가 낮은 경우

정답 ①

60 초콜릿을 템퍼링한 효과로 옳지 않은 것은?

☑ 확인 Check! ○ □ △ □ X □

① 입안에서의 용해성이 나쁘다.
② 안정한 결정이 많고 결정형이 일정하다.
③ 광택이 좋고 내부 조직이 조밀하다.
④ 팻 블룸이 일어나지 않는다.

(해설)
템퍼링의 효과
- 팻 블룸(Fat Bloom) 방지
- 광택이 좋고 내부 조직이 조밀해짐
- 안전한 결정이 많음
- 결정형이 일정함
- 입안에서의 용해성이 좋아짐

정답 ①

05회 제빵기능사 상시복원문제

01 식품위생법상 조리사의 결격사유에 해당되지 않는 것은?

☑ 확인 Check! ○ □ △ □ X □

① 정신질환자
② 감염병환자
③ 위산과다환자
④ 마약중독자

(해설)
결격사유(식품위생법 제54조)
정신질환자, 감염병환자, 마약이나 그 밖의 약물중독자, 조리사 면허의 취소처분을 받고 그 취소된 날부터 1년이 지나지 아니한 자 등에 해당하는 자는 조리사 면허를 받을 수 없다.

정답 ③

02 식품제조·가공업을 하고자 하는 경우 몇 시간의 위생교육을 받아야 하는가?

☑ 확인 Check! ○ □ △ □ X □

① 2시간　② 4시간
③ 6시간　④ 8시간

(해설)
교육시간(식품위생법 시행규칙 제52조 제2항)
- 식품제조·가공업, 식품첨가물제조업 및 공유주방 운영업을 하려는 자 : 8시간
- 식품운반업, 식품소분·판매업, 식품보존업, 용기·포장류제조업을 하려는 자 : 4시간
- 즉석판매제조·가공업 및 식품접객업을 하려는 자 : 6시간
- 집단급식소를 설치·운영하려는 자 : 6시간

정답 ④

03 식품의 기준 및 규격상 미생물 규격에서 사용하는 용어 중 c의 의미는?

☑ 확인 Check! ○ □ △ □ X □

① 최대허용시료수
② 검사하기 위한 시료의 수
③ 미생물 허용기준치
④ 미생물 최대허용한계치

(해설)
미생물 규격 용어(식품의 기준 및 규격)
- n : 검사하기 위한 시료의 수
- c : 최대허용시료수
- m : 미생물 허용기준치
- M : 미생물 최대허용한계치

정답 ①

04 식품첨가물의 구비조건이 아닌 것은?

☑ 확인 Check! ○ □ △ □ X □

① 영양가를 유지시킬 것
② 인체에 유해하지 않을 것
③ 나쁜 이화학적 변화를 주지 않을 것
④ 소량으로는 충분한 효과가 나타나지 않을 것

(해설)
식품첨가물의 구비조건
- 인체에 무해하고 체내에 축적되지 않을 것
- 미량으로 효과가 클 것
- 독성이 없을 것
- 이화학적 변화가 안정할 것

정답 ④

05

☑ 확인 Check!
○ □
△ □
X □

식품첨가물과 그 용도의 연결이 틀린 것은?

① 밀가루 개량제 – 인공적 착색으로 관능성 향상
② 산화방지제 – 유지 식품의 변질 방지
③ 표백제 – 색소물질 및 발색성 물질 분해
④ 소포제 – 거품 소멸 및 억제

해설
밀가루 개량제란 밀가루나 반죽에 첨가되어 제빵 품질이나 색을 증진시키는 식품첨가물을 말한다.

정답 ①

06

☑ 확인 Check!
○ □
△ □
X □

작업자의 개인 위생관리에 대한 설명으로 옳지 않은 것은?

① 매니큐어를 제거한다.
② 손톱은 위생에 지장이 없도록 짧게 자른다.
③ 작업 완료 후에는 위생복을 세탁하여 청결하게 유지한다.
④ 장신구 중 반지는 제거하고 시계와 팔찌는 착용해도 된다.

해설
시계나 팔찌를 착용할 경우 밀가루나 유지 등의 재료가 묻어 곰팡이나 세균이 증식하여 식품이 오염될 가능성이 있고, 안전사고를 유발할 수도 있으므로 제거해야 한다.

정답 ④

07

☑ 확인 Check!
○ □
△ □
X □

감자 및 곡류 등 전분 함량이 높은 식품을 160℃의 고온에서 가열할 때 생성되는 발암물질은?

① 벤조피렌
② 아크릴아마이드
③ 아질산나트륨
④ 메틸알코올

해설
아크릴아마이드(acrylamide) : 전분 식품 가열 시 아미노산과 당의 열에 의한 결합반응 생성물

정답 ②

08

☑ 확인 Check!
○ □
△ □
X □

중금속이 일으키는 식중독 증상으로 틀린 것은?

① 수은 – 지각 이상, 언어장애 등 중추 신경장애 증상(미나마타병)을 일으킴
② 카드뮴 – 구토, 복통, 설사를 유발하고 임산부에게 유산, 조산을 일으킴
③ 납 – 빈혈, 구토, 피로, 소화기 및 시력장애, 급성 시 사지마비 등을 일으킴
④ 비소 – 위장장애, 설사 등의 급성중독과 피부이상 및 신경장애 등의 만성중독을 일으킴

해설
구토, 복통, 설사를 유발하고 임산부에게 유산, 조산을 일으키는 증상은 맥각 중독이다.

정답 ②

09

☑ 확인 Check!

○	□
△	□
X	□

경구감염병과 세균성 식중독의 주요 차이점을 설명한 것으로 옳은 것은?

① 경구감염병은 다량의 균으로, 세균성 식중독은 소량의 균으로 발병한다.

② 세균성 식중독은 2차 감염이 많고, 경구감염병은 거의 없다.

③ 경구감염병은 면역성이 없고, 세균성 식중독은 있는 경우가 많다.

④ 세균성 식중독은 잠복기가 짧고, 경구감염병은 일반적으로 길다.

해설

세균성 식중독과 경구감염병

구분	세균성 식중독	경구감염병
발병원인	대량 증식된 균	미량의 병원체
발병경로	식중독에 오염된 식품 섭취	감염병균에 오염된 물 또는 식품 섭취
2차 감염	거의 없다.	많다.
잠복기	짧다.	비교적 길다.
면역	안 된다.	된다.

정답 ④

10

☑ 확인 Check!

○	□
△	□
X	□

위생관리를 위해 작업자가 점검해야 하는 것으로 적당하지 않은 것은?

① 믹서기구의 청결 상태

② 빵 팬의 내부 확인

③ 작업장 바닥의 수평 유지 확인

④ 오븐 내의 이물질 유무 확인

해설

③ 작업장 바닥은 파여 있거나 갈라진 틈이 없는지 등을 확인한다.

정답 ③

11

☑ 확인 Check!

○	□
△	□
X	□

작업장 바닥에 대한 설명으로 옳지 않은 것은?

① 바닥에 미끄러지거나 넘어지지 않도록 액체가 스며들도록 한다.

② 바닥의 배수로나 배수구는 쉽게 배출되도록 한다.

③ 쉽게 균열이 가지 않고 미끄럽지 않은 재질로 선택한다.

④ 물 세척이나 소독이 가능한 방수성과 방습성, 내약품성 및 내열성이 좋은 것으로 한다.

해설

바닥에 액체가 스며들면 쉽게 손상되고, 미생물을 제거하기가 어려워진다. 특히 기름기가 많은 구역에서는 미끄러지거나 넘어지는 사고 발생의 원인이 되기도 한다.

정답 ①

12

☑ 확인 Check!

○	□
△	□
X	□

물 4L에 락스를 넣어 200ppm의 소독액을 만들려면 락스가 얼마나 필요한가?(단, 락스의 유효 잔류 염소 농도는 4%이고, 1%=10,000ppm이다)

① 20mL ② 30mL

③ 40mL ④ 50mL

해설

희석 농도(ppm)

$$= \frac{\text{소독액의 양(mL)}}{\text{물의 양(mL)}} \times \text{유효 잔류 염소 농도(\%)}$$

$$200 = \frac{x}{4{,}000} \times 4 \times 10{,}000$$

$\therefore x = 20(\text{mL})$

정답 ①

13 제과 · 제빵 공장의 입지 조건으로 고려해야 할 사항으로 적당하지 않은 것은?

☑ 확인 Check!
○ □
△ □
X □

① 인원 수급 용이
② 폐수처리 시설
③ 주변 밀 경작지 유무
④ 상수도 시설

해설
제과 · 제빵 공장의 입지 조건
- 환경 및 주위가 깨끗한 곳이어야 한다.
- 양질의 물을 충분히 얻을 수 있어야 한다.
- 폐수 및 폐기물 처리에 편리한 곳이어야 한다.

정답 ③

14 경구감염병의 종류와 거리가 먼 것은?

☑ 확인 Check!
○ □
△ □
X □

① 유행성 간염　② 콜레라
③ 이질　④ 일본뇌염

해설
경구감염병의 종류
장티푸스, 세균성 이질, 콜레라, 파라티푸스, 성홍열, 디프테리아, 유행성 간염, 감염성 설사증, 천열 등

정답 ④

15 곰팡이가 생육할 수 있는 최저 수분활성도는?

☑ 확인 Check!
○ □
△ □
X □

① 0.80　② 0.88
③ 0.93　④ 0.95

해설
미생물이 생육할 수 있는 최저 수분활성도
- 곰팡이 : 0.80
- 효모 : 0.88
- 세균 : 0.93

정답 ①

16 공정 관리 지침서 작성 순서로 알맞은 것은?

☑ 확인 Check!
○ □
△ □
X □

① 제품설명서 작성 → 공정흐름도 작성 → 위해요소 분석 → 중요관리점 결정
② 제품설명서 작성 → 위해요소 분석 → 중요관리점 결정 → 공정흐름도 작성
③ 위해요소 분석 → 공정흐름도 작성 → 제품설명서 작성 → 중요관리점 결정
④ 중요관리점 결정 → 제품설명서 작성 → 위해요소 분석 → 공정흐름도 작성

해설
빵류 제품 공정
- 빵류 제품 공정은 공정 관리에 필요한 제품설명서와 공정흐름도를 작성하고 위해요소 분석을 통해 중요관리점을 결정한다.
- 결정된 중요관리점에 대한 세부적인 관리계획을 수립하여 공정 관리한다.

정답 ①

17 다음 중 제빵 생산관리에서 제1차 관리 3대 요소가 아닌 것은?

☑ 확인 Check!
○ □
△ □
X □

① 사람(Man)
② 재료(Material)
③ 방법(Method)
④ 자금(Money)

해설
③ 방법(Method)은 제2차 관리요소에 해당된다.
- 제1차 관리요소 : Man(사람, 질과 양), Material(재료, 품질), Money(자금, 원가)
- 제2차 관리요소 : Method(방법), Minute(시간, 공정), Machine(기계, 시설), Market(시장)

정답 ③

18

☑ 확인 Check! ○ □ △ □ X □

건조창고의 저장 온도로 적합한 것은?

① 0~10℃
② 10~20℃
③ 20~30℃
④ 30~40℃

해설
건조창고의 온도는 10~20℃, 습도는 50~60%이다.

정답 ②

19

☑ 확인 Check! ○ □ △ □ X □

다음 표에 나타난 배합 비율을 이용하여 빵 반죽 1,802g을 만들려고 한다. 다음 중 계량된 무게가 틀린 재료는? ✔신유형

순서	재료명	비율(%)	무게(g)
1	강력분	100	1,000
2	물	63	(㉠)
3	이스트	2	20
4	이스트 푸드	0.2	(㉡)
5	설탕	6	(㉢)
6	쇼트닝	4	40
7	분유	3	(㉣)
8	소금	2	20
합계		180.2	1,802

① ㉠ 630g
② ㉡ 2.4g
③ ㉢ 60g
④ ㉣ 30g

해설
㉡은 2g이다. 강력분의 무게가 비율 100에 10을 곱하여 1,000g이므로, 다른 재료의 무게를 구할 때도 똑같이 비율에 10을 곱한다.

정답 ②

20

☑ 확인 Check! ○ □ △ □ X □

밀가루에 일반적인 손상전분의 함량으로 가장 적당한 것은?

① 5~8%
② 12~15%
③ 19~23%
④ 27~30%

해설
제빵용 밀가루의 손상전분 함량은 4.5~8%이다.

정답 ①

21

☑ 확인 Check! ○ □ △ □ X □

물 100g에 설탕 25g을 녹이면 당도는?

① 20%
② 30%
③ 40%
④ 50%

해설

$$\text{액상의 당도(\%)} = \frac{\text{용질}}{\text{용매} + \text{용질}} \times 100$$

$$= \frac{25}{100 + 25} \times 100 = 20\%$$

정답 ①

22

☑ 확인 Check! ○ □ △ □ X □

일반적인 버터의 수분 함량은?

① 18% 이하
② 25% 이하
③ 30% 이하
④ 45% 이하

해설
일반적으로 버터는 17~18%의 수분을 함유하고 있다.

정답 ①

23 우유가 제빵에 미치는 영향이 아닌 것은?

☑ 확인 Check! ○ □ △ □ X □

① 빵의 속결을 부드럽게 한다.
② 빵의 색을 연하게 해 준다.
③ 글루텐을 향상시킨다.
④ 풍미를 좋게 한다.

해설

우유의 기능

- 제빵 : 빵의 속결을 부드럽게 하고 글루텐의 기능을 향상시키며, 우유 속의 유당은 빵의 색을 잘 나오게 한다.
- 제과 : 제품의 향을 개선하고 껍질 색과 수분의 보유력을 높인다.

정답 ②

24 달걀흰자가 360g 필요하다고 할 때 전란 60g의 달걀은 몇 개 정도 필요한가?(단, 달걀 중 난백의 함량은 60%)

☑ 확인 Check! ○ □ △ □ X □

① 6개 ② 8개
③ 10개 ④ 13개

해설

360g ÷ (60g × 0.6) = 10개

정답 ③

25 제빵 생산의 원가를 계산하는 목적으로만 연결된 것은?

☑ 확인 Check! ○ □ △ □ X □

① 순이익과 총매출의 계산
② 이익 계산, 가격 결정, 원가관리
③ 노무비, 재료비, 경비 산출
④ 생산량 관리, 재고관리, 판매관리

해설

원가 계산의 목적

- 가격 결정의 목적 : 생산된 제품의 판매가격을 결정할 목적으로 원가를 계산한다.
- 원가관리의 목적 : 원가관리의 기초 자료를 제공하여 원가를 절감하기 위해 원가를 계산한다.
- 예산편성의 목적 : 제품의 제조, 판매 및 유통 등에 대한 예산을 편성하는 데 따른 기초 자료로 이용한다.
- 재무제표 작성의 목적 : 경영활동의 결과를 재무제표로 작성하여 기업의 외부 이해 관계자에게 보고할 때 기초 자료로 제공한다.

정답 ②

26 팽창제에 대한 설명 중 틀린 것은?

☑ 확인 Check! ○ □ △ □ X □

① 가스를 발생시키는 물질이다.
② 반죽을 부풀게 한다.
③ 제품에 부드러운 조직을 부여해 준다.
④ 제품에 질긴 성질을 준다.

해설

팽창제의 기능

- 반죽을 부풀게 함
- 산의 종류에 따라 작용 속도가 달라짐
- 제품의 크기 퍼짐을 조절
- 제품의 부드러운 조직을 부여

정답 ④

27

☑ 확인 Check!

○	□
△	□
X	□

제빵 제조 시 물의 기능이 아닌 것은?

① 글루텐 형성을 돕는다.
② 반죽 온도를 조절한다.
③ 이스트 먹이 역할을 한다.
④ 효소 활성화에 도움을 준다.

> 해설
>
> **물의 기능**
> • 재료 분산
> • 효모와 효소 활성화
> • 반죽의 글루텐을 형성
> • 반죽의 온도, 농도, 점도 조절
>
> 정답 ③

28

☑ 확인 Check!

○	□
△	□
X	□

다음과 같은 조건에서 나타나는 현상과 관련한 물질을 바르게 연결한 것은?

> 초콜릿의 보관 방법이 적절치 않아 공기 중의 수분이 표면에 부착한 뒤 그 수분이 증발해 버려서 어떤 물질이 결정 형태로 남아 흰색이 나타났다.

① 팻 블룸(fat bloom) – 카카오메스
② 팻 블룸(fat bloom) – 글리세린
③ 슈거 블룸(sugar bloom) – 카카오버터
④ 슈거 블룸(sugar bloom) – 설탕

> 해설
>
> 초콜릿 표면에 수분이 응축하며 나타나는 현상은 슈거 블룸(sugar bloom)이다.
>
> 정답 ④

29

☑ 확인 Check!

○	□
△	□
X	□

향신료(spices)를 사용하는 목적 중 틀린 것은?

① 향기를 부여하여 식욕을 증진시킨다.
② 육류나 생선의 냄새를 완화시킨다.
③ 매운 맛과 향기로 혀, 코, 위장을 자극하여 식욕을 억제시킨다.
④ 제품에 식욕을 불러일으키는 색을 부여한다.

> 해설
>
> **향신료의 사용 목적**
> • 냄새를 완화한다.
> • 제품에 식욕을 돋는 색을 부여한다.
> • 맛과 향을 부여하여 식욕을 증진한다.
>
> 정답 ③

30

☑ 확인 Check!

○	□
△	□
X	□

둥글리기 작업 시 주의사항으로 적절하지 않은 것은? ✓신유형

① 둥글리기를 한 반죽 위에는 덧가루를 조금 뿌리고 비닐 등으로 덮는다.
② 덧가루의 사용은 최소한으로 하는 것이 좋다.
③ 밀가루 이외의 재료가 들어간 반죽은 일반 반죽보다 둥글리기를 세게 작업한다.
④ 건포도가 들어가는 빵의 둥글리기 작업 시 튀어나오는 건포도를 안쪽으로 넣어준다.

> 해설
>
> 밀가루 외의 재료가 들어간 반죽은 일반 반죽보다 반죽의 탄력성이 약해 표피가 찢어지기 쉬우므로 둥글리기를 너무 세게 하지 않도록 주의한다.
>
> 정답 ③

31 믹소그래프와 관련한 내용 중 틀린 것은?

☑ 확인 Check!
○ □
△ □
X □

① 단백질 함량
② 전분의 점도
③ 글루텐 발달
④ 단백질 흡수관계

해설

믹소그래프
반죽의 형성 및 글루텐 발달 정도를 기록하며, 밀가루 단백질 함량과 흡수와의 관계, 믹싱 시간, 믹싱 내구성 등을 측정하고 분석하는 기기

정답 ②

32 β-아밀레이스의 설명으로 틀린 것은?

☑ 확인 Check!
○ □
△ □
X □

① 전분이나 덱스트린을 맥아당으로 만든다.
② 아밀로스의 말단에서 시작하여 포도당 2분자씩을 끊어가면서 분해한다.
③ 전분의 구조가 아밀로펙틴인 경우 약 52%까지만 가수분해한다.
④ 액화효소라고 한다.

해설

β-아밀레이스
- α-1,4 결합은 가수분해하고 α-1,6 결합은 분해하지 못하여 외부 아밀레이스라고 한다.
- 전분이나 덱스트린을 분해하여 맥아당으로 만드는 당화효소이다.
- 아밀로스의 말단에서 시작하여 포도당 2분자씩 끊어가면서 분해한다.
- 전분의 구조가 아밀로펙틴인 경우 약 52%까지만 가수분해한다.

정답 ④

33 필수 아미노산이 아닌 것은?

☑ 확인 Check!
○ □
△ □
X □

① 라이신(lysine)
② 메티오닌(methionine)
③ 페닐알라닌(phenylalanine)
④ 아라키돈산(arachidonic acid)

해설

필수 아미노산
발린, 류신, 아이소류신, 메티오닌, 트레오닌, 라이신, 페닐알라닌, 트립토판, 히스티딘
※ 8가지로 보는 경우 히스티딘은 제외한다.

정답 ④

34 소화기관에 대한 설명으로 틀린 것은?

☑ 확인 Check!
○ □
△ □
X □

① 위는 강알칼리성 위액을 분비한다.
② 이자(췌장)는 당대사호르몬의 내분비선이다.
③ 소장은 영양분을 소화·흡수한다.
④ 대장은 수분을 흡수하는 역할을 한다.

해설

위(stomach)는 횡격막의 바로 왼쪽 아래에 위치해 있으며 음식물의 저장, 소화 및 흡수에 중요한 역할을 한다. 위는 음식물을 머무르게 하는 저장고로 위속의 내용물은 연동운동을 통해 위액 중의 소화효소와 섞여 반유동체의 죽상인 유미즙 형태로 만들어 장으로 내려 보낸다.

정답 ①

35 지방을 분해하는 효소는?

☑ 확인 Check! ○ □ △ □ X □

① 라이페이스
② 프로테이스
③ 아밀레이스
④ 인버테이스

해설

분해효소
- 탄수화물 : 아밀레이스
- 지방 : 라이페이스
- 단백질 : 프로테이스

정답 ①

36 인체의 수분 소요량과 관련이 없는 것은?

☑ 확인 Check! ○ □ △ □ X □

① 활동력
② 염분의 섭취량
③ 신장의 기능
④ 기온

해설

인체의 수분 소요량에 영향을 주는 요인
기온, 활동력, 염분의 섭취량, 영양소의 종류와 기능 등

정답 ③

37 픽업 단계에서 믹싱을 완료해도 되는 제품은? ✔신유형

☑ 확인 Check! ○ □ △ □ X □

① 데니시 페이스트리
② 식빵
③ 단과자빵
④ 바게트

해설

제품별 믹싱완료 단계
- 픽업 단계 : 데니시 페이스트리
- 클린업 단계 : 스펀지 반죽
- 발전 단계 : 하스 브레드
- 최종 단계 : 식빵, 단과자빵
- 렛다운 단계 : 햄버거빵

정답 ①

38 다음의 빵 제품 중 일반적으로 반죽의 되기가 가장 된 것은?

☑ 확인 Check! ○ □ △ □ X □

① 피자 도(dough)
② 잉글리시 머핀
③ 단과자빵
④ 팥앙금빵

해설

피자 도는 일반적으로 물을 밀가루 중량의 50% 정도를 사용하여 가장 된 반죽으로 만든다.

정답 ①

39

냉동 반죽법의 장점이 아닌 것은?

☑ 확인 Check!
○ □
△ □
X □

① 소비자에게 신선한 빵을 제공할 수 있다.
② 운송, 배달이 용이하다.
③ 가스 발생력이 향상된다.
④ 다품종 소량 생산이 가능하다.

해설
냉동 반죽법의 장점
- 다품종 소량 생산이 가능하다.
- 계획 생산이 가능하다.
- 제품의 노화를 지연한다.
- 발효 시간이 줄어 제조 시간을 단축할 수 있다.
- 빵의 부피가 크고 빵의 향기가 좋다.
- 운송 및 배달이 용이하다.

정답 ③

40

냉동 반죽의 제조공정에 관한 설명 중 옳은 것은?

☑ 확인 Check!
○ □
△ □
X □

① 반죽의 유연성 및 기계성을 향상시키기 위하여 반죽 흡수율을 증가시킨다.
② 반죽 혼합 후 반죽 온도는 18~24℃가 되도록 한다.
③ 혼합 후 반죽의 발효 시간은 1시간 30분이 표준 발효 시간이다.
④ 반죽을 −40℃까지 급속 냉동시키면 이스트의 냉동에 대한 적응력이 커지나 글루텐의 조직이 약화된다.

해설
냉동 반죽법
1차 발효를 끝낸 반죽을 −18~−23℃에 냉동 저장하는 방법이다. 보통 반죽보다 이스트의 사용량을 2배 정도 늘려야 하며 설탕, 유지, 달걀의 사용량도 증가시켜야 한다. 분할·성형하여 필요할 때마다 쓸 수 있어 편리하나 냉동조건이나 해동조건이 적절치 않을 경우 제품의 탄력성과 껍질 모양 등이 좋지 않거나 풍미가 떨어지고 노화가 쉽게 되는 단점이 있다.

정답 ②

41

비상스트레이트법 반죽의 가장 적합한 온도는?

☑ 확인 Check!
○ □
△ □
X □

① 15℃　② 20℃
③ 30℃　④ 40℃

해설
비상스트레이트법은 이스트의 사용량을 늘려 발효 시간을 단축시켜 짧은 시간에 제품을 만들어 낼 수 있는 방법으로, 반죽 온도를 30℃로 올려 발효 속도를 촉진한다.

정답 ③

42

산화제와 환원제를 함께 사용하여 믹싱 시간과 발효 시간을 감소시키는 제빵법은?

☑ 확인 Check!
○ □
△ □
X □

① 스트레이트법
② 노타임법
③ 비상스펀지법
④ 비상스트레이트법

해설
노타임법에서 글루텐 형성은 환원제와 산화제의 도움을 받아 기계적 혼합에 의해서 이루어지며 발효 시간을 주지 않거나 현저하게 줄여주는 반죽법이다.

정답 ②

43

냉동제법에서 혼합(mixing) 다음 단계의 공정은?

☑ 확인 Check!
○ □
△ □
X □

① 해동　② 분할
③ 1차 발효　④ 2차 발효

해설
냉동 반죽법은 1차 발효 또는 성형을 끝낸 반죽을 냉동 저장하는 방법으로, 분할·성형하여 필요할 때마다 쓸 수 있다는 장점이 있다.

정답 ②

44

☑ 확인 Check!

○	□
△	□
X	□

제빵 생산 시 물 온도를 구할 때 필요한 인자와 가장 거리가 먼 것은?

① 쇼트닝 온도
② 실내 온도
③ 마찰계수
④ 밀가루 온도

해설
사용할 물 온도를 구할 때 실내 온도, 밀가루 온도, 마찰계수가 필요하다.

정답 ①

45

☑ 확인 Check!

○	□
△	□
X	□

펀치의 효과와 가장 거리가 먼 것은?

① 반죽의 온도를 균일하게 한다.
② 이스트의 활성을 돕는다.
③ 반죽에 산소를 공급하여 산화, 숙성을 진전시킨다.
④ 성형을 용이하게 한다.

해설
가스 빼기(punch ; 펀치)의 목적
• 반죽에 산소를 공급하여 이스트의 활성을 증가시킨다.
• 반죽 상태를 고르게 한다.
• 반죽 온도를 일정하게 유지하여 발효가 균일하게 되도록 한다.
• 반죽 내에 과량의 이산화탄소가 축적되는 것을 제거하여 발효를 촉진시킨다.
• 글루텐 형성으로 발효력이 상승하여 가스 보유력이 증가된다.

정답 ④

46

☑ 확인 Check!

○	□
△	□
X	□

발효에 영향을 주는 요소를 잘못 설명한 것은?

① 이스트는 발효를 촉진시킨다.
② 밀가루 단백질은 발효를 지연시킨다.
③ 분유는 발효를 지연시킨다.
④ 소금은 효소작용을 촉진시킨다.

해설
소금은 이스트에 삼투압이 작용하여 발효를 저해시킨다.

정답 ④

47

☑ 확인 Check!

○	□
△	□
X	□

이스트 2%를 사용하여 4시간 발효시킨 경우 양질의 빵을 만들었다면 발효 시간을 3시간으로 단축하자면 얼마 정도의 이스트를 사용해야 하는가?

① 약 1.5%
② 약 2.0%
③ 약 2.7%
④ 약 3.0%

해설
2% × 4시간 = x% × 3시간
∴ x ≒ 2.67%

정답 ③

48

☑ 확인 Check!

○	□
△	□
X	□

비상스트레이트법 1차 발효에 대해 잘못 설명한 것은? ✓신유형

① 발효기는 온도 30℃, 상대습도 75%로 조절한다.
② 반죽을 발효기에 넣고 15~30분 발효한다.
③ 발효를 60분 이하로 진행할 경우 펀치를 하여 발효를 촉진시킨다.
④ 손가락에 덧가루를 묻혀 반죽을 찔러보아 손가락 자국이 그대로 남으면 발효를 완료한다.

해설
이스트, 산화제가 많은 배합이나 발효 시간이 60분 이내일 경우 펀치를 하지 않는다.

정답 ③

49

☑ 확인 Check!

○	□
△	□
X	□

스펀지 반죽을 할 때 발효의 조건을 바르게 나열한 것은? ✓신유형

① 일반적으로 19~24℃, 70~80%, 3~5시간
② 일반적으로 24~29℃, 50~70%, 1~3시간
③ 일반적으로 19~24℃, 50~70%, 1~3시간
④ 일반적으로 24~29℃, 70~80%, 3~5시간

해설
스펀지 반죽의 발효는 24~29℃, 70~80%의 발효실에서 3~5시간 진행한다. 하지만 장시간 발효하는 오버나이트법은 실온에서 진행하기도 한다.

정답 ④

50

☑ 확인 Check!

○	□
△	□
X	□

스펀지법에서 스펀지 발효점으로 적합한 것은?

① 처음 부피의 8배로 될 때
② 발효된 생지가 최대로 팽창했을 때
③ 핀홀(pinhole)이 생길 때
④ 겉 표면의 탄성이 가장 클 때

해설
스펀지 발효 완료점 결정
- 처음 부피의 4~5배 부풀었을 때
- 생지가 최대로 팽창했다가 수축할 때(브레이크 현상)
- 수축 현상이 일어나 반죽 중앙이 오목하게 들어가는 현상이 나타날 때(드롭 현상)
- 반죽 표면에 바늘구멍 같은 핀홀이 생길 때

정답 ③

51

☑ 확인 Check!

○	□
△	□
X	□

본반죽이 끝나고 분할하기 전에 발효시키는 공정을 무엇이라고 하는가?

① 팬닝
② 밀어 펴기
③ 플로어 타임
④ 브레이크다운 단계

해설
① 팬닝 : 성형이 끝난 반죽을 철판에 나열하거나 틀에 채워 넣는 과정
② 밀어 펴기 : 중간발효를 마친 반죽을 밀대나 기계로 밀어 펴서 원하는 크기와 두께로 만드는 공정
④ 브레이크다운 단계 : 글루텐이 더 이상 결합하지 못하고 끊어지는 단계

정답 ③

52 성형 후 공정으로 가스 팽창을 최대로 만드는 단계로 가장 적합한 것은?

☑ 확인 Check! ○ □ △ □ X □

① 1차 발효
② 중간 발효
③ 펀치
④ 2차 발효

해설
2차 발효는 발효실 온도 37℃, 습도 75~90%의 고온다습한 곳에서 한 번 더 가스를 형성시켜 반죽을 70~80% 정도 부풀리는 단계이다.

정답 ④

53 빵 반죽의 손 분할이나 기계 분할은 가능한 몇 분 이내로 완료하는 것이 좋은가?

☑ 확인 Check! ○ □ △ □ X □

① 15~20분
② 25~30분
③ 35~40분
④ 45~50분

해설
분할 시간은 빠른 시간 내에 하는 것이 좋은데 식빵은 20분 이내, 과자류 빵은 30분 이내에 분할한다. 기계 분할은 분할 시 시간이 걸리기 때문에 반죽의 숙성도가 다르게 나온다.

정답 ①

54 중간발효에 대한 설명으로 틀린 것은?

☑ 확인 Check! ○ □ △ □ X □

① 중간발효는 온도 32℃ 이내, 상대습도 75% 전후에서 실시한다.
② 반죽의 온도, 크기에 따라 시간이 달라진다.
③ 반죽의 상처 회복과 성형을 용이하게 하기 위함이다.
④ 상대습도가 낮으면 덧가루 사용량이 증가한다.

해설
상대습도가 낮으면 덧가루 사용량이 감소한다.

정답 ④

55 다음 제빵 공정 중 시간보다 상태로 판단하는 것이 좋은 공정은?

☑ 확인 Check! ○ □ △ □ X □

① 포장 ② 분할
③ 2차 발효 ④ 성형

해설
2차 발효 완료점은 시간보다 발효의 상태로 파악하여 판단하는 것이 좋다.

정답 ③

56 제빵 시 적절한 2차 발효점은 완제품 용적의 몇 %가 가장 적당한가?

☑ 확인 Check! ○ □ △ □ X □

① 40~45%
② 50~55%
③ 70~80%
④ 90~95%

해설
2차 발효의 완료점
- 완제품의 70~80%까지 팽창하였을 때
- 성형된 반죽의 3~4배 부피가 되었을 때
- 손가락으로 눌렀을 때 원상태로 돌아오는 때

정답 ③

57

☑ 확인 Check!

○ □
△ □
X □

튀김에 기름을 반복 사용할 경우 일어나는 주요한 변화 중 틀린 것은?

① 중합의 증가
② 변색의 증가
③ 점도의 증가
④ 발연점의 상승

해설

튀김 기름의 가열에 의한 변화
- 가수분해적 산패와 산화적 산패가 촉진된다.
- 유리지방산과 이물의 증가로 발연점이 점점 낮아진다.
- 지방의 중합현상이 일어나 점도가 증가한다.

정답 ④

58

☑ 확인 Check!

○ □
△ □
X □

오버 베이킹에 대한 설명으로 옳은 것은?

① 높은 온도에서 짧은 시간 동안 구운 것이다.
② 노화가 빨리 진행된다.
③ 수분 함량이 많다.
④ 가라앉기 쉽다.

해설

오버 베이킹은 낮은 온도에서 장시간 굽는 것으로 오래 굽기 때문에 제품의 수분 함량이 낮아져 노화가 빠르다.

정답 ②

59

☑ 확인 Check!

○ □
△ □
X □

굽기 손실이 가장 큰 제품은?

① 식빵
② 바게트
③ 단팥빵
④ 버터롤

해설

굽기 손실이란 굽기의 공정을 거치면서 빵의 무게가 줄어드는 현상을 말한다.

제품별 굽기 손실률

제품	굽기 손실률
풀먼식빵	7~9%
단과자빵	10~11%
식빵류	11~12%
하스 브레드	20~25%

정답 ②

60

☑ 확인 Check!

○ □
△ □
X □

2차 발효의 상대습도를 가장 낮게 하는 제품은?

① 옥수수 식빵
② 데니시 페이스트리
③ 우유 식빵
④ 팥앙금빵

해설

데니시 페이스트리, 크루아상은 유지가 많이 첨가되므로 발효실 온도와 습도를 낮게 한다.

정답 ②

우리 인생의 가장 큰 영광은 결코 넘어지지 않는 데 있는 것이 아니라
넘어질 때마다 일어서는 데 있다.

– 넬슨 만델라 –

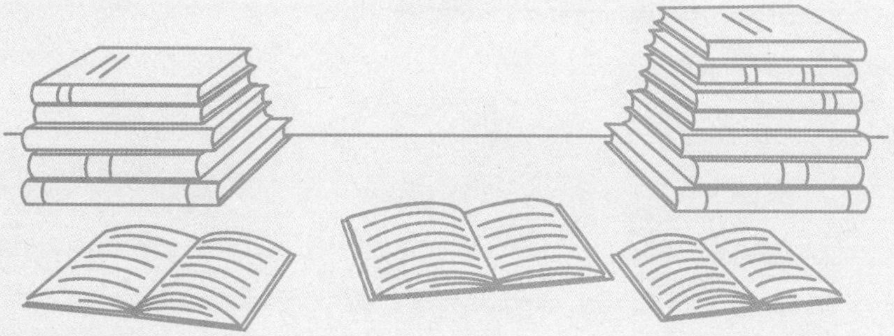

참 / 고 / 문 / 헌

- 교육부(2019). **NCS 학습모듈(세분류 : 제과 · 제빵)**. 한국직업능력개발원.
- 권영회(2024). **제과기능장이 집필한 제과제빵기능사 · 산업기사 필기 한권으로 끝내기**. 시대고시기획.
- 김선영(2024). **답만 외우는 제빵기능사 필기 기출문제 + 모의고사 14회**. 시대고시기획.
- 김선영(2024). **답만 외우는 제과기능사 필기 기출문제 + 모의고사 14회**. 시대고시기획.
- 식품의약품안전처(2022). **2022년 식품안전관리지침**. 식품의약품안전처.
- 에듀웨이 R&D 연구소(2023). **기분파 제과제빵기능사 필기**. 에듀웨이.

좋은 책을 만드는 길, 독자님과 함께하겠습니다.

제과제빵기능사 CBT 필기 가장 빠른 합격

개정1판1쇄 발행	2025년 01월 10일 (인쇄 2024년 09월 05일)
초 판 발 행	2024년 01월 05일 (인쇄 2023년 09월 06일)
발 행 인	박영일
책 임 편 집	이해욱
저 자	권영회
편 집 진 행	윤진영 · 김미애
표 지 디 자 인	권은경 · 길전홍선
편 집 디 자 인	정경일 · 심혜림
발 행 처	(주)시대고시기획
출 판 등 록	제10-1521호
주 소	서울시 마포구 큰우물로 75 [도화동 538 성지 B/D] 9F
전 화	1600-3600
팩 스	02-701-8823
홈 페 이 지	www.sdedu.co.kr
I S B N	979-11-383-7847-5(13590)
정 가	20,000원